Abaqus/CAE 工程师系列丛书

Abaqus 疑难解析
——在结构分析中的应用

Troubleshooting Finite-Element Modeling with Abaqus
with Application in Structural Engineering Analysis

[法] 拉斐尔·让·布尔布斯（Raphael Jean Boulbes） 著

江丙云 袁鹏飞 刘俊磊 译

机械工业出版社

本书从解决工程问题的全局思维出发，详细介绍了使用 Abaqus 软件时可能遇到的问题，以及如何寻找引起这些问题的原因并加以解决。本书共 3 篇 11 章，第 1 篇包括第 1~4 章，侧重于讲解模型调试方法；第 2 篇包括第 5~7 章，提供了具体问题，描述了对模型中潜在故障排除的许多理解；第 3 篇包括第 8~11 章，提供了一些实用的工具箱协议，以帮助解决模型中的疑难故障。

本书专为工程技术人员、相关专业高年级本科生、研究生而设计，旨在为他们提供有限元方法的基本理论知识和深入实践指导，帮助他们掌握使用商用 FEA 软件 Abaqus 解决各类疑难问题所需的技能。

本书适合 Abaqus 的所有用户，无论是初学者还是经验丰富者，可作为机械、力学领域相关专业人员学习 Abaqus 理论的参考书。

First published in English under the title
Troubleshooting Finite-Element Modeling with Abaqus: With Application in Structural Engineering Analysis
by Raphael Jean Boulbes, edition：1
Copyright © SPRINGER NATURE Switzerland AG, 2020
This edition has been translated and published under licence from Springer Nature Switzerland AG.

此版本仅限在中国大陆地区（不包括香港、澳门特别行政区及台湾地区）销售。
未经出版者书面许可，不得以任何方式抄袭、复制或节录本书中的任何部分。
北京市版权局著作权合同登记　图字：01-2021-1287 号。

图书在版编目（CIP）数据

Abaqus疑难解析：在结构分析中的应用 /（法）拉斐尔·让·布尔布斯著；江丙云，袁鹏飞，刘俊磊译. -- 北京：机械工业出版社，2025.3. --（Abaqus/CAE 工程师系列丛书）. -- ISBN 978-7-111-77715-1
I. O342
中国国家版本馆CIP数据核字第202509TL90号

机械工业出版社（北京市百万庄大街22号　邮政编码100037）
策划编辑：孔　劲　　　　　责任编辑：孔　劲　李含杨
责任校对：曹若菲　陈　越　封面设计：张　静
责任印制：刘　媛
三河市宏达印刷有限公司印刷
2025年7月第1版第1次印刷
184mm×260mm · 20.75印张 · 512千字
标准书号：ISBN 978-7-111-77715-1
定价：99.90元

电话服务　　　　　　　　　　网络服务
客服电话：010-88361066　　　机　工　官　网：www.cmpbook.com
　　　　　010-88379833　　　机　工　官　博：weibo.com/cmp1952
　　　　　010-68326294　　　金　书　网：www.golden-book.com
封底无防伪标均为盗版　　　　机工教育服务网：www.cmpedu.com

译者序

Abaqus 作为一款优秀的商用软件，因其强大的非线性求解能力及开放的架构，被广泛应用于航空航天、工程机械、汽车制造、电子通信等领域，是目前主流的一款 CAE 软件。然而，对于 Abaqus 初学者，理解和使用软件尚会有很多困惑，对实际工程有限元模型的求解更加困难，主要是初学者对模型报错极度缺乏解决经验。目前，虽已有大量的与 Abaqus 相关的书籍，但绝大多数是有关该软件的功能操作、工程案例、二次开发和帮助翻译等，对于模型报错、求解不收敛等如何调试鲜有提及。

本书特色如下：

- 本书不仅讲解了材料本构、网格控制、接触等数值理论，还对收敛准则、调试方法、作业诊断等进行了详细阐述。难能可贵的是，对模型问题给出了具体可执行的操作路径，能够很大程度地减轻读者调试模型过程中的痛苦。
- 本书对模型调试，从全局思维方法着手，详细介绍了调试模型的方法和内容，包括如何查找收敛问题的原因，如何找到收敛解决方案和可用工具，以及处理常见诊断错误、警告消息的技巧。
- 本书对材料、网格和接触内容，着重探讨了为解决收敛有关的参数事项，包括材料模型信息、用户材料子程序 UMAT 和 VUMAT、网格控制、网格生成、网格相关性错误和单元子程序，接触的理论和接触设置。
- 本书更是给出了额外寻求帮助的途径，包括通过作业诊断帮助寻找错误消息，通过数值验收标准帮助判断模型结果的可信度，通过软件自带文档帮助找到实用的解决工具和具体说明。

总之，本书从解决工程问题的全局思维出发，详细介绍了使用 Abaqus 软件时可能遇到的问题，以及如何寻找引起这些问题的原因并加以解决，帮助读者了解 Abaqus 内核的同时，更好地解决工程问题。

译者非常荣幸承接了本书的翻译工作。为了确保译文的质量，译者花费了大量时间对译文进行反复推敲和精细打磨，并进行了认真的审校。对于原版书中显而易见的错误，译者也在翻译过程中进行了更正。

本书由江丙云、袁鹏飞、刘俊磊翻译完成，其中江丙云负责第 1~4 章和附录的翻译工作，袁鹏飞负责第 5~7 章的翻译工作，刘俊磊负责第 8~11 章的翻译工作，全书由江丙云负责统稿与审校。本书得以翻译出版，离不开许多人的帮助，胡鹏、吴俊、刘昊、李继言等同行参与了本书的部分校对，浙江大学谭建荣院士、刘振宇教授、刘惠博士，上海交通大学李大永教授和机械工业出版社的孔劲老师给予了详细指导。在此衷心感谢为本书付出的每一位朋友、同事和同行，特别是万帮数字能源股份有限公司的邵丹薇、张育铭、李宏庆等领导给予了工作上的便利。

  译者在翻译过程中虽然力求准确地反映原著内容，但由于自身的知识局限性，译文中难免有不妥之处，谨向原书作者和读者表示歉意，并敬请读者批评指正。

译者

致珍妮、哈莱特和玛丽·克里斯汀

序 一

在过去的十多年中,我一直在使用有限元分析软件,随着时间的推移,我们对这一主题及其实用性的理解逐步深入,涉及的软件数量和分析类型也在不断增加。作为一名用户,同时也作为一名大学研究生导师,我花了很多精力熟悉多个软件平台,以便在解决结构性问题时获得相同的结果。在几个小时的课程中,当向学生传授我所能传授的所有知识时,我最关心的是,一旦他们离开课堂,他们是否能够成为这样的工程师:不仅能解决面临的问题,而且能更加高效地解决问题?

当拉斐尔联系我的大学老师,希望为本书推荐一位该领域的审稿人时,幸运的是,我立即与他取得了联系。我的课程之一就是教学生如何调试模型,以及如何对遇到的错误进行分类。巧合的是,因 Abaqus 在行业中应用广泛,它是航空航天学院最受欢迎的应用软件之一。Abaqus 自带的用户指南内容丰富,但大多轻描淡写,以至于大多数情况下很难准确找到所需的内容,以排除程序故障。作为一门高级有限元课程,我的注意力主要集中在有限元理论的科学性和表述上,缺乏对故障排除技术的组织。拉斐尔关于本书的想法对我来说是个极好的消息。感兴趣的学生找到这样一本书,我可以高枕无忧了。

博士后、博士研究生、硕士研究生,甚至本科生都在使用 Abaqus 软件,但不一定有时间阅读全部用户指南。本书将帮助他们了解如何对错误进行分类,以及在哪里可以找到更多信息。它还将教会我们如何使用从软件本身收到的消息。更为重要的是,它适合所有用户,无论是初学者还是经验丰富者。本书包含了足够多的重要主题背景知识,让你了解软件的预期功能,然后手把手教你如何纠正错误,拉斐尔成功地以一种全面的方式涵盖了如此重要和困难的主题。我希望教育界的同事们能够认识到本书是一本方便的手册,既可以用于教学,也可以用于他们自己的研究建模。

索内尔·什罗夫(Sonell Shroff)博士
于比利时布鲁塞尔

序 二

我第一次与拉斐尔交谈是在 2011 年，那时他在挪威的 FMC Technologies 公司工作。当时，他正在对各种海底技术进行 FEA 模拟，并在阅读了我最近编写的 *Python Scripting for Abaqus* 一书之后联系了我。我们就 GUI 脚本运行进行了交谈，由于我即将毕业，他好心提出将我的简历转发给他公司的招聘经理。虽然最终我接受了美国本地公司 SIMULIA（开发 Abaqus 的达索系统品牌）的录用，但我必须承认，拉斐尔提供的出国工作机会很有诱惑力。

幸运的是，几年后拉斐尔发现了另一个我们可以合作的机会。他打算写一本关于对 Abaqus 有限元模型进行故障排除/调试的书，并要求我担任审稿人之一。任何使用过 Abaqus 的人都曾经历过花费大量时间调试有限元模型却无法使其收敛的挫败感，因此这听起来是一个很好的选题。几个月后，我很兴奋地看到了本书的初稿。

在我看来，当工程师在 Abaqus 模拟中遇到困难时，本书可以作为他们的指南或工具包。本书前几章概述了一般信息，包括分析师应如何排除有限元模型故障，以及一些常见错误和潜在原因。后面的章节更深入地介绍了特定主题，如材料、接触的相互作用。有人可能会争辩，本书所涵盖的大部分内容已经包含在 Abaqus 帮助文件中，但帮助文件浩如烟海，长达数千页，信息量巨大，往往很难找到有助于排除模型故障的提示。编写本书的初衷正是要解决这一问题。

许多读者，尤其是对 Abaqus 比较陌生的读者，至少通过阅读前几章而受益。这几章确实包含大量信息，可能很难一次消化，但有助于读者熟悉长期使用过程中可能遇到的问题。对于更有经验的 Abaqus 用户，本书可以作为一本有用且便利的参考手册。

虽然模拟分析师不可能完全摆脱诊断、修复 Abaqus 模型错误和求解器收敛问题的挫折，但我相信本书将帮助读者减轻这些情况带来的痛苦。

高塔姆·普里（Gautam Puri）
于美国俄亥俄州

序 三

首先，感谢拉斐尔·让·布尔布斯为使用 Abaqus 模拟复杂问题的力学领域提供技术支持。事实上，本书将帮助用户处理边界条件等方面的有限元模型，并解决此类商用软件的故障排除问题。本书将为中、高级用户带来大量知识。20 年前，当我攻读博士学位时，真希望得到这样的支持。

书中包含了具体而真实的实际案例，为力学领域的不同行业工程师提供了参考。我对这部作品的成功充满信心，并希望所有读者都能像我一样享受这本书。

戴维·巴希尔（David Bassir）教授
于中国深圳

前言

有限元法（FEM）已成为预测和模拟复杂工程系统物理行为的主要方法，商用有限元分析（FEA）软件已获得工业界工程师和大学研究人员的普遍认可。因此，学术工程系开设的研究生或本科生高级课程，不仅包括有限元分析理论，还包括商用有限元分析程序的应用。

本书旨在为学生和工程师提供有限元方法的基本理论知识和深入实践指导，帮助他们掌握使用商用 FEA 软件 Abaqus 解决各类疑难问题所需的技能。本书专为高年级本科生、一年级研究生和工程师而设计，是介绍性的，也是自成一体的，以尽量减少对额外参考资料的需求。

除了有限元法的基本主题，本书还介绍了有关 Abaqus 建模和分析程序的高级主题，这些主题以不同工程学科的示例逐步介绍，主要侧重于结构分析。本书第 1 篇侧重于讲解分析中结构的调试方法，然后在第 2 篇中提供了具体问题，描述了对模型中潜在故障排除的许多理解，最后在第 3 篇中提供了一些实用的工具箱协议，以帮助解决模型的疑难故障。本书内容汇集了我使用 Abaqus 进行有限元分析的不同专业和学术经验的研究结果，包括本人免费从网上发现和整理的数据，以及从 Abaqus 技术支持中所收集的解决方案。

第 1 篇包括第 1~4 章，其中第 1 章介绍了如何进行有限元分析；第 2 章描述了获取收敛解的解析收敛指南；第 3 章给出了用于有效调试诊断和控制检查的方法；第 4 章介绍了包括用户子程序在内的不同分析方面的基础知识。

第 2 篇包括第 5~7 章，其中第 5 章主要讨论了实用材料的非线性和定制化；第 6 章阐述了一个重要的专业知识领域，以便了解 Abaqus 网格生成器的工作原理、划分结构网格的良好实践，以及如何创建有限单元；第 7 章阐述了接触的相互作用模块及其功能选项。

第 3 篇包括第 8~11 章，其中第 8 章给出了排除多数 Abaqus 经典故障的方案；第 9 章阐述了不同模型工况下用以控制求解精度的选项；第 10 章提供了用户需要在建模时获得帮助的一些非常具体的问题；第 11 章给出了关于非模拟问题的解决方案，以及可实施的整套解决方案。

最后，用户可在附录中找到书中描述的一些示例解及相关代码，以便对具体问题有更好的理解，如耦合选项、数值收敛和一些网格划分技术等。

拉斐尔·让·布尔布斯（Raphael Jean Boulbes）
于法国拉雷讷堡

致 谢

如果没有一些人的帮助和信任，这本书是不可能出版的，我想简单而真诚地感谢他们所做的一切，因为他们让这本书的出版成为现实。

首先，我要感谢一直支持和鼓励我的亲人们，你们总是待我最好，所以我自然要把本书献给你们。

其次，我要感谢施普林格出版社，特别是工程分部的编辑 Oliver Jackson、项目协调人 Mani Nareshkumar 和行政部门的 Yasmin Brookes，感谢你们在我撰写本书过程中给予的支持和指导。

最后，我非常感谢由三位结构分析专家组成的科学委员会。他们在审阅本书内容时所花费的时间、提出的意见和反馈，以及为本书做出的贡献，对我来说都是无价之宝。

Sonell Shroff 博士曾任代尔夫特理工大学航空航天工程学院结构完整性系的助理教授。Dr. Shroff 是由 Jan Hol 教授（代尔夫特理工大学航空航天工程学院航空结构与材料系主任）强烈推荐给我的，我很高兴能与她一起工作。2003 年高中毕业后，Shroff 博士来到班加罗尔学习工程学，在攻读机械工程学士学位期间，每学期的假期都会在知名公司和研究机构实习。2007 年毕业后，她获得了荷兰皇家惠更斯奖学金，并前往代尔夫特理工大学攻读硕士学位。2009 年，她在马歇尔航空航天公司完成了关于大力神 C-130 改装小翼结构分析的毕业论文。随后，她开始攻读博士学位，先是在 CleanEra 工作，然后进入代尔夫特理工大学的 ALaSCA 项目，并于 2014 年完成学业。对她的工作感兴趣的人可以在参考文献中找到她参与撰写的一些论文[1][2][3][4]。同时，她也是一位在有限元领域积极进取的在线教师，正如她

---

[1] Y. L. M. van Dijk, T. Grtzl, M. Abouhamzeh, L. Kroll, S. Shroff, "Hygrothermal viscoelastic material characterisation of unidirectional continuous carbon-fibre reinforced polyamide 6", Composites Part B: Engineering, Volume 150, 2018, pp. 157-164.

[2] Sonell Shroff, Ertan Acar, Christos Kassapoglou, "Design, analysis, fabrication, and testing of composite grid-stiffened panels for aircraft structures", Thin-Walled Structures, Volume 119, 2017, pp. 235-246.

[3] Sonell Shroff and Christos Kassapoglou, "Designing Highly Loaded Connections in a Composite Fuselage", Journal of Aircraft, Vol. 51, No. 3 (2014), pp. 833-840.

[4] Sonell Shroff and Christos Kassapoglou, "Progressive failure modelling of impacted composite panels under compression", Journal of Reinforced Plastics and Composites, Vol. 34, No. 19 (2015), pp. 1603-1614.

所说:"在这个未来世界,教育需要无处不在,因此我也必须如此。在线教育拉近了我与学生之间的距离,打破了交流障碍,在线教育将创造一个更聪明、更博学的世界,这意味着更多的进步和更美好的明天!"

Gautam Puri 是一名项目经理、顾问和 Abaqus 的长期用户。他拥有乔治亚理工学院的工程学位和埃默里大学的 MBA 学位。我对 Gautam 编写的关于 Abaqus Python 脚本的书[一]印象深刻,我很高兴 Gautam 的加入。Gautam 获得航空航天工程硕士学位后在达索系统公司工作,该公司开发有 Abaqus、CATIA、SolidWorks 及一系列计算机辅助工程软件。他的 *Python Scripts for Abaqus—Learn by Example* 一书被 40 多家工程公司使用,包括美国航空航天局、波音公司、苹果公司,以及麻省理工学院、斯坦福大学和佐治亚理工学院等数十所大学。Gautam 还在 YouTube 开设了一个名为 AbaqusPython[二]的频道,提供有关使用 Abaqus 进行有限元分析的培训视频资料。在达索 SIMULIA 工作期间,Gautam 使用 Abaqus 为各种 SIMULIA 客户提供咨询、培训和技术支持服务,他还为 SIMULIA 学习社区创建了 Abaqus 教程系列和 Isight(工作流优化软件)培训系列。Gautam 痴迷于尖端技术,除了自动化模拟,他还对网页、服务器、数据库、移动应用程序、云服务和微控制器进行了编码和架构设计。Gautam 最近的职务是亚马逊网络服务(AWS)研发项目经理,负责开发 PLC 硬件和机器学习算法,以帮助管理和扩展亚马逊的云基础设施。Gautam 目前是一家网络初创公司的首席技术专家,该公司暂处于隐秘模式。

我很了解 David Bassir 教授,因为他是监督我研究的负责人[三]。Bassir 博士现任中国科学院(广州)工业技术研究所外籍专家。此前,他曾在外交部(MAEE)担任法国驻中国广州总领事馆科技专员(AST)。在移居法国之前,Bassir 教授是巴黎土木工程专科学院(ESTP)的研究总负责人。他在 ENS2M/UFC 大学获得结构优化硕士学位后,于 1999 年以优异的成绩获得该大学博士学位。之后,Bassir 博士在多个航天机构担任 GECI 技术航天工程师,如 Arianespace(法国)、Matra Marconi Space(Astrium 集团)。2002 年,Bassir 以助教身份加入贝尔福-蒙贝利亚尔工业大学机械系;几年后,他在这里获得了 HDR 资质,可以在贝桑松 FEMTO-ST 研究所的一些研究活动框架内进行研究。在 2008 年加入代尔夫特技术大学航空航天结构委员会之前,Bassir 博士是中国西安飞机制造部的特邀教授。Bassir 博士还是 ASMDO 协会[四]和 EDP Sciences 出版社国际期刊 IJSMDO[五]的创始人。他作为专家委员会成员参与了许多国际组织。此外,他还在同行评审的科学期刊和同行评审的国际学术会议上发表了 150 多篇研究论文。他还担任许多与结构和材料优化相关的国际期刊审稿人,并主持过 2 项 HDR、12 项博

[一] Python Scripts for Abaqus—Learn by Example, book website: http://www.abaquspython.com/.
[二] Gautam (Gary) Puris YouTube channel AbaqusPython: https://www.youtube.com/user/AbaqusPython.
[三] Parameter identification of a nonlinear model of a composite laminate shell (David Hicham Bassir, Raphael Boulbes, Lamine Boubakar) FEMTO-ST, University of Franche Comt, UTBM conference paper for the 5th International Conference on Computation of Shell and Spatial Structures, 2005, France. 2005, Salsburg, Austria, June 1-4.
[四] ASMDO association: http://www.asmdo.com/.
[五] International Journal IJSMDO: https://www.ijsmdo.org/.

士项目、10项硕士项目和20项结题项目。他擅长项目和团队管理、战略和业务定位、政务联络和研发等。他的主要科学研究是关于复合材料的设计（宏观、微观或纳米级）和优化策略。

拉斐尔·让·布尔布斯（Raphael Jean Boulbes）

目 录

译者序
序一
序二
序三
前言
致谢

第1篇　模型调试方法

第1章　概述 ·········· 2

1.1　全局思维 ·········· 2
1.2　分析质量的四项绝对 ·········· 5
1.3　结构分析检查表 ·········· 6
1.4　启发式分析置信度 ·········· 9
参考文献 ·········· 10

第2章　分析收敛指南 ·········· 11

2.1　收敛问题的症状 ·········· 11
2.2　收敛问题的原因 ·········· 11
2.3　帮助 Abaqus 收敛求解 ·········· 12
2.4　通用工具 ·········· 12
2.5　接触稳定工具 ·········· 14
2.6　解决与接触相关收敛问题的工具 ·········· 14
参考文献 ·········· 15

第3章　调试模型的方法 ·········· 16

3.1　调试流程图 ·········· 16

3.2 作业诊断 ... 18
3.2.1 制作测试模型 ... 18
3.2.2 输出检查 ... 19
3.2.3 语法检查 ... 20
3.2.4 数据检查 ... 21
3.2.5 载荷和边界条件检查 ... 23
3.2.6 材料检查 ... 24
3.2.7 约束检查 ... 26
3.2.8 单元检查 ... 26
3.2.9 过盈配合检查 ... 27
3.2.10 接触检查 ... 28
3.2.11 初始刚体运动和过约束检查 ... 29
3.2.12 静态稳定性检查 ... 32
3.2.13 动态检查 ... 33
3.3 因果能量法 ... 36
3.3.1 基本能量法、假设和限制 ... 37
3.3.2 能量法 ... 37
3.3.3 缩放分析的能量法示例 ... 38
3.3.4 因果关系和能量导数 ... 39
参考文献 ... 39

第4章 一般先决条件 ... 40
4.1 词汇 ... 40
4.1.1 解读错误消息 ... 41
4.1.2 解读警告消息 ... 42
4.2 模型中已识别的未连接区域 ... 43
4.3 Abaqus/Standard 分析数据检查阶段的错误纠正 ... 45
4.4 诊断错误消息的技巧和窍门 ... 46
4.5 尝试恢复损坏的数据库 ... 47
4.5.1 方法1 ... 47
4.5.2 方法2 ... 47
4.6 Abaqus 的运动分布耦合 ... 48
4.6.1 约束执行的性质 ... 48
4.6.2 在 Abaqus/CAE 中定义约束 ... 50
4.7 Abaqus 几何非线性 ... 51
4.8 隐式与显式方法的区别 ... 52
4.8.1 动力学问题方程 ... 53
4.8.2 运动方程的时间积分 ... 53
4.8.3 Abaqus Standard 自动时间增量 ... 54

4.8.4　Abaqus Explicit 自动时间增量	58
4.8.5　动态接触	59
4.8.6　材料阻尼	60
4.8.7　半增量残差	60
4.8.8　比较 Abaqus/Standard 和 Abaqus/Explicit	61
4.9　不稳定坍塌和后屈曲分析	62
4.10　使用直接循环法进行低周疲劳分析	63
4.11　稳态传输分析	64
4.11.1　稳态传输分析中的收敛问题	64
4.12　传热分析	65
4.12.1　瞬态分析	68
4.13　流体动力学分析	69
4.13.1　收敛标准与诊断	69
4.13.2　时间增量大小控制	70
4.14　用户子程序介绍	71
4.14.1　安装 Fortran 编译器	72
4.14.2　运行使用用户子程序的模型	74
4.14.3　调试技巧和良好的编程习惯	74
4.14.4　Abaqus Standard 用户子程序示例	75
4.14.5　Abaqus Explicit 用户子程序示例	77
4.14.6　Abaqus CFD 用户子程序示例	79
参考文献	79

第2篇　具体问题

第5章　材料　82

5.1　概述	82
5.2　当前应变增量超过首次屈服应变	84
5.3　超弹性材料模型的收敛行为	84
5.4　使用不可压缩或几乎不可压缩材料模型	85
5.5　单轴拉伸和压缩超弹性试验数据的等效性	85
5.5.1　橡胶材料的单轴压缩试验数据	86
5.5.2　为 Marlow 超弹性模型指定拉伸或压缩试验数据	87
5.5.3　超弹性材料单剪试验数据的应用	88
5.6　非线性结果的路径依赖性（以弹性材料为例）	89
5.7　用户材料子程序	90
5.7.1　UMAT 或 VMAT 编写指南	91
5.8　UMAT 子程序示例	92

5.8.1 各向同性等温弹性 UMAT 子程序 ……93
5.8.2 非等温弹性 UMAT 子程序 ……95
5.8.3 Neo-Hookean 超弹性 UMAT 子程序 ……97
5.8.4 运动硬化塑性 UMAT 子程序 ……101
5.8.5 各向同性硬化塑性 UMAT 子程序 ……106
5.8.6 简单线性黏弹性材料 UMAT 子程序 ……111
5.9 VUMAT 子程序示例 ……114
5.8.1 运动硬化可塑性 VUMAT 子程序 ……115
5.9.2 各向同性硬化塑性 VUMAT 子程序 ……118
参考文献 ……122

第6章 网格和网格划分 ……123

6.1 概述 ……123
6.1.1 网格控制选项 ……123
6.1.2 二维结构的网格控制 ……124
6.1.3 三维结构的网格控制 ……124
6.1.4 了解网格生成器 ……126
6.1.5 网格生成 ……129
6.2 网格化的 Abaqus 模型转化为具有规则模式的非物理形状 ……136
6.3 单元过度变形警告 ……136
6.4 含有杂交单元模型的兼容性错误输出到消息文件 ……137
6.5 用户单元子程序 ……137
6.5.1 编写 UEL 指南 ……138
6.6 UEL 子程序案例 ……144
6.6.1 非线性截面平面梁的 UEL 子程序 ……145
6.6.2 广义本构行为 ……149
6.6.3 水平桁架和传热单元的 UEL 子程序 ……150
6.6.4 平面应变中四节点的 UELMAT 子程序 ……155
6.7 在各种分析过程中使用非线性用户单元 ……162
参考文献 ……164

第7章 接触 ……166

7.1 概述 ……166
7.1.1 解读 ……168
7.1.2 定义接触对 ……171
7.1.3 定义通用接触 ……171
7.1.4 曲面的表示 ……172
7.1.5 接触的形式 ……173
7.2 摩擦 ……189

	7.2.1	静摩擦和动摩擦 ………………………………………………………	190
	7.2.2	在分析过程中改变摩擦属性 …………………………………………	192
	7.2.3	经典摩擦值 ……………………………………………………………	192
7.3	硬接触或软接触 ………………………………………………………………	193
	7.3.1	数学刚度函数的识别 …………………………………………………	195
	7.3.2	指数接触刚度 …………………………………………………………	197
	7.3.3	由硬接触变为指数型接触 ……………………………………………	199
7.4	获得收敛的接触解 ……………………………………………………………	201
7.5	第一个增量的收敛困难 ………………………………………………………	202
7.6	接触颤振的原因及处理方法 …………………………………………………	203
7.7	理解面-面接触的有限滑移 …………………………………………………	205
7.8	使用罚函数接触 ………………………………………………………………	206
7.9	使用扩展的拉格朗日接触 ……………………………………………………	209
7.10	基于刚度的接触稳定技术 …………………………………………………	210
7.11	用二阶四面体单元建立接触模型 …………………………………………	212
参考文献 ……………………………………………………………………………	213

第3篇 工 具 箱

第8章 作业诊断中的故障排除 …………………………………………… **216**

8.1	Abaqus Standard 指南 ………………………………………………………	216
8.2	Abaqus Standard 作业完成，但结果看起来可疑 …………………………	217
8.3	全局不稳定的结构建模 ………………………………………………………	219
8.4	纠正由局部不稳定性引起的收敛困难 ………………………………………	220
8.5	在分析的数据检查阶段纠正错误 ……………………………………………	221
8.6	分析过早结束，即使所有的增量已经收敛 …………………………………	222
8.7	在上一次尝试的增量中使用过多的削减，导致调试发散 …………………	223
8.8	在非线性分析中使用随动载荷 ………………………………………………	223
8.9	理解负特征值消息 ……………………………………………………………	224
8.10	具有数值奇异警告的发散 …………………………………………………	225
8.11	消息文件中的零主元警告 …………………………………………………	226
8.12	接触分析中首次增量收敛困难 ……………………………………………	227
8.13	使用带有嘈杂测试数据的 Marlow 模型时的显式稳定时间增量 ………	228
8.14	分析以核心转储结束的原因 ………………………………………………	229
8.15	调试用户子程序和后处理程序 ……………………………………………	229
8.16	分析结束时 Linux 上没有可用的空闲内存 ………………………………	232
参考文献 ……………………………………………………………………………	235

第9章 数值验收准则 236

9.1 概述 236
9.1.1 常用控制参数 236
9.1.2 控制时间增量方案 237
9.1.3 激活线搜索算法 238
9.1.4 控制直接循环分析中的求解精度 239
9.1.5 利用 Abaqus CFD 控制变形网格分析中的求解精度和网格质量 239
9.1.6 非线性问题的收敛准则 241
9.1.7 瞬态问题中的时间积分精度 246
9.1.8 在隐式积分过程中避免对时间增量大小进行微小更改 248

9.2 多少沙漏能可以接受 248
9.2.1 增强的沙漏控制和弹性弯矩 249
9.2.2 增强的沙漏控制和塑性弯矩 249
9.2.3 Kelvin 黏弹性沙漏控制 249

9.3 对带有杂交单元的模型,错误消息打印到消息文件中 250
参考文献 250

第10章 需要一些帮助 251

10.1 提取 Abaqus 文档中的示例文件 251
10.2 使用 Abaqus 验证、基准和示例问题指南 251
10.3 腔体辐射问题导致过度内存使用 257
10.4 执行子模型分析 258
10.4.1 执行情况 259
10.4.2 加载条件 259
10.4.3 子模型边界条件 260
10.4.4 插值 260
10.4.5 子模型的分步步骤 261
10.4.6 设置选项 262
10.4.7 壳到实体 263
10.4.8 更改程序 264
10.4.9 频域 264
10.4.10 热应力分析 265
10.4.11 动态分析 265
10.4.12 子模型的局限性 266

10.5 执行重启分析 266
10.5.1 重启步骤 268

10.6 从实体零件生成壳零件 271

10.6.1　使用壳结构的好处 ……………………………………………… 271
　　10.6.2　壳结构模型的应用 ……………………………………………… 271
　　10.6.3　将实体模型转换为壳模型的步骤 ……………………………… 273
10.7　使用独立 Abaqus ODB API 编译和链接后处理程序 ………………… 278
10.8　使用 Abaqus/Make 之外的 C++ODB API 库创建可执行文件 ……… 279

第11章　硬件或软件问题 …………………………………………………… 282

11.1　解决文件系统错误 1073741819 ……………………………………… 282
11.2　解释错误代码 …………………………………………………………… 282
11.3　从 UNIX/Linux 核心转储中获取回溯信息 …………………………… 284
11.4　Windows HPC 计算集群 ……………………………………………… 287
　　11.4.1　经典 HPC 集群中的故障排除 …………………………………… 290

参考文献 ………………………………………………………………………… 292

附录　指南和优秀实践案例 ………………………………………………… 293

A.1　使用*COUPLING 模拟薄壁管的纯弯曲 ……………………………… 293
A.2　带有耦合节点运动学关系的可用自由度 ……………………………… 293
A.3　梯形法则的稳定性和准确性 …………………………………………… 294
A.4　具有半增量残差容限的高度非线性问题的精度控制 ………………… 301
A.5　网格的艺术 ……………………………………………………………… 303
　　A.5.1　自由网格划分技术 ……………………………………………… 303
　　A.5.2　基于设计对称的模型划分策略 ………………………………… 304
　　A.5.3　基于主导几何的模型划分策略 ………………………………… 306
　　A.5.4　小边及其对网格生成器的影响 ………………………………… 308
　　A.5.5　不兼容网格 ……………………………………………………… 310

第 1 篇

模型调试方法

所有结构工程师、使用有限元分析软件的学生或教授都明白,要从有限元模型中解决一些无法按预期计算的问题是多么困难。在本书的这一部分,首先,重点是获得实用的方法,作为指导来解决在使用 Abaqus 建模时遇到的故障问题;其次,本篇简要概述了几种适用于某些特定错误或警告信息的解决方案。

第1章 概述

1.1 全局思维

在描述这样或那样的方法之前，最为重要的是，对要执行的分析任务有一个初步的全面了解，然后使用软件执行，如这里使用的是 Abaqus 有限元法。求解任何有限元分析模型的数学方法都是独一无二的，用于执行此类任务的方法也是独一无二的，因此调试模型的方法是唯一的，这是从一开始就应该牢记的关键点。

因此，基本思路是找到一种方法，将工程范围的工作转换为有限元分析（FEA）模型。为此，图 1.1 展示了需要讨论的不同线性步骤，以确定可以求解的有限元模型。

如图 1.1 所示，从工程团队或等效工作组开始，因为分析师在这里的工作是解决其他人提出的结构分析问题，以便对定性问题给出定量答案。

图 1.1 中的不同阶段描述如下：

1）分析师必须确保具备处理工作组提交请求所需的专业技术和知识；否则，应首先进行关于分析案例的专门培训。

2）与分析师一起工作的工作组，必须根据以下不同的工作方向确定工作范围：
- 根据项目要求解释目标，并重新表述分析的主要目的。
- 找到并确定要分析的组件或系统。
- 明确要分析的每个组件或系统的功能。
- 绘制结构分析边界，这将有助于确定载荷和边界条件。
- 列出进行分析所需的所有文件清单。
- 关于结构分析，哪些标准适用于该组件或系统。
- 绘制草图，概述将要分析的内容。
- 做出进行分析所需的所有假设。
- 如果可能，对分析区内的某些区域进行手工计算，以确定局部的或整体的预期结构响应。

3）这一阶段主要涉及与工程团队签订初步协议，首先要确保一定的工作质量，并对所分析的组件或系统进行结构完整性分析。该规范文件的内容应尽可能为所有工程团队成员，甚至非分析师都能理解。

4）确保拥有进行正确设置所需的所有文件，如获取图样或 CAD 文件（如 .step 文件格式可用于从 CAD 软件导入 Abaqus）。

如果使用的是 CAD 文件，那么分析师应与设计工程师一起，根据研究区域的作用，依照最佳且最简单的设计细节标准，进行结构简化，以满足分析要求。

如果没有 CAD 文件来导入设计，那么分析师必须根据图样构建 FEA 模型，但仍要根据相同级别的设计细节获得最佳的几何近似，以尽可能准确地表示设计结构响应。

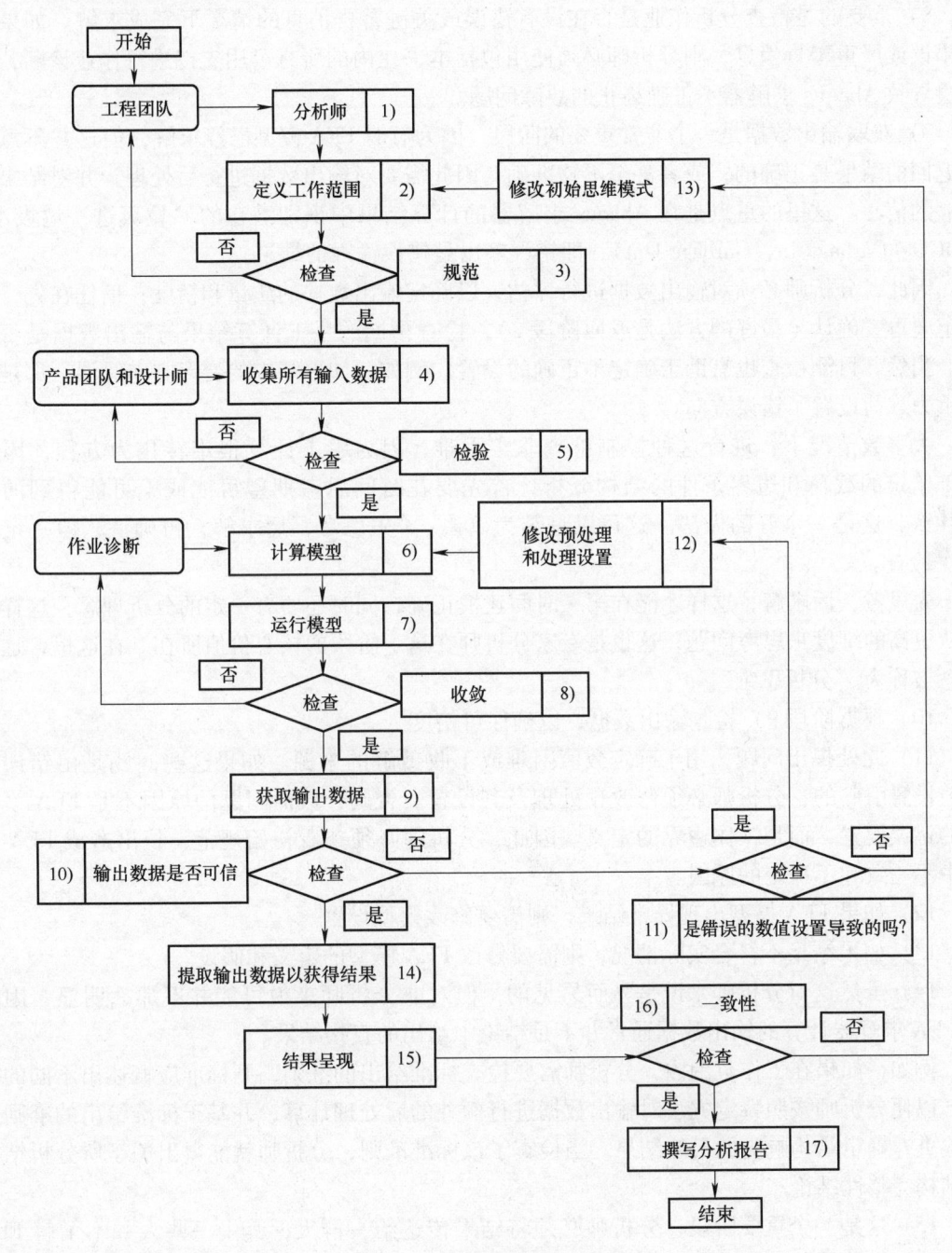

图 1.1 全局概览分析流程

5）检验阶段是将所有在阶段 2）中制定的规范转换为有关设计属性、分析标准，以及执行结构分析方法的机器语言。

6）在建模阶段，输入数据将根据工作范围说明中已定义的工作规范执行，并通过使用适当的 Abaqus 功能进行审核和批准。

7）此时，通过将分析作业提交到 Abaqus 求解器来运行 FEA 模型。

8）重要的是检查分析作业是否在没有错误或关键警告消息的情况下完成求解。如果出现错误或严重警告消息，则分析师必须使用包括本书在内的所有可用支持进行作业诊断，以解决导致 Abaqus 求解器不正确终止的故障问题。

9）获取输出数据是一个非常重要的阶段，因为有时 FEA 模型已经求解，但这并不意味着返回的结果是正确的，或者甚至不够准确，因此需要对输出数据进行后处理，并对结果有足够的信心。这里的重点是在 Abaqus 求解器的计算结果中识别潜在的"垃圾进，垃圾出"（GIGO：Garbage In, Garbage Out），即错误输出是错误输入的结果。

因此，分析师必须对输出数据进行评估，以确定输出数据的质量和精度；信任在先，但一定要再三确认。最好的方法是返回阶段 2），检查预期的手工计算结果与输出数据是否一致。当然，目测检查也有助于确定不正确的设置。例如，如果结构的变形方向错误，那是因为重力载荷设置了错误方向。

大多数情况下，进行这种控制检查非常困难，因为手工计算很难转化为方程，因此对于给定的载荷和边界条件的结构分析，首先要花时间思考期望可能或不可能得到的解是什么，这是一个好的做法。这可以总结为口诀："先思考，后求解，再确认，但一定要多次检查。"

先思考，后求解，这样才能在第一时间建模正确，同时还要有一定的分析理念，这样才能从更高的维度来思考问题，这也是专家分析师在这一阶段的核心价值所在。在这里，这一概念被称为"分析思维"。

10）根据阶段 9）检查输出数据，以确保可信度。

11）此处提出问题，用于确定数值困难或不收敛解的来源。如果这些问题是由错误的数值设置引起的，分析师必须修改预处理及其设置。否则，数值问题的原因不是 FEA 模型中的错误设置，而是工作边界的定义。因此，分析师必须查看初始规范，找出造成 FEA 模型中不一致和不稳定的原因。

12）如果 FEA 模型出现异常结果，则需要修改模型设置。

13）如果结果不符合实际情况，则需要修改 FEA 模型的定义和假设。

14）虽然这对分析师来说是显而易见的，但对非分析师来说可能并不那么明显，因为从 FEA 求解器计算的输出数据通常并不是结论中给出的直接结果。

例如，如果在工作范围内，分析师需要检查标准给出的准则，则标准应概述出不同的操作，以便分析师按照特定方法对输出数据进行额外的后处理计算，并基于标准给出的准则进行检查，确定结构响应的最终结果。当检查了该标准准则，分析师就能得出关于所分析结构的结构完整性结论。

15）这是一个重要阶段，分析师必须将结果传达给一群人，其中一些人并不了解 FEA 或所分析的结构。沟通是一项艰巨的工作，需要使用简单明了的解释，使受众能够理解关于特定主题的事项。

建议采取的策略是使用图像而不是文本对结果进行简短而清晰的解释，以易于理解的方式传达结果和要点。需平衡直奔主题和深入分析细节两种方式，两个极端都不可取，因为受众，包括非分析师，他们会因为缺乏细节而迷失方向，或者被淹没在过多的细节中，从而无法理解结果和结论。

因此，要尽可能简单明了，让大家明白结论，然后受众会提出问题，以深入挖掘结果和结论。

16）在分析师呈现得出的结论后，工程团队将判断结构分析的一致性状况。如果还需要做更多的工作，那么工作组就必须回到阶段13），修改初始思维模式，并对需要重做的工作范围做出新的定义。

17）这是最终阶段，所有工作都要经过审核和批准，分析师必须为工程团队撰写一份分析报告。

FEA报告的格式和内容可能因工作场所而异，但最重要的一点是要显示图1.1所示流程中的不同阶段。下面列出了FEA报告中可能包含的部分内容，但并非详尽无遗：

- 对于所分析模型的结构完整性问题，简述分析目的。
- 写明工作任务和子任务的范围。
- 写明与工作范围相关的所有参考文件，包括图样、标准等。
- 绘制草图，用图表展现所有细节，以便了解分析区域的载荷和边界条件。
- 写明FEA模型的所有相关假设。
- 写明有关用于设置FEA模型输入数据的所有参考资料，如摩擦系数、材料数据等。
- 绘制所有必要的图表，以便理解FEA模型的装配、材料定义、接触相互作用等内容。
- 如有必要，根据工作范围补充所有手工计算，以预测求解结果。
- 应用与结构响应最相关的数据，如应力、位移和应变云图来解释结果。
- 使用简洁的语言和清晰简短的文本，解释撰写的分析结果报告。
- 根据引言中提出的问题，对所分析的产品是否符合要求给出简短结论。

一般来说，在具有最佳条件的结构分析案例中，如果分析师遵循上述方法，则能将出现故障排除问题的风险降至最低，并能很好地理解结构分析。

如果对开发中的结构进行研究分析，某些阶段尚未完全实现，则可以重新调整方法。

因此，以下方法是确保结构分析的良好实践指南，并足够自然灵活，可以应对工作环境中或多或少的不同情况。因此，图1.1所描述的方法可以被视为关于结构分析的过程和完成结构分析的完整思维模式。

1.2 分析质量的四项绝对

Quality Without Tears《质量无泪》[1]给出了四项绝对的定义，并根据分析师的需要重新表述为执行结构分析的核心重点。绝对是根据公司标准或准则定义的原则值，目的是因人施用，以便开展业务。为执行分析工作，绝对如下：

第一项绝对：质量的定义是符合要求的。
第二项绝对：质量体系是通过安全控制措施来预防失败的。
第三项绝对：性能标准是零缺陷。
第四项绝对：质量的衡量标准是不合格品的代价，而不是目标。

最初，质量改进的基础是让每个人第一次就把事情做好，这就是为什么分析质量必须定义为符合工作规范要求，而不是正确性。在确定了工作范围的适当定义后，工作组需要防止出现一致性差的风险。

预防是让工程团队了解如何将设计模型转换为有限元模型。在这里，非分析师需要了解分析过程的基础，在分析方法中创建全局质量体系是预防，而不是评估。

零缺陷是根据计算结果得出可靠结论的信心，在 FEA 控制中，性能标准必须是零缺陷，而不是说"这足够相似"。

不符合要求的代价是做错事所涉及的所有费用，如果工作组开始时没有花时间思考或理解部分工作规范，那么最后可能会出现巨大的偏差。这将需要付出额外代价，或者更确切地说，是不需要付出的额外代价。

1.3 结构分析检查表

如果没有对材料数据加以控制，如使用清单检查表，总结重要里程阶段，将工程团队的问题转化为结构分析设置，那么图 1.1 所述的方法论思维便不够完善。表 1.1 为经典结构分析检查表示例。

表 1.1 经典结构分析检查表示例

阶段	任务	描述	检查
规范	条款	条款规则是否符合需求的标准	
	文档	收到的所有组件图样、材料数据、项目设计依据等是否可用并符合规定的工作范围	
FEA	手工计算	是否进行了一些基本的手工计算，以粗略估计和验证 FEA 结果（例如，将 FEA 求解的反作用力与静态平衡中的施加载荷对比）	
	模型	是否有足够的细节	
		是否正确选择了对称面或其他减小模型尺寸的考虑因素	
		重心和重量是否正确	
		模型是否包含不需要的间隙（清理 CAD 模型）	
	材料性能	工作温度和设计温度下的材料性能是否正确	
	接触属性	是否正确定义了相互作用的接触面和摩擦属性	
	分析类型	所选分析类型是否适合载荷条件（静态、动态、线性、非线性等）	
	背景	加载、预定义位移和边界条件是否正确应用	
		报告中是否包含清楚显示的模型草图和彩色图	
	单元类型	用于分析的梁、桁架、壳体、实体等单元类型是否适用于正在分析的部件或系统	
	网格划分	网格密度（单元尺寸）是否使用灵敏度分析或其他合适的方法准确确定	
		应力精度值和/或网格收敛研究是否可接受	
		对关键区域网格是否检查并确认正确（尤其是尖角或突然的设计过渡处）	

(续)

阶段	任务	描述	检查
FEA	结果	应力、应变、旋转、挠度和任何输出场是否在设计规范许可范围内	
		接触面是否穿透（例如，节点穿透表面）	
		管理标准中概述的方法是否得以遵守	
文档管理	FEA 报告	报告是否包含用以清楚理解分析和结论所需的最少信息	
	FEA 文件	创建一个包含所有分析文件的 zip 文件夹①	

① 减小 Abaqus CAE 文件大小的命令为 Abaqus/CAE 菜单 File→Compress Mdb。使用此方法前请保存更改。

当然，为了规范当前的分析任务，由分析团队制作此类检查表。以标准化分析任务为目的，花时间制定表 1.1 所列的清单极其重要，这将有助于工程团队和分析师最大限度地降低分析故障无法排除的风险，并加快整个进程。实际上，对于特定需求，创建模型的非分析师与获得模型一致性的分析师之间的相互理解，对于高效和有效的团队合作至关重要。这种相互信任将有助于提高工作质量，并帮助解决分析阶段可能出现的问题。

根据图 1.2，启发式分析置信度 C_3 可用式（1.1）表达：

$$C_3 = 1 - \frac{V_{sol}}{V_{unit}} \tag{1.1}$$

式中，V_{sol} 是由解组成的四面体体积，V_{unit} 是每单位解的总四面体体积。

在这种情况下，把式（1.1）建立为四面体顶点 (S_1, S)、(S_2, S) 和 (S_3, S) 的函数式（1.2）。

$$C_3 = 1 - \frac{(1/6)(S_1, S)(S_2, S)(S_3, S)}{(1/6)} \tag{1.2}$$

难点在于确定顶点的值，每个顶点都独立于其他顶点，而确定顶点值的方法取决于它们所代表的方向。因此，图 1.2 中的顶点 (S_1, S) 代表了理论手工计算方向。为了使用解 S_1 的值来确定选为坐标系原点的实际未知解 S，只能进行误差计算。为确定顶点 (S_1, S) 的误差计算，将根据假设列表和量化每个假设的方法来建立函数，因此，在误差计算中不会考虑无法量化的假设，并在置信度中也不会考虑。一旦列出所有可量化的假设 (a_i)，顶点 (S_1, S) 就可以由式（1.3）确定，因为顶点是所有误差假设的贡献，以确定理论手工计算方向上的解。

$$(S_1, S) = a_1 * a_2 * \cdots * a_{n_1} = \prod_{i=1}^{n_1} a_i \tag{1.3}$$

同理，考虑 FEA 模型中所有可能的可量化变量之后，表征计算建模方向的顶点 (S_2, S) 就可以确定。这些变量包括细或粗网格、具有单元检查或能量比的残差计算值等。一旦列出所有可量化的变量 (v_i)，顶点 (S_2, S) 就可以由式（1.4）确定，因为顶点是所有误差变量的贡献，以确定计算建模方向上的解。

$$(S_2, S) = v_1 * v_2 * \cdots * v_{n_2} = \prod_{i=1}^{n_2} v_i \tag{1.4}$$

最后，在考虑使用测量系统的所有可能的可量化设备容差之后，可以确定表征测量数据方向的顶点 (S_3, S)。这里包括测量中具有机械容差的应变片，以及数据采集设备、粘合应变片的特定区域的质量监测等。一旦列出了测量（m_i）中的所有可量化容差，就可以确定顶点（S_3, S），见式（1.5）。因为顶点是测量中所有误差的贡献，以确定测量数据方向上的解。

$$(S_3, S) = m_1 * m_2 * \cdots * m_{n_3} = \prod_{i=1}^{n_3} m_i \tag{1.5}$$

为了更好地理解式（1.3）~式（1.5），可以将其视为每个自变量的所有误差贡献的乘积。模型中的自变量采用了许多假设，这些假设是由用于建模的不同特征引起的变化，或者来自于测量数据的设备容差。假设x_1和x_2是两个独立自变量，其误差分别为δx_1和δx_2，这两个变量引起的总误差贡献见式（1.6）。

$$(x_1 + \delta x_1) * (x_2 + \delta x_2) = x_1 x_2 + x_1 \delta x_2 + x_2 \delta x_1 + \delta x_1 \delta x_2 \tag{1.6}$$

由于变量x_1和x_2是独立的，因此在式（1.6）中，如果一个变量是由另一个变量给出的误差函数，那么这个计算项是没有意义的。因此，式（1.6）可以简化为式（1.7）。

$$(x_1 + \delta x_1) * (x_2 + \delta x_2) = x_1 x_2 + \delta x_1 \delta x_2 \tag{1.7}$$

式（1.7）可以用不同的方式加以表述，以显示变量x_1和x_2的总误差相关性，见式（1.8）。

$$\frac{(x_1 + \delta x_1)}{x_1} * \frac{(x_2 + \delta x_2)}{x_2} = 1 + \frac{\delta x_1}{x_1} \frac{\delta x_2}{x_2} = 1 + \prod_{i=1}^{2} \frac{\delta x_i}{x_i} \tag{1.8}$$

如图1.2所示，式（1.1）中的置信度可以使用式（1.3）~式（1.5）的不同误差估算加以计算：

$$C_3 = 1 - \left(\prod_{i=1}^{n_1} a_i\right)\left(\prod_{i=1}^{n_2} v_i\right)\left(\prod_{i=1}^{n_3} m_i\right) \tag{1.9}$$

遵循与式（1.9）中确定的C_3相同的原则，还可以确定两个方向上的置信度C_2，如图1.2所示，在理论手工计算和计算建模两个方向之间。

如图1.2所示，在二维空间将式（1.9）置换为式（1.10）。

$$C_2 = 1 - \left(\prod_{i=1}^{n_1} a_i\right)\left(\prod_{i=1}^{n_2} v_i\right) \tag{1.10}$$

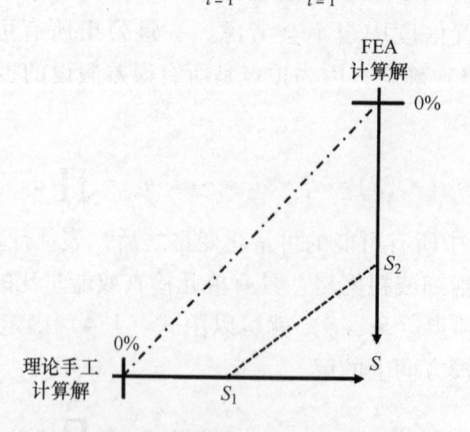

图1.2 置信度的启发式二维空间表示

同理，在图1.3所示的一维空间，将式（1.10）的置信度转换为式（1.11）的C_1。

$$C_1 = 1 - e_1 = 1 - \left(\prod_{i=1}^{n_1} a_i \right) \tag{1.11}$$

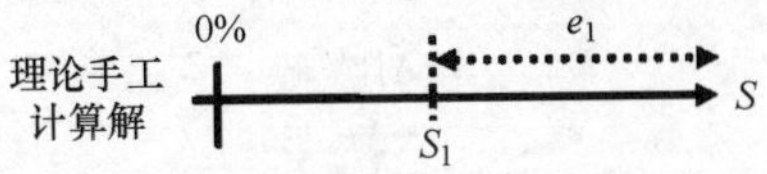

图 1.3 置信度的启发式一维空间表示

总之，人类经常依赖启发式，它可以被描述为各种粗略和现成的问题解。但是，这些技术可能会导致产生系统推理错误，即偏差，尤其是分析师对所执行任务的每个步骤不够严谨时。因此，为了尽量减少偏差，必须首先在专家委员会（由在分析领域具有高技能和经验的人员组成的小组）中讨论偏差标准。

1.4 启发式分析置信度

当模型的解已经得到但来源不同时，分析师必须质疑其结果的准确性，如，将 FEA 解与手动计算解或测试数据提供的解进行比较，或者基于各种启发式技术，找出或开发出复杂方法[2]。源自古希腊语的启发式（Heuristic），意为探索或发现某种事物的技术，即解决问题、学习或探索的方法，它采用的是一种实用的方法：不保证是最佳的、完美的、合乎逻辑的或理性的，但足以达成近期目标。当不可能找到最佳解或最佳解不切实际时，可以使用启发式方法加速找到满意解的过程。

要解决给定问题，只有三个方向：①使用理论计算模型；②通过计算机辅助建模，如使用 Abaqus 软件；③使用测量系统。大多数情况下，分析师缺乏关联模型解所需的测量数据。事实上，对于同一问题，三个方向都会给出不同的解值，这是可能的，因为三个方向以不同的方式处理问题，因此包含一些由不同来源产生的误差或偏差。例如，理论计算模型是将问题解呈现为方程组的假设函数，因此如果假设没有尽可能与要解决的问题准确相关，则会出现一些误差或偏差。当然，假设越多，需要求解的方程就越复杂；而且，由于手工计算的限制，这不是一个简单的任务。

此外，不建议构建一个非常复杂的方程组来求解，因为分析师可能会在计算过程中引入一些错误，因此分析师最常用的是第二个方向：借助 Abaqus 等计算机辅助软件建模，并使用分析求解器求解，但即使在这种情况下，也会出现一些误差或偏差。例如，网格函数仅是真实几何近似，会引入网格偏差；材料曲线是真实材料行为的理想化；接触相互作用并不代表真正的接触力等，这些在建模过程中出现的所有误差或偏差因素，都会对计算解的准确性造成一定影响。

最后，测量系统也并不完美。例如，应变仪对所记录的测量数据存在误差，即容差。因此，测量系统越复杂，对各种设备的依赖程度越高，误差或偏差值就越高。此外，测试团队在安装或运行测试过程中，可能存在潜在偏差，显然没有什么是完美的。

基于上文描述的一个、两个或三个方向所引起的误差，本节介绍一种简单的校准方法，通过调整置信水平，以评估给定解的相关性。在三个方向都有误差的情况下，可以使用正交三维空间坐标系给出几何表示，则该坐标系中心处展现问题的解。如图 1.4 所示，S_1 是理论手工计算解，S_2 是 FEA（如 Abaqus）建模计算解，S_3 是测量数据系统给出的解。很明显，由于理论模型假设、计算模型或所用测量设备的容差所引起的一些误差，模型解 S 无法完美获得。

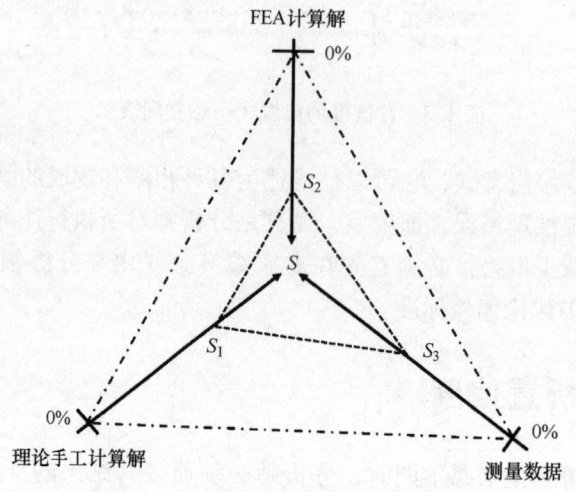

图 1.4 置信度的启发式三维空间表示

参考文献

1. Crosby PB (1995) Quality without tears, the art of hassle-free management. McGraw-Hill, Inc., New York
2. Kaveh A (2014) Computational structural analysis and finite element methods. Springer, Berlin

第 2 章　分析收敛指南

2.1　收敛问题的症状

收敛问题是与工程设计相关的典型分析问题,涉及挠度、位移、应力、固有频率、温度分布等的预测。这些参数用于迭代材料参数和/或几何形状,并优化其性能。传统方法(如手工计算)通过简单方程对物理模型进行理想化以获得解。然而,这些近似值过度简化了问题,其解析解仅能提供保守的估计。或者,有限元法和其他数值方法能够提供考虑更多细节的工程分析,而手工计算是不切实际的。有限元法将物体分割成更小的部分,以确保沿着这些单元边界的位移连续性。对于使用有限元分析的人来说,经常使用术语"收敛"。大多数线性问题不需要迭代求解过程,网格收敛是一个需要解决的重要问题。此外,在非线性问题中,还需要考虑迭代过程的收敛性。

本节将研究收敛问题,并解决与其相关的问题。首先,可在扩展名为.msg的消息文件中找出大多数收敛问题的症状。另外,扩展名为.dat和.sta的文件也可能包含问题症状。在求解中,一些常见的消息可能表明收敛问题,从而导致数值计算困难。一些示例概述如下:

1) WARNING:THE SOLUTION APPEARS TO BE DIVERGING(求解出现分歧)。

2) WARNING:THE STRAIN INCREMENT HAS EXCEEDED FIFTY TIMES THE STRAIN TO CAUSE FIRST YIELD AT 7 POINTS(7个点的应变增量已超过导致首次屈服应变的50倍)。

3) WARNING:THE SYSTEM MATRIX HAS 3 NEGATIVE EIGENVALUES(系统矩阵有3个负特征值)。

4) WARNING:ELEMENT 441 IS DISTORTING SO MUCH THAT IT TURNS INSIDE OUT(单元441扭曲严重,以至于内侧外翻)。

5) NOTE:SUBDIVISION AFTER 12 ITERATIONS FOR SEVERE DISCONTINUITIES(对严重不连续性,12次迭代后进行细分)。

6) WARNING:OVERCLOSURE OF CONTACT SURFACES SLAVE_SURF AND MASTER_SURF IS TOO SEVERE CUTBACK WILL RESULT(接触面的从面和主面的过度闭合,导致步长缩减)。

7) WARNING:SOLVER PROBLEM.ZERO PIVOT WHEN PROCESSING NODE 1 D.O.F.1(求解问题,处理节点1的自由度1时零主元为零)。

2.2　收敛问题的原因

有限元建模不足是非线性模拟中收敛问题的最常见原因。以下是一些示例:

1) 在边界条件、接触条件和/或多点约束条件之间定义相互冲突的约束。

- 未对模型进行充分约束。
- 材料数据不完整/不充分。
- 使用了不适当的单元。

2）模型具有高度不稳定的物理系统，此情况需要使用正确的单元类型和分析技术。

2.3 帮助 Abaqus 收敛求解

要确定哪种症状是导致数值收敛困难，一个好的方法是隔离最大的潜在原因，并重新运行，以查看有什么变化，从而一次修复一个症状。一些建议方法如下：

1）帮助 Abaqus 收敛的最好方法是建立一个轻型模型进行测试。
- 不要将每个细节都放入第一个模型。
- 可以从接触开始，但不设置塑性、摩擦或非线性几何，以便理解模型的行为方式。
- 每次增加一个细节，以限制收敛问题的来源数量。

2）给出初始增量、最小增量和最大增量的合理值。

3）收敛问题的原因会在 .msg、.dat、.odb 和 .sta 文件中报告。
- 不要限制写入消息文件 .msg 的数据。
- 对于接触问题，可访问模型输入文件"-.inp"并使用关键字命令*PRINT，CONTACT=YES，以在消息文件中获取详细接触信息。
- 对于材料问题，使用关键字*PRINT，PLASTICITY=YES，可获取塑性算法在材料求解过程中未能收敛的单元和积分点编号。
- 要求将其他附加信息写入这些文件，以帮助定位收敛问题的根源。

2.4 通用工具

通过对上述警告消息的全局概览进行快速控制，可以为分析师提供合理的猜测，使其知道发生了什么错误，并大致了解要采取的纠正措施。这里给出一些可执行的首要逻辑操作，以解决数值问题：

1）最好使用位移控制而不是负载控制。例如，如果模型以纯拉伸载荷加载，则应用轴向位移模拟拉伸载荷，而不是使用集中力载荷，这将最大限度地减少收敛问题，因为位移载荷能够更好控制迭代求解，使迭代求解更稳定。同理，使用旋转位移而不是集中力矩载荷表征纯弯曲载荷工况。将所需的节点力和位移写入 .dat 文件，然后使用（-xydata）功能提取数据，从而生成载荷与位移的（x-y）数据文件，并在 Abaqus/View 窗口绘制。

2）控制增量大小，以防止 Abaqus 过于激进地靠近突变的刚度变化。使用命令*STATIC设置初始增量大小、最小步长和最大步长。初始增量大小通常应在 0.01~0.1 范围内，以便缓慢开始分析（默认=1.0）。可以减小最小步长，以允许求解器能够进一步缩减（默认=0.00001）；同时，可以减小最大步长，以防止 Abaqus 超出突变的刚度变化规定，从而提高运行效率（无默认）。推荐设置*STATIC 0.01、1.0、1.0000E-08、0.1。

3）创建一个非常小的初始步，用于启动接触。

4）在特定节点上使用缓冲器（dashpots）㊀或弹簧（spring）单元。

5）使用连接器（connector）单元或梁（beam）单元，代替多点（multi-point）约束㊁。

6）如果是沙漏[1]㊂问题（通常只是连续单元的问题，而非壳单元），请使用全积分单元类型或沙漏控制。

7）为解决大旋转问题，可使用抛物线外推法（例如，*STEP，EXTRAPOLATION = PARABOLIC）。

8）关闭位移校正外推，以便 Abaqus 不会过于激进处理突变的刚度变化（例如，*STEP，EXTRAPOLATION = NO）。

9）对于随动载荷或高度弯曲的可变形表面之间的有限滑移问题，应使用非对称矩阵存储和求解方案（例如，*STEP，UNSYMM = YES）。

10）对于全局不稳定问题，如整体屈曲、坍塌或突弹跳变㊃，其中非线性不稳定区域是突弹跳变发生区域，并且平衡路径从一个稳定点 A 到另一个新的稳定点 B，可以使用 Riks㊄方法。如果使用 Riks，请在需要之前不使用 Riks，然后再创建使用 Riks 的附加步骤。必须注意的是，使用位移控制比 Riks 更有效。对于 Riks 分析中的回溯，在*STATIC，RIKS 中指定最大弧长，如 1.5。

11）对于局部不稳定的问题，使用自动稳定并监控阻尼能量。这不能与 Riks 一并使用，但可以与位移控制*STATIC，STABILIZE、*ENERGY OUTPUT、*ENERGY PRINT 或 *ENERGY FILE 结合使用，以监控能量 ELSD㊅、ESDDEN㊆和 ALLSD㊇。

12）为*PLASTIC 材料定义的完美塑性区域设置略微增加的斜率。

13）将杂交单元用于高度不可压缩单元（泊松比接近 0.5）或各向异性超弹性本构（单元具有较大刚度差异，如弯曲刚度与轴向刚度）。

14）放宽收敛标准（尽量避免）。当设置接触时，分析师可为初始小步执行此放宽标准，然后在后续分析步使用默认参数*CONTROLS，PARAMETERS = FIELD。

㊀ 缓冲器（Dashpots）用于模拟与速度相关的力或扭转阻力，还可提供黏性能量耗散机制。通常在不稳定、非线性和静态分析中，如果修改 Riks 算法不适用，并且使用自动时间步进算法，则缓冲器很有用，因为结构的突然变化可以由缓冲器产生的力加以控制。这种情况下，必须结合时间段选择阻尼大小，以便有足够阻尼控制这些困难，但当获得了稳定静态响应时，阻尼力可以忽略不计。

㊁ MPC 模块提供了多点约束建模的基本能力。多点约束是在模型中将自由度相互关联的一种通用方式，它提供了非常强大的工具，可用于许多建模问题。一个重要的例子是在节点之间传递载荷，这些节点在空间上分离，或者附加于不同自由度，如平移和旋转。

㊂ 它本质上是一种有限元网格的虚假变形模式，由零能量自由度的激励产生。通常表现为锯齿形或沙漏形的混杂，其中各个单元严重变形，而整体网格部分没有变形，这出现在三维六面实体降阶积分单元，以及相应的三维四面体壳单元和二维实体单元。

㊃ 查看 Abaqus Example Problems Guide v6.14 第 1.2.1 节 "Snap-through bucking analysis of circular arches"。

㊄ 几何非线性静态问题有时涉及屈曲或倒塌行为，其中载荷-位移响应显示负刚度，并且结构必须释放应变能以保持平衡。或者，可以使用改进 Riks 方法找到响应不稳定阶段的静态平衡状态。此方法适用于载荷成比例的情况，也就是说，载荷大小由单个标量参数控制。即使在复杂、不稳定的响应情况下，该方法也能够求解。

㊅ 自动静态稳定导致单元中耗散的总能量。不适用稳态动态分析。

㊆ 静态稳定导致的单元中每单位体积耗散的总能量。不适用稳态动态分析。

㊇ 自动稳定消耗的能量，包括体积静态稳定和接触对的自动逼近（后者仅适用于整个模型）。

2.5 接触稳定工具

这里，基于接触的故障排除，提供一些适用于静态平衡的建议。

1) 创建一个非常小的初始步以启动接触。

2) 使用位移控制而不是载荷控制。将所需的节点力和位移写入 .dat 文件，然后使用 xydata 功能生成载荷与位移的 x-y 数据，并在后处理视窗中绘制。

3) 添加与总载荷相比刚度较低的弹簧，以便为接触对提供一定的阻力，直到建立接触。如果弹簧力太高，则可以建立第二步，以在建立接触后移除弹簧。

4) 在没有刚体运动的情况下，使用逼近参数为初始步建立接触。在单独分析步施加结构载荷（或绝大多数），然后监测接触压力 CPRESS 和能量 ALLSD 的能量水平。*CONTACT CONTROLS, APPROACH MASTER=master-name, SLAVE=slave-name。

2.6 解决与接触相关收敛问题的工具

一般来说，必须谨慎处理接触定义，尤其是在使用附加参数帮助收敛时（如调整、逼近、收缩和自动容差），并随后执行控制检查，确保载荷或关键接触行为不受影响。

1) 使用*CONTACT PRINT 监控接触力，将力写入*.dat 文件，有助于确定哪些接触对难以建立接触。

2) 选择主/从面并定义相应网格以捕获所需的接触行为，相对从面，主面应具有较粗网格。此外，分析师可以定义超出从面的主面，但不允许相反。

3) 仔细检查接触面上的法线。接触法线方向以主面为基准，因此如果某面的法线方向很重要，则应相应地选择其为主面。如果发现有较大的过盈，则可能表明接触法线方向错误。

4) 仔细检查接触表面的边缘，并去除主面上的缝隙。

5) 不要把一个节点定义为两个或多个接触对及 Gap 单元的从属节点。

6) 如果可能，应使用 Gap 单元消除接触。如果定义为初始零间隙的 Gap 单元出现颤动，则尝试更改为非常小的非零间隙。

7) 添加与总负载相比刚度较低的弹簧，以便为接触对提供一些阻力，直至建立接触。如果弹簧力过高，则可创建第二步，以在建立接触后移除弹簧（使用 S11 选项监控反作用力）。

8) 添加缓冲器。

9) 如果接触在初始阶段略微穿透，使用 adjust=0 调整节点，但如果初始接触力至关重要，则小心使用。

10) 使用软接触施加与穿透量相关的力（如果出现颤动）。*SURFACE BEHAVIOR, PRESSURE-OVERCLOSE=EXPONENTIAL 0.1, 200。

11) 如果严重不连续性正在减少，则增加允许的严重不连续性迭代的最大次数 [默认 (DEFAULT) = 12]。*CONTROLS, PARAMETERS=TIME INCREMENTATION,,,,,, 24。

12) 打开自动容差，以使 Abaqus 计算过闭合容差和分离压力容差。*CONTACT CONTROLS, AUTOMATIC TOLERANCES。

13）除非绝对必要（如机构/内部），不要去除接触中的摩擦。相反，在极少数情况下，模型会随着摩擦值的增加而更好地收敛。如果任何摩擦系数大于 0.2，Abaqus/Standard 将自动使用非对称矩阵存储和求解方案。

14）在适用的情况下，打开小滑移。小滑移会创建无限主面，请谨慎使用。*CONTACT PAIR，SMALL SLIDING。

15）使用 *CONTACT DAMPING[①] 在接近或分离过程中阻尼接触表面的相对运动。

16）增加 *CONTACT PAIR 中被称为 HCRIT 的绝对穿透容差，尽管这在某些情况下很少有帮助，但总比没有好。

17）对于高度弯曲的可变形表面之间的有限滑移，使用非对称矩阵存储和求解方案。*STEP，UNSYMM=YES。

18）对于摩擦滑动等严重的不连续行为，应用不连续控制，这可能会增加运行时间，尤其是对于不严重的不连续问题。*CONTROLS，ANALYSIS=DISCONTINUOUS。

19）在求解过程中，使用静态显式求解器更改数值求解方案[②]。实际上，显式求解器是模拟高能、短时间动态事件，如冲击、跌落和爆炸分析等的最佳选择。

但是，在某些情况下，显式求解器也可用于静态分析。显式求解器依赖于这样的假设：模型属性在每个时间步长内都是线性的，并且矩阵在每个步骤结束时更新。该假设被认为是准确的，因为仅使用非常小的、条件稳定的时间步长。该假设很重要，因为它消除了收敛迭代的需要，而收敛迭代通常会阻止高度非线性的隐式分析求解。

这意味着显式求解器可用于处理高度非线性的静力学问题，这些问题要么由于收敛困难而无法使用隐式求解器求解，要么由于需要太多的迭代而求解速度非常缓慢。

在有限元模型中，对接触设置的一个较好的做法是遵循如下基本规则：

1）通常，使用 *PRINT，CONTACT=YES 要求详细输出相互作用和 Gap 问题中的接触或分离点。

2）通常，不要在将被删除的 *CONTACT PAIR 中使用 ADJUST 参数。调整在移除之前进行，如果表面在初始接触之前不在其最终位置，则可能会使单元扭曲失真。

3）通常，如果要添加阻尼，可使用 *ENERGY PRINT、*ENERGY OUTPUT、*ENERGY FILE，以监控 ALLAE[③] 和 ALLSE[④]。

参考文献

1. Belytschko T, Ong JSJ, Liu WK, Kennedy JM (1984) Hourglass control in linear and nonlinear problems. Comput Methods Appl Mech Eng 43(3):251–276. http://www.sciencedirect.com/science/article/pii/0045782584900677. ISSN 0045-7825

[①] 查看 *Abaqus Analysis User's Guide* v6.14 第 37.1.3 节 "Contact damping"。

[②] 因为 Abaqus Explicit 显式求解器使用较小增量，若用于静态问题求解，则可能需要很长时间，用户需要仔细选择加载速率或质量缩放以加快求解效率。

[③] "伪"应变能与用于消除奇异模态（如沙漏控制）的约束相关联，并与钻旋转跟随壳单元平面内旋转的约束相关联。

[④] 可回收应变能。

第 3 章　调试模型的方法

3.1　调试流程图

　　这里所描述的调试模型的检查方法是在启动分析之前列出预防措施，以便提前识别模型中的所有潜在错误。实际上，模型可能需要很长时间才能运行，在求解的处理进程中迟早可能会出现一些错误。如果在处理中较早发生错误，那么模型将退出并显示错误消息，但如果错误发生在处理阶段的后期，那么分析师将白白浪费一些计算时间。图 3.1 所示的流程图从图 1.1 所示的作业诊断步骤开始调试具有收敛问题的模型。图 3.2 是图 3.1 的延续配套流程图。

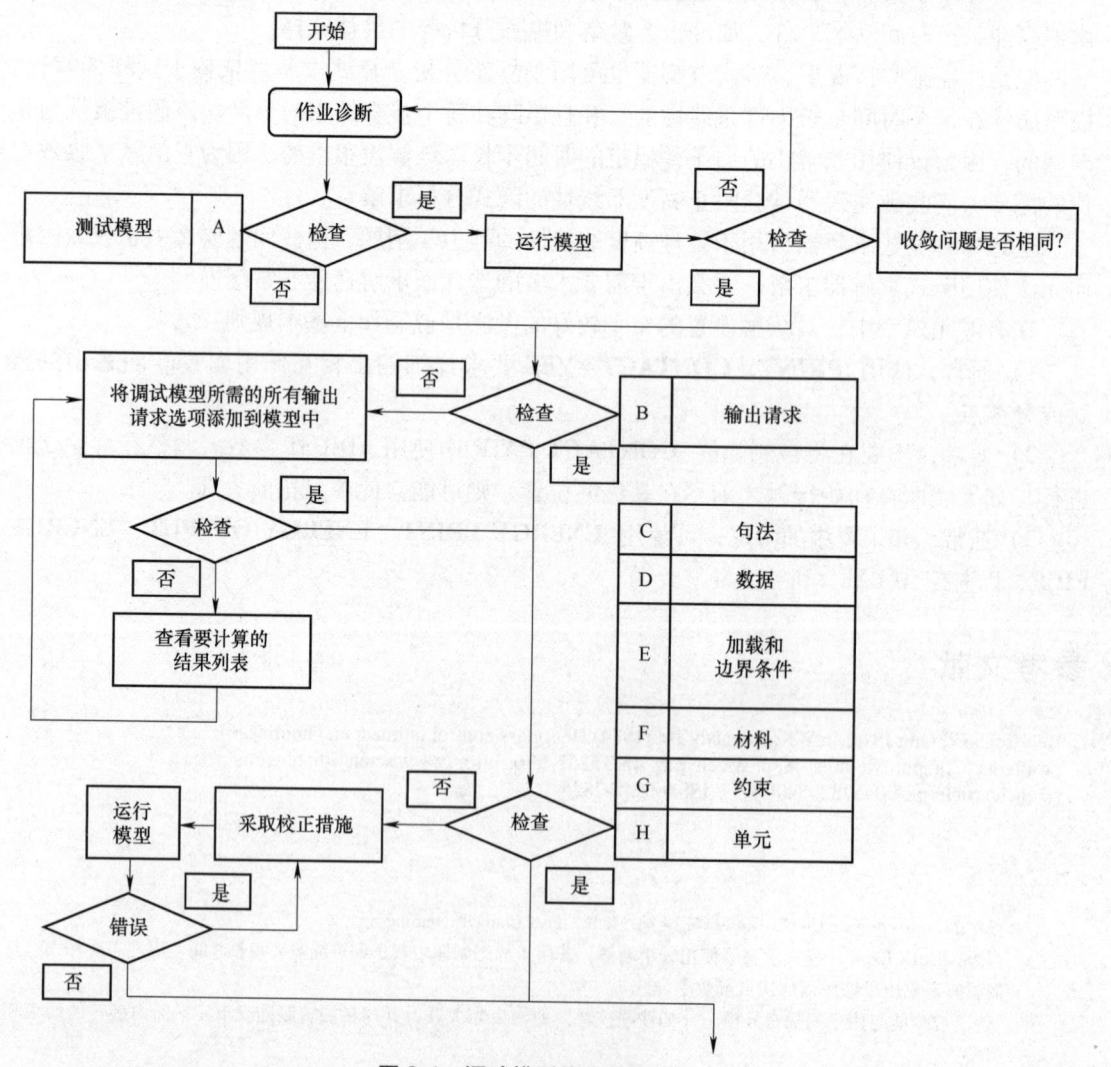

图 3.1　调试模型的流程图（1）

图 3.1　调试模型的流程图（1）（续）

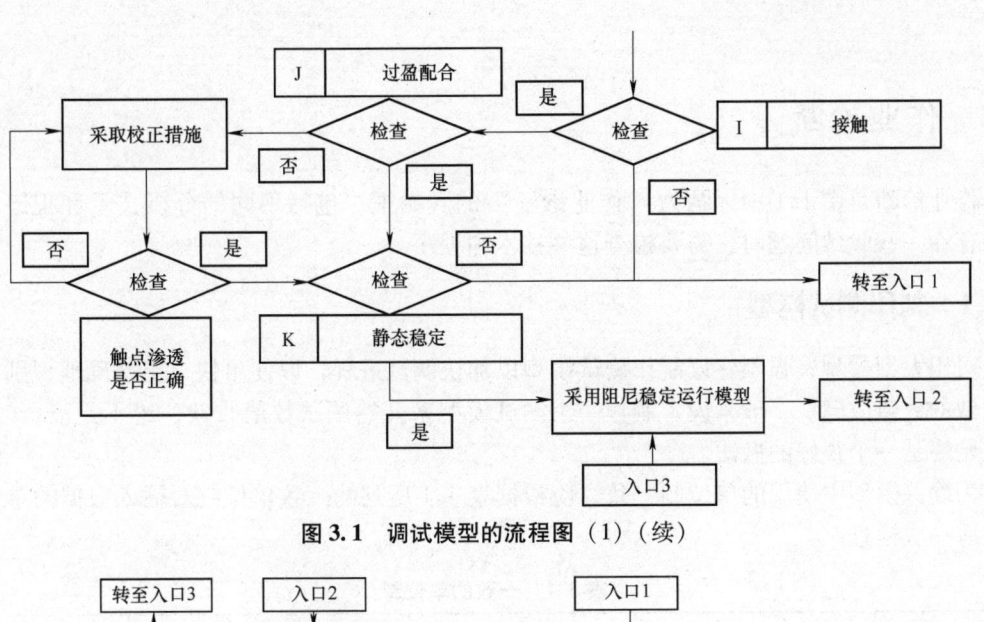

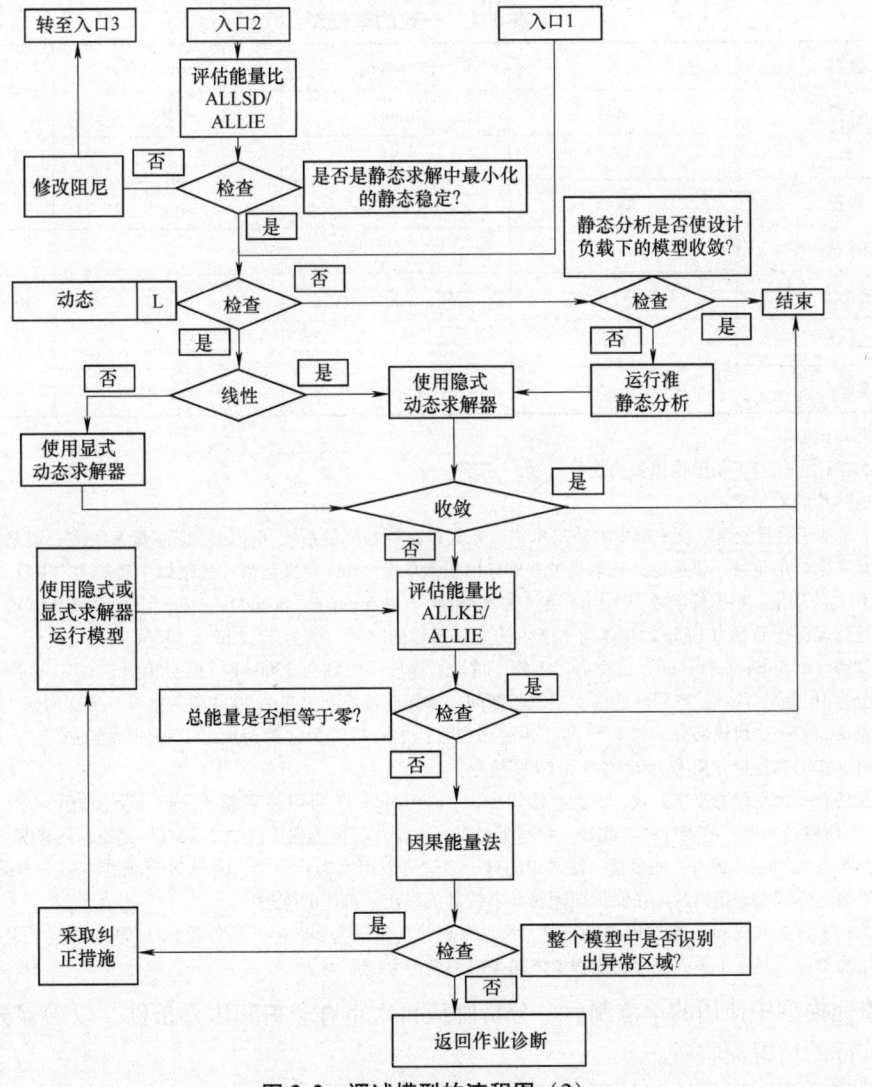

图 3.2　调试模型的流程图（2）

3.2 作业诊断

作业诊断是图 1.1 中标题为"作业诊断"的开始框,包括不同的分析技术和程序。当模型存在一些收敛问题时,需要检查这些技术和程序。

3.2.1 制作测试模型

对于大型模型,强烈建议制作测试模型以加快调试进程,以便更快、更准确地识别导致不收敛的数值故障。一般来说,制作一个测试模型来开始调试数值收敛,绝不是浪费时间,而且始终是一个很好的做法。

为确保模型中使用的单位制一致,应根据表 3.1 所列的一致单位制对输入数据的单位进行最后一次检查。

表 3.1 一致的单位制

量纲	SI[①]	SI(mm)	US unit(ft)	US unit(inch)
长度	m	mm	ft	in
力	N	N	lbf	lbf
质量	kg	t(10^3kg)	slug[④]	lbf·s^2/in
时间	s	s	s	s
应力[②]	Pa(N/m^2)	MPa(N/mm^2)	lbf/ft^2	psi[⑥](lbf/in^2)
能量	J	mJ(10^{-3}J)	ft·lbf	in·lbf
密度[③]	kg/m^3	t/mm^3	slug/ft^3	lbf·s^2/in^4

① 国际单位制。
② 应力单位也相当于每单位体积的能量(功)密度。
③ 单位体积的质量密度。
④ slug 是基于重量测量系统中衍生的质量单位,尤其是在英制测量系统和美国习惯测量系统中。测量系统要么定义质量并推导出重量,要么定义基本重量并推导出质量单位。slug 定义是当对其施加 1 磅的力(lbf)时,其加速度为 ft/s^2 的质量。根据标准重力、国际英尺和常衡磅[⑤](avoirdupoise pound),1slug=32.174049 lb 或 14.593903kg。在地球表面,质量为 1slug 的物体向下产生的力(重量的定义)约为 32.2lbf 或 143N。
⑤ 常衡磅(avoirdupoise pound)也称为羊毛磅,首次普遍使用大约在 1300 年。最初相当于 6992 金衡格令。常衡磅被分为 16 盎司(oz)。在伊丽莎白女王统治期间,常衡磅被重新定义为 7000 金衡格令。从那时起,金衡格令就成了常衡制的一个组成部分。到 1758 年,伊丽莎白时代的财政部为常衡磅规定了两种标准砝码,当以金衡格令计算时,它们的重量分别为 7002 格令和 6999 格令。
这里还有一个有趣的文字游戏,因为在法语中,"avoirdupois"可以逐字翻译,如 avoir(有)du(的)pois(豌豆),所以译为吃一些豌豆吧。此外,拼写上也有一个游戏,因为在法语中"poids"是重量的意思,所以"avoirdupoids"也可翻译成有一些重量。法语中的这一表达可以用来形容一个人身体过于肥胖。另一方面,在俚语中,这一表达方式用于指出某人在保护期间对某事或某人做出了确凿的陈述。
⑥ 磅力每平方英寸或 psi,更准确地说,磅力每平方英寸(符号为 lbf/in^2,缩写为 psi)是一种基于常衡单位的压力或应力单位,是在 1 平方英寸的面积上施加 1 磅力所产生的压力。

检查完模型中使用的单位制后,分析师应再次审查载荷和边界条件,以确保分析不会因为不切实际的情况而收敛。

虽然执行测试运行绝不是浪费时间,尤其是在大型模型上,但应缩小模型尺寸以用于测试和调试。测试模型针对清单上的项目进行测试，以检测潜在的错误。如果适用，测试模型应具有以下设置：
- 使用减少的代表性载荷，并采用线性四面体、线弹性和降价积分单元。多数预处理器应该能够更改单元类型，以快速地修改输入文件，如使用 *ELEMENT，TYPE=C3D4 代替 *ELEMENT，TYPE=C3D10。
- 采用较粗的单元网格。
- 使用承受预期负载水平的组件子集。
- 使用小型测试模型探索不熟悉的功能。
- 运行时间仅为显式模型分析步长时间的一小部分，用于检查模型反应。
- 使用降维模型，如梁、平面应力、平面应变和轴对称等。

3.2.2 输出检查

提交分析作业之前，在场输出请求（**Field Output Requests**）和/或历史输出请求（**History Output Requests**）模块中选定更多的输出计算项总是有益的，这将有助于随后调试模型。当然，更多的请求输出会花费更长的计算时间，但有助于分析师找出求解未收敛的原因。以下是关于选择哪些选项请求的一些建议：

1）输出以下数值到 .dat 文件：
- 无数据行使用 ***ENERGY PRINT** 打印能量历史记录。
- 使用 ***NODE PRINT** 打印反作用力。
- 使用 ***CONTACT PRINT** 打印接触力。
- 务必保存此 .dat 文件，因为它有助于确定载荷路径。

2）如果运行传热分析，请求以下输出：
- **NT**，节点温度。
- **HFL**，热通量矢量的总量和分量（如，W/mm^2）。
- **RFL**，由预定温度引起的反应通量值（如 W）。
- **RFLE**，节点集的总通量值（如，W），使用 ***NODE PRINT，TOTALS=YES** 定义关注的节点集。
- **HFLA** 是表面上的热通量矢量（乘以节点面积），**HTLA** 是接触表面的 HFLA 的时间积分。

3）如果分析模型中存在带有预紧力的螺栓连接，则请求输出 **TF1** 总力，以监控螺栓预紧力与时间增量的关系，其中，方向 1 是定义螺栓预紧力的默认方向。

4）如果使用连接器单元，是否需要输出变量节点力 **NFORC**，以进行全局载荷路径分析？

请记住，Abaqus 报告的接触切向力 **CFT**、接触法向力 **CFN** 和接触表面力 **CFS** 是作用在主面上的力。以下是针对使用全局坐标绘制自由体图的接触和连接器单元的分析，对其 .dat 文件要求历史数据输出的示例。

```
*NODE PRINT,
GLOBAL=YES, NSET=PRESCRIBED-DISPLACEMENT-NODES
RF,
*CONTACT PRINT
```

```
CFT,
*EL PRINT, ELSET=MY-CONNECTOR-ELEMS
NFORC,
```

5）对接触分析，除了请求输出接触应力 **CSTRESS** 和接触位移 **CDISP**，有时请求输出变量——接触力 **CFORCE** 和接触状态（打开/关闭）**CSTATUS** 也是有用的；然后可以使用符号绘制接触法向力 **CNORMF** 和接触剪切力 **CSHEARF**，以及等值线绘制接触状态 **CSTATUS**，以便更容易地可视化接触条件。

6）文件大小是否表明，进一步运行需要较少的输出或较低的输出频率？

3.2.3 语法检查

要在当前调试目录执行分析检查，第一步是在当前目录中打开 MSDOS 命令提示符，一个简单的方法是在当前调试目录中创建并打开一个文本文件，然后输入命令行"cmd.exe"并保存和关闭；第二步是重命名文件，并把扩展名从 .txt 更改为 .bat。例如，双击"myMS-DOS.bat"，则打开一个 MSDOS 命令提示符，并设置至当前调试目录；下一步是打开想要使用的特定版本对应的命令提示符，如 Abaqus v6.14-5 需要使用命令 abq6145[⊖]。可以使用以下命令执行语法检查分析：

abq6145 syntaxcheck j=my-input-file-name-without-extension

Abaqus 生成的一些文件的扩展名为 .com[⊖]、.dat[⊖]、.log[⊜]、.odb[⊛] 和 .sim[⊗] 等，如果从 Abaqus 收到如下返回行，则其中日志文件应显示正确的语法检查。

```
Abaqus JOB my-input-file-name
Abaqus 6.14-5
Begin Analysis Input File Processor
Run pre.exe
End Analysis Input File Processor
Abaqus JOB my-input-file-name COMPLETED
```

如果日志文件显示 Abaqus 没有完成分析输入文件，则必须对 .dat 和 .odb 文件进行语法检查，以进行测试。因此，分析师必须审查和评估数据 .dat 文件中的所有错误和警告消息。在这点上，需要注意的三个主要问题是：

1）是否需要处理这些警告信息？

2）在 Abaqus/Viewer 中模型看起来是否正确？（显示组功能可用于控制检查模型是否符

⊖ 要识别正确 Abaqus 版本的命令，一个简单的方法是右击快捷图标，启动 Abaqus，查看"General"选项卡。对于 Abaqus 版本 6.14-5，它显示为"abq6145.bat"。

⊖ 命令文件，由 Abaqus 执行过程创建。

⊖ 打印的输出文件。它由分析、语法检查、参数检查和继续选项编写。Abaqus/Explicit 和 Abaqus/CFD 不会将分析结果写入此文件。

⊜ 日志文件。包含当前 Abaqus 执行程序运行模块的开始时间和结束时间。

⊛ 输出数据库。它是由 Abaqus/Standard、Abaqus/Explicit 和 Abaqus/CFD 中的分析和继续选项编写的，可使用 Abaqus/CAE（Abaqus/Viewer）可视化模块和 convert=odb 选项读取。重新启动时需要此文件。

⊗ Abaqus/CFD 使用的模型和结果文件。当指定结果 format=sim 或同时指定这两个选项时，Abaqus/Standard 和 Abaqus/Explicit 也使用它。它是由语法检查选项编写的，可以通过分析和继续选项读取和写入。重新启动时需要此文件。

合定义或是否缺少某些设置）

3）接触和耦合约束的表面是否定义正确？

3.2.4 数据检查

既然检查了 Abaqus 语法，同样需要对 Abaqus 进行数据检查。该操作与语法检查相同，将以下命令行输入命令提示符中：

abq6145 datacheck j=my-input-file-name-without-extension

从 Abaqus 生成的数据检查文件比语法检查的要多，因此当前调试目录呈现以下文件扩展名：.023[⊖]、.com、.dat、.fil[⊖]、.log、.mdl[⊖]、.msg[㉃]、.odb、.prt[㊄]、.res[㊅]、.sim 和.stt[㊉]。

正确退出的日志文件应显示以下返回行：

```
Abaqus JOB my-input-file-name
Abaqus 6.14-5
Abaqus License Manager checked out the following
licenses:
Abaqus/Standard checked out 5 tokens from Flexnet
server localhost.
<1019 out of 1024 licenses remain available.>
Begin Analysis Input File Processor
Run pre.exe
End Analysis Input File Processor
Begin Abaqus/Standard Datacheck
Begin Abaqus/Standard Analysis
Run standard.exe
End Abaqus/Standard Analysis
Abaqus JOB my-input-file-name COMPLETED
```

如果分析数据检查退出时显示警告和错误消息，则必须首先检查所有不同的文件，尤其是.dat、.msg 文件和.odb 文件中的文本（使用 Abaqus/Viewer 查看）。

[⊖] 通信文件。由 Abaqus/Standard 和 Abaqus/Explicit 使用。它由分析和数据检查选项编写，并由分析和继续选项读取。

[⊖] 结果文件。由 Abaqus/Standard 中的分析和继续选项，以及 Abaqus/Explicit 中的 convert=select 和 convert=all 选项编写。

[⊖] 模型文件。由 Abaqus/Standard 和 Abaqus/Explicit 使用。由数据检查选项编写。由 Abaqus/Standard 中的分析和继续选项读取和编写，同时由 Abaqus/Explicit 中的分析和继续选项读取。如果在 Abaqus/Standard 分析中并行执行单元运算，则可能存在多个模型文件。在这种情况下，进程标识符会附加到文件名上。重新启动时需要此文件。

[㉃] 消息文件。该文件由 Abaqus/Standard 和 Abaqus/Explicit 中的分析、数据检查和继续选项编写。如果在 Abaqus/Standard 分析中并行执行单元运算，则可能存在多个消息文件。在这种情况下，进程标识符会附加到文件名上。

[㊄] 零件文件。由 Abaqus/Standard 和 Abaqus/Explicit 使用。该文件用于存储零件和装配信息，即使输入文件不包含装配定义，也会创建该文件。重新启动、导入、顺序耦合热应力分析、对称模型生成和水下冲击分析都需要零件文件，即使模型不是根据零件实例进行装配定义的。子模型分析也需要此文件。

[㊅] 重新启动文件。由 Abaqus/Standard 和 Abaqus/Explicit 使用。包含继续先前分析所需的信息。重新启动文件是由分析、数据检查和继续选项编写的。任何重新启动分析都会读取。

[㊉] 状态文件。由 Abaqus/Standard 和 Abaqus/Explicit 的数据检查选项编写，并可以通过 Abaqus/Standard 的分析和继续选项读取和写入，以及由 Abaqus/Explicit 的分析和继续选项读取。如果在 Abaqus/Standard 分析中并行执行单元运算，则可能存在多个状态文件。在这种情况下，进程标识符会附加到文件名上。重新启动时需要使用此文件。

此时，分析师需要关注以下几种不同的分析技术：

（1）无接触定义

1）查看并评估数据（.dat）和消息（.msg）文件中的所有警告消息。
2）使用 Abaqus/Viewer 检查（.odb）文件，模型中是否存在任何异常情况？
3）是否需要处理这些警告信息？
4）在数据（.dat）文件内搜索字符串内存。

- 内存要求是否合理？
- 检查所需最小内存（MINIMUM MEMORY）和最小化 I/O（输入/输出）所需内存（MEMORY REQUIRED TO MINIMIZE I/O）是否使用合适的服务器？打印到（.dat）文件的内存评估示例：

PROCESS	FLOATING POINT OPER-ATIONS PER ITERATION	MINIMUM MEMORY REQUIRED (MBYTES)	MEMORY TO MINIMIZE I/O (MBYTES)
1	3.04E+12	2380	17418

因此，如果 FLOPS~1E+10 或 1E+11 或更少，则应考虑在服务器上运行。如果在台式计算机上运行，分析师必须密切关注最小化 I/O 所需的内存，并评估台式计算机是否有足够的内存在核心内存中运行大部分作业。

5）是否可以使用 C3D10 单元、罚接触（Penalty Contact）、增强沙漏控制（中等塑性）的 C3D8R 单元、默认沙漏（如果有较大塑性）或小滑动接触的 C3D8R 单元，以降低内存需求？通过运行另一个数据检查来检查是否可行。

罚接触的最简单形式类似于模型输入文件（.inp）中的以下命令行：

```
*SURFACE INTERACTION, NAME=MY-SURF-INT
*SURFACE BEHAVIOR, PENALTY
```

为了获得过盈配合的整体更硬的罚响应，分析师可以使用非线性罚接触：

```
*SURFACE BEHAVIOR, PENALTY=NONLINEAR
```

C3D8R 单元的增强沙漏控制定义如下：

```
*SECTION CONTROLS, NAME=MY-CONTROLS,
HOURGLASS=ENHANCED
....
*SOLID SECTION, ELSET=MY-C3D8R-ELSET,
CONTROLS=MY-CONTROLS
```

6）如果对超弹性模型进行曲线拟合，那么在预期的应变范围内，模拟中的曲线是否稳定？

确保用户使用以下选项获取此信息：

```
*PREPRINT, MODEL=YES
```

(2) 有接触定义

1) 对于每个接触对，初始接触打开"COPEN"值是否有意义？请注意，在模型输入文件（.inp）中添加一个重要的命令行，以检测接触打开；当且仅当请求输出变量接触位移 CDISP 时，接触打开 COPEN 值才会在分析开始时写入 .odb 文件，如下所示：

```
*OUTPUT, FIELD
*CONTACT OUTPUT
CSTRESS,
CDISP,
```

2) 是否存在任何不需要的初始干涉（Overclosures）？

3) 可以使用 ADJUST 参数或使用关键字命令 *CLEARANCE 合理地删除它们吗？

4) 某些组件是否需要重新定位？

3.2.5 载荷和边界条件检查

现在是时候检查载荷和边界条件了。经语法和数据检查之后，分析师可以对收集的模型输入数据充满信心，这些数据已正确输入 Abaqus，以便根据工作规范进行适当设置。分析师需要监控载荷和边界条件，以确保施加的载荷工况和边界采用了适当的 Abaqus 功能并进行了适当的设置。

下文总结了不同分析技术下的载荷和边界条件的审查：

1) 是否需要在局部坐标系中施加载荷和边界条件？

2) 它们在方向和大小上的定义是否正确？

3) 能否对初始接触进行位移控制，使分析更加稳健？例如，有预紧载荷[⊖]的螺栓模型。在第一个分析步，强制位移用于在两个相互作用面之间建立适当的初始接触，边界条件约束初始螺栓预紧参考节点的位移为 0.01mm：

```
*BOUNDARY
MY-PRETENSION-NODES, 1, 1, 0.01
OTHER-BC-NODES, 1, 6, 0.0
```

然后，在第二个分析步更改位移，以在同一节点施加 12kN 的集中载荷：

```
*BOUNDARY, OP=NEW
OTHER-BC-NODES, 1, 6, 0.0
*CLOAD
MY-PRETENSION-NODES,1, 12000.
```

4) 能够使用对称边界条件减小模型尺寸吗？有时，即使结构不是完全对称，也可以通过分析对称结构的较弱部分获得保守求解结果。切勿将这种简化用于动态问题！

5) 对于动态分析、重力 **GRAV** 和离心 **CENTRIF** 载荷分析，是否以正确的单位设定材料密度？[⊖]（见表 3.1）。

⊖ 对于螺栓预紧工况，至少需要两个分析步。第一个分析步仅设置螺栓预紧力；第二个分析步在结构上施加外部载荷，但会继续使用上一步的螺栓预紧力载荷，以在第二步中将螺栓预紧力固定在当前长度。否则，第二个分析步开始时，螺栓预紧将不会受到压缩螺栓载荷的约束，结果收敛困难、导致求解退出。

⊖ 参阅动态加载关键字命令 *DLOAD。此选项允许指定分布式载荷，包括单元表面上的恒定压力载荷和通过重力或离心力产生的质量载荷（单位质量载荷）。

6）不要将集中载荷均匀分布在二阶单元的面或边上的节点之间，因为这会导致角节点和中间节点之间的压力不均匀，如图 3.3 所示。

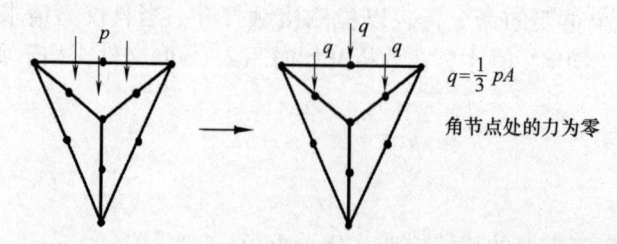

图 3.3 压力 p 施加于顶面的三维二次四面体单元 C3D10，并分布载荷于 q 节点，顶面上的平衡力等于 $3q$（图经© Dassault Systemes Simulia Corp 许可使用）

7）对位于局部圆柱坐标系轴上的节点，边界条件是否用于约束切向和/或径向自由度？这些方向不是唯一定义的！如有需要，使用直角坐标系，并定义适当的边界条件（见图3.4）。

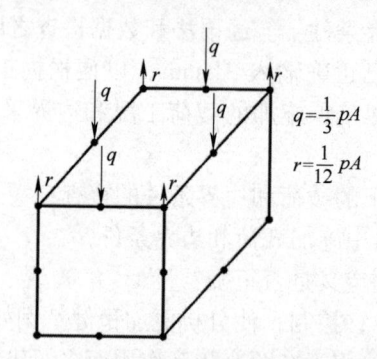

图 3.4 二次块单元 C3D20 的硬接触模拟

（图经© Dassault Systemes Simulia Corp 许可使用）

注：二阶单元面上的恒定压力产生的等效节点载荷，作用于顶面的压力 "p" 在 "q" 和 "r" 节点传递，顶面上的平衡力等于 $4q-4r$。

3.2.6 材料检查

此时，需要检查材料属性，以正确表征模型在载荷和边界条件下的结构响应。材料数据的复杂性功能和物理行为规律需要在模型中实现，建议遵循不同分析技术的列表，以检测数值收敛困难的潜在风险。一般注意事项如下：

1）所选材料模型与分析目标是否一致？
2）需要在材料模型中捕捉哪些物理特性？
- 弹性是线性还是非线性？
- 黏弹性或蠕变等与时间相关行为是否重要？
- 是否需要设置塑性？
- 加载是单调加载、加载/卸载，还是循环加载？
- 是否与速率相关？
- 材料是否表现出与温度相关的行为？
- 是否需要特定的材料模型，用以捕捉对后续分析很重要的特定行为，如疲劳强度评估？

3）模型中纯线弹性材料的应变是否超过5%？可能需要使用不同的材料模型（弹性-塑性、超弹性）。

4）塑性曲线能否以较小的斜率扩展到更高的塑性应变，以避免在奇点位置（点载荷、耦合、尖角等）附近求解精确的塑性曲线，从而导致人为热点？

塑性应变扩展示例如下：

```
*MATERIAL, NAME=BRASS
*ELASTIC
97000., 0.31
*PLASTIC
310.99, 0.
612., 0.4189
** added point extending the curve to higher,
** plastic strains
620., 1.
```

对于塑性应变扩展，另一种选择是使用幂律塑性，示例如下：

```
*PARAMETER
A=258.2523
B=838.4076
N=0.214319
E=200000.0
nu=0.3
*MATERIAL, NAME=STAINLESS
*ELASTIC
<E>, <nu>
*PLASTIC, HARDENING=JOHNSONCOOK
<A>, <B>, <n>, 1000, 500
```

5）在模拟中预期的应变范围内，所使用的超弹性材料模型是否稳定？

对于超弹性材料模型，输出的非默认变量 **NE**[⊖] 是标称应变。虽然在有限应变问题中，最大剪应变是一个模糊的概念，但 **NEP3**[⊖] 减去 **NEP1**[⊖] 的量是测量最大剪应变的有用度量。在分析由超弹性材料制成的部件时，注意负压区域也很重要，因为这表明存在静水张力，这可能会损害橡胶部件的耐久性。

6）尽量避免对可变形单元强制施加刚性约束，而是使用刚体或像梁单元这样的连接单元执行此操作。具有刚性梁约束的梁连接器模型集的示例如下：

```
*ELEMENT, TYPE=CONN3D2, ELSET=MY-BEAM
800001, 65001, 65002
...
*CONNECTOR SECTION, ELSET=MY-BEAM
BEAM,
```

⊖ 所有名义应变分量。
⊜ 最大主名义应变。
⊜ 最小主名义应变。

3.2.7 约束检查

有两种方法可以将参考节点的运动与耦合节点的平均运动耦合起来：连续耦合（continuum coupling）方法和结构耦合（structural coupling）方法。默认使用连续耦合方法。

默认的连续耦合方法将参考节点的平移和旋转与耦合节点的平均平移耦合起来。约束仅将参考节点处的力和力矩分配为耦合节点的力分布，耦合节点处没有分布力矩。当权重因子被理解为螺栓横截面积时，则力分布等效于经典螺栓模式力分布。该约束在附着点和位于耦合节点的加权位置中心点之间，强制执行刚性梁连接。

结构耦合方法将参考节点的平移和旋转与耦合节点的平移和旋转运动进行耦合。当耦合约束跨越节点的小块区域，并且参考点选择在约束曲面上或非常接近约束曲面时，则该方法特别适用壳体的弯曲类应用。该约束将参考点上的力和力矩分配为耦合的节点力和力矩分布。要激活此耦合方法，所有耦合节点上的所有旋转自由度都必须处于激活状态（约束应用于壳面时的情况就是如此），并且必须在所有自由度中指定约束（默认）。此外，为了使约束有意义，约束中使用的局部（或全局）z 轴应平行于受约束曲面的平均法线方向。

对于平移，约束在参考节点和始终处于受约束面附近的移动点之间强制实施刚性梁连接。该移动点的位置由表面的近似当前曲率、耦合节点加权位置中心的当前位置以及约束中使用的 z 轴确定。在使用多个分布式耦合约束固定成对壳体表面的情况下，这种选择避免了不切实际的接触相互作用。

对于旋转，在不同的局部方向，约束是不同的。沿 z 轴（扭曲方向），约束与通过连续耦合方法执行的约束是相同的；相比之下，垂直于 z 轴的平面中的旋转约束，将平面内参考点的旋转与紧邻参考点的耦合节点的平面内旋转关联起来。当受约束的表面很小，并且主要以弯曲方式变形时，此选择提供了更真实（顺从）的响应。

尽可能使用基于表面的耦合约束，而不是旧式运动耦合或分布耦合单元，这一点很重要。以下是一个基于表面的分布耦合示例：

```
*COUPLING, CONSTRAINT NAME=C1, REF NODE=1000,
SURFACE=SURF-A
*DISTRIBUTING
1, 6
```

3.2.8 单元检查

当单元导致模型中出现数值困难时，必须应用不同的分析技术进行修正，如下所列：

1）Abaqus/Explicit 中是否存在过多的沙漏？一种解决方案是使用增强沙漏控件、网格细化和罚接触，将接触分配到更多节点。

2）如果使用降阶积分单元，将伪能量（artificial energy）**ALLAE** 与内能 **ALLIE** 进行比较，以确保用于约束沙漏模式的伪能量不会过多。

3）对于 Abaqus/Explicit 中的六面体实体单元，更有效的正交运动学公式是否足够？正交运动学公式的定义示例如下：

```
*SOLID SECTION, ELSET=MY-C3D8R-ELSET,
MATERIAL=MY-MATL, CONTROLS=MY-CONTROLS
....
*SECTION CONTROLS, KINEMATIC-SPLIT=ORTHOGONAL,
NAME=MY-CONTROLS
```

对于极度扭曲的单元、过于粗糙的网格或限制性过高的分析，不要使用正交公式。

4）非线性弹簧刚度是否定义了足够的变形范围，以避免零刚度？如果合适，分析师可以使用***CONNECTOR ELASTICITY** 选项，设置 **EXTRAPOLATION = LINEAR**，避免零刚度。

5）当弯曲完全积分的一阶单元时，网格是否锁定在剪切状态？

―――***警告***―――

不要将 C3D8 单元类型用于弯曲施加载荷问题。

6）对于不可压缩的超弹性材料，如果降价积分杂交单元收敛困难，可尝试使用完全积分杂交单元。

7）对于模拟弯曲和应变局部化问题，形状合理的 C3D8 单元（尤其应避免使用梯形形状）可能是最为划算的实体连续单元。

3.2.9 过盈配合检查

本节介绍如何使用接触来解决干涉问题，重点是过盈配合。过盈配合或压紧配合是将零件紧固在一起的一种常用方法，并作为具有多个接触相互作用组件的全局装配模型中的一个系统。查看可用于模拟和有效求解 Abaqus 中这些问题的不同分析技术。

1）通过将约束与式 $h-v(t)\leq 0$ 进行关联，检查输入文件定义施加了哪些约束。例如，定义接触干涉如下：

```
*AMPLITUDE, NAME=RAMP-DOWN
0., 1., 1., 0.
*CONTACT INTERFERENCE
MY-SLAVE, MY-MASTER, my_value
*STATIC
0.1, 1.
```

幅值 **RAMP-DOWN** 定义了时间增量函数

$$f(t) = 1-t \tag{3.1}$$

函数 $v(t)$ 由***CONTACT INTERFERENCE** 数据行的值乘以 $f(t)$ 构成：

$$v(t) = \text{my\_value} \times f(t) \tag{3.2}$$

在此分析步，Abaqus 施加的约束是

$$h-v(t)\leq 0 \tag{3.3}$$

式中，h 是穿透量。

2）对于面-面接触，干涉往往通过从面法向求解。对于点-面接触，沿主面法向求解干涉是否合适？同时，还可以建立适用于同一主面的面-面和点-面接触相互作用。

3.2.10 接触检查

接触相互作用相对容易定义,但接触会增加局部接触刚度并使矩阵不对称,从而导致全局刚度矩阵不稳定。因此,可能会出现一些数值困难。

设置表面接触的一个好方法是确保主面面积高于从面,与从面相比,主面还应具有较粗糙的网格。为了研究接触中主要数值困难的根本原因,不同分析技术列举如下:

1) 尽管有充分的理由不使用面对面的罚接触,但是否仍在使用?如果从面是定义在 C3D10 单元上,并且使用了拉格朗日乘子接触,则这是必要的。最简单的罚接触形式如下:

```
*SURFACE INTERACTION, NAME=MY-SURF-INT
*SURFACE BEHAVIOR, PENALTY
```

2) 是否可以用基于节点的从面和节点对面接触来补充面对面接触,以捕捉边接触?下面是一个基于节点的从面示例,用于捕获接触对的边接触:

```
*SURFACE, TYPE=NODE, NAME=MY-NODE-BASED-EDGE-SURF
NODE-SET-DEFINING-EDGE, 1.0
*CONTACT PAIR, TYPE=NODE TO SURFACE
MY-NODE-BASED-EDGE-SURF, MY-MASTER-SURF
```

在通用接触域中控制激活哪些特征边的示例如下:

```
*CONTACT
*CONTACT INCLUSIONS, ALL EXTERIOR
*SURFACE PROPERTY ASSIGNMENT,
PROPERTY=FEATURE EDGE CRITERIA
, 20.
```

3) 可以使用小滑移接触以减小问题大小吗?
- 可视化由小滑移算法为主从面组合创建的切平面。
- 切平面合适吗?

4) 是否将接触中刚度较大的曲面定义为主面?刚度不仅仅取决于材料特性,还取决于形状和约束量。

5) 解析刚性面是否需要使用圆角[一]参数平滑曲面?

6) 能观察到接触颤振[二]吗?尝试软接触或罚接触,让更多节点参与到接触中。

此外,一些情况下采取通常的预防措施,*CONTACT CONTROLS, STABILIZE 有助于消除颤振。

7) 非对称[三]求解器是否用于二维和三维的有限滑移的面对面接触?

8) 非对称求解器是否用于三维有限滑移的点对面接触,特别是具有高曲率的主面?

[一] 关于接触穿透,在某些情况下,欧拉材料可能会穿透拐角附近的拉格朗日接触面。这种穿透应限制在局部欧拉单元尺寸的区域内。通过细化欧拉网格或在拉格朗日网格中添加半径等于局部欧拉单元大小的圆角,可以最小化穿透。

[二] 拉格朗日接触颤振是标准拉格朗日方法经常出现的问题。如果不允许穿透,则接触状态为打开或关闭(阶跃函数)。这有时会使收敛更加困难,因为接触点可能会在打开/关闭状态之间振荡,称之为颤振。如果允许一些轻微穿透,因接触不再阶跃变化,可以更容易收敛。

[三] 强烈建议,尤其是两面之间设置有高摩擦系数(大于 0.2)时。

使用以下选项，表示应使用非对称矩阵存储和求解：

```
*STEP, UNSYMM=YES
```

3.2.11 初始刚体运动和过约束检查

在 Abaqus 中，刚体是节点和单元的集合，其运动由单个节点（称为刚体参考点）的运动控制。不收敛的一个原因是边界条件不当。不合理的边界条件会导致极端的局部变形。模型也可能受到过约束或欠约束。使用欠约束时，并非所有刚体运动都被抑制，导致一个或多个零刚度自由度，通常出现零主元（zero-pivot）警告。过约束也会导致零主元警告。

尽管 Abaqus 检查过约束并试图求解，但并不总是可能的。例如，如果由于接触而在一段时间后开始出现过约束，建议检查与过约束相关的所有警告信息，重要的是不要假设 Abaqus 将正确求解过约束，而是要正确定义约束。

此外，请查看零主元警告的位置：是否存在过约束或欠约束？尝试使用以下不同的分析技术来解决此问题：

1）是否需要弱弹簧来防止具有数值奇点的初始刚体运动？

一种有用的方法是定义场变量相关的弹簧，弹簧在分析步开始时具有不可忽略的刚度，但随着接触的建立，此刚度会逐渐降低。

```
*ELEMENT, TYPE=CONN3D2, ELSET=MY-SPRING
800001, 65001, 9965001
...
*CONNECTOR SECTION, ELSET=MY-SPRING,
BEHAVIOR=MY-SPRING-BEHAV
CARTESIAN,
ORI-GLOBAL,
*CONNECTOR BEHAVIOR, NAME=MY-SPRING-BEHAV
*CONNECTOR ELASTICITY, COMP=1, ELSET=MY-SPRING,
DEPENDENCIES=1
50., , , 0.0
0.01, , , 1.0
...
*NSET, NAME=MY-SPRING-NODES
65001,
*NSET, NAME=MY-SPRING-GROUNDS
9965001,
...
*STEP, NLGEOM
*STATIC
0.1, 1.
...
*FIELD
MY-SPRING-NODES, 1.
MY-SPRING-GROUNDS, 1.
```

如上述代码所示，场变量的默认初始值为 0。弹簧刚度定义为场变量的函数（场变量值为 0 时，刚度为 50N/mm；场变量值为 1 时，刚度为 0.01N/mm）。随着弹簧节点处的场变量逐渐上升到 1，弹簧的刚度逐渐下降。

2）如果使用*CONTACT CONTROLS，STABILIZE 处理初始刚体运动，稳定能量 ALLSD 是否比全局能量 ALLIE 更小？（绘制两者以比较时间增量或载荷大小。）

3）在使用结果的任何增量下，接触阻尼压力 CDPRESS 是否比接触压力 CPRESS 更小？（绘制两者以比较时间增量或载荷大小。）

———— ***请谨慎使用*** ————

此选项仅用于处理初始刚体运动问题。如果使用不当，可能导致极其错误的结果，因此请使用所有推荐的检查和保护措施。

采用的接触稳定的常用形式如下：

```
*CONTACT CONTROLS, STABILIZE=0.01, TANGENT=0.01
, 0.001
```

在分析步结束时会留下少量阻尼。此外，将总能量写入输入文件：

```
*OUTPUT, HISTORY
*ENERGY OUTPUT, VAR=PRESELECT
```

另外，还建议在分析步定义的某处添加单行命令，将能量打印到.dat 文件，命令不需要数据行：

```
*ENERGY PRINT
```

通过请求 CDPRESS 输出变量，可以获取接触阻尼压力 CDPRESS 的输出，如下所示：

```
*OUTPUT, FIELD, FREQUENCY=6
*CONTACT OUTPUT
CSTRESS,
CDSTRESS,
```

4）如果使用*CONTACT CONTROLS，STABILIZE，是否在该步骤结束之前使用结果？

如果在分析步结束之前使用这些结果，则必须通过使用输出量（如总接触力 CFT）绘制自由体受力图来检查平衡情况。可以向.dat 文件和.odb 文件请求 CFT，但要记住，报告的 CFT 是作用在主面上的总接触力。

```
*CONTACT PRINT
CFT,
*OUTPUT, HISTORY
*CONTACT OUTPUT
CFT,
```

5）信息文件中是否有关于过约束的零主元消息？

如果消息文件有零主元警告，切勿接受求解结果。

这些问题都必须得到解决。

如果零主元消息是由连接单元引起的，尝试更改连接器定义，以避免冗余约束，同时对运动学进行适当建模。

另一种策略是使用 CARTESIAN[⊖]和 CARDAN[⊖]等基本连接器构建所需连接器，并在需要约束的相对运动组件中使用合理的刚性弹性定义。

以下是 TRANSLATOR[⊖]连接器示例，其槽方向沿全局 X 轴：
```
*ELEMENT, TYPE=CONN3D2, ELSET=MY-TRANSLATOR-CONN
800001, 65000, 65001
...
*ORIENTATION, NAME=ORI-TRANSLATOR
1., 0., 0., 0., 1., 0.
*CONNECTOR SECTION, ELSET=MY-TRANSLATOR-CONN
TRANSLATOR,
ORI-TRANSLATOR,
```

以下是使用基本连接器构建的相同功能连接器，具有一定灵活性以避免过约束：
```
*ELEMENT, TYPE=CONN3D2, ELSET=MY-TRANSLATOR-CONN
800001, 65000, 65001
...
*ORIENTATION, NAME=ORI-TRANSLATOR
1., 0., 0., 0., 1., 0.
*CONNECTOR SECTION, ELSET=MY-TRANSLATOR-CONN,
BEHAV=FLEX
CARTESIAN, CARDAN
ORI-TRANSLATOR,
...
*CONNECTOR BEHAVIOR, NAME=FLEX
*CONNECTOR ELASTICITY, COMP=2
1.e6,
*CONNECTOR ELASTICITY, COMP=3
1.e6,
*CONNECTOR ELASTICITY, COMP=4
1.e7,
*CONNECTOR ELASTICITY, COMP=5
1.e7,
*CONNECTOR ELASTICITY, COMP=6
1.e7,
```

[⊖] CARTESIAN 连接不施加运动学约束。它在节点"a"处定义了三个局部方向，并测量节点"b"沿这些局部坐标方向的位置变化。节点"a"处的局部方向随其旋转。

[⊖] 连接类型 CARDAN 提供两个节点之间的旋转连接，其中节点之间的相对旋转由 Cardan（或 Bryant）角参数化。有限旋转的 Cardan 角参数化也称为 123 或 yaw-pitch-roll 参数化。连接类型 CARDAN 不能用于二维或轴对称分析。当连接类型 CARDAN 与连接器属性一起使用时，应将旋转运动阻力最大的相对旋转轴分配给相对旋转的第二分量（分量编号 5），即相对旋转角度的旋转参数化中的奇点，以避免框架自锁 CARDAN 连接不施加运动学约束是一种有限旋转连接，其中节点"b"处的局部方向根据相对于节点"a"处的局部方向的 Cardan（或 Bryant）角进行参数化。局部方向通过三个连续的有限旋转进行定位。

[⊖] 连接类型 TRANSLATOR 施加运动学约束，并使用与组合连接类型 SLOT 和 ALIGN 等效的局部方向定义。作为连接器输出报告的连接器约束力和力矩，很大程度上取决于连接器中节点的顺序和位置。由于运动学约束被执行在节点"b"（连接器单元的第二个节点），因此报告的力和力矩是在节点"b"处施加的约束力和力矩，以执行 TRANSLATOR 约束。因此，在大多数情况下，当节点"b"位于执行约束的设备的中心时，与 TRANSLATOR 连接关联的连接器输出可以得到最好的解释。当在连接器中对基于力矩的摩擦进行建模时，这种选择至关重要，因为接触力源自连接器力和力矩。运动学约束的正确执行与节点顺序或位置无关。

3.2.12 静态稳定性检查

静态求解的稳定化是将稳定方程放入静态方程中,以帮助求解器计算解,但此求解不再是纯静态的。为理解此内容,可以将其视为代表要求解模型的静态方程。为了更好地理解,把静态方程写成一维标量方程,如方程(3.4)所示。其中,K 是全局刚度矩阵,x 是节点位移矢量,f_{ext} 是节点外力矢量。

$$Kx = f_{ext} \tag{3.4}$$

由于某些原因,所建模型的不稳定性产生了一些数值困难,导致静态方程(3.4)无法求解。求解此类方程的一个技巧是添加一个稳定方程,即阻尼系数为 D 的阻尼力分量,则方程(3.4)变为方程(3.5):

$$D\dot{x} + Kx = f_{ext} \tag{3.5}$$

阻尼系数 D 是为了求解准静态解而添加的稳定值。当然,这个阻尼系数越接近于零,解越是纯静态解。然而,在需要稳定的情况下,这种稳定力将被添加到方程(3.4)的静态求解中,即将静态解转换为准静态解,如方程(3.5)所示。一旦根据方程(3.5)的平衡方程求解了模型,下一步是确定该稳定力与真实静力(Kx)的比例,以确定准静态解如何可以更接近经典静态方法无法求解的静态解。

最好方法是把以时间增量为横坐标的能量 **ALLSD** 和 **ALLIE** 两条曲线绘制在一起。事实上,能量 **ALLSD** 代表了添加到全模型中的伪力的量。内能 **ALLIE** 表示能量的总和,如存储应变能 **ALLSE**+非弹性耗散能 **ALLPD**+黏弹性耗散能 **ALLCD**+伪应变能 **ALLAE**⊖ 的总和。

式(3.6)给出了要检查的能量比 E_{ratio},E_{ratio} 应尽可能低(**ALLSD** 应接近于零),以便准静态求解有信心。因此,为稳定求解整个模型而引入的稳定力对计算结果没有明显影响。

$$E_{ratio} = \frac{ALLSD}{ALLIE} \tag{3.6}$$

现在,让我们探讨一下在这种情况下可以使用的不同分析技术:

1)*** STATIC, STABILIZE** 选项是否仅用于因失去接触而导致的不稳定问题,或涉及局部或全局屈曲的问题?

请注意,这两类问题都需要通过一种稳定的方法来处理存储的内能 **ALLIE** 的释放。该选项的所有其他用途都必须受到强烈质疑!

2)如果 ALLSD 比 ALLIE 大,可以解释吗?

3)在模拟结束时,ALLSD 是否是恒定的?表明此时不存在明显的黏性力。

4)绘制节点输出量 VF 等高线图,它们在力占主导的区域是否有意义?

下面是一个向.odb 文件请求能量输出和黏性力 VF 的示例:

```
*OUTPUT, HISTORY
*ENERGY OUTPUT, VAR=PRESELECT
*OUTPUT, FIELD
*NODE OUTPUT
U,
RF,
VF,
```

⊖ 这里要注意,此能量是由沙漏效应引起的伪能量。能量分析时,必须通过网格技术尽可能减少这种效应。在一阶单元(4节点四边形和8节点块)中使用降阶积分时,沙漏通常会使此单元无法使用,除非对其进行控制。在 Abaqus 中,Flanagan 和 Belytschko[1] 中提出的伪刚度方法和伪阻尼方法用于控制这些单元中的沙漏模式。

在分析步定义中添加单行命令，打印能量到.dat文件是很有帮助的。命令不需要数据行：

*ENERGY PRINT

5）使用隐式动力学作为静态稳定的替代方案，对涉及能量释放的物理问题是否有帮助？

为了求解因失去接触或局部屈曲而导致的不稳定静态问题，可以使用以下关键字：

*DYNAMIC, APPLICATION=QUASI-STATIC, NOHAF

6）如果由于失去接触而导致不稳定，则追踪 **ALLIE**，并查看损失的能量是否表现为 **ALLKE** 动能、**ALLFD** 摩擦耗散能或 **ALLSD** 自动稳定耗散能。

3.2.13 动态检查

隐式（动态分析）和显式动态分析之间的区别在于，在静态分析中，没有质量（惯性）或阻尼的影响，而在动态分析中，包括与质量/惯性和阻尼相关的节点力；静态分析使用隐式求解器，而动态分析可以通过显式求解器或隐式求解器来完成。

在非线性隐式分析中，每一步解都需要一系列尝试求解（迭代），以在一定的容差内建立平衡。另一方面，在显式分析中，因为直接求解节点加速度，故而不需要迭代。显式分析中的时间步长必须小于当前时间步长（声波穿过单元所需的时间）。隐式瞬态分析对于时间步长大小没有固有限制。因此，隐式时间步长一般比显式时间步长大几个数量级。隐式分析需要数值求解器在载荷/时间步的过程中对刚度矩阵一次甚至多次求逆，这种矩阵求逆是一项昂贵的操作，尤其对于大型模型，而显式分析则不需要这一步。

与隐式分析相比，显式分析处理非线性相对容易，包括接触和材料非线性处理。在显式动态分析中，节点加速度直接（不迭代）求解为对角质量矩阵乘以净节点力向量的逆，其中净节点力包括来自外部源的贡献（体力、施加的压力、接触等）、单元应力、阻尼、体黏性和沙漏控制。一旦已知 n 时刻的加速度，就可以计算 $n+1/2$ 时刻的速度，以及 $n+1$ 时刻的位移。位移产生应变，应变产生应力，循环往复。

在动态分析中，用于积分运动方程的算式的选择受许多因素影响。Abaqus/Standard 旨在分析结构部件，这意味着寻求结构的整体动态响应，而不是对连续体中的相对局部响应进行波传播求解。Belytschko[2] 标记了这些惯性问题，并对它们进行分类，指出聚焦、反射和衍射等波效应并不重要。结构问题被认为是惯性问题，因为与波穿过结构所需时间相比，其需要的响应时间很长。

1. 线性动态检查

在静态中，时间对施加的载荷没有物理意义，因为静态中施加的载荷完全立刻作用于结构，而不是随着时间的推移而增加。事实上，当重力载荷实际施加在结构上时，重力载荷不需要时间来完全作用于结构，即重力立即作用于结构上。但是，所有 FEA 求解器中的数值方案都需要时间增量来执行计算。相比之下，动态分析中的时间对施加的载荷有物理意义。因此，应仔细检查施加的载荷与时间增量的关系，以确保真实求解。以下列出了一些不同的分析技术，用于建立线性动态分析的控制检查：

1）网格是否足够精细，以捕获所需最高频率对应的模态振型？

2）是否包含足够的模态来捕捉动态响应？根据经验，必须包括频率为载荷最高频率的 1.5~3 倍的模态，以确保准确性。

3）在与基频对应的激励频率下，是否存在一些阻尼来防止无界响应？

4）是否需要残余模态捕获系统的动态模态未捕获的振型？

5）是否为 Lanczos 求解器的 *FREQUENCY 选项指定 SIM⊖ 参数，以便将高性能 SIM 软件架构用于后续基于模态的线性动力学分析步？

```
*FREQUENCY, EIGENSOLVER=LANCZOS, SIM
```

6）对于瞬态动力学，所采用的时间增量是否捕获了足够的数据，以描述响应中感兴趣的最高频率？经验法则是，需要 8 个或更多点来捕捉最高频率的循环。

2. 隐式动态检查

在 Abaqus/Standard 中，Hibbitt 和 Karlsson[3] 引入概念，基于半增量残差，可以自动选择隐式积分的时间步长。一旦获得解 $t+\Delta t$，通过监测 $t+\dfrac{\Delta t}{2}$ 处的平衡残差值，可以评估求解精度并适当调整时间步长。如果遇到数值困难，以下分析建议很有用：

1）使用以下指南选择适当的隐式动态设置。

- 对于不需要精确解析高频振动的动态应用，使用：

```
*DYNAMIC, APPLICATION=MODERATE DISSIPATION
```

- 对于需要静态求解，但惯性的稳定效应是有益的情况下，使用：

```
*DYNAMIC, APPLICATION=QUASI-STATIC
```

- 对于需要精确解析高频振动的动态应用，使用：

```
*DYNAMIC, APPLICATION=TRANSIENT FIDELITY
```

APPLICATION = MODERATE DISSIPATION 和 APPLICATION = TRANSIENT FIDELITY 设置的默认幅度是 STEP，而 APPLICATION = QUASI-STATIC 设置的默认幅度是 RAMP。

2）对于瞬态隐式动力学，所采用的时间增量是否捕捉了足够的数据，能够描述响应中感兴趣的最高频率？经验法则是，需要 8 个或更多点来捕捉最高频率的循环。

3）当使用准静态隐式动力学时，*CONTACT CONTROLS，STABILIZE 有助于减少颤振。如果采用此选项，则应采取通常的预防措施，如通过结构 K 上的阻尼系数 D 稳定求解。尽管方程（3.5）给出了静态稳定示例，但根据带有质量 M 的方程（3.7），动态稳定现在遵循相同的原则。因此，必须检查内能 **ALLIE**、动能 **ALLKE** 和稳定阻尼能 **ALLSD** 之间的能量比。

$$M\ddot{x}+D\dot{x}+Kx=f_{\text{ext}} \tag{3.7}$$

3. 显式动态检查

显式动态程序有效执行了大量的小时间增量，使用显式中心差时间积分准则；每个增量相对便宜（与 Abaqus/Standard 中可用的直接积分动态分析程序相比），因为无须对一组联

⊖ SIM 是 Abaqus 中提供的高性能软件架构，可用于执行模态叠加动态分析。对于具有最小输出请求的大规模线性动态分析（包括模型大小和模态数），SIM 架构比传统架构更有效。SIM 与特征求解器一起使用 Lanczos 或 AMS 技术计算模态频率，但不适用于子空间迭代技术。

立方程进行求解。在增量 t 开始时,显式中心差分运算满足动态平衡方程,在时间 t 计算的加速度用于将速度解推进到时间 $t+\dfrac{\Delta t}{2}$,并将位移解推进到时间 $t+\Delta t$。对于数值困难的情况,下面列出了不同的分析建议:

1)对于准静态分析,平滑阶跃幅度曲线是否用于施加载荷或边界条件?平滑阶跃幅度曲线定义示例如下:

```
*AMPLITUDE, NAME=MY-SMOOTH-AMP, DEF=SMOOTH STEP
0., 0., 0.005, 1.
```

2)可以使用时间缩放或质量缩放加速准静态分析吗?如果按时间或质量缩放,执行能量平衡检查,并验证动能 **ALLKE** 仅是内能 **ALLIE** 的一小部分。可变质量缩放示例如下:

```
*VARIABLE MASS SCALING, DT=1.e-7, TYPE=BELOW MIN,
FREQUENCY=5
```

当对准静态分析进行质量缩放或时间缩放时,记住验证 **ALLKE** 是 **ALLIE** 的一小部分。可以通过请求绘制单元质量缩放因子 EMSF 和单元稳定时间增量 EDT 的等高线图。

```
*OUTPUT, FIELD, NUMBER INTERVAL=15
*ELEMENT OUTPUT
EMSF, EDT
```

3)如果需要,可以使用具有几何特征边规格的通用接触吗?Abaqus/Explicit 中的通用接触定义示例如下:

```
*SURFACE INTERACTION, NAME=GLOBAL-PROPERTY
*FRICTION
0.0,
*SURFACE INTERACTION, NAME=GRIP-ANVIL
*FRICTION
0.3,
...
*CONTACT
*CONTACT INCLUSIONS, ALL EXTERIOR
*CONTACT EXCLUSIONS
ANVIL, PUNCH
*CONTACT PROPERTY ASSIGNMENT
, , GLOBAL-PROPERTY
GRIP, ANVIL, GRIP-ANVIL
```

4)使用数据检查分析,检查初始接触状态。如果可以接受使用调整后的几何形状,则可以通过修改用于通用接触的表面厚度来减少基于壳、膜和刚性单元面的初始过盈。此处给出了通过比例因子减少接触厚度的示例:

```
*CONTACT
...
*SURFACE PROPERTY ASSIGNMENT, PROPERTY=THICKNESS
, ORIGINAL, 0.65
```

5)当使用通用接触时,尤其是对刚体与刚体接触进行建模时,注意查看接触惩罚功 **ALLPW** 在模拟过程中所做功的曲线,并确保与物理上有意义的能量相比,接触惩罚功较小。

在显式动态分析中，能量输出对于检查求解的准确性尤为重要。一般来说，总能量 ETOTAL 应该是常数或接近常数。与"真实"能量，如应变能 ALLSE 和动能 ALLKE 相比，"伪"能量，如伪应变能 ALLAE、阻尼耗散 ALLVD 和质量缩放功 ALLMW 应该可以忽略不计。

在准静态分析中，动能 ALLKE 值不应超过小比例（一般为 5%）的内能 ALLIE 值。

在涉及约束（如连接和紧固件）和接触的分析中，输出约束惩罚功 ALLCW 和接触惩罚功 ALLPW 是一种很好的做法，这些能量值应该接近于零。

6）使用内置的抗锯齿（anti-aliasing）滤波功能输出历史数据。下面给出了内置的抗锯齿滤波器示例：

```
*OUTPUT, HISTORY, FILTER=ANTIALIASING,
TIME INTERVAL=7.e-5
*NODE OUTPUT, NSET=COMPONENT-REFS
U, V, A
```

7）为了获得更好的准静态分析应力结果，使用具有适当截止频率的 Butterworth 滤波器，对场输出进行滤波。场输出过滤器定义示例如下：

```
*FILTER, NAME=MY-FILTER, TYPE=BUTTERWORTH
2000.,
...
*OUTPUT, FIELD, FILTER=MY-FILTER, NUMBER INTERVAL=16
*ELEMENT OUTPUT
LE,
```

3.3 因果能量法

要了解因果能量法，首先要理解因果关系（causality）、诱因（causation）和相关性（correlation）之间的区别。相关性是以相同方式表现的两个或多个因素，如同时增加或减少，但这种行为并不一定是由于这些因素相互影响造成的；另一方面，诱因是一个因素对另一个因素的行为有直接影响。区分这两者很重要，因为如果基于诱因假设做出预测，而结果却发现这些因素只是相关的，那么就很可能得出错误的见解。此外，因果关系比诱因更重要，因为因果关系是原因和结果之间的一种关系，而不仅仅是一个因素。因此，通过使用因果能量法，将勾勒出全模型的局部区域响应行为或整个模型响应，以确定数值求解的哪些方面未按预期计算或计算失败。一旦知道了因果关系，那么就会弄清楚什么诱因或相关性，可能是导致此因果关系结果的原因。例如，影响数值求解困难的因素是什么，或者因素之间的相关性可能是什么。

热力学第一定律所隐含的能量守恒表明，固定物体的动能和内能的时间变化率等于表面力和体力所做功率总和。与动态变化相比，静态时间增量没有物理意义，因此能量法是一种从准静态、隐式或显式分析中评估线性或非线性动态行为的方法。通过消除不需要的失真，因果关系和能量法的能量衍生可用于校正或调整模型，并根据计算的输出数据提供初步预测。

能量守恒和能量平衡是一种通用的方法，既适用于静态问题，也适用于动态问题，但在动态问题中，对时间有物理意义。举例来说，一般用公式表征的能量平衡为外功 W 等于内能 IE 加上动能 KE 再加上其他耗散效应能量的总和。

Abaqus/Standard 定义了仅可用于全模型的总能量 ETOTAL[⊖]：

$$\text{ETOTAL} = \text{ALLKE} + \text{ALLIE} + \text{ALLVD} + \text{ALLSD} + \text{ALLKL} + \text{ALLFD} + \text{ALLJD} + \text{ALLCCE} - \text{ALLWK} - \text{ALLCCDW} \quad (3.8)$$

Abaqus/Explicit 定义了仅可用于全模型的总能量 ETOTAL：[⊖]

$$\text{ETOTAL} = \text{ALLKE} + \text{ALLIE} + \text{ALLVD} + \text{ALLFD} + \text{ALLIHE} - \text{ALLWK} - \text{ALLPW} - \text{ALLCW} - \text{ALLMW} - \text{ALLHF} \quad (3.9)$$

3.3.1 基本能量法、假设和限制

能量法用于评估冲击行为，并初步考虑以下因素：

- 根据孤立系统的能量守恒原理，能量总是守恒的，因此可以将静态分析或动态分析与能量方法相结合以预测冲击结果。
- 内能包含弹性能和非弹性能，内能 ALLIE 与峰值事件时间的摩擦耗散能 ALLFD 之和，应平衡冲击之前的动能 ALLKE。
- 在冲击前，施加静载和边界条件直到达到能量平衡（ALLKE = ALLIE + ALLFD），使结构静态变形为预期的动态变形。
- 能量传递假设通常是一种保守的假设，仅对某些载荷工况有效。在一般的跌落测试问题中，在整个冲击过程期间，结构总是具有混合动能和储存的内能。
- 忽略高频模态，只关注第一阶变形模态。
- 忽略材料应变率的敏感性，因为在准静态模拟中，不可能使用实测的"速率"材料属性数据。
- 在一些模拟中可以考虑使用惯性释放，以避免过约束作为具有边界条件的位移函数。在静态位移中，必须定义足够的边界条件，以避免刚体运动。
- 在某些载荷情况下，理解正确的静态变形模式并不难，而在其他情况下几乎是不可能的。

3.3.2 能量法

在分析中对全模型使用能量图是一种特别有用的控制检查，可以确定某能量对计算求解的贡献是否显著。例如，在 Abaqus 显式中，如果一定时间增量后 ALLKE 与 ALLIE 相比变得显著增大，则表明使用准静态方法的模型速度过快。

在 Abaqus 显式求解中使用 ETOTAL 检查能量平衡，则式（3.9）可以改写为

$$\text{ETOTAL} = \sum(-\text{ALLWK} + \text{ALLIE} + \text{ALLKE} + \text{ALLFD} + 其他) \quad (3.10)$$

式（3.10）中，功能 ALLWK 移至与 ETOTAL 中其他量相同的一侧，以捕获所有量，因此 ETOTAL 应在整个求解中保持恒定，等于零。具有初始动能的模型将具有较大的 ETOTAL，但在求解时间增量上仍应保持恒定。

[⊖] 在 *Abaqus Analysis User's Guide* v6.14 的第 4.2.1 节 "Abaqus/Standard output variable identifiers" 中定义了总能量输出量。

[⊖] 在 *Abaqus Analysis User's Guide* v6.14 的第 4.2.2 节 "Abaqus/Explicit output variable identifiers" 中定义了总能量输出量。

总能量用于发现 FEA 模型中的问题，能够表明在什么时间增量整个模型求解开始看起来可疑；其次，分析师必须应用不同的分析技术确定模型内导致此可疑求解的异常区域。

通过根据模型物理特性绘制所有能量，并检查总能量开始具有非恒定零值的位置，可以在模型中轻松确定具有可疑应用载荷的时间增量。该能量图能够使分析师在模型中最终找到错误。如果在整个求解时间增量期间，总能量保持不变并等于零，则该求解已通过完整性检查，分析师可以对计算结果充满信心。

3.3.3 缩放分析的能量法示例

对一些简单的载荷工况，能量法也可以有效缩放模型的静态响应，从而获得动态结果。例如，对于简单的跌落测试，可以使用一个简单的缩放方程，评估适用于线性分析的冲击行为。首先对弹性结构进行静态分析，包括必要时定义一些接触相互作用。从静态分析中可以提取在冲击点计算的静态位移，并使用 Abaqus/Standard 获得能量的输出数据，如可恢复应变能 **ALLSE**（在稳态动态分析中，这是循环平均值）和摩擦效应的总耗散能 **ALLFD**（仅适用于全模型）。

在线性分析中，总功 W 为

$$W = \frac{1}{2}Fu \tag{3.11}$$

式中，F 是外力；u 是位移。

根据式（3.11）和静态平衡方程（3.4），静功 W_s 为

$$W_s = \frac{1}{2}Ku_s^2 = \textbf{ALLSE} + \textbf{ALLFD} \tag{3.12}$$

式中，u_s 是静态求解的位移，K 是整个模型的全局刚度。

为了缩放静态响应，从而获得跌落测试的动态结果，需要手动计算等效的动态总功，作为结构质量（m）、重力加速度（g）和跌落高度（h）的势能函数，加上相同结构质量（m）和施加到结构上的速度（v）的动能函数的总和。

作为冲击前的动能，动态功方程可以写成：

$$W_d = \frac{1}{2}K u_d^2 = |\text{PE}| + \text{KE} = mgh + \frac{1}{2}mv^2 \tag{3.13}$$

式中，u_d 是动态求解的位移。

假设在静态和动态工况下，结构刚度与位移无关，则可以将式（3.11）和式（3.13）合并：

$$\frac{1}{2}K = \frac{W_s}{u_s^2} = \frac{W_d}{u_d^2} \tag{3.14}$$

根据式（3.14），现在很容易通过能量法将静态和动态联系起来，以缩放静态位移响应，从而获得动态位移结果：

$$u_d = u_s \sqrt{\frac{|\text{PE}| + \text{KE}}{\textbf{ALLSE} + \textbf{ALLFD}}} \tag{3.15}$$

当然，从线性分析中的位移值也有可能返回到动态分析中的变形和应力结果。

总之，能量法是分析师确保准确简单分析的有力工具，仅适用于有限数量的载荷工况条件，以便从静态响应切换到动态响应。

3.3.4　因果关系和能量导数

在使用能量法进行调试的过程中，分析师需要确定能量在结构加载时将如何显示力的最大诱因，以及相应的是什么材料、组件等。它们对结构响应的影响很小。

如式（3.16）的定义，外部余功对位移求导得到力，对角位移求导得到力矩。

$$\frac{\partial \text{ALLWK}}{\partial u} = F_{\text{applied}} \tag{3.16}$$

假设模型物理（如做功能量）只写成：

$$\text{ALLWK} = \text{ALLIE} + \text{ALLKE} + \text{ALLFD} \tag{3.17}$$

因此，能量导数与力的平衡直接相关，就像并联弹簧一样。事实上，对于给定的相同位移，力平衡是所有力的总和，即

$$\frac{\partial \text{ALLIE}}{\partial u} + \frac{\partial \text{ALLKE}}{\partial u} + \frac{\partial \text{ALLFD}}{\partial u} = \Phi_{\text{IE}} + \Phi_{\text{KE}} + \Phi_{\text{FD}} \tag{3.18}$$

式中，Φ_{IE}、Φ_{KE} 和 Φ_{FD} 是因果关系系数。这些术语用于评估整体结构响应的贡献，用于确定需要改变什么才能对结构响应产生最大影响，还有助于对数量的变化建立估算预测方程，而无须再次运行整个模型。

能量导数有助于研究独立于其他参数的变化，并专注于物理建模的特定专业知识。根据以下解释，可以对能源导数引起的结构响应变化进行估算。

- 内能 ALLIE 的导数表明刚度变化，包括材料或几何形状的变化；通过研究该导数，以确定组件刚度变化如何影响结构响应。
- 可以通过研究动能 ALLKE 的导数，以确定质量或速度变化如何影响结构响应。
- 可以通过研究摩擦耗散能 ALLFD 的导数，以确定摩擦系数的变化如何影响结构响应。

如果结构组件表现为并行弹簧，则这些变化或影响的估算是最为准确的。评估具有串联弹簧组件结构的能量导数（如将能量导数作为力函数，而不是位移函数）也是有帮助的，但更为困难且通常不太准确，因为获得余能通常是不可能的，必须对该因素进行估计。

必须满足能量平衡，确认总能量等于常数，这是所有模型的关键完整性检查。

评估相对于做功和内能的动能，对于准静态和显式动态模型非常重要。

能量方法可以有效地用于估计准静态模型或试验的冲击行为。它们是具有一定局限性的强大技术。

因果关系源自能量导数，对于类似于并行弹簧的结构行为最为准确。这使得关键组件和材料可以通过单次求解进行计算，并且可以预测线性和非线性问题中的方程。

参考文献

1. Flanagan DP, Belytschko T (1981) A uniform strain hexahedron and quadrilateral with orthogonal hourglass control. Int J Numer Methods Eng 17:679–706
2. Belytschko T (1976) Survey of numerical methods and computer programs for dynamic structural analysis. Nucl Eng Des 37:23–34
3. Hibbitt HD, Karlsson BI (1979) Analysis of pipe whip, EPRI, Report NP-1208

第4章 一般先决条件

4.1 词汇

调试分析的第一步是了解错误和警告消息的含义,这些消息被预先编程,因此可以参考。表4.1和表4.2分别列出了错误和警告消息列表,并提供了一些被视为数值问题或数值困难故障的潜在原因。下面给出了这些错误和警告消息的主要原因的定义。故障排除可能是以下迹象。

1) **Excessive strain**(过度的应变)增量意味着当前的应变增量太大,以至于质点计算的收敛被判断为不太可能。因此,Abaqus将减少负载并尝试再次执行增量。

2) **Large strain**(大应变)增量意味着最后一次增量的Abaqus应变准则超过导致首次屈服的应变的50倍。因此,Abaqus将尝试执质料点计算,但可能会导致收敛问题。

3) **Negative eigenvalues**(负特征值)通常与刚度损失或解唯一性的有关,如当结构开始屈曲或材料变得不稳定时,可能会发生这种情况。

- 负特征值也可能与使用拉格朗日乘子实施约束的建模技术有关。
- 在不收敛的迭代过程中弹出的负特征值警告通常可以忽略。如果在收敛的迭代过程中出现负特征值警告,则必须仔细评估求解结果。

4) **Numerical singularities**(数值奇异)通常是由刚体运动引起的,其中模型的一部分对施加的载荷没有抵抗力。数值奇异表明,在部分模型中可能需要额外边界条件或约束。

5) **Zero-pivots**(零主元)通常表示模型中存在过约束,主要由冗余边界条件或约束造成。过约束的节点可能仍表现正常,但冗余约束的存在可能是一个建模问题,会导致模型其他部分出现不良行为。零主元有时也会由于刚体运动而产生。

对于某些警告信息、错误消息和接触诊断,可以使用视口中的高亮显示选项查看每条诊断消息中涉及的节点或单元。对于警告和错误消息,在模型中高亮显示导致警告或错误的节点或单元。对于接触诊断,过度闭合或断开的节点会在模型中高亮显示。

表4.1 错误消息列表

序号	消息描述	数值问题
1	Too many increment（太多增量）	分析的信息文件中零主元（ZERO PIVOT）警告
		伴随数值奇异（NUMERICAL SINGULARITY）警告的分歧
2	Too many attempts（太多尝试）	Abaqus模型的网格变成了具有规则图案的非物理形状
		接触分析首次增量中收敛困难的根源
		修正由局部不稳定引起的收敛困难
		在非线性分析中使用随动载荷（包括分布压力）

(续)

序号	消息描述	数值问题
3	Time increment（时间增量）	Abaqus 模型的网格变成了具有规则图案的非物理形状
		在接触分析的第一次增量中收敛困难的起源
		修正由局部不稳定引起的收敛困难
		在非线性分析中使用随动载荷（包括分布压力）
		即使所有增量都收敛，分析也会提前结束
		显式或准静态方案稳定收敛

表 4.2　警告消息列表

序号	消息描述	数值问题
1	Strain increment（应变增量）	当前应变增量超过了首次屈服平均值的应变
2	Element distortion（单元扭曲）	过度的单元扭曲
		二阶四面体单元接触建模
		理解有限滑动面到面接触
		可以接受多少沙漏能？
3	Negative eigenvalues（负特征值）	使用基于刚度的接触稳定
		对全局不稳定结构建模
		理解负特征值消息
		在上次尝试增量中调试削减过多的分歧
		显式或准静态方案稳定收敛
		作业已完成，但结果看起来可疑
4	Numerical singularities（数值奇异）	伴随数值奇异（NUMERICAL SINGULARITY）警告的分歧
5	Zero-pivots（零主元）	分析求解的消息文件中的零主元警告
6	Unconnected region（非接触区域）	识别模型中未连接区域

4.1.1　解读错误消息

下文给出了表 4.1 中所列错误消息的解释，并提出了一些可对模型采取纠正措施的建议和意见。

1. ERROR：TOO MANY INCREMENTS NEEDED TO COMPLETE THE STEP（完成该步所需的增量太多）

1）检查消息文件中是否存在任何可能导致收敛缓慢的警告消息，如数值奇异或零主元警告。

2）如果似乎没有收敛问题，则可能需要增加该步的增量限制。

2. ERROR：TOO MANY ATTEMPTS MADE FOR THIS INCREMENT—ANALYSIS

TERMINATED（此增量尝试次数过多—分析已终止）

1）这只是一条错误消息，说明了 Abaqus 最终中止的原因。
2）不要修改求解控制以增加每次增量允许的尝试次数。
3）检查消息文件中是否有可能导致收敛困难的警告消息。
4）检查模型定义，确保模型能够承受实际施加的载荷。

3. ERROR：TIME INCREMENT REQUIRED IS LESS THAN MINIMUM SPECIFIED-ANALYSIS ENDS（所需的时间增量小于指定的最小值—分析结束）

1）同样，这只是一条错误消息，给出了 Abaqus 最终中止的原因。不建议减小 Abaqus 的最小允许增量大小。
2）检查消息文件中是否有可能导致收敛困难的警告消息。
3）检查模型定义，确保模型确实能够承受所施加的载荷。

4.1.2 解读警告消息

下文给出了表 4.2 中所列警告消息的解释，并提出了一些可对模型采取纠正措施的建议和意见。

1. WARNING：THE STRAIN INCREMENT HAS EXCEEDED FIFTY[⊖] TIMES THE STRAIN TO CAUSE FIRST YIELD AT 500 POINTS（应变增量超过应变的 50 倍，导致 500 点处首次屈服）

1）表示在给定增量内塑性屈服过大。
2）可能的原因是：
- 过度或不切实际的载荷（如单位不一致）。
- 应力-应变塑性数据不正确或不足。
- 网格细化不足。
- 不稳定变形，如屈曲。

2. WARNING：ELEMENT 441 IS DISTORTING SO MUCH THAT IT TURNS INSIDE OUT（单元 441 的扭曲太厉害，以至于其内外翻转）

1）网格细化不足。
2）一阶降阶积分单元中的沙漏。
3）材料属性和/或载荷的单位不一致。
4）过度或不切实际的载荷。
5）为获得初始过盈的接触对或连接约束，调整了严重过盈面的从节点。

3. WARNING：THE SYSTEM MATRIX HAS 9 NEGATIVE EIGENVALUES[⊖]（系统矩阵有 9 个负特征值）

1）某种形式的刚度损失表明刚度矩阵是围绕非平衡状态组合的。
- 几何不稳定：屈曲、压缩。
- 材料不稳定：不合适的超弹性材料模型，理想塑性的开始。

[⊖] 请注意，无法修改警告消息中提到的"fifty"系数。
[⊖] 更多解释请查看本书第 8.9 节。

2）数值上，在某些情况下使用拉格朗日乘子也可能导致这些警告消息。

3）使用三维二阶单元作为接触（从）面。

4）通常，这些警告消息不会出现在收敛迭代中。如果出现，请确保求解在物理上是可接受的。

4. WARNING：SOLVER PROBLEM. NUMERICAL SIGULARITY WHEN PROCESSING NODE 1 D. O. F. 3 RATIO＝3. 141E+154[⊖]（求解器问题。处理节点 1 自由度 3 时的数值奇异，比值＝3. 141E+15）

1）通常表示不受约束的刚体运动。

2）在有这些警告的情况下，即使分析运行完成，其结果可能也不准确。

5. WARNING：SOLVER PROBLEM. ZERO PIVOT WHEN PROCESSING NODE 1 D. O. F . 1[⊖]（求解器问题。处理节点 1 的自由度 1 时的零主元）

1）通常表明是过约束。

2）在有这些警告的情况下，即使分析运行完成，其结果可能也不准确。

6. WARNING：THERE ARE 2 UNCONNECTED REGIONS IN THE MODEL（模型中存在两个未连接区域）

有关未连接区域的消息，仅意味着模型中的某些孤立部分没有通过公共节点、初始闭合接触条件或约束方程加以连接。如果无意中引入了未连接区域，则可能会导致无约束刚体模态等数值问题，阻止分析的成功执行。

4.2　模型中已识别的未连接区域

首先，找到名为"abaqus_v6. env"的文件，该文件通常安装在 Abaqus 版本的工作目录中。此处以安装文件 C：\\Simulia\\Abaqus\\6. 14-5\\SMA\\site 中的版本 v14-5 为例。

其次，将文件"abaqus_v6. env"复制到备份文件夹中，以保留原始 Abaqus 的环境设置和默认映射。

然后，打开安装目录下的"abaqus_v6. env"文件进行修改，并在文件的最后一行添加以下代码行。

unconnected_regions＝ON

下面给出了一段代码的示例：
```
#        System-Wide Abaqus Environment File
#----------------------------------------------
# DO NOT MODIFY THE CODE
#----------------------------------------------
standard_parallel = ALL
mp_mode = MPI
mp_file_system = (DETECT,DETECT)
mp_num_parallel_ftps = (4, 4)
mp_environment_export = ('MPI_PROPAGATE_TSTP',
'ABA_CM_BUFFERING')
```

⊖　更多解释请查看本书第 8. 10 节。

⊖　更多解释请查看本书第 8. 11 节。

```
...
del driverUtils, os, graphicsEnv
license_server_type=FLEXNET
abaquslm_license_file="xxxx@xxxxxxx.net.xxx.com"
doc_root="http://xxxxxxxx:xxxx/v6.14"
doc_root_type="html"
#----------------------------------------------
# AT THIS POINT THE CODE CAN BE MODIFIED
#----------------------------------------------
# Customized settings
unconnected_regions=ON
#
```

如上所示，使用修改后的 Abaqus 环境文件运行模型。一旦输出数据（.odb）文件，可在 Abaqus 视口中读取可视化输出文件。在选择识别未连接区域节点或单元的项目之前，打开 **Create display group** 模块，并选择"Highlighted item in viewport"按钮，以识别视口中未连接的区域。通常，未连接区域具有类似"STEP 1 MESH COMPONENT 1"的命名。

1）一种用于识别未连接区域的技术是对模型进行频率提取分析，这要求质量与所有自由度相关联。通过在 Abaqus/Viewer 中可视化模型的刚体模态振型，可以轻松识别出未连接的区域。

2）使用 Abaqus/CAE 的替代方法。第一步是通过菜单选项卡导入模型：

File→Import→Model

打开"Import Model"对话框，选择要导入的输入模型文件。如果模型不是作为零件实例的组合编写，即如果输入文件是"flat"的，则模型中的所有柔性体都被归集到一个零件中；然后可以通过复制包含可变形单元的单个零件，识别出未连接区域。为此，选择：

Part→Copy

进入"Part"模块后，在"Part Copy"对话框的零件框中选择单独的未连接区域，包含多个未连接区域的原始零件将被拆分为单独零件，这样可以轻松识别未连接区域。

复制过程中创建的零件在"Part Manager"中列出：选择 Part→Manager，并选择"Part"模块中的组件。例如，如果将 PART-1 复制到 PART-2，并且 PART-1 包含两个未连接的区域，则零件管理器会将 PART-2-1 和 PART-2-2 列为新创建的零件。

如果模型包含零件实例的装配，导入它将创建具有单独零件的模型，每个零件被定义在输入数据中。仍然可以使用上述复制零件的技术。为了验证不同零件实例之间的交互，Abaqus/CAE 中的"Interaction"模块可用于验证约束和接触定义。

请注意，如果模型包含由 ***TIE** 约束连接的区域，Abaqus/CAE 将不会考虑这一点，并且这些区域随后也会被"Part Copy"命令分割。

3）在预处理过程中，Abaqus 会对未连接区域进行检查，并将未连接区域的数量作为警告打印在消息文件中。在分析过程中，使用 ***MODEL CHANGE** 选项可能会创建未连接区域。只要受到适当的约束，未连接区域不一定是麻烦。如果未连接区域不受约束，则静态分析会导致在消息文件中打印数值奇异警告。

在频率分析中，模型的无约束、未连接区域将与零刚度刚体模态相关联，这可能会产生不期望的结果。目前，Abaqus 在 ***STATIC** 分析中会对未连接、无约束区域发出警告，但不会对*FREQUENCY 分析发出警告。因此，使用*FREQUENCY 选项的动态模态模型最好先进行静态分析测试，以检测未连接区域。

4.3 Abaqus/Standard 分析数据检查阶段的错误纠正

Abaqus 无法确保模型的物理特征正确无误；相反，它会尽可能检查模型是否合理。当试图纠正数据检查错误时，请考虑以下几点。

1）确保单位制与分析模型中的单位设置一致。Abaqus 不使用任何内置单位。

在动态分析中，一个常见的错误是使用不正确的质量单位来表示密度，尤其是在使用英制单位时。在每本印刷版 Abaqus 手册的内封面和在线手册的开头，都有可用于单位转换的表格。表3.1 列出了用于公制和英制的正确一致的单位制。在极少数情况下，如果使用的单位使数字变得非常大或非常小，可能会在分析过程中造成舍入问题，因此在处理之前需要仔细检查单位系统和输入值。

2）检查几何形状、边界条件、载荷、面定义和材料属性，以确保正确且合理。

① 在数据检查阶段，默认是关闭打印输出数据到.dat 文件。打开此打印输出是明智的，至少在确定模型设置正确之前。如果模型没有正确设置，通过查看数据文件来检查 Abaqus 如何解释输入数据是很有用的。使用以下命令打开此打印输出：

——作业模块：**Job→Create…→Continue…→General→Preprocessor**，然后 **Printout**，并请求打印输出输入数据、模型定义数据和历史数据。

——关键字：

*PREPRINT, MODEL=YES, HISTORY=YES

② 在.dat 文件中最容易检查材料数据和截面属性数据。有一个环境文件设置 **printed_output=ON**，可用于将此打印输出设为默认值。但是请注意，有时会导致问题的内存预估值变得极大。

③ 如果用户在模型中定义了接触以检查接触的初始状态（打开或关闭），请使用：

——作业模块：**Job→Create…→Continue…→General→Preprocessor**，然后 **Printout**，并请求打印输出接触约束数据。

——关键字：

*PREPRINT, CONTACT=YES

④ 除非输入文件中存在严重错误，否则 Abaqus 会将信息写入输出数据库（.odb）文件和重新启动（.res）文件（如果要求重新启动输出选项）。使用 Abaqus/Viewer 读取输出数据库文件，以图形方式检查模型。

查看模型以确保几何形状正确、网格合理、边界条件应用正确、载荷位于正确位置，并且面定义正确。如果模型中定义了接触，则在 Abaqus/Viewer 中检查接触对就相当简单了。此外，检查接触面的法线，如果指向错误，则接触算法将尝试应用此错误定义，并可能导致严重的网格变形。

如果错误消息是 **THERE IS NOT ENOUGH MEMORY ALLOCATED TO PROCESS THE INPUT DATA**（没有足够的内存分配来处理输入数据），请阅读 Abaqus 文档的适当内

容,如 "Abaqus Analysis User's Guide"中的 "Using the Abaqus environment settings"章节及 "Abaques Installation and Licensing Guide"中的 "Memory and disk management parameters"章节,以便了解机器配置 Abaqus/Standard 功能的内存使用情况。

即使自由度数量看起来不是特别大,在数据检查阶段和分析阶段,特定分析也会使用大量的内存。这些分析包括:

- 接触面上有许多节点和滑动距离(SLIDE DISTANCE)设置较大的有限滑动接触问题(参考***CONTACT CONTROLS**选项):对三维有限滑动问题,会自动计算出合理的滑动距离。
- 精细网格腔体的腔体辐射问题。强烈建议对空腔进行比周围网格更粗糙的网格划分。涉及使用连接约束或 MPC,将定义空腔的传热单元连接到更精细的周围网格。
- 使用方程或多点约束将大量节点约束到单个节点的问题。如果可能,使用其他技术将节点连接在一起。
- 具有大量保留自由度的子结构。如果可能,减少保留自由度的数量。

只允许使用自由格式,因此这不会有问题。如果一行只有一个数据项,则该数据项后面必须跟一个逗号。有关详细信息,请参阅 "Abaqus Analysis User's Guide"中的 "Input syntax rules"部分。

将输入文件从一个版本转换到另一个版本非常简单。第一步是先运行 Abaqus 免费实用程序,然后再运行 Abaqus 升级实用程序。有关详细信息,请参阅 "Abaqus Analysis User's Guide"中的 "Fixed format conversion utility"和 "Input file and output database upgrade utility"部分。

当数据检查阶段执行完毕后,审查数据文件中是否有任何警告信息。在继续之前,确保有充分的理由忽略任何警告。这些警告有助于用户建立更好的模型,并且往往表明模型存在严重的错误。有时可以忽略它们。但是,了解忽略任何警告信息的影响是至关重要的。

4.4 诊断错误消息的技巧和窍门

在诊断阶段,规避一些数值求解的主要技巧和窍门总结如下:

1)确保所做的所有假设将代表模型所涵盖的物理特性,并确保所有设置都已正确定义,且数值适当。

2)要找到不稳定的原因,需要一步一步地进行:首先通过消除模型中所有类型的非线性(大位移、材料属性、接触属性)以隔离导致未收敛解的因素,然后对模型设置和约束条件的所有非线性函数进行单独研究。

3)一般来说,大位移 **NLGEOM** 无助于稳定求解,但它使迭代计算更快,增量更少。

4)切换到 Step 模块,即将数值问题的分析步从 "Static"切换到 "Dynamic implicit",这有助于迭代收敛。

5)如果在模型中使用梁单元作为螺栓,首先将其网格划分为三个单元,以定义中间单元处的螺栓预紧力;其次选择杂交公式的 B31H 梁。对于细长模型来说,B31H 是一个更好的单元,否则,收到数值奇异警告的风险会很高。

6)如果在模型中存在较大旋转时,用于模拟螺栓预紧力的梁单元将不起作用,建议使用具有 MPC 连接器或混合单元 MPC/梁来模拟螺栓。

7）为避免错误的接触交互，在接触交互中使用"Finite sliding"选项，以便在计算期间更新接触，而"Small sliding"并非如此。从本质上讲，在接触尺寸上，如果接触滑动不超过典型单元的 1/3，并且接触状态已经完成但在计算过程中没有更新，则可以使用"Small sliding"。

8）通过将材料属性线性延伸至应力-应变曲线的最终计算斜率，甚至延伸至材料曲线中的 100%应变，以允许求解器计算最终增量，可以避免材料塑性的不收敛求解。分析师有责任知道在何处停止计算求解。

9）二阶单元公式不应用于接触交互，以避免在中间节点上的数值计算困难。

4.5 尝试恢复损坏的数据库

这里介绍两种恢复损坏的 Abaqus 文件的方法，根据 Abaqus 消息，可选择方法 1 或方法 2。

4.5.1 方法 1

Abaqus CAE 返回了"**SMACkmCaeKerMod** has stopped working"错误消息，如图 4.1 所示，通常并没有说明任何有关崩溃原因的具体内容。CAE 文件很可能已损坏且无法恢复。如果 Abaqus/CAE 崩溃并显示以下消息，按照方法 1 进行操作。

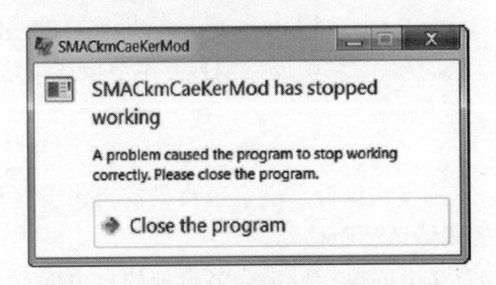

图 4.1 崩溃信息 **SMACkmCaeKerMod**
（这是在任务管理器中作为"abqcaek.exe"进程运行的可执行文件）

1）备份。首先将.cae 和.jnl 文件复制并粘贴到备份目录中。

2）打开当前工作目录中的 Abaqus/CAE 文件，并执行"**File→Compress mdb**"。如果之后再次无法正常使用.cae 文件，则此时停止该过程并尝试方法 2；否则，继续下一步。

3）打开.cae 文件后，执行"**File→Import model**"导入模型，然后从旧的.cae 模型中选择并导入模型。如果不行，则停止此方法并尝试方法 2。

4）如果此过程没能取回 Abaqus/CAE 文件中的模型，则可能.cae 数据库在更高层次上损坏。因此，要从高度损坏的.cae 文件中恢复模型，请按照方法 2 进行操作。

4.5.2 方法 2

以下方法可用于恢复高度损坏的 Abaqus/CAE 数据库。

1）将所有文件从当前工作目录中复制到备份目录。工作目录是运行 Abaqus/CAE 的目录，它包含以下扩展名的文件：.cae、.jnl、.rpy 和 .rec。

2）现在当前工作目录中安全操作，删除日志文件（.jnl）之外的所有文件。.jnl 文件可能有引用（用于创建模型的导入文件等），这些引用需要与之前的位置相同。如果这些文件的位置不确定，则在恢复过程中会弹出错误消息以引导用户，或者可以通过手动扫描操作识别日志文件的位置。

3）在当前工作目录中，使用命令提示符运行命令 abaqus cae recover = model-name.jnl，其中 Abaqus 是运行 Abaqus 的命令，model-name 是 Abaqus/CAE 数据库的名称。

4）模型恢复后，将文件另存为 model-name.cae，并退出 Abaqus/CAE 会话。

5）备份目录中也可能有一个恢复文件，包含创建日志文件后执行的操作。如果用户也想恢复这些，将.rec 文件从备份目录复制到当前工作目录，并将其命名为 model-name.rec。

6）编辑.rec 文件以删除最后一组命令（这取决于模型，通过删除这些命令，可以认为最后一组命令导致了数据库损坏）。

7）在 Abaqus/CAE 中打开.cae 文件。由于存在.rec 文件，Abaqus/CAE 将从.rec 文件中恢复额外工作。

8）保存.cae 文件，模型应已恢复。

4.6 Abaqus 的运动分布耦合

结构耦合和运动耦合（structural and kinematic couplings）的共同目的是将选定面上的节点集（耦合节点）的运动与参考点的运动进行耦合。本节概述了这两种方法的一些差异。

4.6.1 约束执行的性质

1）运动耦合以严格的主从方式执行。耦合节点处的自由度（DOF）被消除，并且耦合节点被约束为随着参考点的刚体运动而移动。

2）分布耦合是在平均意义上的执行。耦合节点处的自由度不会被消除。相反，通过分布载荷来强制约束，使得耦合节点处的合力等效于参考点处的力和力矩，并且保持参考点周围分布载荷的力和力矩平衡。

运动耦合约束不允许受约束的自由度之间存在相对运动，但允许不受约束的自由度之间的相对运动。

分布耦合允许受约束和不受约束的自由度之间的相对运动。耦合节点的相对运动将保持分布载荷的平衡条件。

例如，考虑图 4.2 所示的悬臂梁。其网格采用二阶块单元（brick elements），右端固定。在自由端定义耦合约束，约束中包括端面节点的自由度 1~6。在参考节点处施加垂直位移，其他位移和旋转分量均保持为零。

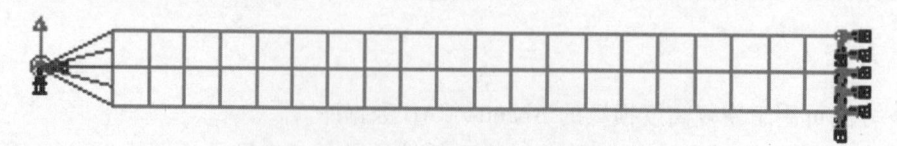

图 4.2 悬臂梁、未变形、加载垂直位移

分别采用运动约束和分布约束对模型进行分析；两种约束类型的梁变形形状相似，如图 4.3 所示。

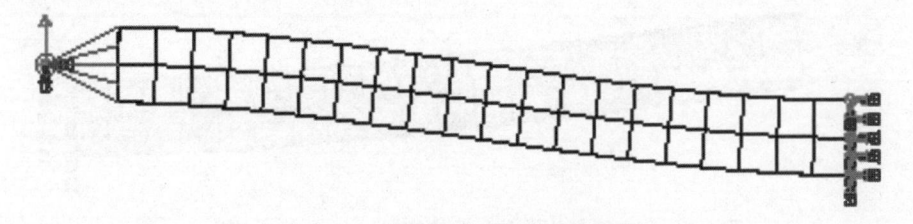

图 4.3　两种约束类型的梁变形

仔细检查梁耦合端的位移，可以发现两种约束方法的结果存在差异。图 4.4 和图 4.5 分别所示为分布耦合和运动耦合在梁自由端的轴向（3 方向）位移。

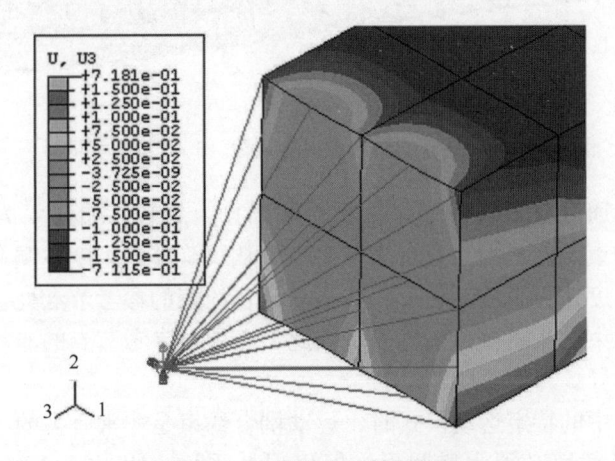

图 4.4　分布耦合的轴向位移

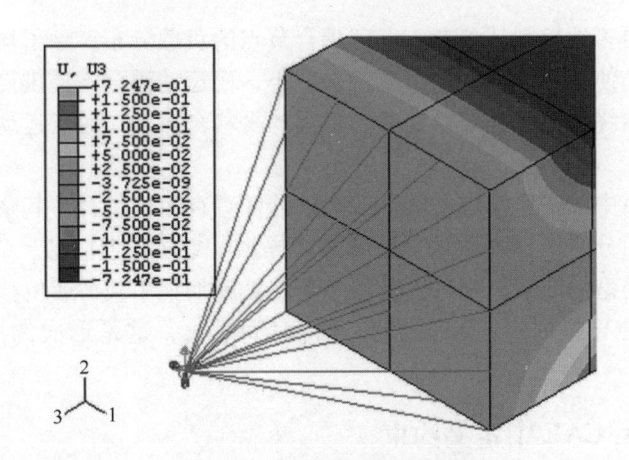

图 4.5　运动耦合的轴向位移

如图 4.4 所示，分布耦合允许梁末端的节点发生相对变形，而图 4.5 所示的运动耦合，将耦合节点的运动约束为参考节点的刚体运动，因此梁末端没有相对位移。

由于参考节点上的边界条件，轴向（以及横向）位移同样为零。继续上述例子，考虑只有1~3自由度耦合的情况：分布耦合和运动耦合的轴向位移等值线分别如图4.6和图4.7所示。

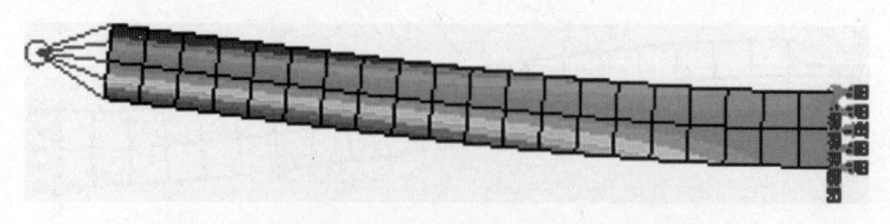

图4.6 分布耦合的轴向位移等值线（1~3自由度耦合）

图4.7 运动耦合的轴向位移等值线（1~3自由度耦合）

如图4.6所示，通过分布耦合，梁的末端可以自由旋转。如图4.7所示，通过运动耦合，梁端旋转受到约束。这是因为只有当至少一个从属旋转自由度被耦合时，分布耦合的参考节点上的旋转自由度才会激活。相反，在运动耦合约束的参考节点处，所有自由度都处于激活状态，与参与约束的从属自由度无关。因此，必须对参考节点的非约束自由度进行适当约束，以避免数值奇异。

当必须抑制结构中的特定运动模式时，运动耦合约束是非常有益的。例如，模拟薄壁管道的纯弯曲，其中横截面必须为椭圆形，但仍保持平面，附录A.1概述了该示例的详细信息。

分布耦合允许更多地控制从参考节点到耦合节点的负载分布。除了均匀分布，还可以根据与参考节点的距离使分布线性、二次或三次减小，而运动耦合不提供控制。

分布耦合必须始终约束耦合节点处所有可用的平移自由度；对于运动耦合约束，不是必须如此。

在运动耦合约束中，一旦指定了耦合节点处的任意自由度组合，其余的自由度都不能用于进一步的约束；而分布耦合则不然。附录A.2提供了更多详细信息。

对于任何一种类型的约束，都可以在参考节点处施加集中载荷或位移。分布耦合定义中的大量耦合节点，会导致内存占用过多和运行时间过长，这是形成约束时产生大波前的结果。

4.6.2 在Abaqus/CAE中定义约束

在Abaqus/CAE的"Interaction"模块中定义耦合约束。首先定义要耦合的面；然后，如果参考节点不是现有几何体的一部分，则必须使用**Tools→Reference Point**创建单独的参考节点；最后选择**Constraint→Create**...**→Coupling**→选择参考节点→选择耦合面，将弹出"Edit Constraint"对话框，从中可以选择约束类型和耦合自由度。

4.7 Abaqus 几何非线性

"Step"模块中用于设置非线性几何的选项是 **NLGEOM**；简言之，当存在大变形时，非线性几何是计算对模型形状变化响应的一个选项，并提供构件刚度的非线性变化。但大变形究竟意味着什么呢？

在连续介质力学中，应力是一个物理量，表示连续材料中相邻粒子相互施加的内力，而应变则是材料变形的度量。因此，应变是变形的结果，而变形是结构受载的结果。机械应力、变形和变形率之间的关系可能非常复杂，但如果这些量足够小（称为小变形），在实际中线性近似可能就足够了。这里，可以在小变形 **NLGEOM = NO** 或大变形 **NLGEOM = YES** 之间进行选择。但选择怎么做，又会对结果产生什么影响呢？

上一节重点介绍了不同的运动分布耦合选项如何影响结构，但运动学是模型中使用的单元类型的函数。运动学或所谓的自由度定义。例如，一个实体三维单元没有旋转，只有三个方向上的三个位移，而梁单元在三维空间中具有三个旋转和三个位移，故而在其运动学中共有六个自由度。因此，所有这些都与运动学有关。对于小变形或大变形，材料响应是变形的函数，也是结构应力响应。

根据 Abaqus Standard 和 Explicit 求解器的平衡和虚功原理，柯西应力矩阵必须对称，因此应变矩阵也必须对称，因为根据连续介质固体力学理论，应力和应变之间存在某种关系。

根据矩阵代数，式（4.1）表明，任何方阵（此处称为"A"矩阵）都可以分解为对称矩阵（应变矩阵）和反对称矩阵（斜交矩阵）之和，即

$$A = \frac{1}{2}[A + A^T] + \frac{1}{2}[A - A^T] \tag{4.1}$$

根据式（4.1），选项 **NLGEOM = NO** 所用的小变形应变矩阵可以立即写成小变形矩阵和小斜交矩阵之和：

$$\varepsilon_{\text{small}} = \frac{1}{2}\left[\frac{\partial \mathbf{u}}{\partial \mathbf{x}} + \left(\frac{\partial \mathbf{u}}{\partial \mathbf{x}}\right)^T\right] + \frac{1}{2}\left[\frac{\partial \mathbf{u}}{\partial \mathbf{x}} - \left(\frac{\partial \mathbf{u}}{\partial \mathbf{x}}\right)^T\right] \tag{4.2}$$

当使用 **NLGEOM = YES** 激活大变形时，则式（4.2）变为大变形中的大应变矩阵，等于大变形矩阵（也称为格林-拉格朗日应变张量）和小自旋矩阵之和：

$$\varepsilon_{\text{large}} = \frac{1}{2}\left[\frac{\partial \mathbf{u}}{\partial \mathbf{x}} + \left(\frac{\partial \mathbf{u}}{\partial \mathbf{x}}\right)^T\right] - \frac{1}{2}\frac{\partial \mathbf{u}}{\partial \mathbf{x}}\left(\frac{\partial \mathbf{u}}{\partial \mathbf{x}}\right)^T + \frac{1}{2}\left[\frac{\partial \mathbf{u}}{\partial \mathbf{x}} - \left(\frac{\partial \mathbf{u}}{\partial \mathbf{x}}\right)^T\right] \tag{4.3}$$

从式（4.3）中可以看出，大变形包括一个二阶修正项，该修正项被添加到式（4.2）的小变形中，使得大变形的结果不如小变形那么保守。

从式（4.3）也可得知，大变形并不一定意味着具有大的旋转，因为它可能仅限于刚体旋转。对于发生有限旋转的组件，必须包含大挠度效应，以便正确计算和组合刚体和柔性变形，从而准确预测更新后的几何刚度对求解的影响。根据一般经验法则，如果角旋转大于10°，则应考虑大变形效应。

大应变意味着单元级的形状变化，使得单个单元被拉伸、挤压或剪切，最终单元形状与初始形状显著不同。从实际角度来看，大应变效应几乎总是需要使用非线性材料表示法，以

准确模拟有限应变机制下的材料行为，或者仅仅使用非线性结构变形表示法，或者同时使用这两种表示法。

简单地说，应力刚化（stress stiffening）在技术上不是几何非线性。应力刚化的影响可能会很明显，为方便起见，通常与几何非线性一起探讨。一般而言，当细长结构沿轴向承受拉伸（或压缩）载荷时，应力刚化是横向刚度的增加（或减少）从而产生的膜应力，薄金属板件、旋转刀片或小提琴弦就是一些例子。即使应变和刚体运动很小，由于膜应力，结构仍然会发生显著硬化（或软化），这可能对分析的准确性起着重要作用。对于至少在一个维度上很小和/或受到显著轴向或膜应力的结构，应力刚化通常很重要。对于这些类型的问题，如果变形和旋转很小，可以忽略非线性几何效应，只需要应力刚化就可以得到正确的解决方案。但是，从实际的角度来看，由于大变形效应还包括预应力的影响，因此大多数分析人员只是简单地将大变形作为考虑因素，而没有单独考虑应力刚化。

在某些大位移问题中，在激活大挠度的同时引入应力刚化的决定成为一种收敛工具。在许多情况下，打开应力刚化的大挠度求解比未打开时收敛得更快。尽管得到的答案是相同的，但打开预应力有助于更有效地求解收敛。这是双向的，有时停用应力刚化有助于使非线性动态屈曲梁模型更有效地收敛。

以下是确定分析应该以小变形还是大变形求解的一些指导：
- 即使非线性效应非常小，调用非线性求解器也会明显延长求解时间，这对于小型模型来说不是问题，但当模型包含几百万个自由度时，将求解时间缩短50%可能会大有裨益。
- 有时分析师希望能够与解析解进行比较，而此类解通常基于线性理论，因此在这种情况下建议使用小变形。
- 分析师需要遵循假设采用线性或非线性方法的Standard或Explicit分析程序。
- 在几何非线性问题中，需要使用实际载荷。如果分析师想对结构响应进行概念研究，并且预估的载荷过大，求解可能不会收敛。

4.8　隐式与显式方法的区别

隐式与显式方法的主要区别在于用于计算导数项的数值方法模型[1]。在静态分析中，没有考虑质量（惯性）或阻尼的影响；在动态分析中，引入与质量/惯性和阻尼相关的节点力。静态分析使用Abaqus/Standard中的隐式求解器进行，动态分析可以通过Abaqus/Explicit中的显式求解器或隐式求解器进行。

在非线性隐式分析中，每一步的求解都需要一系列试解（迭代），才能在一定的容差内建立平衡。在显式分析中，由于直接求解节点加速度，不需要迭代。

显式分析中的时间步长必须小于当前时间步长，因为显式分析中的时间具有真正的物理意义，与网格的最小长度有关，即声波穿过一个单元所需的时间。针对这一点，分析人员必须认真注意网格尺寸，并确定模型中较小的单元尺寸。隐式瞬态分析对时间步长没有内在限制，因此隐式时间步长通常比显式时间步长大几个数量级。

在载荷/时间步长的过程中，隐式分析需要数值求解器对刚度矩阵进行一次甚至多次求逆，这种矩阵求逆是一项昂贵的运算，尤其是对于大型模型。而显式分析不需如此。

与隐式分析相比，显式分析处理非线性相对容易，包括接触和材料非线性的处理。

在显式动态分析中，节点加速度直接（非迭代）求解为对角质量矩阵的逆乘以净节点力矢量，其中净节点力包括来自外部源（体力、施加压力、接触等）、单元应力、阻尼、体黏性和沙漏控制的贡献。一旦在时刻 n 已知加速度，则可以计算出时刻 $n+\frac{1}{2}$ 的速度、时刻 $n+1$ 的位移。位移产生应变，应变产生应力，然后重复该循环。

Abaqus/Standard 与 Abaqus/Explicit 两种求解器的性能如下：

1. Abaqus/Standard
- 使用隐式时间积分方法计算系统的瞬态动态或准静态响应。
- 三种应用类型：要求瞬态保真度和最小能量耗散的动态响应；涉及非线性、接触和中等能量耗散的动态响应；准静态响应，其中相当大的能量耗散为确定基本静态求解提供了稳定性和改进的收敛性。

2. Abaqus/Explicit

使用显式时间积分方法计算系统的瞬态动态或准静态响应。

4.8.1 动力学问题方程

Abaqus 将方程（3.7）重写为方程（4.4），即有限元（时间连续）近似的平衡方程由孤立惯性力构成，其中 M 是质量矩阵（假设时间恒定），$\ddot{u}$ 是节点加速度分量矢量，I 是节点上的内力（单元内的应力分布定义了等效节点力），P 是外部节点力。

$$M\ddot{u}+I-P=0 \quad (4.4)$$

假设 I 和 P 仅取决于节点位移 u 和速度分量矢量 $\dot{u}$，从而使系统在时间上为二阶。

这个平衡方程非常通用，适用于任何机械系统行为。（和/或）当第一项的惯性力或动态力足够小时，方程（4.4）会简化为静态平衡形式。

黏性效应，如阻尼、黏塑性或黏弹性等，包含在内力矢量 I 中，它是位移 u 和速度 $\dot{u}$ 分量矢量的函数。

4.8.2 运动方程的时间积分

非线性动力学问题需要运动方程的直接积分。首先，通过空间离散化（有限元近似）进行积分计算，将描述动态平衡的偏微分方程组在时间上转化为一组耦合的非线性常微分方程；然后，采用时间积分求解这个常微分方程组；最后，通过对这些方程进行时间积分的方法区分 Abaqus/Explicit 和 Abaqus/Standard。下面列出了两种求解器之间的差异，如时间积分的计算是按照[⊖]：

（1）Abaqus/Standard
- 除非应用类型是准静态的，否则使用称为 Hilber-Hughes-Taylor（HHT）[2] 规则的二阶精确隐式方法。
- 这是 Newmark 方法的推广。
- 二阶精确意味着该方法精确地积分了一个常数加速度。

⊖ 关于时间积分方法的更多详细信息，请参阅 *Abaqus documentation Theory Manual* 第 2.2.1 节 "Nonlinear solution methods in Abaques/Standard" 和第 2.4 节 "Nolinear dynamics"。

- 该方法是无条件稳定的：可以使用任何大小的时间增量，并且解将保持有界。

（2）Abaqus/Explicit
- 使用二阶精确显式积分方法计算系统的瞬态动态或准静态响应。
- 该方法是条件稳定的：只要当时间增量小于临界值时才给出有界解。

1. 隐式动态时间积分

如式（4.5）所示，利用已知的节点位移、速度、加速度分量矢量的节点解，在下一个时间增量（Δt）中进行迭代，从而计算出隐式时间积分的前进时间解。

$$\begin{pmatrix} u_n \\ v_n \\ a_n \end{pmatrix} \rightarrow \Delta t \rightarrow \begin{pmatrix} u_{n+1} \\ v_{n+1} \\ a_{n+1} \end{pmatrix} \quad (4.5)$$

由于式（4.5）中的数值逻辑，隐式方法使用方程求解器、牛顿迭代（静力学也是如此）和一致的质量矩阵，为每个时间增量求解非线性方程组。

Abaqus/Standard 使用的时间积分器是无条件稳定的，这意味着时间增量大小取决于收敛速度和精度。

与显式时间积分相比，隐式时间积分中每次增量的成本较高，但增量较少（较大的 Δt），并且可能缺乏收敛性（有效的残差容差）。

2. 显式动态时间积分

使用中心差分法的时间前进是根据已知时刻 n 的节点位移和加速度分量矢量的已知节点解，以及时刻 $n-\frac{1}{2}$ 的速度分量矢量计算的。该解矢量将与下一个时间增量 Δt 进行迭代。请注意，计算分量矢量的顺序已改变，以在时间增量 Δt 之后找到解；增量的主要重点是找到新的净力 $f(t_{n+1}; u_{n+1})$，如式（4.6）所示。

$$\begin{pmatrix} u_n \\ v_{n-\frac{1}{2}} \\ a_n \end{pmatrix} \rightarrow \Delta t \rightarrow \begin{pmatrix} v_{n+\frac{1}{2}} = v_{n-\frac{1}{2}} + a_n \Delta t \\ u_{n+1} = u_n + v_{n+\frac{1}{2}} \Delta t \\ a_{n+1} = \frac{1}{m} f(t_{n+1}; u_{n+1}) \end{pmatrix} \quad (4.6)$$

由于式（4.6）中的数值逻辑，没有矩阵求逆（集总质量）可以缩短计算时间，以确保每次增量计算非常快。例如，可以对具有 200 万个单元的模型执行 1s 的分析时间/增量。

另一方面，在进行大量增量计算时，需要小的时间增量 Δt 来保证求解的条件稳定性。例如，一个 0.1s 的事件可能需要 10 万次增量计算。虽然可以获得计算时间的增益，但需要使用超大 RAM 内存和硬盘空间进行平衡。

4.8.3 Abaqus Standard 自动时间增量

增量方案取决于动态应用类型。Abaqus/Standard 包含三个不同的选项：

1. *DYNAMIC，APPLICATION=TRANSIENT FIDELITY（瞬态保真度）
- 瞬态保真度的应用（非接触模型的默认选项）。
- 需要最小的能量耗散。
- 精确求解结构振动响应所需的时间增量较小，并且数值能量耗散保持在最低限度。

2. *DYNAMIC，APPLICATION=MODERATE DISSIPATION（中等耗散）

- 中等耗散应用（接触模型的默认选项）。
- 能量通过塑性、黏性阻尼或其他效应适度耗散。
- 高频振动的精准分辨率通常不被关注。
- 改进涉及接触分析的收敛性。

3. *DYNAMIC，APPLICATION=QUASI-STATIC（准静态）

对于准静态应用，这些问题通常表现出单调行为，引入惯性效应，主要是为了规范不稳定的静态行为。

应用于 Abaqus/Standard 求解器的默认参数设置，或者根据所使用数值隐式选项的数值难度进行修改的参数设置，见表 4.3。如果使用 Hilber-Hughes-Taylor 算子，可以对这些参数 α、β 和 γ 进行单独调整或修改。

表 4.3 Abaqus/Standard 求解器使用的自动时间增量

应用	时间增量方法	默认增量方案	默认半增量残差容差①	积分参数②
Transient fidelity（瞬态保真度）	HHT	与静态分析相同的规则，Δt_{max} 等于 $0.01 \times T_{step}$，对半增量残差有限制	基于 1000×无接触平均力时间或 10000×接触平均力时间	$\alpha=-0.05$ $\beta=0.275625$ $\gamma=0.55$
Moderate dissipation（中等耗散）	HHT	与 Δt_{max} 等于 $0.01 \times T_{step}$ 的静态分析相同的规则	除非使用保守的增量，否则不予考虑	$\alpha=-0.41421$ $\beta=0.5$ $\gamma=0.91421$
Quasi-static（准静态）	Backward Euler	与静态分析相同的规则	不考虑	不适用

① 半增量残差是一个时间增量中途存在的失平衡力。
② 在 *DYNAMIC 选项中的积分参数分别称为 α、β 和 γ。

如果这些参数的默认设置与表 4.3 所列的瞬态保真度设置相对应，并且需要由参数 α 单独显式修改，则其他参数将自动调整为 $\beta=\frac{1}{4}(1-\alpha)^2$ 和 $\gamma=\frac{1}{2}-\alpha$。

这种关系提供了对与时间积分器相关的数值阻尼 ξ 的控制，同时保留了积分器的理想特性。数值阻尼随时间增量与振型周期的比值增大而增大。α 的负值提供阻尼，而 $\alpha=0$ 则没有阻尼（能量守恒），准确地说明了梯形法则㊀（有时称为 Newmark β 方法，其中 $\beta=\frac{1}{4}$，$\gamma=\frac{1}{2}$）。

$\alpha=-\frac{1}{3}$ 的设置提供了最大的数值阻尼。当时间增量为所研究模式振荡周期的 40% 时，其阻尼比约为 6%。

α、β 和 γ 的许可值分别为 $\left(-\frac{1}{2} \leq \alpha \leq 0\right)$、$(\beta>0)$ 和 $\left(\gamma \geq \frac{1}{2}\right)$。

㊀ 附录 A.3 给出了梯形法则的稳定性和准确性示例。

可使用 *DYNAMIC 选项调用隐式动态过程。

```
*DYNAMIC,
APPLICATION=...,
TIME INTEGRATOR=...,
IMPACT=...,
INCREMENTATION=...,
HAFTOL=..., HALFINC SCALE FACTOR=..., NOHAF,
ALPHA=..., BETA=..., GAMMA=...,
DIRECT
```

根据表 4.3，**APPLICATION = TRANSIENT FIDELITY** 选项应与以下设置一起使用。
- **TIME INTEGRATOR = HHT-TF**
- **IMPACT = AVERAGE TIME**
- **INCREMENTATION = CONSERVATIVE**

根据表 4.3，**APPLICATION = MODERATE DISSIPATION** 选项应与以下设置一起使用。
- TIME INTEGRATOR = HHT-MD
- IMPACT = NO
- INCREMENTATION = AGRESSIVE

根据表 4.3，**APPLICATION = QUASI-STATIC** 选项应与以下设置一起使用。
- **TIME INTEGRATOR = BWE**
- **IMPACT = NO**
- **INCREMENTATION = AGGRESSIVE**
- 默认步进幅值设置为 RAMP，而不是 STEP。

四种 **TIME INTEGRATOR**（时间积分）的方法是：

1）**HHT-TF**，具有轻微数值阻尼的时间积分器。

2）**HHT-MD**，具有中等数值阻尼的时间积分器。

3）**BWE**，向后欧拉时间积分器。

4）**HYBRID**，与 HHT-TF 非常相似，只是其具有完全隐式的接触处理。

在式（4.5）所示的隐式动态方案中，HHT 时间积分器的工作原理如下，以便在时间增量 Δt 之后计算位移 $u_{t+\Delta t}$、速度 $v_{t+\Delta t}$ 和残余力 $R_{t+\Delta t}$ 的解，使其处于式（4.7）的平衡状态。

$$\begin{pmatrix} u_{t+\Delta t} \\ v_{t+\Delta t} \\ -R_{t+\Delta t} \end{pmatrix} = \begin{pmatrix} u_t + \Delta t \times v_t + \Delta t^2 \left[\left(\dfrac{1}{2} - \beta \right) a_t + \beta\, a_{t+\Delta t} \right] \\ v_t + \Delta t \left[(1-\gamma) a_t + \gamma\, a_{t+\Delta t} \right] \\ Ma_{t+\Delta t} + (1+\alpha)(I-P)_{t+\Delta t} - \alpha (I-P)_t \end{pmatrix} \quad (4.7)$$

有三种处理冲击释放的方法：

1）**IMPACT = AVERAGE TIME**，使用冲击释放消减的平均时间来加强能量平衡，并在激活接触界面上保持相匹配的速度和加速度。

2）**IMPACT = CURRENT TIME**，没有冲击释放削减的"Marches through"增量，速度和加速度与激活的接触界面兼容。

3）**IMPACT = NO**，没有冲击释放削减的"Marches through"增量，也没有速度/加速

度的兼容性计算。

有两种通用的增量类型：

1）**INCREMENTATION=CONSERVATIVE**，最大化的求解精度。

2）**INCREMENTATION=AGGRESSIVE**，基于收敛历史的增量，类似于静态问题中通常使用的方案。

半增量残差容差使用三种不同的选项：

1）**HAFTOL**，使用此参数直接指定容差。

2）**HALFINC SCALE FACTOR**，使用保守时间增量时自动计算的默认容差：

- 10000×接触平均力时间。
- 1000×无接触平均力时间。
- 此方法比直接指定 HAFTOL 更可取。

3）**NOHAF** 抑制半增量残差的计算。

时间增量数据可以使用固定时间增量的 **DIRECT** 选项设置，或者通过初始时间增量 Δt_{init}、阶跃分析时间周期 t_{total}、最小时间增量 Δt_{min} 和最大时间增量 Δt_{max} 设置。

中等耗散设置与瞬态保真度设置之间的主要区别在于，中等耗散含有一些额外的数值耗散，对接触应用具有更好的收敛行为，因此需要更少的求解过程。使用中等耗散选项的三个主要原因是：

1）无法在接触界面之间直接实现速度和加速度的兼容性。

2）无半增量残差容差。

3）HHT 时间积分器的参数设置不同。

准静态选项主要用于需要静态解法但惯性的稳定效应对其有利的情况，对于收敛过程，静态程序可能会遇到困难。与 Abaqus 显式相比，准静态性能依赖于问题，但也可应用于某些动态事件。与通用静态程序一样，默认加载振幅类型为斜坡（ramp），而不是阶跃（step）。存在较高的数值耗散，并且使用后向欧拉时间积分器代替 HHT 时间积分器。在这种情况下，式（4.7）变为式（4.8）。

$$\begin{pmatrix} u_{t+\Delta t} \\ v_{t+\Delta t} \\ -R_{t+\Delta t} \end{pmatrix} = \begin{pmatrix} u_t + \Delta t \times v_{t+\Delta t} \\ v_t + \Delta t \times a_{t+\Delta t} \\ Ma_{t+\Delta t} + (I-P)_{t+\Delta t} \end{pmatrix} \tag{4.8}$$

4.8.3.1 算法细节

重要的是要了解隐式求解器中使用的主要计算步骤，以便更好地了解算法过程，并对数值参数值进行适当的设置调整，以解决求解阶段出现的问题。主要计算步骤如下：

1）每次增量迭代与静力学非常相似。

2）每次 Newton-Raphson 迭代都要考虑一个由矩阵形式 $K \times \Delta u = R$ 表示的方程组，其中系数矩阵和残差矢量 K 和 R 包含静态项和带有阻尼效应的惯性，以及节点矢量位移 u、速度 v 和加速度 a 之间由时间积分器所隐含的关系。

3）可选择添加额外单元，如半增量残差容差，以及在接触界面直接执行速度和加速度兼的容性。

4）惯性对有效"刚度"矩阵 K 的影响可以参考：

- 对于梯形时间积分的规则，间隔参数设置为 $\alpha=0$、$\beta=\dfrac{1}{4}$ 和 $\gamma=\dfrac{1}{2}$。要求解的系统变为 $K=K+\left(\dfrac{4}{\Delta t^2}\right)M$，与其他时间积分器相似，以便之后调用每次迭代的方程组 $K\times\Delta u=R$。

- 静态刚度 K 的某些奇异模式对于 K 不是奇异的，如无约束刚体模式。

- 随着时间增量的减小，对 K 的惯性贡献增加，因为现在时间增量 Δt^2 的变化是在分母中，并且具有以下影响：时间增量减小后，惯性的稳定效应会变得更加显著；如果时间增量足够小，则包括惯性效应在内的突弹跳变案例，应该可以稳定 K 的负特征值；实际上，质量矩阵 M 的典型项通常比 K 的项小几个数量级。

5）使用辅助稳定方法稳定 K，可以为动力学实现更大的增量时间 Δt。

与静力学的比较是显而易见的，因为如果模型是静态稳定的，纯静态分析通常比准静态分析更有效。此外，当准静态分析与动态程序一起使用时，它应该比纯静态分析更稳健。但是，如有必要，也可以用其他稳定方法补充求解器。

与显式动力学的比较主要涉及增量或迭代成本与求解问题所需增量或迭代次数的函数关系。相对整体性能也取决于问题本身。在隐式分析中，只有残差容差才容易满足。此外，"质量缩放"在 Abaqus Standard 中的唯一实现方法是调整密度，这会增加 Abaqus Explicit 中的稳定时间增量，并增加两种求解器的惯性效应。

4.8.4 Abaqus Explicit 自动时间增量

在 Abaqus Explicit 中，时间增量大小由稳定时间增量控制。因此，当时间增量小于临界或稳定时间增量时，显式动力学程序才提供有界解。稳定极限由模型中的最高特征值 ω_{max} 和最高模态中的临界阻尼系数 ξ 决定：

$$\Delta t_{min} \leq \dfrac{2}{\omega_{max}}\left(\sqrt{1+\xi^2}-\xi\right) \tag{4.9}$$

从式（4.9）中可以看出，阻尼降低了稳定时间增量。因此，计算 ω_{max} 并不可行，所以采用易于计算的保守估计值来代替。事实上，通过考虑一维问题，可以很容易解释稳定时间增量的概念。在这种情况下，稳定时间增量是膨胀波穿过模型中任一单元所需的最短时间。膨胀波由体积膨胀和收缩组成。式（4.10）的膨胀波速度 c_d 可以表示为一维问题，其中 E 是杨氏模量，ρ 表示当前材料密度。

$$c_d=\sqrt{\dfrac{E}{\rho}} \tag{4.10}$$

基于当前的几何特征，模型中的每个单元都具有一个特征长度 L^e。因此，稳定时间增量可以表示为。

$$\Delta t=\dfrac{L^e}{c_d} \tag{4.11}$$

组合式（4.11）和（4.10），可以将时间增量与单元长度联系起来，如下式（4.12）所示。

$$\Delta t=L^e\sqrt{\dfrac{\rho}{E}} \tag{4.12}$$

把式（4.9）代入式（4.12），可以得到一个关于整体模型中网格最小单元长度的条件标准，以确定作为最高特征值ω_{max}、临界阻尼ξ和材料属性（E, ρ）函数的数值稳定性：

$$L_{min}^e \leqslant \frac{2}{\omega_{max}} \sqrt{\frac{E}{\rho}} (\sqrt{1+\xi^2} - \xi) \qquad (4.13)$$

减小L^e和/或增加C_d，将减小稳定时间增量的大小，如减小单元尺寸会减小L^e；增加材料刚度会增加C_d；降低材料的可压缩性会增加C_d；降低材料密度会增加C_d。

Abaqus Explicit 在整个分析过程中可以监控有限元模型，以确定稳定的时间增量。稳定性极限对大规模有限元分析具有重要意义。除波传播或高速冲击问题，稳定时间增量通常远小于与动态事件相关的时间，因此需要大量的时间增量。

例如，考虑一个典型的汽车碰撞模型，其结构包括波速为5000m/s的钢构件，典型模型可能包括小至20mm的单元，因此最大稳定时间增量为$\Delta t_{max} = 20 \times 10^{-3}/5000 = 4 \times 10^{-6}$s。典型的碰撞事件持续400ms，故所需的增量约为100000。乍一看，这个稳定性限制似乎非常严格，使显式方法无法用于低速动态问题。

然而，一些因素使这种方法在某些情况下具有吸引力：
- 只需要对质量矩阵进行反演。
- 如果质量矩阵可以对角化（集总）（低阶单元就是这种情况），则矩阵求逆和存储就变得微不足道，计算成本也可以忽略不计。这对于非常大的三维模型特别有利。
- 单元运算不需要形成刚度矩阵。该方法是非迭代的，因此对由于接触、材料行为或（局部）屈曲而产生的严重非线性问题，具有相当大的额外利益。

4.8.5 动态接触

如果接触条件发生变化，则会产生不连续的非线性影响。动态情况下的接触需要仔细考虑，因为涉及动量交换，并且能量通过未建模的某些机制瞬间损失。虽然 Abaqus Standard 和 Abaqus Explicit 都具有强大的接触分析功能，但它们在冲击问题上的实现方式截然不同。不过，Abaqus Explicit 提供了更有效的求解方法。

在 Abaqus Standard 中，默认设置为基本接触，并使用拉格朗日乘子（直接强制的硬接触）强制执行接触约束，因此需要迭代来建立有效的接触状态，这意味着可能会出现非常大的过盈。

在 Abaqus Standard 中，冲击问题的动态接触更为复杂，因为在模型中存在接触的情况下，动态应用类型设置为"中等耗散（moderate dissipation）"。在这种情况下，默认不会强制执行跨活动接触界面的速度和加速度兼容性。

此外，通过将应用类型明确设置为"瞬态保真度（transient fidelity）"或 ***DYNAMIC** 选项中的冲击参数，可以实现活动接触界面之间速度和加速度的兼容性。这意味着先检测一个节点（或节点集）的穿透力（或分离力），然后分割（重新分析）增量以找到平均穿透力（或分离力）为零的点，将动量转移（在"零时间"增量内），最后重新分析原始增量的剩余部分。

总之，无论采用哪种方法，使用默认动态应用类型都会因为速度和加速度不兼容而导致一定程度的不准确，使用瞬态保真应用类型则会因增量分割和重新分析而导致一定程度的效率低下。这就是为什么一般不建议将 Abaqus Standard 用于冲击问题，以及为什么使用

Abaqus Explicit 会更加有效和准确。

事实上，动态接触在 Abaqus Explicit 计算中要简单得多，因为首先检测穿透，然后将节点移回表面，最后再均衡速度。在这里，因为时间增量无关紧要，过盈通常非常小。

4.8.6 材料阻尼

质量矩阵 M 和刚度矩阵 K 与所谓的瑞利（Rayleigh）阻尼成正比，可以将其引入 Abaqus 模型的任何材料定义中。在这种阻尼形式下，阻尼矩阵 C 被添加到系统中，并被定义为

$$C = \alpha M + \beta K \tag{4.14}$$

质量阻尼参数 α 和刚度阻尼参数 β 与 Newmark 公式中出现的 HHT α 参数或 β 参数无关。质量和刚度矩阵比例阻尼通过 *DAMPING 选项中的 ALPHA 和 BETA 参数引入。对于系统的每个固有频率 ω_a，有效阻尼比为

$$\xi(\omega_a) = \frac{\alpha}{2\omega_a} + \frac{\beta\omega_a}{2} \tag{4.15}$$

因此，当频率较低时，质量比例阻尼占主导地位；当频率较高时，刚度比例阻尼占主导地位。

当在非线性动力学中使用刚度阻尼时，最直接的实施方法是使阻尼与切线刚度成正比。然而，这可能会导致数值困难，因为切线刚度在变形过程中可能会产生负特征值；这会产生负阻尼，从而产生能量。因此，Abaqus 使用弹性刚度矩阵定义阻尼矩阵。

4.8.6.1 数值阻尼与材料阻尼

由于刚度阻尼在高频下更强，因此可以用作数值阻尼技术。阻尼系数可以调整为以接近时间增量的周期阻尼频率。例如，如果周期为 T 的振动需要 10% 的临界阻尼，则刚度阻尼参数 β 为

$$\beta = \frac{2\xi}{\omega} = \frac{\xi T}{\pi} = \frac{0.1}{\pi}T \tag{4.16}$$

刚度阻尼不会像 HHT 算法的 α 参数提供的数值阻尼那样，随着频率 ω 的减小而迅速减小。因此，刚度阻尼对低频模态也有很强的阻尼作用。

4.8.7 半增量残差

半增量残差是增量中点处的解残差（或失衡力）。如图 4.8 所示，$\Delta t/2$ 处的残差是根据增量开始和结束时的解进行估算的（计算成本低）。

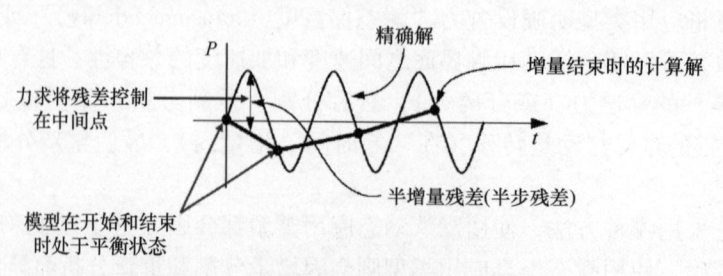

图 4.8 半增量残差与精确解的进程对比

半增量残差用于控制 HHT 积分方法的精度。该容差可以使用 HAFTOL 参数直接设置，也可以由 Abaqus 自动计算（默认情况）。自动计算时，该值基于模型中时间平均力的比例，对于有接触的模型，默认比例因子为 10000；对于无接触的模型，默认比例因子为 1000。可以使用 **HALFINC SCALE FACTOR** 参数设置非默认比例因子，但作为一种良好做法，最好直接设置 **HAFTOL**⊖。为了更好地理解，附录 A.4 给出了补充。

4.8.8　比较 Abaqus/Standard 和 Abaqus/Explicit

表 4.4 列出了 Abaqus Standard 求解器和 Explicit 求解器的区别。

表 4.4　Abaqus Standard 求解器和 Explicit 求解器的区别

Abaqus Standard 求解器	Abaqus Explicit 求解器
时间增量大小不受限制，完成既定模拟所需的时间增量通常较少	时间增量大小是受限的：完成既定模拟通常需要更多的时间增量
每个时间增量都很"昂贵"，因为每个时间增量都需要求解一组联立方程	每个时间增量都相对"便宜"，因为不需求解一组联立方程。大部分计算"费用"与单元计算有关
仍然需要收敛标准和迭代，仍然可能出现不收敛	不收敛不是问题
非常适合响应周期相对于模型振动频率较长的问题。由于时间增量大小的限制，使用显式动力学难以有效解决慢动力学问题	适用于需要极小的时间增量的高速动态模拟；隐式动力学效率低下，尤其是对于大型模型
用于轻度非线性且非线性是平滑的问题（如塑性）。对于平滑的非线性响应，Abaqus Standard 仅需要非常少的迭代找到收敛解。在冲击问题中，Abaqus Standard 必须为每次冲击执行非常"昂贵"的动量传递计算	对于涉及不连续非线性的问题，Abaqus Explicit 通常更可靠。接触行为是不连续的，而且涉及冲击，两者都会导致隐式时间积分出现问题。不连续行为的其他来源包括屈曲和材料失效

Abaqus 中用于动态分析的技术和逻辑与静态分析相同；大多数 Abaqus 功能和技术仍然可以使用，而且模型本质上看起来是一样的，Abaqus 逻辑功能通常以相同的方式运行。

在 Abaqus 中运行动力学分析最困难的部分不是 Abaqus，而是动力学本身。因此，分析师必须检查以下几点，以确保动态模型真实。

- 包括惯性力时会发生什么？
- 包含阻尼力时会发生什么？
- 结构如何响应？
- 冲击过程中会发生什么？
- Abaqus 如何处理这些问题？

⊖ 用户能够在 *Abaqus Benchmarks Manual* 的第 1.3.2 节 "Abaqus Benchmark Problem" 中找到点载荷作用下的双悬臂弹性梁示例。在比较 Abaqus/Standard 和 Abaqus/Explicit 结果后，使用默认增量方案获得的结果显示出极好的一致性。在隐式分析中使用更严格的半增量残差，可以进一步提高一致性。

4.9 不稳定坍塌和后屈曲分析

Abaqus Standard 使用 Riks 方法[3]计算后屈曲解，其关键字是 *STATIC，RIKS⊖。这种方法通常用于预测结构的不稳定、几何非线性坍塌；可以包括非线性材料和边界条件。通常遵循特征值屈曲分析，能够提供有关结构坍塌的完整信息，并可用于改善未表现出不稳定性的病态或突弹跳变问题的收敛性。

几何非线性静态问题有时涉及屈曲或坍塌行为，可能会出现不稳定响应，其中载荷-位移响应显示负刚度，结构必须释放应变能才能保持平衡。有几种方法可以对这种行为进行建模：一种是动态地处理屈曲响应，从而使实际建模具有惯性效应的响应，包括结构突弹跳变。当静态求解变得不稳定时，通过重启终止的静态过程并切换到动态隐式过程，就很容易实现此方法。在一些简单工况下，即使共轭载荷（反作用力）随着位移的增加而减小，位移控制也可以提供求解。另一种方法是在静态分析过程中使用缓冲器稳定结构。

另外，可以通过使用改进的 Riks 方法找到响应不稳定阶段的静态平衡状态。该方法适用于载荷成比例的工况，即载荷大小由单一标量参数控制，甚至可以在复杂、不稳定的响应情况下提供一个解，如图 4.9 所示。Riks 方法也可用于解决病态问题，如极限载荷问题或表现出软化的几乎不稳定问题。

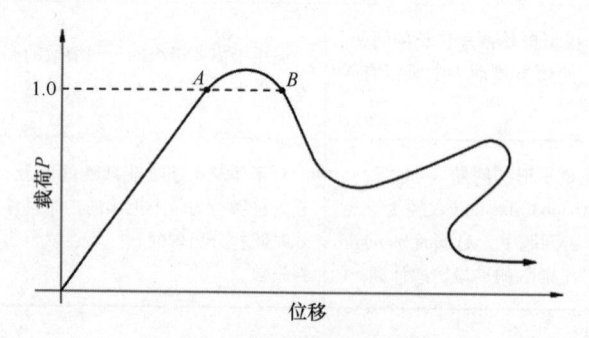

图 4.9 不稳定响应的比例加载

（图经 © Dassault Systems Simulia Corp 授权使用）

Riks 方法使用当前载荷大小 P_{total} 作为附加未知量，如式（4.17）所示。因为同时求解载荷和位移，所以必须引入另一个量来衡量求解的进度。Abaqus Standard 使用沿载荷-位移空间中静态平衡路径的"弧长" l 代替时间量，无论响应是稳定还是不稳定，这种方法均能求解。

$$P_{total} = P_0 + \lambda(P_{ref} - P_0) \tag{4.17}$$

式中，P_0 是"恒载（dead load）"；P_{ref} 是参考载荷矢量；λ 是载荷比例因，Abaqus Standard 在每个增量步都会输出载荷比例因的当前值。

Abaqus Standard 使用牛顿（Newton）法求解非线性平衡方程，Riks 程序仅使用应变增

⊖ 使用 *STATIC, RIKS, DIRECT，用户可以直接控制增量大小。在这种情况下，增量弧长 Δl 保持不变。不建议将此方法用于 Riks 分析，因为当遇到严重的非线性时，它会阻止 Abaqus Standard 减少弧长。

量的1%外插。当定义分析步长时,设定沿静力平衡路径的初始弧长增量为 Δl_{in}。初始载荷比例因数 $\Delta \lambda_{in}$ 的计算如式(4.18)所示。

$$\Delta \lambda_{in} = \frac{\Delta l_{in}}{l_{period}} \tag{4.18}$$

式中,l_{period} 是用户设定的总弧长比例因数(通常设置为1);$\Delta \lambda_{in}$ 用于 Riks 分析步的第一次迭代。

后续迭代中 λ 增量值是自动计算的,λ 值是求解的一部分,所以用户不能控制载荷大小,但可用最小和最大弧长增量 Δl_{min} 和 Δl_{max} 来控制自动增量。

在分析中使用 Riks 方法时有一些限制:
- 在同一分析中,一个 Riks 分析步之后不能进行另一个分析步。必须使用重启功能分析后续步骤。
- 如果 Riks 分析包括不可逆变形,如塑性变形,并且在结构上的载荷大小减小的情况下,尝试使用另一个 Riks 分析步重启,Abaqus Standard 将用弹性卸载求解。因此,如果存在塑性,则应在分析中载荷量级不断增加的点处重启。
- 对于涉及接触损失的后屈曲问题,Riks 方法通常会失败;必须在动态或静态分析中引入惯性或黏性阻尼力(如由缓冲器提供的力)以稳定求解。

4.10 使用直接循环法进行低周疲劳分析

确定结构疲劳极限的传统方法是建立结构材料的 S-N 曲线(载荷与失效循环次数的关系)$\Delta \sigma = f(\Delta N)$。在许多情况下,此方法仍被用作预测工程结构抗疲劳性能的设计工具,但这种技术通常是保守的,而且没有定义循环次数与损坏程度或裂纹长度之间的关系。

从 S-N 曲线函数[⊖] $N = aS^{-m}$ 可以得到 T-N 曲线(纯拉伸载荷与失效循环次数的关系)或 M-N 曲线(纯弯曲载荷与失效循环次数的关系)。事实上,纯拉伸或弯矩应力分别在式(4.19)和式(4.20)中给出。几何参数 A 表示受拉横截面面积,I 表示截面二次矩,y 表示弯曲载荷工况下与中性纤维的距离。

$$\sigma = \frac{T}{A} = S \tag{4.19}$$

$$\sigma = \frac{M}{I} y = S \tag{4.20}$$

Abaqus Standard 中的直接循环[⊖]分析功能提供了一种计算高效的建模技术,可获得承受周期性载荷的结构的稳定响应,并且非常适合对大型结构进行低周疲劳计算。该功能将傅里叶级数和非线性材料行为的时间积分相结合,直接获得结构的稳定响应。

⊖ 该方程可以在 $\log_{10}$ 的基础上上线性化,如 $Log(N) = Log(a) - mLog(S)$,其中的参数 $Log(a)$ 和 m 取决于裂纹的构造细节、载荷条件和循环次数。

⊖ 直接循环分析可用于直接计算结构在承受多次重复加载循环下的循环响应。直接循环算法使用改进的牛顿方法,结合解和残差向量的傅里叶表示法,直接获得稳定的循环响应。

使用直接循环方法[1]的低周疲劳分析步，可以是分析中的唯一步，也可以跟随一般或线性扰动步，还可以在一般和线性扰动步之后。单个分析中可以包含多个低周疲劳分析步。在这种情况下，可以将上一步得到的傅里叶级数系数作为当前步的起始值。默认情况下，傅立叶级数系数重置为零，从而允许应用与之前低周疲劳步中定义的明显不同的循环加载条件。

直接循环法使用以下选项指定当前步是之前低周疲劳步的延续：

*DIRECT CYCLIC, FATIGUE, CONTINUE=YES

使用以下选项（默认值）将傅立叶级数系数重置为零：

*DIRECT CYCLIC, FATIGUE, CONTINUE=NO

4.11 稳态传输分析

使用传统的拉格朗日公式对滚动和滑动接触，如沿着刚性表面滚动的轮胎或相对于制动组件旋转的圆盘进行建模是很麻烦的，因为描述运动的参考系附着在材料上。对于该参考系中的观察者来说，即使是稳态滚动也是一个随时间变化的过程，因为每个点都经历重复的变形历史。这种分析在计算上是"昂贵的"，因为必须执行瞬态分析，并且需要沿着圆柱体的整个表面进行精细网格划分。

这种描述可视为拉格朗日-欧拉混合方法，其中以空间或欧拉方式描述刚体旋转，而现在相对于旋转刚体测量的变形以材料或拉格朗日方式描述。正是这种运动学描述将稳态运动接触问题转化为纯粹的空间相关模拟。稳态滚动和滑动分析功能提供的求解包括摩擦效应、惯性效应和材料对流，适用于大多数与速率无关、与速率相关和与历史相关的材料模型。

稳态传输分析能力有几个局限性。首先，可变形结构必须是完整的360°圆柱旋转体，对流边界条件不适用于圆柱体的建模；其次，该功能不支持二维建模；第三，只允许使用一个可变形的旋转体，必须使用对称模型生成功能来生成变形体；最后，使用平行流变框架定义的模型的材料模型不能包括塑性。

4.11.1 稳态传输分析中的收敛问题

在以下描述的某些情况下，稳态传输过程可能会遇到收敛困难。

1. 摩擦

稳态滚动在接触面上产生的摩擦力是旋转角速度 ω 和行进直线速度 c 或转弯速度 Ω 的函数。当这些摩擦力很大时，牛顿法的收敛就变得困难。Abaqus Standard 中的收敛问题通常通过采用较小的载荷增量解决。然而，当速度降低时，由稳态滚动引起的接触力通常不会减弱。

例如，如果阻止旋转物体移动（$c=0$），则对于旋转角速度 $\omega>0$ 的所有值，整个接触区将形成完全滑动条件。因此，对于所有 $\omega>0$，摩擦力保持恒定（假设法向力保持恒定），因此速度（ω、Ω、c）的较小增量不会减小摩擦力的大小，也不会克服收敛困难。

在这种情况下，为了通过使用较小的增量实现收敛，可以在分析步中将摩擦系数从零增

---

[1] *Abaqus Benchmarks Guide* 第 1.19.2 节中给出了一个使用 XFEM 模拟带孔板裂纹扩展的示例。

加到期望值。方法是通过将模型的初始摩擦系数设置为零，然后在稳态传输分析步中将摩擦系数增加到其最终值。

2. Mullins 效应材料模型

如果在材料定义中包含 Mullins 效应材料模型，则在从静态（非滚动）状态过渡到稳态滚动状态时，结构的响应可能会出现强烈的不连续性。这种不连续性是由于瞬态响应过程发生的损坏（如结构在静态预加载后进行第一次旋转时发生的损坏）。由于在稳态传输分析期间未对瞬态响应进行建模，因此响应不连续性可能会导致收敛问题。

与 Mullins 效应相关的损坏与旋转角速度无关，因此时间增量削减无法解决收敛问题。在这些情况下，可以在分析步的时间段内增加 Mullins 效应，以获得收敛的解。在这种情况下，由于损坏而产生的响应变化会逐渐应用于整个分析步。步骤结束时的解对应于完全损坏的材料；步骤过程中产生的解对应于部分损坏的材料，因此在物理上没有意义。

因此，建议在从静态滚动求解过渡到稳态滚动求解之前，应在 Mullins 效应逐渐增强的情况下，以低旋转角速度执行无操作分析步。这有助于以渐进的方式解决不连续性；然后可以在无操作的分析步之后，进行常规的稳态传输分析步，并在该进程开始时立即施加 Mullins 效应。

3. 塑性/蠕变模型的流线积分

原则上，当进行材料对流计算时，可以将流线上的任何材料点用作流线积分的起点。Abaqus Standard 总是使用原始扇区中的材料点或原始横截面中的材料点，分别作为周期几何或轴对称几何模型中流线积分的起始点。

如果在对所有流线进行增量后使用逐段求解技术，Abaqus Standard 将自动使用流线末端获得的状态作为后续增量中流线积分的起始状态。对每个增量重复此迭代过程，直到达到稳态解。

如果使用直接稳态求解技术，通常需要对每个流线进行多次局部迭代，而局部迭代相当于对闭环流线进行一次积分。对流线执行局部迭代后，Abaqus Standard 将检查流线是否满足稳态条件。最好的测量方法是确保迭代前后流线起点处的应力/应变差足够小。如果流线不满足稳态条件，Abaqus Standard 将自动使用前一次局部迭代结束时得到的状态，作为后续局部迭代流线积分的起始状态。重复此迭代过程，直到所有流线达到稳态解。为提高收敛速度，分析师应在远离流线起点的单元或节点上施加载荷。

4. 无约束网格运动

网格运动的无约束刚体模会导致稳态传输分析出现收敛问题，类似于静态分析中无约束刚体模式的收敛问题。在稳态传输分析中，不能依靠摩擦来限制刚体模式，因为摩擦应力取决于相对材料速度，而不是稳态传输的相对节点位移。限制（稳态）材料速度并不能限制稳态传输分析的节点位移。材料速度包括材料流经网格的影响、旋转运动、参考系运动和相对于旋转轴的节点位置控制。

4.12 传热分析

Abaqus 可以解决以下类型的传热问题：

1) 非耦合传热分析：涉及传导、强制对流和边界辐射的传热问题，可以在 Abaqus Standard

或 Abaqus CFD（译者注：Abaqus 2016 版之后，Abaqus CFD 界面被拆分到 3DE 平台）中进行分析。

2）顺序耦合热应力分析：如果应力/位移解依赖于温度场，但不存在逆相关性，则可以在 Abaqus Standard 中进行顺序耦合热应力分析。首先求解热传递问题，然后将温度结果作为预定义场读入应力分析。在应力分析中，温度会随时间和位置而变化，但不会因应力分析求解而改变。Abaqus 允许在传热分析模型和热应力分析模型之间使用不同的网格，将基于热应力模型节点处估算的单元插值器对温度值进行插值。

3）全耦合热应力分析：耦合的温度-位移程序适用于同时求解应力/位移和温度场，当热求解力学求解相互影响较大时，就会使用耦合分析。尽管 Abaqus Standard 和 Abaqus Explicit 都提供耦合温度-位移分析程序，但每个程序使用的算法有很大差异。在 Abaqus Standard 中，传热方程使用后向差分格式进行积分，耦合系统使用牛顿法求解；这些问题可以是瞬态的或稳态的，也可以是线性的或非线性的。相反，在 Abaqus Explicit 中，使用显式前向差分时间积分规则对传热方程进行积分，并使用显式中心差分积分规则获得力学求解响应。全耦合热应力分析在 Abaqus Explicit 中总是瞬态的。腔体辐射效应不能包含在全耦合热应力分析中。

4）全耦合热电结构分析：耦合热电结构程序用于同时求解应力位移场、电势场和温度场，当热、电和力学求解相互影响较大时，就会使用此耦合分析。这些问题可以是瞬态的或稳态的，也可以是线性的或非线性的。空腔辐射效应不能包括在全耦合热电结构分析中。此程序仅适用于 Abaqus Standard。

5）绝热分析：绝热力学分析可用于机械变形导致发热，但发热过快热量来不及在材料中扩散的情况。可以在 Abaqus Standard 或 Abaqus Explicit 中进行绝热分析。

6）耦合热电分析：Abaqus Standard 提供了完全耦合的热电分析功能，用于求解因电流流过导体而产生热量的问题。

7）空腔辐射：在 Abaqus Standard 中，空腔辐射效应可以包括在非耦合传热问题中（除了规定的边界辐射）。空腔可以是开放的或闭合的，同时可以对空腔内的对称性和阻塞进行建模。视角系数是自动计算的，并且在分析过程中可以指定空腔周围的物体运动。空腔辐射问题是非线性的，可以是瞬态的，也可以是稳态的。

在此类耦合场分析中，大多数情况下，超出数值容差或存在收敛问题的原因是用户忘记定义模型属性的物理常数。如图 4.10 所示，从主菜单栏 **Model→Edit Attributes**，并根据表 3.1 所列的单位制进行编辑。

***PHYSICAL CONSTANTS**（物理常数）选项用于定义分析所需的物理常数；由于 Abaqus 没有内置单位，因此没有提供默认值。如果没有给出分析所需的物理常数，Abaqus 将发出致命错误消息。常数所用单位必须与其余输入数据一致。

在图 4.10 中对 Physical Constants（物理常数）部分执行以下操作：要指定传热分析中的表面发射率和辐射条件，输入默认为零的 **Absolute zero temperature**（绝对零度值）和 **Stefan-Boltzmann constant**（常数）；要指定 **universal gas constant**（通用气体常数），在通用气体常数文本框中输入一个值；要确定声学分析中入射波相互作用的入射波载荷类型，选择 **Specify acoustic wave formulation**（指定声波形式），单击文本右侧的箭头，然后选择形式。波形有两个选项：选择 **scattered wave**（散射波）以获得由入射波加载产生的散射波场

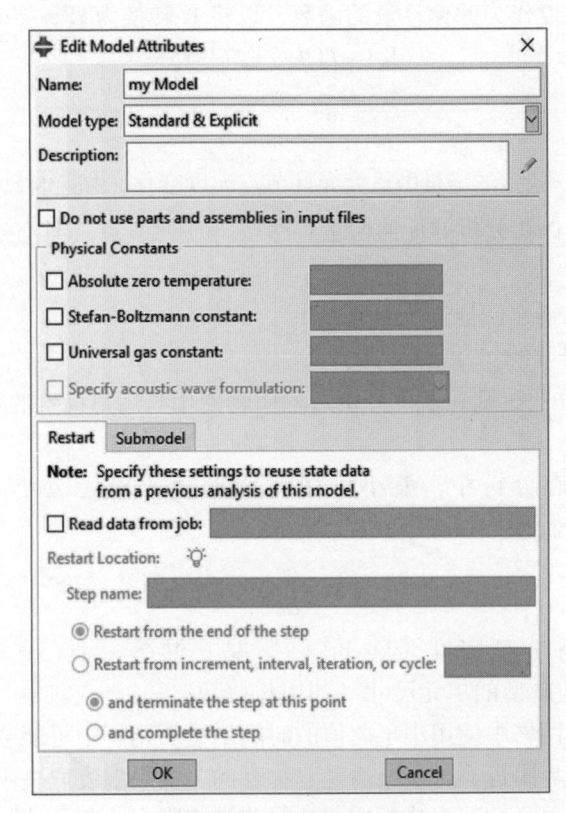

图 4.10 模型属性设置

解,或者选择 **total wave**(总波)以获得总声压波解。

建议避免用开尔文以外的温度单位进行 Stefan-Boltzmann 热传导分析。如果需要以摄氏度为单位计算温度结果,可以在图 4.10 中输入该数据。以表 4.5 为例,在国际单位制 SI (mm) 单位制中,Stefan-Boltzmann 常数等于 $5.669e-8W \cdot m^{-2} \cdot K^{-4}$,绝对零度等于 $-273.15℃$,这样就可获得以℃为单位计算的节点温度结果,同时保留所定义单位制的一致性。

表 4.5 用于传热模型的物理常数

单位制	绝对零度	Stefan-Boltzmann	通用气体
SI	0K 或 $-273.15℃$	$5.669e-8W \cdot m^{-2} \cdot K^{-4}$	$8.31434J \cdot mol^{-1} \cdot K^{-1}$
CGS[1]	0K 或 $-273.15℃$	$5.669e-5erg \cdot cm^{-2} \cdot s^{-1} \cdot K^{-4}$[2]	$8.31434e7erg \cdot mol^{-1} \cdot K^{-1}$
Thermo chemistry[3]	0K 或 $-273.15℃$	$11.7e-8cal \cdot cm^{-2} \cdot day^{-1} \cdot K^{-4}$	$1.98717cal \cdot mol^{-1} \cdot K^{-1}$
SI (mm)	0K 或 $-273.15℃$	$5.669e-14W \cdot mm^{-2} \cdot K^{-4}$	$8.31434J \cdot mol^{-1} \cdot K^{-1}$

① 厘米克秒单位制。
② "erg"是能量和功的单位,1erg=1e-7J。"cal"是能量单位,1cal=4.184J。
③ 热化学是研究与化学反应和/或物理转变相关的热能。

为什么结果仍会保持单位一致的?这是因为式(4.21)是一个线性函数,因此 Abaqus

将重新计算直接节点温度作为此偏移量的函数,以将 K 转换为℃。

$$T(K) = T(℃) + 273.15K \quad (4.21)$$

4.12.1 瞬态分析

时间增量可根据用户指定的增量中最大允许节点温度变化,$\Delta\theta_{max}$ 自动选择。Abaqus Standard 将限制时间增量,以确保在分析的任何增量过程中,任何节点(具有边界条件的节点除外)都不会超过该值。

```
*COUPLED TEMPERATURE-DISPLACEMENT,
DELTMX = User defined
```

如果用户未指定 $\Delta\theta_{max}$,则在整个分析过程中将使用与用户设置的初始时间增量 Δt_0 相同的固定时间增量。

在二阶单元的瞬态分析中,最小可用时间增量和单元大小之间存在一定关系。式(4.22)给出了一个简明的指导原则。

$$\Delta t = \frac{\rho c}{6k}\Delta l^2 \quad (4.22)$$

式中,Δt 是时间增量;ρ 是密度(kg/m³);c 是比热容 [J/(kg·℃)];k 是热导率 [W/(m·℃)];Δl 是典型的单元尺寸(如边长单元)。

如果在二阶单元的网格中使用小于此值的时间增量,则解中可能会出现杂散振荡,尤其是在温度快速变化的边界附近。这些振荡是非物理的,如果温度取决于材料特性,则可能会造成问题。在使用一阶单元的瞬态分析中,热容项被集中在一起,消除了这种振荡,但也可能导致小时间增量的局部不准确解。如果需要较小的时间增量,则应在温度变化较快的区域使用较细的网格。除非非线性导致收敛问题,否则时间增量大小没有上限(积分过程无条件稳定)。式(4.22)也可用于耦合热电分析或全耦合热电结构分析。

某些类型的分析可能会产生局部不稳定性,如表面起皱、材料不稳定性或局部屈曲。在这种情况下,即使借助自动增量,也可能无法获得准静态解。Abaqus Standard 提供了一种稳定这类问题的方法,即在整个模型中应用阻尼,使引入的黏力足够大,以防止瞬时屈曲或坍塌,但又足够小,以便在问题稳定时不会对行为产生重大影响[⊖]。

在两个不同场都起作用的耦合问题中,选择问题的单位时必须谨慎。如果单位的选择使得每个场的方程产生的项相差许多数量级,则某些计算机的精度可能不足以解决耦合方程的数值条件不良问题。因此,使用避免病态矩阵的单位是必要的。例如,对于应力平衡方程,可以用 MPa 来替代 Pa,以减少应力平衡方程和热通量连续性方程量值之间的差异。

4.12.1.1 稳定性

显式程序通过使用多个小时间增量对时间进行积分。中心差分和前向差分算子是条件稳定的,两者的稳定极限(力学求解响应中没有阻尼)可以通过式(4.23)获得。

$$\Delta t \leq \min\left(\frac{2}{\omega_{max}}; \frac{2}{\lambda_{max}}\right) \quad (4.23)$$

⊖ 参阅 *Abaqus Analysis User's Manual* 的第 7.1.1 节 "Solving nonlinear problems" 中的 "Automatic stabilization of unable problems"。

式中，ω_{max}是力学求解响应方程组中的最高频率；λ_{max}是热求解响应方程组中的最大特征值。

为了估算时间增量的大小，可以对热解响应中的前向差分算子的稳定性极限进行近似：

$$\Delta t \approx \frac{L_{min}^2}{2\alpha} \tag{4.24}$$

式中，L_{min}是网格中最小的单元尺寸；$\alpha = k/\rho c$是式（4.23）中材料的热扩散率，k、ρ和c分别是材料的热导率、密度和比热容。

在显式分析的大多数应用中，力学响应将控制稳定性极限。当材料参数值是非物理的或使用非常大的质量缩放时，热响应可能会影响稳定性极限。

4.13 流体动力学分析

可以进行包括或不包括温度的耦合结构-流体分析，因此有必要全面了解 Abaqus CFD 求解器使用中最常见的收敛问题。Abaqus CFD 可以解决以下不可压缩流动问题。

1) 层流和湍流：可以使用 Abaqus/CFD 模拟稳态或瞬态、雷诺数范围广、几何形状复杂的内部或外部流动，包括由空间变化的分布体力引起的流动问题。

2) 热对流：涉及热量传递和需要能量方程的问题，以及可能涉及浮力驱动流（即自然对流）的问题，也可使用 Abaqus CFD 解决。此类问题包括广义普朗特（Prandtl）数范围内的湍流传热。

3) 变形网格 ALE：Abaqus CFD 具有使用任意拉格朗日-欧拉（ALE）描述运动、传热和湍流传输方程执行变形网格分析的功能。变形网格问题可能包括引起流体流动的规定边界运动或边界运动相对独立于流体流动的流体-结构相互作用 FSI[⊖]问题。

有以下的限制条件：

- 虽然可以对多孔介质流动问题激活湍流，但 Abaqus CFD 中尚未实施严格的体积平均程序来解释多孔介质中的湍流传输。通过忽略多孔介质存在的影响，求解控制湍流变量传输方程；换句话说，对于湍流变量的传输，多孔介质保持透明（完全开放）。

- 当对多孔介质流动问题采用拉格朗日-欧拉（ALE）和变形网格算法时，不会考虑与大网格/域变形相关的介质孔隙率变化。严格来说，该模型仅适用于涉及不可变形多孔介质的情况。

4.13.1 收敛标准与诊断

迭代求解器计算给定方程组的近似解，因此需要用收敛标准确定求解是否可接受。虽然默认设置应该足以适用大多数问题，但还是可以修改收敛标准。此外，还提供了收敛历史输出，这可能有助于高级用户调整求解器的性能或稳健性。对于代数多重网格预处理器，可根据要求提供诊断信息（如网格数、网格稀疏度、最大特征值和条件数估计值）。每次计算预处理时，打印出代数多重网格预处理的诊断信息。

用户可以指定收敛标准，如线性收敛极限（通常也称为收敛容差）、收敛检查频率，以

⊖ 设置 TYPE = FSI 以设置用于变形网格问题的参数，这些问题涉及 Abaqus CFD 中移动边界或变形几何，以及 Abaqus CFD 到 Abaqus Standard 或 Abaqus Explicit 的协同模拟。此参数设置只能用于 Abaqus CFD 分析。

及系统中可以设置的最大迭代次数。当方程组的相对残差范数和解范数的相对校正值低于收敛极限时，迭代求解将会停止。

```
*MOMENTUM EQUATION SOLVER
max iterations, frequency check, convergence limit
*TRANSPORT EQUATION SOLVER
max iterations, frequency check, convergence limit
*PRESSURE EQUATION SOLVER
max iterations, frequency check, convergence limit
```

用户还必须访问收敛输出，并通过访问该因子监视迭代求解器的收敛情况。一旦激活收敛输出，则每次检查收敛时，都会输出当前相对残差范数和相对解校正范数。

```
*MOMENTUM EQUATION SOLVER, CONVERGENCE=ON
*TRANSPORT EQUATION SOLVER, CONVERGENCE=ON
*PRESSURE EQUATION SOLVER, CONVERGENCE=ON
```

也可以访问诊断信息。诊断输出仅适用于代数多重网格预处理器，而对于其他预处理器，诊断输出将打印求解器初始化消息。对于代数多重网格预处理器，每次计算预处理时，都会输出网格数、网格稀疏性、最大特征值和条件数估计。

```
*PRESSURE EQUATION SOLVER, TYPE=AMG, DIAGNOSTICS=ON
```

有三种求解器可用于求解压力方程：默认的 AMG 求解器使用代数多重网格预处理器，并提供三种 Krylov 求解器的选择：共轭梯度、双共轭梯度稳定和灵活的广义最小残差；SSORCG 求解器使用对称连续过松弛预处理器和共轭梯度 Krylov 求解器；DSCG 求解器使用对角缩放预处理器和共轭梯度 Krylov 求解器。最后，AMG 求解器提供了许多附加选项，用于高级应用和遇到收敛困难的情况。

```
*PRESSURE EQUATION SOLVER, TYPE=AMG
*PRESSURE EQUATION SOLVER, TYPE=SSORCG
*PRESSURE EQUATION SOLVER, TYPE=DSCG
```

4.13.2　时间增量大小控制

默认情况下，Abaqus CFD 使用自动时间增量算法，不断调整时间增量大小，以满足平流的 Courant-Friedrichs-Lewy（CFL）稳定条件。默认值 CFL=0.45 保证了求解的稳定性。可以通过指定最大值进一步限制自动计算的时间增量大小，同时也可以指定初始时间增量大小。基于流量的启动条件，此值会根据需要自动减小，以满足最大初始 CFL 值 0.45。

此外，用户可以选择固定时间增量，并指定时间增量大小。在这种情况下，时间增量大小在整个分析步保持不变，但不能保证稳定性。

在这种情况下，建议进行时间精准（time-accurate）的分析，建议将时间积分参数默认设置为 $\theta=0.5$，这样可以得到适用于时间精准瞬态分析的二阶精确半隐式方法。当使用自动时间增量时，应指定 CFL≤2，以保持稳定性和时间准确性。

在以稳态求解为目标的分析中，使用瞬态求解器进行稳态求解时，可以通过将全时积分参数设置为 $\theta=1$ 来激活全隐式（后向欧拉）方法。此方法无条件稳定，允许指定较大的 CFL 值以显著增加时间增量大小。对于选择最大许可 CFL 数值没有严格的标准，并且该最大值可能因不同的流体和网格而不同。CFL 为 10 或更大的值已成功用于某些只对最终结果感兴趣的分析。

当使用 Abaqus CFD 中的稳态求解器进行稳态分析时，稳态求解器是通过基于二阶精确 SIMPLE 算法实现的。非线性传输方程按指定的迭代次数顺序求解，用户可以手动终止稳态迭代。根据 Abaqus CFD 中使用的 SIMPLE 算法的非线性收敛标准，耦合非线性输运方程和压力修正方程的收敛行为依赖于连续迭代过程中求解更新的欠松弛（under-relaxation）。通常，这需要为动量、压力修正和其他标量传输方程（如温度、湍流等）指定欠松弛因子。

要指定迭代次数和欠松弛因子，可以使用以下 Abaqus CFD 命令行。Abaqus CFD 按指定的迭代次数顺序求解非线性传输方程。默认值是 10000。

```
*CFD, INCOMPRESSIBLE NAVIER STOKES, STEADY STATE
number of nonlinear iterations
```

将欠松弛因子指定为相应线性方程求解器第一个数据行的最后一个数据。使用以下选项指定欠松弛因子：

```
*MOMENTUM EQUATION SOLVER
data for all linear convergence criteria,
under-relaxation factor
*TRANSPORT EQUATION SOLVER
data for all linear convergence criteria,
under-relaxation factor
*PRESSURE EQUATION SOLVER
data for all linear convergence criteria,
under-relaxation factor
*ENERGY EQUATION SOLVER
data for all linear convergence criteria,
under-relaxation factor
```

4.14 用户子程序介绍

Abaqus 为用户提供了大量关于隐式、显式或 CFD 分析的用户子程序，允许用户根据其特定的分析需求调整 Abaqus[⊖]。图 4.11 所示为 Abaqus Standard 的全局流程，其在计算求解过程的不同步骤中与不同的用户子程序进行交互。

图 4.11 所示的流程是理想化的。在增量的第一次迭代中，图中所示的所有用户子程序都被调用两次。在第一次调用期间，使用增量开始时的模型配置形成初始刚度矩阵；然后在第二次调用期间，根据模型的更新配置创建新的刚度。在随后的迭代中，子程序仅被调用一次，并且在这些随后的迭代中，使用前一次迭代结束时的刚度计算对模型配置进行修正。

要在分析中包含用户子程序，分析师需要在 Abaqus 执行命令上使用 user 参数指定文件名。

```
abaqus job=my_analysis user=my_subroutine
```

该文件源代码应该是 **my_subroutine.f** 或目标文件 **my_analysis.o**。文件扩展名可以包含

[⊖] 参考 *Abaqus User Subroutines Reference Guide*。

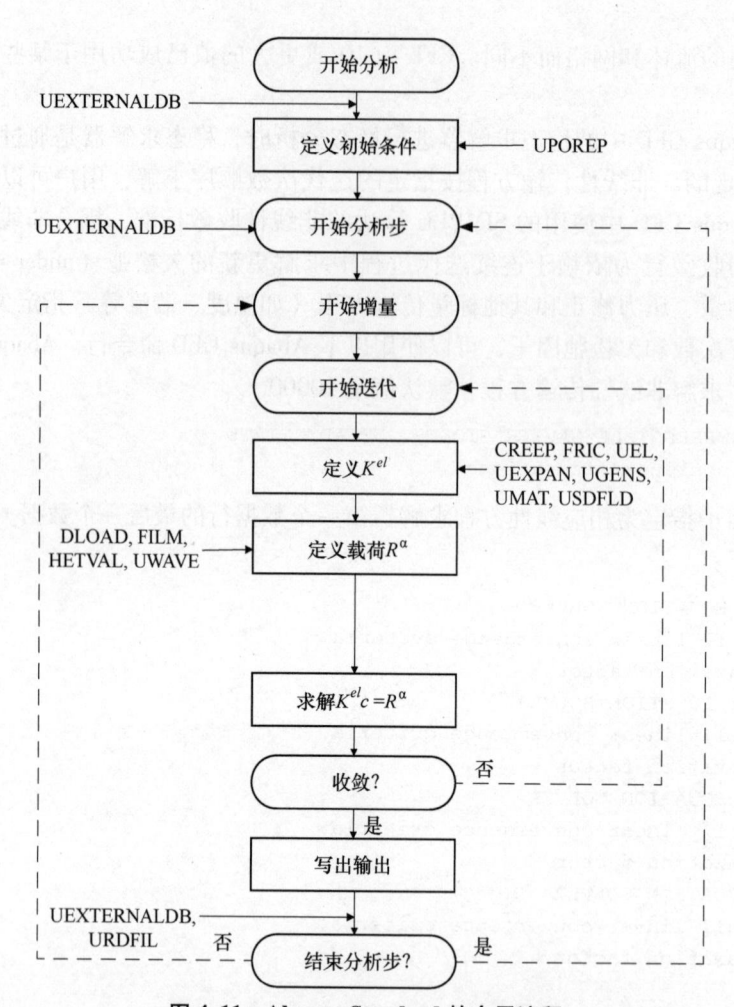

```
                    开始分析
                       ↓
UEXTERNALDB  →    定义初始条件   ←  UPOREP
                       ↓
UEXTERNALDB  →    开始分析步     ←─┐
                       ↓           │
              ┌─→  开始增量         │
              │        ↓           │
              │    开始迭代    ←─┐  │
              │        ↓        │  │
              │     定义 $K^{el}$  ← CREEP, FRIC, UEL,
              │                     UEXPAN, UGENS,
              │                     UMAT, USDFLD
DLOAD, FILM,  │        ↓
HETVAL, UWAVE →   定义载荷 $R^{\alpha}$
              │        ↓
              │   求解 $K^{el}c=R^{\alpha}$
              │        ↓
              │     收敛?  ──否──┘
              │        │是
              │     写出输出
              │        ↓
UEXTERNALDB,  │
URDFIL    ←── 否 ── 结束分析步? ──是──
```

图 4.11 Abaqus Standard 的全局流程

user = my_analysis. f，否则 Abaqus 将自动判断指定的文件类型。

当分析中需要多个用户子程序时，可以将各个子程序组合到一个文件中。给定的用户子程序（如 UMAT 或 FILM）只能在指定的用户子程序源代码或目标代码中出现一次。

重新启动包含用户子程序的分析时，必须再次指定用户子程序，因为子程序对象或源代码未存储在重新启动（.res）文件中。

在 Abaqus Standard 用户子程序中，可以将调试输出写入消息（.msg）文件（unit 7）或打印输出（.dat）文件（unit 6）。这些 unit 不需要在用户子程序中打开，而是由 Abaqus 打开。这些单元号不能被 Abaqus Explicit 中的用户子程序使用。

当在用户子程序中打开文件时，Abaqus 假定该文件位于为仿真创建的临时目录中。因此，在子程序的 OPEN 语句中，必须使用完整路径名指定文件的位置。

4.14.1 安装 Fortran 编译器

Abaqus 和 Fortran 被链接以执行用户子程序。用户可以找到各种可用的 Abaqus 和 Fortran 版本，以下是兼容性列表：

- Abaqus 2017——Intel Composer XE 2013 或以上版本。
- Visual Studio 2010 或以上版本。
- Intel Visual Fortran 12.0 或以上版本。

一旦用户找到与已安装的 Abaqus 版本兼容的 Visual Studio 和 Intel Visual Fortran 版本，则将 Abaqus 与 Fortran 编译器链接的步骤解释如下。

1. 配置 Abaqus 到 Intel Fortran

1）找到 **iforvars.bat** 文件的路径，类似于：

C:\ProgramFiles(x86)\Intel\Compiler...\Fortran\9.1\em64t\bin\ifortvars.bat

2）单击操作系统的 **Start Menu**（开始菜单），单击 **Programs**（程序），找到 Abaqus；然后右击 Abaqus 命令窗口，单击 **Properties**（属性）。在 **Target**（目标）对话框的/k 符号之后添加一个空格，然后在双引号之间添加 iforvars.bat 的路径。**Target** 的完整条目如下：

C:\WINDOWS\SysWOW64\cmd.exe /k "C:\Program...Files(x86)\Intel\Compiler\Fortran\9.1...\em64t\bin\ifortvars.bat"

单击 **OK**。

2. 设置环境变量

1）双击文件 **vcvarsal.bat**，其路径类似于：

C:\ProgramFiles(x86)\MicrosoftVisualStudio...8\VC\vcvarsall.bat

2）双击 **iforvars.bat** 文件，其路径类似于：

C:\ProgramFiles(x86)\Intel\Compiler\Fortran...\9.1\em64t\bin\ifortvars.bat

3）单击操作系统的 **Start Menu**，单击 **Programs**，找到 Abaqus，双击 **Abaqus Command**（Abaqus 命令）窗口，打开一个。

4）在命令窗口中输入：

set >path.info

5）打开文件 **path.info**，其通常会在 Abaqus 工作目录中找到。

C:\Temp

3. 编辑环境变量

1）在 Notepad 中打开一个新文档。找到

path=
lib=
include=

后面的路径，并将它们复制到 Notepad 文档中。注意复制所有路径名，因为需要复制多行。

2）在每个路径名的结束分号后插入回车符，以将它们分开。

3）删除所有重复的路径名。

4）删除回车符，以重新生成连续的路径名字符串。注意不要删除任何非空格字符。

4. 更新环境变量

1）单击 **Start Menu** 并打开 **Control Panel**（控制面板）。单击 **System**（系统），然后选择 **Advanced**（高级）选项卡。单击环境变量。在 **System variables**（系统变量）标题下依次选择 **path**、**lib** 和 **include** 环境变量，对每个变量，单击 **Edit**（编辑），并将每个变量替换

为 Notepad 文档中与正在编辑的变量对应的整个路径名字符串。单击 OK，然后单击 OK。

2）注销并重新登录。

5. 验证用户子程序链接

1）打开 Abaqus 命令窗口，输入 Abaqus verify-user_std，按 Enter 键，检查每个测试是否通过。

2）运行使用子程序的测试模型，进行检查。

4.14.2 运行使用用户子程序的模型

使用如下命令：

```
abaqus job=job-id user= < subroutine-filename >
```

Linux 教学系统的扩展名是 .f，PC 的扩展名是 .for。

用户子程序必须在一个单独的文件（如 my_material.f）中，如

```
abq614 job=my_model user=my_material
```

如果有多个用户子程序，那么所有子程序必须包含在一个文件中。

如果使用 CAE，则在 **Job** 创建作业时选择 **General** 选项卡，然后单击用户子程序的浏览按钮，选择包含用户子程序的文件，并在浏览器窗口和对话框中单击 **OK**，最后提交作业。

4.14.3 调试技巧和良好的编程习惯

在安装了与 Abaqus 结合使用的 Fortran 编译器后，用户主要关心的是如何调试子程序。这不是一件容易的事情，但在这里，用户能够找到一些指导原则和良好习惯，以开发一种有效和高效的 Fortran 代码调试策略。调试 Fortran 程序最简单也是最老式的方法是在不同的代码行使用命令行 **PRINT** 和 **PAUSE**。这样，代码将通过子程序执行，并通过 **PRINT** 函数返回结果，同时通过 **PAUSE** 指令，用户可以使用键盘上的 Enter 键逐步执行代码。

4.14.3.1 Fortran 语句

Abaqus Standard 中的每个用户子程序都必须包含以下语句，并作为参数列表之后的第一个语句。

```
INCLUDE 'ABA_PARAM.INC'
```

文件 ABA_PARAM.INC 是通过 Abaqus 安装程序安装在计算机系统上的。该文件为双精度机器指定了 **IMPLICIT REAL** *8（**A-H**，**O-Z**），为单精度机器指定了 **IMPLICIT REAL**（**A-H**，**O-Z**）。Abaqus 执行程序将编译用户子程序，并将其与 Abaqus 的其余部分链接起来，自动包括 ABA_PARAM.INC 文件无须找到此文件并将其复制到任何特定目录，Abaqus 知道在哪里可以找到它。

Abaqus Explicit 中的每个用户子程序都必须包含以下语句：

```
include 'vaba_param.inc'
```

4.14.3.2 命名约定

如果用户子程序调用其他子程序或使用 **COMMON** 块传递信息，则此类子程序或 **COMMON** 块应该以字母 K 开头，因为该字母从不用于 Abaqus 中的任何子程序或

COMMON 块的名称开头。

4.14.3.3 子程序参数列表

通过参数列表传入用户子程序的变量可分为待定义变量、可定义变量或信息变量。

用户不得更改传入的信息变量的值，否则将产生不可预测的结果。

4.14.3.4 与求解相关的状态变量

与求解相关的状态变量（solution-dependent state variables，SDVs）可以定义为随分析求解而变化的值。在 UEL 子程序中，应变就是一个 SDVs。

有几个用户子程序允许用户定义 SDVs。在这些用户子程序中，可以将 SDVs 定义为传入用户子程序中的任何变量的函数。用户有责任在子程序中计算 SDVs 的演变；Abaqus 只是为用户子程序存储变量。

必须分配空间以存储用户子程序中定义的每个 SDVs。对于大多数子程序，积分点或节点所需的此类变量数量是作为 **DEPVAR** 选项数据行上的唯一值输入的。

```
*USER MATERIAL
*DEPVAR
8
```

对于子程序 **UEL** 和 **UGENS**，必须分别在 **USER ELEMENT** 和 **SHELL GENERAL SECTION** 选项上使用 **VARIABLES** 参数：

```
*USER ELEMENT, VARIABLES=8
```

对于子程序 **FRIC**，变量数量由 **FRICTION** 选项上的 **DEPVAR** 参数定义。

```
*FRICTION, USER, DEPVAR=8
```

有两种方法可用于定义 SDVs 的初始值。**INITIAL CONDITIONS**，**TYPE＝SOLUTION** 选项可用于以表格格式定义变量字段。对于复杂的情况，用户子程序 **SDVINI** 可用于定义 SDVs 的初始值。在 **INITIAL CONDITIONS**，**TYPE＝SOLUTION** 选项中添加 **USER** 参数，可调用该子程序。

4.14.3.5 测试建议

始终在尽可能小的模型上开发和测试用户子程序。

不要包含其他复杂的特性，如接触，除非它们在测试子程序时绝对必要。

在向子程序添加额外的复杂特性之前，先测试用户子程序的最基本模型。每当向用户子程序的模型中添加新特性时，都要先进行测试，然后再添加其他功能。

在适当的情况下，尝试在只指定节点自由度（位移、旋转、温度）值的模型中测试用户子程序，然后在指定了流量和节点自由度的模型中对子程序进行测试。

确保传入具有给定维度的用户子程序的数组不会被用作具有更大维度的数组。例如，如果一个用户子程序被写为 SDVs 的数量为 10，但在 **DEPVAR** 选项上只指定了 8 个 SDVs，那么用户子程序将覆盖 Abaqus 存储的数据；这种意外的后果将无法预测。

4.14.4 Abaqus Standard 用户子程序示例

为了理解 Abaqus Standard 用户子程序结构，这里简要介绍一些 Fortran 子程序，所有用户子程序都可以在 **Abaqus User Subroutines Reference Guide** 的第 1.1 节中找到。

4.14.4.1 用户子程序 DLOAD

当载荷是时间和/或位置的复杂函数时，通常使用用户子程序 **DLOAD**。对于简单时间函数的载荷，通常可以用 **AMPLITUDE** 选项建模。该子程序还可用于定义随单元编号和/或积分点数量变化的载荷。

当 **DLOAD** 或 ***DSLOAD** 选项包含非均匀载荷类型时，将调用该子程序。例如，

```
*DLOAD
ELTOP,P1NU, 10.0
```

指定单元集 **ELTOP** 中的单元将在实体（连续）单元的 1-face 受到单位面积的力，或者在与梁单元一起使用时，在梁 1-direction 受到单位长度的力。在数据行上指定的幅值将作为变量 F 值传入子程序。

Abaqus Standard Users Manual 中列出了可用于任何特定单元的非均匀分布载荷类型。当用户子程序用于定义分布式载荷的大小时，AMPLITUDE 参数不能与 **DLOAD** 或 ***DSLOAD** 选项一起使用。分布式载荷大小不能用 **EL FILE** 或 **EL PRINT** 选项写出。

如果分布载荷取决于单元的变形而不是单元的位置，则需要定义刚度，并使用用户单元子程序 **UEL**，而不是用户子程序 **DLOAD**。

瞬态内压加载：该结构是一个固体火箭发动机，模型为一个包裹在薄钢壳中细长的中空黏弹性圆柱体。火箭的点火是通过作用在黏弹性圆柱体内径上的瞬态内压载荷来模拟的，寻求结构的瞬态响应。该模型在 *Abaqus Verification Guide* v6.14 第 2.2.9 节黏弹性圆柱体的瞬态内压载荷中有完整描述。

根据式（4.25），瞬态压力载荷是时间的指数函数：

$$p = 10(1-e^{-23.03t}) \tag{4.25}$$

部分输入数据如下，参数 **P4NU** 是将非均匀 **DLOAD** 应用于单元 1 的面 4 的参数。

```
*HEADING
:
*BOUNDARY
ALL,2
*STEP, INC=50
*VISCO, CETOL=7.E-3
0.01, 0.5
*DLOAD
1, P4NU
:
*END STEP
```

用户子程序 **DLOAD.f** 中编写的 Fortran 代码如下：

Listing 4.1 DLOAD.f

```fortran
      SUBROUTINE DLOAD(F,KSTEP,KINC,TIME,NOEL,NPT,
     1                 LAYER,KSPT,COORDS,JLTYP,SNAME)
C
C        EXPONENTIAL PRESSURE LOAD
C
      INCLUDE ABA_PARAM.INC
C
```

```
      DIMENSION COORDS(3),TIME(2)
      CHARACTER*80 SNAME
      DATA TEN,ONE,CONST /10.,1.,-23.03/
      F=TEN*(ONE-(EXP(CONST*TIME(1))))
      IF(NPT.EQ.1)
         WRITE(6,*) 'LOAD_APPLIED',F,'AT_TIME=',TIME(1)
      RETURN
      END
```

该模型中的载荷被定义为随时间变化的函数，**time（1）**。

载荷仅施加在火箭发动机内径上的一个单元上，即单元 1。

当分布载荷值在第一个积分点处定义后，每一次迭代，通过向打印输出（.dat）文件写入输出来监控载荷。

4.14.4.2 用户子程序 FILM

当薄膜系数 h 或下沉温度 θ^s 是时间、位置和/或表面温度的复杂函数时，通常使用用户子程序 FILM。当参数 h 和 θ^s 是简单的时间函数时，通常可以使用 **AMPLITUDE** 选项进行建模。该子程序也可用于定义随单元编号和/或积分点编号而变化的载荷。

当 **FILM** 或 *SFILM 选项包含非均匀载荷类型标记时，或者当 USER 参数与 *CFILM 选项一起使用时，将调用该子程序。

```
*FILM
ELLEFT, F6NU, 10.0, 1500
```

F6NU 为载荷类型标记，θ^s 等于 10，h 等于 1500。它指定了单元集 **ELLEFT** 中的单元将在实体（连续）传热单元的面（6）上承受薄膜载荷（对流边界条件）。变量 **H（1）** 将通过 FILM 选项数据行中指定的 h 值传入例程，变量 **SINK** 将通过 FILM 选项数据行中指定的 θ^s 值传入例程。

用户子程序 FILM 的接口如下：

Listing 4.2 FILM.f
```
      SUBROUTINE FILM(H,SINK,TEMP,KSTEP,KINC,TIME,
     1    NOEL,NPT,COORDS,JLTYP,FIELD,NFIELD,SNAME,
     2    NODE,AREA)
C
      INCLUDE 'ABA_PARAM.INC'
C
      DIMENSION H(2), TIME(2), COORDS(3), FIELD(NFIELD)
      CHARACTER*80 SNAME
      user coding to define H(1), H(2), and SINK
      RETURN
      END
```

Abaqus Verification Guide v6.14 的第 1.3.41 节与温度相关的薄膜条件给出了使用 FILM 子程序的示例。

4.14.5 Abaqus Explicit 用户子程序示例

为了理解 Abaqus Explicit 用户子程序结构，这里将简要介绍一些 Fortran 子程序，所有用户子程序都可以在 *Abaqus User Subroutines Reference Guide* v6.14 的第 1.2 节中找到。

4.14.5.1 用户子程序 VDISP

用户子程序 VDISP 可以用来规定平移和旋转边界条件；对于相关边界条件中列出的所有自由度，它允许用户指定自由度或其时间导数（如速度和加速度）的值。在每一步开始时，用户子程序 VDISP 被调用一次以建立初始速度；然后，在每个配置（包括初始配置）上调用一次，以建立节点加速度。

要定义的变量是 **rval**（**nDof**, **nblock**），其中包括节点处自由度 1~6（平移和旋转）指定变量的所有值。变量可以是位移、速度或加速度，具体取决于关联边界条件中指定的类型。变量类型由 jBCType 表示。变量 **rval** 有一个默认值，其计算结果与释放边界条件时的结果相同，用户只需要在边界条件处于激活状态时重置 **rval**。用户子程序 VDISP 如下所示：

Listing 4.3 VDISP.f

```
      subroutine vdisp(
c__Read_only variables -
     1     nblock, nDof, nCoord, kstep, kinc,
     2     stepTime, totalTime, dtNext, dt,
     3     cbname, jBCType, jDof, jNodeUid, amp,
     4     coordNp, u, v, a, rf, rmass, rotaryI,
c__Write_only variable -
     5     rval )
c
      include 'vaba_param.inc'
c
      character*80 cbname
      dimension jDof(nDof), jNodeUid(nblock),
     1     amp(nblock), coordNp(nCoord, nblock),
     2     u(nDof,nblock), v(nDof,nblock), a(nDof,nblock),
     3     rf(nDof,nblock), rmass(nblock),
     4     rotaryI(3,3,nblock), rval(nDof,nblock)
c
      do 100 k = 1, nblock
         do 100 j = 1, nDof
            if( jDof(j) .gt. 0 ) then
c              user coding_to define rval(j, k)
            end if
 100  continue
c
      return
      end
```

4.14.5.2 用户子程序 VDLOAD

为了与第 4.14.4.1 节中介绍的 Abaqus Standard 的用户子程序 DLOAD 进行对比，这里介绍的是用于 Abaqus Explicit 的等效用户子程序。对于每一组点，它可用于将分布载荷大小的变化定义为随位置、时间、速度等改变的函数，每个都出现在基于单元或基于表面的非均匀载荷定义中。

要定义的变量是具有分布载荷大小的 **value**（**nblock**）。表面载荷的单位为 FL^{-2}，体力的单位为 FL^{-3}。用户子程序描述如下：

Listing 4.4 VDLOAD.f

```fortran
      subroutine vdload (
C__Read_only (unmodifiable) variables -
     1 nblock, ndim, stepTime, totalTime, amplitude,
     2 curCoords, velocity, dirCos, jltyp, sname,
C__Write_only (modifiable) variable -
     3 value )
C
      include 'vaba_param.inc'
C
      dimension curCoords(nblock,ndim),
     1    velocity(nblock,ndim),
     2    dirCos(nblock,ndim,ndim), value(nblock)
      character*80 sname
C
      do 100 km = 1, nblock
C    user coding_to define_value
  100 continue

      return
      end
```

4.14.6 Abaqus CFD 用户子程序示例

在 *Abaqus User Subroutines Reference Guide* v6.14 第 1.3 节的 Abaqus CFD 子程序中，只有两个用户子程序不是用 Fortran 编码的，而是用 C++编码，第一个用户子程序名为 SMACfdUserPressureBC，用于指定规定的压力边界条件；第二个用户子程序名为 SMACfdUserVelocityBC，用于指定规定的速度边界条件。

参考文献

1. Press WH, Vetterling WT, Teukolsky SA (2006) Numerical recipes in Fortran 77, the art of scientific computing, 2nd edn. Cambridge University Press, Cambridge, p 827
2. Hilber HM, Hughes TJR, Taylor RL (1977) Improved numerical dissipation for time integration algorithms in structural dynamics. Earthquake Eng Struct Dyn 5:283–292
3. Riks E (1979) An incremental approach to the solution of snapping and buckling problems. Int J Solids Struct 15:529–551

第 2 篇

具体问题

在本书第 2 篇中,用户将更加熟悉一般的故障排除方法。因此,现在是时候深入地探讨一些具体的故障排除问题,如与材料、网格和接触问题相关的有限元非线性问题。每章将涵盖用户可能遇到的最大的非收敛工况,并提供与可能导致 Abaqus 求解器停止正确运行的错误或警告消息相关的解决方案和思路。

第 5 章 材料

5.1 概述

大多数表现出延性行为（大的非弹性应变）的材料在应力水平小于材料弹性模量几个数量级时发生屈服，这意味着相关的应力和应变是真应力（柯西应力）和对数应变，如图 5.1 所示。因此，所有这些模型的材料数据应该以这些测量方式给出，否则 Abaqus 无法求解正确的材料曲线。由各向同性材料单轴试验得到的名义应力-应变工程数据（σ_{nom}，ε_{nom}）转换为真应力和对数塑性应变的简单转换公式如下：

$$\begin{cases} \sigma_{true} = \sigma_{nom}(1+\varepsilon_{nom}) \\ \varepsilon_{true}^{p} = ln(1+\varepsilon_{nom}) - \dfrac{\sigma_{true}}{E} \end{cases} \quad (5.1)$$

如图 5.1 所示，Abaqus 只计算一阶导数无变化的单调函数[⊖]的材料曲线，这就是为什么用户需要将材料数据从工程曲线转换为真实的应力-应变曲线，因为从区域（EF）开始，一阶导数（$\dfrac{d\sigma}{d\varepsilon}$）是正的，而在缩颈之后，该一阶导数在区域（$FG$）变成负的。单调函数包括一个一阶导数值为零的区域，该区域表示一个几乎与区域（DE）中所示的完美塑性区域相同的区域，因为在实际材料数据中存在一些微小的变化。

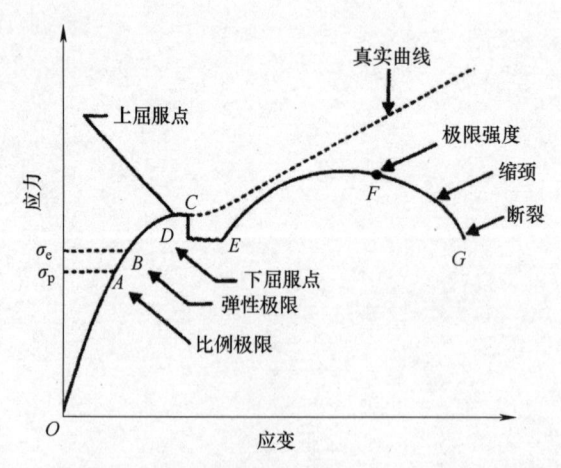

图 5.1 材料工程应力-应变数据曲线及其计算得到的真实曲线

- 点 A 代表比例极限。

⊖ 在数学中，单调函数是保持给定顺序或与给定顺序相反的有序集之间的函数。这个概念首先出现在微积分中，后来被应用到更抽象的秩理论中。

- 点 B 代表弹性极限。
- 点 C 代表上屈服点。
- 点 D 代表下屈服点。
- 点 E 代表应变硬化的起始点。
- 点 F 代表极限点或最大应力点。
- 点 G 代表断裂点。

每个不同的区域都有其物理意义，并被标识出来：

区域 OA：该直线区域满足胡克定律，在一维模型中呈比例关系，其斜率为弹性模量 E。

区域 OB：弹性区域，直到屈服应力出现。

区域 BD：考虑屈服强度的弹塑性区域，屈服强度是按 0.2% 偏移重新调整的屈服应力实际值。

区域 DE：直接硬化的过渡区域，这是位错在材料微观结构中开始移动的区域。任何使位错移动更加困难的物体都会在提高强度的同时降低延展性。如果断裂点远离这个区域，则材料具有延展性；否则则为脆性材料。

区域 EF：幂律硬化 $\sigma = k(\varepsilon_p)^n$，在材料微观组织的单轴拉伸试验中，由力学常数强度系数 k 和应变硬化指数 n 确定的函数，这是塑性变形一致且均匀的区域。

区域 FG：缩颈区域，当缩颈开始时，塑性变形不再是均匀的，截面逐渐减小，直到材料断裂。

一些规范和标准提供了计算方法，可从材料性能数据中获取真实的应力-应变曲线数据。在图 5.1 中同时绘制两条材料曲线是有用的，相对于试验数据，可确定真实曲线是否代表了保守的材料响应。例如，在图 5.1 中，真实材料曲线高于任何材料的试验响应，因此真实曲线不是保守的响应。在这种情况下，一个保守的真实曲线响应将是从点 B 到断裂点 G 的完全塑性（平坦曲线）。从点 A 也可以得到相同的结果，但在这种情况下，结果的保守性将比点 B 的结果更有效：从点 B 开始，将会有一个保守的真实材料曲线，而点 A 将产生一个非常保守的真实材料曲线。

将绘制的曲线作为另一条曲线的函数来量化其保守性的一种简单方法是计算其总功，即对完整材料曲线进行积分（$\int \sigma(\varepsilon) d\varepsilon$）。例如，在图 5.1 中，真实曲线的功将高于材料工程曲线的功，因此与材料数据相比，真实曲线不是一个保守的响应。

就像 Abaqus 将塑性曲线设置为表格形式一样，最后的数据集（σ_n, ε_{nom}）可以从最后的斜率数据曲线扩展到 100% 的应变值，从而绕过数值困难问题，继续进行求解。最后两个扩展的数据点（σ_{n+1}, ε_{n+1}）是由之前的线性函数斜率（σ_{n-1}, ε_{n-1}）扩展计算得到的，如下式所示：

$$\sigma_{n+1} = \frac{\sigma_{n-1} - \sigma_n}{\varepsilon_{n-1} - \varepsilon_n}(\varepsilon_{n+1} - \varepsilon_n) + \sigma_n \tag{5.2}$$

塑性曲线可以扩展到应变 $\varepsilon_{n+1} = 1$，通过式（5.2）可以计算应力值 σ_{n+1}，从而得到塑性曲线上的最后一个数据点。另一种方法是设置一个完全的塑性曲线 $\sigma_n = \sigma_{n+1}$，直到达到 100% 的应变。在这两种情况下，分析师必须知道此处的应力值并不是图 5.1 中所示的真实断裂应力值。这就是为什么有些标准以极限拉应力（图 5.1 中的极限强度点 F）来评价材料性能，以便进行更加真实和保守的应力分析计算。

5.2　当前应变增量超过首次屈服应变

在消息文件中，有些警告提示当前应变增量超过首次屈服应变的 50 倍以上："应变增量已超过首次屈服应变的 50 倍"。只有当含有塑性材料的模型中出现相对较大的变形时，才会发出这个警告消息，其原因可能是输入数据错误、较差的网格或模型在一定的变形后变得不稳定。

1）消息是否在首次增量中出现？如果是，则输入的数据可能不正确。检查以下内容：
- 是否施加了过大的载荷？
- 载荷的大小在物理上能实现吗？
- 相对于模型的其他部分，单位是否正确？
- 如果是动态分析，密度的单位是否正确？

2）如果消息是在某些塑性变形发生后出现：
- 检查应力-塑性应变数据？确保材料数据不会在太低的塑性应变下发生完全塑性。如果是这样，需要增加少量的硬化，使其达到非常大的塑性应变。如果用户需要完全塑性的材料，可能需要使用 Riks 计算方法。
- 网格是否足够细化？适合线弹性问题的网格可能不适用于大应变的塑性问题。如果提示警告消息的单元位于一个几何形状急剧变化的区域，则该区域的网格可能需要细化。
- 如果上述问题都不是原因，则可能是因为不稳定的变形（可能是局部的）引起的，查看警告消息发生前的那个增量步，看看物理不稳定性是否合理。在静态、耦合温度位移、土壤或准静态（黏弹）程序中加入黏性稳定，可以使模型足够稳定，从而避免出现此问题。

5.3　超弹性材料模型的收敛行为

假设用 Fortran 编写的 UMAT 子程序正确无误，那么差异可能是由于系统矩阵的初始应力刚度部分对于 ***HYPERELASTIC**（黏弹性）材料模型的计算方式不同。

对于 Abaqus 中的大多数材料模型，在任何增量的第一次迭代中，初始应力刚度是基于前一个收敛增量结束时的应力计算得出的；从第二次迭代开始，初始应力刚度是基于当前的 $t+\Delta t$ 应力估计值，Abaqus 是在处理各种问题的经验基础上使用这种方法。采用该方法的另一个原因是，在任何增量步的第一次迭代中，位移（应力）增量默认情况下都是基于前一个增量的外推值，由于施加了载荷，可能不会捕获到实际的位移历史，UMAT 也采用了这种方法。

例外的是超弹性材料，对于 ***HYPERELASTIC** 材料，通常采用当前应力来计算初始应力刚度。这种差异有时足以导致在原始的超弹性模型和等效的 UMAT 之间观察到不同的收敛模式。

这种初始应力刚度计算的差异可以通过在 ***STEP** 选项中使用 **EXTRAPOLATION = NO** 来消除。在这种情况下，增量求解的初始猜测是前一个增量的收敛状态。因此，在增量的第一次迭代中，使用增量开始时的应力来评估初始应力刚度。无论使用哪种材料模型，情况都是如此，利用这个事实可以帮助调试超弹性的 UMAT。

由于外推法旨在改善收敛性，停止使用外推法可能会引入与材料行为无关的附加差异，从而影响相应的收敛行为。为了使比较有效，两个模型（UMAT 和本地超弹性模型）都不能使用外推法。

5.4 使用不可压缩或几乎不可压缩材料模型

在 Abaqus Standard 分析中，使用不可压缩或几乎不可压缩的材料时，可能会出现模型无法收敛的情况。在这种情况下，分析可能会因为使用错误的单元类型而失败。的确，当材料是不可压缩或几乎不可压缩时，如果使用了错误的单元类型，网格可能会体积锁定，它将被过度约束，不允许有任意的变形，模型的响应将过于刚硬。

为了解决这个问题，在 Abaqus Viewer 中应创建压应力的拼贴图。如果从一个单元到下一个单元的数值发生符号变化，或者在某一区域内多个单元的数值呈现出规律性的模式，则表明网格可能存在锁定现象。

对于 Abaqus Viewer 中的二阶单元，当单元内的压应力变化不大时，应将单元间的平均值设为零。特别地，检查单元对角线上的压应力值是否从正值变为负值（如果用户输出二阶单元积分点处的压应力，那么当它发生时，就可以很容易地看到这种行为）。

对于二阶单元，体积锁定区域的变形网格图看起来像沙漏。如果不可压缩性是由于较大的非弹性应变造成的，那么可以使用二阶缩减积分单元或一阶单元来减少体积锁定。网格细化也将有助于缓解这些单元的锁定现象，如果这些单元仍然在大应变时发生锁定，可以尝试使用杂交单元（单元名称以 H 结尾）。杂交单元使用混合公式，将压力场视为自变量。

材料是否完全不可压缩且过度约束，即材料因约束而无法移动？如果是这样，杂交单元的压力项容差将无法满足；用户可以通过查看消息文件来了解这一点，该文件将显示一条有关体积兼容性错误的消息。

添加少量的可压缩性，以防止高度受限的不可压缩材料被锁定。例如，将不可压缩的橡胶块粘在刚性表面上，然后变形。出现问题的区域通常是边界条件从完全连接变为自由状态的区域。通常情况下，只需要放宽问题单元周围小区域的不可压缩性约束。所需的可压缩性通常会将材料的有效泊松比从 0.5 或接近 0.5 的值减小到更接近 0.45 的值。

5.5 单轴拉伸和压缩超弹性试验数据的等效性

在这里，分析师将关注如何仅利用单轴拉伸试验数据来模拟超弹性材料的准静态压缩行为，在这种情况下，必须了解基于可用测试数据的用户模型响应的最大压缩应变。

此处讨论仅适用于应变能不依赖于第二偏应变不变量的材料模型，在 Abaqus Standard 或 Abaqus Explicit 中，这包括 Marlow、Neo-Hooke、Reduced Poly-Nomial、Yeoh 和 Arruda-Boyce 表达式。此外，该论证仅适用于单轴载荷（拉伸或压缩），并假定材料具有几乎不可压缩的特性。

对于上述任何一种模型，第一偏应变不变量 $\bar{I}_1$ 可以用偏拉伸表示，并定义为

$$\bar{I}_1 = \bar{\lambda}_1^2 + \bar{\lambda}_2^2 + \bar{\lambda}_3^2 \tag{5.3}$$

偏拉伸被定义为

$$\bar{\lambda}_i = J^{-\frac{1}{3}} \lambda_i \tag{5.4}$$

式中，$J(=\lambda_1\lambda_2\lambda_3)$ 是总体积比；$\lambda_i(i=1,2,3)$ 是主拉伸。对于几乎不可压缩的材料，$J \approx 1$。

对于单轴试验，则为

$$\lambda_1 = \lambda \quad \lambda_2 = \lambda_3 = \frac{1}{\sqrt{\lambda}} \tag{5.5}$$

单轴拉伸 λ 与名义应变 ε 关系如下：

$$\lambda = 1 + \varepsilon \tag{5.6}$$

其中，名义应变 ε 的定义区间为 $-1 < \varepsilon < \infty$。因此，第一不变量变成：

$$I_1 = \lambda^2 + \frac{2}{\lambda} = (1+\varepsilon)^2 + \frac{2}{(1+\varepsilon)} \tag{5.7}$$

可以看出，在式（5.7）中，ε 有两个实根，这是假定 I_1 取相同值时的名义应变值，一个对应于单轴拉伸状态，另一个对应于单轴压缩状态。图 5.2 所示为不变量 I_1 与轴向应变 ε 的关系。

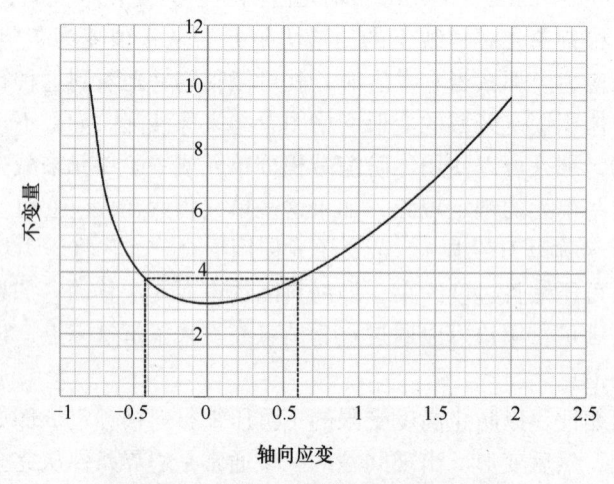

图 5.2 不变量 I_1 与轴向应变 ε 的关系

假设只有单轴拉伸的试验数据可用，则可以计算出不变量 I_1 的值，用来表示拉伸名义应变的最大值，然后通过计算得到不变量相同值的压缩名义应变的相应值（因为材料的拉伸和压缩响应都是 I_1 的函数）。压缩名义应变值将是基于试验数据的材料响应的最大值，如果数值超出此应变值，则材料行为需要从试验数据中推断。

图 5.2 举例说明了单轴拉伸和压缩超弹性试验数据之间的等效性；如果最大拉伸应变为 0.6，则相应的最大压缩应变为 -0.425277（两种情况下的 I_1 均为 3.81）。

5.5.1 橡胶材料的单轴压缩试验数据

在具体情况下，分析师应了解如何将橡胶材料的单轴压缩试验数据通过转化，直接输入超弹性材料模型中。对于均质材料，均质变形模式足以表征材料常数，因此单轴压缩试验数据可以直接输入超弹性材料模型中。然而，当试验数据不符合均质变形模式时，就不能直接输入了。

在典型的圆盘压缩试验中，要将加载面和试样之间摩擦所引入的侧向约束降至最低尤为困难。加载表面可以润滑，但即使很小的摩擦力也可能在非常小的应变下产生影响，导致偏离均匀的单轴压缩应力-应变状态。如果试样的侧面被粘合（大多数试验中都是这种情况），由于具有很高的不可压缩性，试样的侧面将凸起，试样内部仍然不存在均匀的应变状态。

因此，当试验中不存在均质的单轴压缩应力-应变状态时，不建议将单轴压缩试验数据直接输入超弹性材料模型。然而，测试数据可用于验证组件的有限元模型以重现压缩测试条件。

等轴拉伸试验中引起的变形将等同于单轴压缩试验引起的变形，并且该数据可输入超弹性模型中。

5.5.2 为 Marlow 超弹性模型指定拉伸或压缩试验数据

对于分析师来说，使用 Marlow 模型定义超弹性[○]材料的属性可能很困难，因为他们无法结合 2D 或 3D 单元中的压缩试验数据确定拉伸试验数据。

材料的力学响应是通过选择适合特定材料的应变势能来定义的，Abaqus 中的应变势能形式可以用偏微分量和体积分量的可分离函数来表达，如 $U = U_{dev}(\bar{I}_1, \bar{I}_2) + U_{vol}(J)$。另外，在 Abaqus Standard 中可以使用用户子程序 **UHYPER** 来定义应变势能。在这种情况下，应变势能不需要是可分离的。

通常情况下，对于 Abaqus 中提供的超弹性材料模型，用户可以直接指定材料参数，也可以通过输入试验测试数据，由 Abaqus 自动确定合适的参数值。Marlow 形式是个例外，在这种情况下，应变势能的偏微分部分必须用试验数据来定义，下面将详细介绍定义应变势能的不同方法。

不同批次的橡胶类材料的性能可能会有很大差异，因此如果数据来自于多个试验，那么材料参数无论是由用户还是由 Abaqus 计算得到，所有的试验都应该只针对同一批次的试样。

当为 Marlow 模型定义偏差测试数据时，只能使用单一类型的数据（即单轴、双轴或平面）。此外，对于二维和三维单元，既可以使用拉伸试验数据，也可以使用压缩试验数据，但两者不能同时使用。这是因为对于各向同性不可压缩的超弹性材料，某些类型的试验测试是等效的。具体而言，单轴拉伸↔等双轴压缩，单轴压缩↔等双轴拉伸，平面拉伸↔平面压缩。

所谓等效，即意味着试验将引起等效的变形。例如，单轴压缩试验中引起的变形等于等双轴拉伸试验中的变形。这样，如果同时定义了单轴拉伸和单轴压缩的试验数据，就意味着同时确定了单轴拉伸性能和双轴拉伸性能，这种组合不能用 Marlow 模型进行最佳拟合。

如果仅确定了拉伸或压缩数据，则创建的应变势能将精确地重现试验数据并对其他变形模式具有合理的解释。

在一维单元（梁、桁架和钢筋）中，只考虑一个方向的变形，因此均可采用 Marlow 模型对拉伸和压缩的单轴试验数据进行最佳拟合。

○ 关于超弹性材料使用的补充信息，可以在 *Abaqus Analysis User's Guide* 第 22.5 节 "Hyperelasticity" 中找到。

可压缩性可以通过指定D_i的非零值（Marlow模型除外）来定义，方法是将泊松比设置为小于0.5的值，或者提供能表征可压缩性的测试数据。测试数据方法将在本节的后面部分讲述，如果泊松比定义为超弹性而非Marlow模型，Abaqus将根据初始剪切模量计算初始体积模量。

$$D_1 = \frac{2}{K_0} = \frac{3(1-2v)}{\mu_0(1+v)} \tag{5.8}$$

对于Marlow模型，定义的泊松比代表一个恒定值，它决定了整个变形过程的体积响应，如果$D_1=0$，那么所有D_i都必须等于0。在这种情况下，在Abaqus Standard中假定材料是完全不可压缩的，而在Abaqus Explicit中假定材料在$\frac{K_0}{\mu_0}=20$（泊松比为0.475）时是可压缩的。

5.5.3 超弹性材料单剪试验数据的应用

为了充分地完成拉伸和压缩试验，用户必须考虑超弹性材料中的剪切分量，应该如何处理橡胶试样简单剪切试验的应力-应变数据？这些数据可以在Abaqus中使用吗？

这些数据可以使用，但不能直接使用，必须首先将其转换成等效的平面试验数据。必须注意的是，如果被测试的材料是弹性泡沫，则不适用于数据转化。要完成数据转化，必须假定被测试的材料是不可压缩的。

简单剪切试验通常被描述为将一个块体剪成平行四边形。对于不可压缩材料，简单剪切变形模式下的主拉伸比与纯剪切变形模式下的主拉伸比相同，但纯剪切变形模式不涉及应变主轴的任何旋转。因此，可以说简单剪切等效于纯剪切加上一个旋转[1]。

实际上，在拉伸平面试验中确实产生了纯剪切变形模式，平面试验包括一个在其长边上夹住的宽薄条带的拉伸。可以按照Treloar[1]的方法，将简单剪切数据转换为等效的平面试验数据。

设T_s为纯剪切时的名义应力，λ_1为第一主拉伸比，τ_{xy}为纯剪切时的单位应变面积剪应力。因此，合成方程为

$$\tau_{xy} = \frac{\lambda_1^2}{1+\lambda_1^2} T_s \tag{5.9}$$

Treloar[1]和Ogden[2]讨论了剪切应变与主拉伸比之间的关系：

$$\gamma = \lambda_1 - \frac{1}{\lambda_1} \tag{5.10}$$

主拉伸和名义应变的关系为

$$\lambda_1 = 1+\varepsilon_1 \tag{5.11}$$

结合式（5.9）和式（5.11），可以将已知的τ_{xy}和γ数据转换为Abaqus所需的T_s和ε_1数据。通过式（5.10）得到λ_1，代入式（5.11）中，得

$$\varepsilon_1 = \frac{\gamma}{2} - 1 + \sqrt{1+\frac{\gamma^2}{4}} \tag{5.12}$$

接下来，将式（5.10）得到的λ_1代入式（5.9），得到纯剪切分量的名义应力：

$$T_s = \tau_{xy}\left[1 + \frac{1}{1+\frac{\gamma^2}{2}+\gamma\sqrt{1+\frac{\gamma^2}{4}}}\right] \tag{5.13}$$

5.6 非线性结果的路径依赖性（以弹性材料为例）

分析师进行了一个闭环加载的非线弹性分析，当载荷恢复到零时，尽管用户没有在模型中定义材料的塑性，但残余应力仍然存在，这是一个错误吗？

在这种情况下观察到的行为并非错误，而是求解方法的特征。当进行几何非线性分析时（*STEP 中包含 **NLGEOM** 参数），会采用增量求解的方法。在求解的每一个增量中，本构计算都需要一个应变增量。应变增量的计算方法是在增量的时间长度上对应变速率进行积分[3] $\frac{\partial \varepsilon}{\partial t}$，即本质上是式（4.3）的一阶时间导数。

当 *ELASTIC（弹性）材料模型用于非线性模拟时，使用了一种更新的增量方法。具体而言，使用了 Jaumann 应力速率和速度应变材料描述㊀。采用这种方法，应变率积分的参考配置是模型在前一个增量结束时的条件[4]。

在这些条件下，当应变率以闭环方式积分时，已知积分不会消失。因此，如果将位移循环应用于模型，使循环结束时的模型处于初始构型，就会产生一个非零应变。由于循环结束时存在非零应变，将会有相应的非零应力，在施加位移和载荷时都会出现这种现象，但在 *HYPERELASTIC[5] 材料模型中不会出现，因为这些材料使用的是总体公式而不是更新公式。

*ELASTIC 材料模型旨在用于小应变，通常用于模拟金属的弹性响应问题。在这种情况下，加载循环完成时剩余的应变量通常很小，并不会引入显著误差。此外，减小分析的时间增量将减小非零应变的大小。

例如，当一根杆件被拉伸后，其应力为 σ_{11}，在刚体旋转过程中，这种应力不会改变。作为刚体旋转的结果，X'、Y' 坐标系是共旋坐标系。因此，应力张量和状态变量是通过直接计算和更新用户子程序 **VUMAT** 中的应变张量来完成的，因为所有这些量都在共旋系中；在用户子程序 **UMAT** 中有时需要由用户子程序旋转这些量，但这并非必要。

由速率型本构定律预测的弹性响应取决于所采用的客观应力速率。例如，在 **VUMAT** 中使用 Green-Naghdi 应力速率（看起来与 Jaumann 应力速率的方程形式相同）。然而，用于内置材料模型的应力速率可能不同。例如，在 Abaqus 显式分析中，大多数使用实体（连续）单元的材料模型都采用了 Jaumann 应力速率。只有在材料点的有限旋转伴随有限剪切时，这种表述上的差异才会对结果产生显著影响。

表 5.1 列出了 Abaqus 中使用的客观应力率。客观应力率仅与率形式的本构方程（如弹塑性）有关。对于超弹性材料，采用的是全公式。因此，客观应力率的概念对于本构定律

㊀ 在连续介质力学中，物体的应力率是不依赖于参考系的应力的时间导数[3]，柯西应力的 Jaumann 率是 Lie 导数（Truesdell 率）的进一步特殊化。对于该速率，ω 是自旋张量［式（4.3）中速度梯度的偏斜部分］，如下所示：

$$\tilde{\sigma} = \dot{\sigma} + \sigma\omega - \omega\sigma \tag{5.14}$$

许多本构方程是以应力率和应变率（或变形率张量）之间的关系的形式设计的。材料的力学响应不应取决于参考系。换句话说，材料的本构方程应该是与参考系无关的（客观的）。如果应力和应变测量量是材料量，则客观性会自动满足。然而，如果这些量是空间量，则即使应变率是客观的，应力率的客观性也不能保证。

来说并不相关。然而，当定义材料取向时，客观应力率控制取向的演变，并且输出结果也会受到影响。

表 5.1 客观应力率

求解器	单元类型	本构模型	客观率
隐式	实体（连续）	所有内置和用户定义的材料	Jaumann[①]
	结构（壳、膜、梁、桁架）	所有内置和用户定义的材料	Green-Naghdi[②]
显式	实体（连续）	除了黏弹性、脆裂和 VUMAT[③]	Jaumann[①]
		黏弹性、脆裂和 VUMAT[③]	Green-Naghdi[②]
	结构（壳、膜、梁、桁架）	所有内置和用户定义的材料	Green-Naghdi[②]

① Jaumann 率在计算中得到广泛使用的主要原因有两个，一是它相对容易实现，二是它可以得到对称的切线模量。
② 由于没有考虑拉伸，基尔霍夫应力的 Green-Naghdi 率也具有这种形式。
③ 它是一个用户子程序，仅在 Abaqus Explicit 分析中定义材料行为。使用这个用户子程序通常需要相当多的专业知识。分析师需要注意，使用任何形式的本构模型都需要大量的开发和测试。强烈建议，对具有规定牵引载荷的单元件模型进行初步测试。

5.7 用户材料子程序

Abaqus Standard 和 Abaqus Explicit 具有允许用户实现一般本构方程的接口。在 Abaqus Standard 中，用户定义的材料模型在用户子程序 UMAT 中实现。在 Abaqus Explicit 中，用户定义的材料模型在用户子程序 VUMAT 中实现。当 Abaqus 材料库中包含的任何现有材料模型都不能准确表示要建模的材料行为时，可使用 UMAT 或 VUMAT。

这些接口使得定义任意复杂的本构模型成为可能，用户定义的材料模型可用于 Abaqus 任何的结构单元类型。可以在单个 UMAT 或 VUMAT 程序中实现多个用户材料，并可一起使用。本节将讨论 UMAT 或 VUMAT 中材料模型的实现，并通过一些示例进行说明。

首先，通常需要复杂的有限元模型，如先进的结构单元、复杂的加载条件、热机械加载、接触和摩擦条件，以及静态和动态分析；才能建立合适的先进本构模型，以模拟试验结果。如果本构模型模拟材料时有不稳定性和局部化现象，就会出现特殊的分析问题。例如，准静态分析需要特殊的求解技术，需要有稳健的单元公式，或者采用具有稳健的向量化接触算法的动态显式求解算法。此外，还需要具有强大的功能来显示可视化结果，包括状态变量的等高线图和路径图、X-Y 图或表格结果。因此，材料模型开发人员只需关注材料模型的开发，而不用关注有限元软件的开发和维护，如与材料建模无关的开发、新系统的移植问题和用户开发代码的长期程序维护。在此列举一些参考文献来说明这一点，如损伤建模[6]、挖掘开采[7]、层状复合材料[8]、金属粉末加工[9]或晶体织构演变[10]。

由于切线刚度的误差只会影响收敛性能，而不会影响最终结果，所以这些结果是采用修正的刚度矩阵得到的。当使用弹性刚度代替真实刚度时，迭代次数会增加，得到的结果（一旦获得）仍然是正确的。

在应用压力加载而非边界条件的模型中，位移控制下的收敛行为更容易受控。事实上，与载荷控制问题相比，位移控制问题更加稳定，因为在使用弹性刚度而非真实刚度时，位移控制分析成功进行，而载荷控制分析失败。

5.7.1　UMAT 或 VMAT 编写指南

正确定义本构方程需要满足以下条件之一：
- 明确定义应力（适用于大应变的柯西应力）。
- 仅定义应力率（在共旋框架中）。

此外，可能需要：
- 定义对时间、温度或场变量的依赖性。
- 定义内部状态变量，可以是显式的，也可以是与应变率相关的。

采用合适的前向欧拉积分（显式积分）或后向欧拉积分（隐式积分）或中点法，将本构速率方程转化为增量方程。难点是前向欧拉（显式）积分法，虽然它方法简单，但根据式（5.15）有一个稳定极限。

$$|\Delta\varepsilon| < \Delta\varepsilon_{stab} \tag{5.15}$$

这里的应变值通常小于弹性应变值。对于显式积分，必须控制时间增量；对于隐式积分或中点积分，算法比较复杂，通常需要局部迭代。然而，通常没有稳定极限，还必须获得内部状态变量的增量表达式。

计算（一致）雅可比（仅适用于 Abaqus Standard UMAT），对于小变形问题（如线弹性）或体积变化小的大变形问题（如金属塑性），一致的雅可比矩阵如式（5.16）所示：

$$C = \frac{\partial \Delta\sigma}{\partial \Delta\varepsilon} \tag{5.16}$$

式中，$\partial\Delta\sigma$ 是（柯西）应力增量；$\partial\Delta\varepsilon$ 是应变增量（在有限应变问题中，它是对数应变的近似值）。

由于本构方程或积分过程的原因，该矩阵可能是非对称的。雅可比矩阵通常是近似的，因此可能会出现二次收敛的损失。

对于正向积分方法（通常是弹性矩阵），可以很容易地进行计算。

如果考虑具有大体积变化的大变形（如压力引起的塑性），应使用一致雅可比矩阵的精确形式，以确保根据式（5.17）快速收敛，下面是变形梯度的行列式。

$$C = \frac{1}{J}\frac{\partial \Delta(J\sigma)}{\partial \Delta\varepsilon} \tag{5.17}$$

超弹性本构方程包括与柯西应力和变形梯度 F 有关的总本构方程，通常用于模拟橡胶的弹性行为。在这种情况下，一致雅可比矩阵通过式（5.18）定义：

$$\delta(J\sigma) = JC:\delta D \tag{5.18}$$

式中，$J = |F|$；C 是材料的雅可比矩阵；δD 是虚拟变形速率，如式（5.19）所示：

$$\delta D = \mathrm{sym}\{\delta F \cdot F^{-1}\} \tag{5.19}$$

然后，编写 UMAT 或 VUMAT 程序需要遵循 Fortran 或 C 语言的约定，用户必须确保代码可以矢量化（仅适用于 VUMAT，稍后讨论），还要确保所有变量都已正确定义和初始化。该子程序根据需要使用 Abaqus 实用子程序，并使用 **DEPVAR** 选项为状态变量预留足够的存储空间。

作为一种良好的实践，还建议使用一个小的（一个单元）输入文件来验证 **UMAT** 或 **VUMAT**，以便事后与理论计算结果进行交叉检查。

1）使用所有已指定的位移进行试验，以验证应力和状态变量的积分算法。建议的试验包括单轴、斜向单轴、有限旋转单轴和有限剪切。

2）在规定的载荷下进行类似的试验，以验证雅可比矩阵的准确性。

3）如果可能，将试验结果与仿真结果或 Abaqus Standard 材料模型进行比较，如果上述验证成功，则可以应用于更复杂的问题。

5.8　UMAT 子程序示例

这些输入行作为 UMAT 的接口，其中定义了各向同性硬化塑性。

```
*MATERIAL, NAME=ISOPLAS
*USER MATERIAL, CONSTANTS=8, (UNSYMM)
30.E6, 0.3, 30.E3, 0., 40.E3, 0.1, 50.E3, 0.5
*DEPVAR
13
*INITIAL CONDITIONS, TYPE=SOLUTION
Data line to specify initial solution-dependent
variables
*USER SUBROUTINES,(INPUT=file_name)
```

USER MATERIAL（用户材料）选项用于输入 UMAT 的材料参数。如果使用 UNSYMM 参数，将使用非对称方程求解技术。

DEPVAR 选项用于在每个材料点为依赖于求解的状态变量（SDV）分配空间。如果 SDVs 从一个非零值开始，则使用 **INITIAL CONDITIONS，TYPE = SOLUTION** 选项来初始化 SDVs。因此，在单独的文件中提供 UMAT 编码。UMAT 使用 ABAQUS 执行程序调用，如下：

```
abaqus job=... user=...
```

必须在重启分析时调用用户子程序，因为用户子程序不会保存在重启文件中。

如果使用的材料具有恒定的雅可比，且不存在其他非线性因素，则可以通过采用以下方式调用准牛顿法来避免重新组装。

```
*SOLUTION TECHNIQUE, REFORM KERNEL=n
```

其中，n 是在不重新组装情况下完成的迭代次数，如果存在其他非线性因素（如接触变化），这种方法就没有优势了。

与解有关的状态变量可以使用标识符 SDV1、SDV2 等输出，可以在 Abaqus Viewer 中绘制 SDVs 的等高线图、路径图和 X-Y 图。

UMAT 可提供以下信息：
- 增量开始时的应力、应变和 SDVs。
- 增量开始和结束时的应变增量、旋转增量和变形梯度。
- 总的迭代时间和增量步时长、温度和用户定义的场变量。
- 材料常数、材料点位置和单元的特征长度。
- 单元、积分点和复合层编号（对于壳和层状实体）。

- 当前步长和增量步的数目。

必须定义下列变量：应力、SDVs 和材料的雅可比矩阵。

可定义以下变量：应变能、塑性耗散能和蠕变耗散能，以及建议的新的（缩减）时间增量。

头文件后面通常是局部数组的维数，通过参数定义常量并包含注释是一种良好的做法。在任何平台上，**PARAMETER** 赋值都能产生精确的浮点常量定义：

```
PARAMETER(ZERO=0.D0, ONE=1.D0, TWO=2.D0, THREE=3.D0,
1 SIX=6.D0, ENUMAX=.4999D0, NEWTON=10, TOLER=1.0D-6)
```

可以调用 **SINV**、**SPRINC**、**SPRIND** 和 **ROTSIG** 等实用程序来协助编写 UMAT。

- **SINV** 将返回张量的第一和第二不变量。
- **SPRINC** 将返回张量的主值。
- **SPRIND** 将返回张量的主值和方向。
- **ROTSIG** 将激活方向矩阵的旋转张量。
- **XIT** 将终止分析并关闭与分析相关的所有文件。

索引变量中的 UMAT 约定如下：

- 应力和应变存储为矢量。对于平面应力单元：σ_{11}、σ_{22}、σ_{12}；对于（广义）平面应变和轴对称单元：σ_{11}、σ_{22}、σ_{33}、σ_{12}；对于三维单元：σ_{11}、σ_{22}、σ_{33}、σ_{12}、σ_{13}、σ_{23}。
- 剪应变存储为工程剪应变，$\gamma_{12} = 2\varepsilon_{12}$。
- 变形梯度 F_{ij} 一般存储为三维矩阵。

几何非线性分析必须考虑 UMAT 公式中的各种影响因素，基于 Hughes-Winget 公式，将应变增量和旋转增量传递到常规程序中。

包括线性化应变和旋转增量在内的应变和旋转增量，是在增量中期配制下计算的，并进行了近似。特别是在旋转增量较大的情况下：如果需要，可以从变形梯度中获得更精确的测量值。此外，用户必须定义柯西应力：当该应力在下一个增量步再次出现时，它将随着传入子程序的旋转增量 **DROT** 一起旋转。如果不需要，可以使用子程序 **ROTSIG** 将应力张量旋转回来。如果将 **ORIENTATION** 选项与 UMAT 一起使用，则应力和应变分量将位于局部系统中（同样，在有限应变分析中，该基础系统随材料旋转）。因此，必须在子程序中旋转张量状态变量（使用 **ROTSIG**）。如果 UMAT 与简化集成单元或剪切柔性壳或梁单元一起使用，则沙漏刚度和横向剪切刚度必须分别用 **HOURGLASS STIFFNESS** 和 **TRANSVERSE SHEAR STTIFFNESS** 选项指定。

在新增量开始时，应变增量是从上一个增量外推得到的。这种外推法有时可能会导致故障，可通过 **STEP, EXTRAPOLATION=NO** 来关闭该外推操作。如果应变增量过大，可使用变量 **PNEWDT** 来减少时间增量，代码将放弃当前时间增量，转而使用 **PNEWDT** 乘以 **DTIME**。基于断裂能概念，单元特征长度可以用来定义软化行为。

5.8.1 各向同性等温弹性 UMAT 子程序

该问题的控制方程如下：

1）式（5.20）中的等温弹性（使用拉梅尔常数）：

$$\sigma_{ij} = \lambda \delta_{ij} \varepsilon_{kk} + 2\mu \varepsilon_{ij} \tag{5.20}$$

或者采用 Jaumann（共旋）率方程：

$$\dot{\sigma}_{ij}^{J} = \lambda \delta_{ij} \dot{\varepsilon}_{kk} + 2\mu \dot{\varepsilon}_{ij} \tag{5.21}$$

2）将 Jaumann 率方程（5.22）整合在一个共旋框架中：

$$\Delta \sigma_{ij} = \lambda \delta_{ij} \Delta \varepsilon_{kk} + 2\mu \Delta \varepsilon_{ij} \tag{5.22}$$

相应的编码如下所示：

Listing 5.1 IIE.f

```fortran
      SUBROUTINE UMAT(STRESS,STATEV,DDSDDE,SSE,SPD,
     1 SCD,RPL,DDSDDT,DRPLDE,DRPLDT,STRAN,DSTRAN,TIME,
     2 DTIME,TEMP,DTEMP,PREDEF,DPRED,CMNAME,NDI,NSHR,
     3 NTENS,NSTATV,PROPS,NPROPS,COORDS,DROT,PNEWDT,
     4 CELENT,DFGRD0,DFGRD1,NOEL,NPT,LAYER,KSPT,KSTEP,
     5 KINC)
C
      INCLUDE 'ABA_PARAM.INC'
C
      CHARACTER*8 CMNAME
C
      DIMENSION STRESS(NTENS),STATEV(NSTATV),
     1 DDSDDE(NTENS,NTENS),DDSDDT(NTENS),
     2 DRPLDE(NTENS),STRAN(NTENS),DSTRAN(NTENS),
     3 PREDEF(1),DPRED(1),PROPS(NPROPS),COORDS(3),
     4 DROT(3,3),DFGRD0(3,3),DFGRD1(3,3)
C ----------------------------------------------------------------
C UMAT FOR ISOTROPIC ELASTICITY
C CANNOT BE USED FOR PLANE STRESS
C ----------------------------------------------------------------
C PROPS(1) - E
C PROPS(2) - NU
C ----------------------------------------------------------------
C
      IF (NDI.NE.3) THEN
          WRITE(7,*) 'THIS UMAT MAY ONLY BE USED FOR
     1 ELEMENTS WITH THREE DIRECT STRESS COMPONENTS'
          CALL XIT
      ENDIF
C
C ELASTIC PROPERTIES
      EMOD=PROPS(1)
      ENU=PROPS(2)
      EBULK3=EMOD/(ONE-TWO*ENU)
      EG2=EMOD/(ONE+ENU)
      EG=EG2/TWO
      EG3=THREE*EG
      ELAM=(EBULK3-EG2)/THREE
C
C ELASTIC STIFFNESS
C
      DO K1=1,NDI
          DO K2=1,NDI
              DDSDDE(K2,K1)=ELAM
          END DO
          DDSDDE(K1,K1)=EG2+ELAM
      END DO
      DO K1=NDI+1,NTENS
          DDSDDE(K1,K1)=EG
```

```
      END DO
C
C CALCULATE STRESS
C
      DO  K1=1,NTENS
         DO  K2=1,NTENS
            STRESS(K2)=STRESS(K2)+DDSDDE(K2,K1)*
     1      DSTRAN(K1)
         END DO
      END DO
C
      RETURN
      END
```

这种非常简单的 UMAT 生成结果与 Abaqus **ELASTIC** 选项的结果完全相同，也适用于大应变的计算：所有必要的大应变都是由 Abaqus 生成的。该子程序可以使用 **ORIENTATION** 选项，也可以不使用该选项。通常情况下，编写一个处理（广义）平面应变、轴对称和三维几何图形的子程序是很简单的。

一般来说，因为刚度系数不同，平面应力问题必须作为一个单独的情况来考虑。该子程序以增量形式编写，为后续的弹塑性案例做准备。即使是线性分析，在每个增量的第一次迭代中都会调用两次 UMAT：一次用于组装，一次用于恢复。随后，每次迭代只调用一次：包含组装和恢复。

检查直接应力分量的数目，并通过调用子程序 **XIT** 结束分析。信息被写入消息文件（unit=7）。

5.8.2 非等温弹性 UMAT 子程序

该问题的控制方程如下：
1）式（5.23）中的非等温弹性：

$$\sigma_{ij} = \lambda(T)\delta_{ij}\varepsilon_{kk}^{el} + 2\mu(T)\varepsilon_{ij}^{el} \tag{5.23}$$

其中，弹性应变的定义为

$$\varepsilon_{ij}^{el} = \varepsilon_{ij} - \alpha T \delta_{ij} \tag{5.24}$$

或者采用 Jaumann（共旋）率方程：

$$\dot{\sigma}_{ij}^{J} = \lambda\delta_{ij}\dot{\varepsilon}_{kk}^{el} + 2\mu\dot{\varepsilon}_{ij}^{el} + \dot{\lambda}\delta_{ij}\varepsilon_{kk}^{el} + 2\dot{\mu}\varepsilon_{ij}^{el} \tag{5.25}$$

其中，弹性应变率由式（5.26）给出：

$$\dot{\varepsilon}_{ij}^{el} = \dot{\varepsilon}_{ij} - \alpha \dot{T}\delta_{ij} \tag{5.26}$$

2）将 Jaumann 率方程（5.27）整合到一个共旋框架中：

$$\Delta\sigma_{ij} = \lambda\delta_{ij}\Delta\varepsilon_{kk} + 2\mu\Delta\varepsilon_{ij} + \Delta\lambda\delta_{ij}\varepsilon_{kk} + 2\Delta\mu\varepsilon_{ij} \tag{5.27}$$

相应的编码如下：

Listing 5.2 NIE.f

```
      SUBROUTINE UMAT(STRESS,STATEV,DDSDDE,SSE,SPD,
     1 SCD,RPL,DDSDDT,DRPLDE,DRPLDT,STRAN,DSTRAN,TIME,
     2 DTIME,TEMP,DTEMP,PREDEF,DPRED,CMNAME,NDI,NSHR,
     3 NTENS,NSTATV,PROPS,NPROPS,COORDS,DROT,PNEWDT,
     4 CELENT,DFGRD0,DFGRD1,NOEL,NPT,LAYER,KSPT,KSTEP,
     5 KINC)
C
```

```fortran
      INCLUDE 'ABA_PARAM.INC'
C
      CHARACTER*8 CMNAME
C
      DIMENSION STRESS(NTENS), STATEV(NSTATV),
     1 DDSDDE(NTENS,NTENS), DDSDDT(NTENS),
     2 DRPLDE(NTENS), STRAN(NTENS), DSTRAN(NTENS),
     3 PREDEF(1), DPRED(1), PROPS(NPROPS), COORDS(3),
     4 DROT(3,3), DFGRD0(3,3), DFGRD1(3,3)
C LOCAL ARRAYS
C ----------------------------------------------------------------
C EELAS - ELASTIC STRAINS
C ETHERM - THERMAL STRAINS
C DTHERM - INCREMENTAL THERMAL STRAINS
C DELDSE - CHANGE_IN STIFFNESS DUE_TO TEMPERATURE
C ----------------------------------------------------------------
      DIMENSION EELAS(6),ETHERM(6),DTHERM(6),
     1           DELDSE(6,6)
C
      PARAMETER(ZERO=0.D0, ONE=1.D0, TWO=2.D0,
     1           THREE=3.D0, SIX=6.D0)
C ----------------------------------------------------------------
C ISOTROPIC THERMO-ELASTICITY WITH LINEARLY VARYING
C MODULI - CANNOT BE USED FOR PLANE STRESS
C ----------------------------------------------------------------
C PROPS(1) - E(T0)
C PROPS(2) - NU(T0)
C PROPS(3) - T0
C PROPS(4) - E(T1)
C PROPS(5) - NU(T1)
C PROPS(6) - T1
C PROPS(7) - ALPHA
C PROPS(8) - T_INITIAL
C ELASTIC PROPERTIES AT START OF INCREMENT
C
      FAC1=(TEMP-PROPS(3))/(PROPS(6)-PROPS(3))
      IF (FAC1 .LT. ZERO) FAC1=ZERO
      IF (FAC1 .GT. ONE) FAC1=ONE
      FAC0=ONE-FAC1
      EMOD=FAC0*PROPS(1)+FAC1*PROPS(4)
      ENU=FAC0*PROPS(2)+FAC1*PROPS(5)
      EBULK3=EMOD/(ONE-TWO*ENU)
      EG20=EMOD/(ONE+ENU)
      EG0=EG20/TWO
      ELAM0=(EBULK3-EG20)/THREE
C
C ELASTIC PROPERTIES AT_END OF INCREMENT
C
      FAC1=(TEMP+DTEMP-PROPS(3))/(PROPS(6)-PROPS(3))
      IF (FAC1 .LT. ZERO) FAC1=ZERO
      IF (FAC1 .GT. ONE) FAC1=ONE
      FAC0=ONE-FAC1
      EMOD=FAC0*PROPS(1)+FAC1*PROPS(4)
      ENU=FAC0*PROPS(2)+FAC1*PROPS(5)
      EBULK3=EMOD/(ONE-TWO*ENU)
      EG2=EMOD/(ONE+ENU)
      EG=EG2/TWO
      ELAM=(EBULK3-EG2)/THREE
C
```

```
C ELASTIC STIFFNESS AT_END OF INCREMENT_AND
c STIFFNESS CHANGE
C
      DO K1=1,NDI
          DO K2=1,NDI
              DDSDDE(K2,K1)=ELAM
              DELDSE(K2,K1)=ELAM-ELAM0
          END DO
          DDSDDE(K1,K1)=EG2+ELAM
          DELDSE(K1,K1)=EG2+ELAM-EG20-ELAM0
      END DO
      DO K1=NDI+1,NTENS
          DDSDDE(K1,K1)=EG
          DELDSE(K1,K1)=EG-EG0
      END DO
C
C CALCULATE THERMAL EXPANSION
C
      DO K1=1,NDI
          ETHERM(K1)=PROPS(7)*(TEMP-PROPS(8))
          DTHERM(K1)=PROPS(7)*DTEMP
      END DO
      DO K1=NDI+1,NTENS
          ETHERM(K1)=ZERO
          DTHERM(K1)=ZERO
      END DO
C
C CALCULATE STRESS, ELASTIC STRAIN_AND THERMAL
c STRAIN
C
      DO K1=1, NTENS
          DO K2=1, NTENS
              STRESS(K2)=STRESS(K2)+DDSDDE(K2,K1)*
     1          (DSTRAN(K1)-DTHERM(K1))+DELDSE(K2,K1)*
     2          (STRAN(K1)-ETHERM(K1))
          END DO
          ETHERM(K1)=ETHERM(K1)+DTHERM(K1)
          EELAS(K1)=STRAN(K1)+DSTRAN(K1)-ETHERM(K1)
      END DO
C
c STORE ELASTIC AND THERMAL STRAINS_IN STATE
c VARIABLE ARRAY
C
      DO K1=1, NTENS
          STATEV(K1)=EELAS(K1)
          STATEV(K1+NTENS)=ETHERM(K1)
      END DO
      RETURN
      END
```

该 UMAT 生成的结果与具有温度依赖性的 ELASTIC 选项结果完全相同。该程序以增量形式编写，可以推广到更复杂的温度依赖性情况。

5.8.3 Neo-Hookean 超弹性 UMAT 子程序

如第 5.5.2 节所述，用户还可以在 Abaqus 文档手册[一]中找到更多信息。由于没有定义

一 请参阅 *Abaqus Theory Guid* v 6.14 第 4.6.2 节 "Fitting of hyperelastic and hypefoam constants"。

合适的有限应变能量函数，因此 **ELASTIC** 选项不适用于有限弹性应变。因此，可以定义适当的应变能密度函数，如式（5.28）所示。

$$U = U(I_1, I_2, J) = C_{10}(I_1 - 3) + \frac{1}{D_1}(J-1)^2 \tag{5.28}$$

式（5.29）中的 I_1、式（5.30）中的 I_2 和式（5.31）中的 J 是三个应变不变量，用式（5.32）中的左 Cauchy-Green 张量 $\underline{B}$ 表示：

$$I_1 = \mathrm{trace}(\underline{B}) \tag{5.29}$$

$$I_2 = \frac{1}{2}(I_1^2 - \mathrm{trace}(\underline{B} \cdot \underline{B})) \tag{5.30}$$

$$J = \det(\underline{F}) \tag{5.31}$$

$$\underline{B} = \underline{F}\underline{F}^{\mathrm{T}} \tag{5.32}$$

Abaqus 手册[○]中定义的偏差不变量、本构方程可以直接用式（5.33）中的变形梯度来表示。

$$\sigma_{ij} = \frac{2}{J}C_{10}\left(\overline{B}_{ij} - \frac{1}{3}\delta_{ij}\overline{B}_{kk}\right) + \frac{2}{D_1}(J-1)\delta_{ij} \tag{5.33}$$

式中，$\overline{B}$ 为

$$\overline{B}_{ij} = \frac{B_{ij}}{J^{\frac{2}{3}}} \tag{5.34}$$

式（5.35）将虚拟变形率定义为

$$\delta D_{ij} = \frac{1}{2}(\delta F_{im}F_{mj}^{-1} + F_{mi}^{-1}\delta F_{jm}) \tag{5.35}$$

式（5.36）将基尔霍夫应力定义为

$$\tau_{ij} = J\sigma_{ij} \tag{5.36}$$

材料的雅可比矩阵由基尔霍夫应力根据式（5.37）转化得到：

$$\delta\tau_{ij} = JC_{ijkl}\delta D_{kl} \tag{5.37}$$

式（5.38）中的 C_{ijkl} 是雅可比矩阵的分量，使用 Neo-Hookean 模型：

$$C_{ijkl} = \frac{2}{D_1}(2J-1)\delta_{ij}\delta_{kl} + \frac{2}{J}C_{10}\left[\frac{1}{2}(\delta_{ik}\overline{B}_{jl} + \overline{B}_{ik}\delta_{jl} + \delta_{il}\overline{B}_{jk} + \overline{B}_{il}\delta_{jk}) - \frac{2}{3}\delta_{ij}\overline{B}_{kl} - \frac{2}{3}\overline{B}_{ij}\delta_{kl} + \frac{2}{9}\delta_{ij}\delta_{kl}\overline{B}_{mm}\right] \tag{5.38}$$

式（5.38）的表达式相当复杂，但实现起来很简单。所以，相应的编码如下：

Listing 5.3 NHH.f

```
    SUBROUTINE UMAT(STRESS, STATEV, DDSDDE, SSE, SPD,
   1 SCD, RPL, DDSDDT, DRPLDE, DRPLDT, STRAN, DSTRAN, TIME,
   2 DTIME, TEMP, DTEMP, PREDEF, DPRED, CMNAME, NDI, NSHR,
   3 NTENS, NSTATV, PROPS, NPROPS, COORDS, DROT, PNEWDT,
   4 CELENT, DFGRD0, DFGRD1, NOEL, NPT, LAYER, KSPT, KSTEP,
   5 KINC)
```

○ 请参阅 *Abaqus Theory Guid* v 6.14 第 4.6.3 节 "Anisotropic hyperelastic meterial behavior"。

```
C
      INCLUDE 'ABA_PARAM.INC'
C
      CHARACTER*8 CMNAME
C LOCAL ARRAYS
C ----------------------------------------------------------------
C EELAS - LOGARITHMIC ELASTIC STRAINS
C EELASP - PRINCIPAL ELASTIC STRAINS
C BBAR - DEVIATORIC RIGHT CAUCHY-GREEN TENSOR
C BBARP - PRINCIPAL VALUES OF BBAR
C BBARN - PRINCIPAL DIRECTION OF BBAR (AND_EELAS)
C DISTGR - DEVIATORIC DEFORMATION GRADIENT
C (DISTORTION TENSOR)
C ----------------------------------------------------------------
C
      DIMENSION EELAS(6), EELASP(3), BBAR(6), BBARP(3),
     1          BBARN(3, 3), DISTGR(3,3)
C
      PARAMETER(ZERO=0.D0, ONE=1.D0, TWO=2.D0,
     1          THREE=3.D0, FOUR=4.D0, SIX=6.D0)
C
C ----------------------------------------------------------------
C UMAT FOR COMPRESSIBLE NEO-HOOKEAN HYPERELASTICITY
C CANNOT BE USED FOR PLANE STRESS
C ----------------------------------------------------------------
C PROPS(1) - E
C PROPS(2) - NU
C ----------------------------------------------------------------
C
C ELASTIC PROPERTIES
C
      EMOD=PROPS(1)
      ENU=PROPS(2)
      C10=EMOD/(FOUR*(ONE+ENU))
      D1=SIX*(ONE-TWO*ENU)/EMOD
C
C JACOBIAN AND DISTORTION TENSOR
C
      DET=DFGRD1(1,1)*DFGRD1(2,2)*DFGRD1(3,3)
     1   -DFGRD1(1,2)*DFGRD1(2,1)*DFGRD1(3,3)
      IF(NSHR.EQ.3) THEN
          DET=DET+DFGRD1(1,2)*DFGRD1(2,3)*DFGRD1(3,1)
     1           +DFGRD1(1,3)*DFGRD1(3,2)*DFGRD1(2,1)
     2           -DFGRD1(1,3)*DFGRD1(3,1)*DFGRD1(2,2)
     3           -DFGRD1(2,3)*DFGRD1(3,2)*DFGRD1(1,1)
      END IF
      SCALE=DET**(-ONE/THREE)
      DO K1=1, 3
          DO K2=1, 3
              DISTGR(K2,K1)=SCALE*DFGRD1(K2,K1)
          END DO
      END DO
C CALCULATE DEVIATORIC LEFT CAUCHY-GREEN DEFORMATION
C TENSOR
C
      BBAR(1)=DISTGR(1,1)**2+DISTGR(1,2)**2
     1       +DISTGR(1,3)**2
      BBAR(2)=DISTGR(2,1)**2+DISTGR(2,2)**2
     1       +DISTGR(2,3)**2
```

```fortran
            BBAR(3)=DISTGR(3,3)**2+DISTGR(3,1)**2
     1          +DISTGR(3,2)**2
            BBAR(4)=DISTGR(1,1)*DISTGR(2,1)+DISTGR(1,2)
     1          *DISTGR(2,2) +DISTGR(1,3)*DISTGR(2,3)
            IF(NSHR.EQ.3) THEN
                BBAR(5)=DISTGR(1,1)*DISTGR(3,1)+DISTGR(1,2)
     1              *DISTGR(3,2)+DISTGR(1,3)*DISTGR(3,3)
                BBAR(6)=DISTGR(2,1)*DISTGR(3,1)+DISTGR(2,2)
     1              *DISTGR(3,2)+DISTGR(2,3)*DISTGR(3,3)
            END IF
C
C   CALCULATE THE STRESS
C
            TRBBAR=(BBAR(1)+BBAR(2)+BBAR(3))/THREE
            EG=TWO*C10/DET
            EK=TWO/D1*(TWO*DET-ONE)
            PR=TWO/D1*(DET-ONE)
            DO K1=1,NDI
                STRESS(K1)=EG*(BBAR(K1)-TRBBAR)+PR
            END DO
            DO K1=NDI+1,NDI+NSHR
                STRESS(K1)=EG*BBAR(K1)
            END DO
C   CALCULATE THE STIFFNESS
C
            EG23=EG*TWO/THREE
            DDSDDE(1,1)=  EG23*(BBAR(1)+TRBBAR)+EK
            DDSDDE(2,2)=  EG23*(BBAR(2)+TRBBAR)+EK
            DDSDDE(3,3)=  EG23*(BBAR(3)+TRBBAR)+EK
            DDSDDE(1,2)= -EG23*(BBAR(1)+BBAR(2)-TRBBAR)+EK
            DDSDDE(1,3)= -EG23*(BBAR(1)+BBAR(3)-TRBBAR)+EK
            DDSDDE(2,3)= -EG23*(BBAR(2)+BBAR(3)-TRBBAR)+EK
            DDSDDE(1,4)=  EG23*BBAR(4)/TWO
            DDSDDE(2,4)=  EG23*BBAR(4)/TWO
            DDSDDE(3,4)= -EG23*BBAR(4)
            DDSDDE(4,4)=  EG*(BBAR(1)+BBAR(2))/TWO
            IF(NSHR.EQ.3) THEN
                DDSDDE(1,5)=  EG23*BBAR(5)/TWO
                DDSDDE(2,5)= -EG23*BBAR(5)
                DDSDDE(3,5)=  EG23*BBAR(5)/TWO
                DDSDDE(1,6)= -EG23*BBAR(6)
                DDSDDE(2,6)=  EG23*BBAR(6)/TWO
                DDSDDE(3,6)=  EG23*BBAR(6)/TWO
                DDSDDE(5,5)=  EG*(BBAR(1)+BBAR(3))/TWO
                DDSDDE(6,6)=  EG*(BBAR(2)+BBAR(3))/TWO
                DDSDDE(4,5)=  EG*BBAR(6)/TWO
                DDSDDE(4,6)=  EG*BBAR(5)/TWO
                DDSDDE(5,6)=  EG*BBAR(4)/TWO
            END IF
            DO K1=1, NTENS
                DO K2=1, K1-1
                    DDSDDE(K1,K2)=DDSDDE(K2,K1)
                END DO
            END DO
C
C   CALCULATE LOGARITHMIC ELASTIC STRAINS (OPTIONAL)
C
            CALL SPRIND(BBAR, BBARP, BBARN, 1, NDI, NSHR)
            EELASP(1)=LOG(SQRT(BBARP(1))/SCALE)
            EELASP(2)=LOG(SQRT(BBARP(2))/SCALE)
```

```
          EELASP(3)=LOG(SQRT(BBARP(3))/SCALE)
          EELAS(1)=EELASP(1)*BBARN(1,1)**2+EELASP(2)
         1        *BBARN(2,1)**2 +EELASP(3)*BBARN(3,1)**2
          EELAS(2)=EELASP(1)*BBARN(1,2)**2+EELASP(2)
         1        *BBARN(2,2)**2+EELASP(3)*BBARN(3, 2)**2
          EELAS(3)=EELASP(1)*BBARN(1,3)**2+EELASP(2)
         1        *BBARN(2,3)**2+EELASP(3)*BBARN(3,3)**2
          EELAS(4)=TWO*(EELASP(1)*BBARN(1,1)*BBARN(1,2)
         1             +EELASP(2)*BBARN(2,1)*BBARN(2,2)
         2             +EELASP(3)*BBARN(3,1)*BBARN(3,2))
          IF(NSHR.EQ.3) THEN
              EELAS(5)=TWO*(EELASP(1)*BBARN(1,1)*BBARN(1,3)
         1                 +EELASP(2)*BBARN(2,1)*BBARN(2,3)
         2                 +EELASP(3)*BBARN(3,1)*BBARN(3,3))
              EELAS(6)=TWO*(EELASP(1)*BBARN(1,2)*BBARN(1,3)
         1                 +EELASP(2)*BBARN(2,2)*BBARN(2,3)
         2                 +EELASP(3)*BBARN(3,2)*BBARN(3,3))
          END IF
    C
    C STORE ELASTIC STRAINS IN STATE VARIABLE ARRAY
    C
          DO K1=1, NTENS
              STATEV(K1)=EELAS(K1)
          END DO
    C
          RETURN
          END
```

该 UMAT 生成的结果与 $N=1$ 和 $C_{01}=0$ 的 **HYPERELASTIC** 选项的结果完全相同，请注意使用程序 **SPRIND** 的代码：

```
CALL SPRIND(BBAR, BBARP, BBARN, 1, NDI, NSHR)
```

这里，张量 BBAR 由 NDI 直接分量和 NSHR 剪切分量组成，**SPRIND** 分别返回 BBARP 和 BBARN 中 BBAR 主方向的主值和方向余弦。第四个参数为 1，表示 BBAR 包含应力（对于应变，取值为 2）。超弹性材料通常更容易在用户子程序 **UHYPER** 中实现[⊖]。

5.8.4 运动硬化塑性 UMAT 子程序

该问题的控制方程如下：
1）弹性方程：
$$\sigma_{ij}=\lambda\delta_{ij}\varepsilon_{kk}^{el}+2\mu\varepsilon_{ij}^{el} \tag{5.39}$$

或者 Jaumann（共旋）率方程：
$$\dot{\sigma}_{ij}^{J}=\lambda\delta_{ij}\dot{\varepsilon}_{kk}^{el}+2\mu\dot{\varepsilon}_{ij}^{el} \tag{5.40}$$

2）将 Jaumann 率方程整合到一个共旋框架中：
$$\Delta\sigma_{ij}^{J}=\lambda\delta_{ij}\Delta\varepsilon_{kk}^{el}+2\mu\Delta\varepsilon_{ij}^{el} \tag{5.41}$$

3）塑性方程：
- 屈服函数：

[⊖] 请参阅 *Abaqus User Subroutines Reference Guide* v 6.14 第 1.1.38 节 "UHYPER User subroutine to define a hyperelastic material"。

- 等效塑性应变速率：

$$\dot{\bar{\varepsilon}}^{pl} = \sqrt{\frac{2}{3}\dot{\varepsilon}_{ij}^{pl}\dot{\varepsilon}_{ij}^{pl}} \tag{5.43}$$

- 塑性流动定律：

$$\dot{\varepsilon}_{ij}^{pl} = \frac{3}{2}\dot{\bar{\varepsilon}}^{pl}\frac{(S_{ij}-\alpha_{ij})}{\sigma_y} \tag{5.44}$$

- Prager-Ziegler（线性）运动硬化：

$$\dot{\alpha}_{ij} = \frac{2}{3}h\,\dot{\varepsilon}_{ij}^{pl} \tag{5.45}$$

$$\sqrt{\frac{3}{2}(S_{ij}-\alpha_{ij})(S_{ij}-\alpha_{ij})} - \sigma_y = 0 \tag{5.42}$$

计算过程按照式（5.46）~ 式（5.56）的不同步骤进行：

1）首先，子程序根据纯弹性行为（弹性预测器）计算等效应力：

$$\bar{\sigma}^{pr} = \sqrt{\frac{3}{2}(S_{ij}^{pr}-\alpha_{ij}^{0})(S_{ij}^{pr}-\alpha_{ij}^{0})} \tag{5.46}$$

$$S_{ij}^{pr} = S_{ij}^{0} + 2\mu\Delta e_{ij} \tag{5.47}$$

2）如果弹性预测值大于屈服应力，则发生塑性流动。采用后欧拉法对方程进行积分：

$$\Delta\varepsilon_{ij}^{pl} = \frac{3}{2}\Delta\bar{\varepsilon}^{pl}\frac{S_{ij}^{pr}-\alpha_{ij}^{0}}{\bar{\sigma}^{pr}} \tag{5.48}$$

3）经过计算，得到等效塑性应变增量的闭合表达式：

$$\Delta\bar{\varepsilon}^{pl} = \frac{\bar{\sigma}^{pr}-\sigma_y}{h+3\mu} \tag{5.49}$$

4）得到位移张量、应力和塑性应变更新后的方程：

$$\eta_{ij} = \frac{S_{ij}^{pr}-\alpha_{ij}^{0}}{\bar{\sigma}^{pr}} \tag{5.50}$$

$$\Delta\varepsilon_{ij}^{pl} = \frac{3}{2}\eta_{ij}\Delta\bar{\varepsilon}^{pl} \tag{5.51}$$

$$\Delta\alpha_{ij} = \eta_{ij}h\Delta\bar{\varepsilon}^{pl} \tag{5.52}$$

$$\sigma_{ij} = \alpha_{ij}^{0} + \Delta\alpha_{ij} + \eta_{ij}\sigma_y + \frac{1}{3}\delta_{ij}\sigma_{kk}^{pr} \tag{5.53}$$

5）此外，用户可以容易地获得一致的雅可比矩阵：

$$\mu^{*} = \mu\frac{\sigma_y + h\Delta\bar{\varepsilon}^{pl}}{\bar{\sigma}^{pr}} \tag{5.54}$$

$$\lambda^{*} = k - \frac{2}{3}\mu^{*} \tag{5.55}$$

$$\Delta\dot{\sigma}_{ij} = \lambda^{*}\delta_{ij}\Delta\dot{\varepsilon}_{kk} + 2\mu^{*}\Delta\dot{\varepsilon}_{ij} + \left(\frac{h}{1+\frac{h}{3\mu}} - 3\mu^{*}\right)\eta_{ij}\eta_{kl}\Delta\dot{\varepsilon}_{kl} \tag{5.56}$$

相应的编码如下:

Listing 5.4 KHP.f

```fortran
      SUBROUTINE UMAT(STRESS,STATEV,DDSDDE,SSE,SPD,
     1 SCD,RPL,DDSDDT,DRPLDE,DRPLDT,STRAN,DSTRAN,TIME,
     2 DTIME,TEMP,DTEMP,PREDEF,DPRED,CMNAME,NDI,NSHR,
     3 NTENS,NSTATV,PROPS,NPROPS,COORDS,DROT,PNEWDT,
     4 CELENT,DFGRD0,DFGRD1,NOEL,NPT,LAYER,KSPT,KSTEP,
     5 KINC)
C
      INCLUDE 'ABA_PARAM.INC'
C
      CHARACTER*8 CMNAME
C LOCAL ARRAYS
C ----------------------------------------------------------------
C EELAS - ELASTIC STRAINS
C EPLAS - PLASTIC STRAINS
C ALPHA - SHIFT TENSOR
C FLOW  - PLASTIC FLOW DIRECTIONS
C OLDS  - STRESS AT START OF INCREMENT
C OLDPL - PLASTIC STRAINS AT START OF INCREMENT
C
      DIMENSION EELAS(6), EPLAS(6), ALPHA(6), FLOW(6),
     1          OLDS(6), OLDPL(6)
C
      PARAMETER(ZERO=0.D0, ONE=1.D0, TWO=2.D0,
     1          THREE=3.D0, SIX=6.D0, ENUMAX=.4999D0,
     2          TOLER=1.0D-6)
C
C ----------------------------------------------------------------
C UMAT FOR ISOTROPIC ELASTICITY_AND MISES PLASTICITY
C WITH KINEMATIC HARDENING
C CANNOT BE USED FOR PLANE STRESS
C ----------------------------------------------------------------
C PROPS(1) - E
C PROPS(2) - NU
C PROPS(3) - SYIELD
C PROPS(4) - HARD
C ----------------------------------------------------------------
C
C ELASTIC PROPERTIES
C
      EMOD=PROPS(1)
      ENU=MIN(PROPS(2), ENUMAX)
      EBULK3=EMOD/(ONE-TWO*ENU)
      EG2=EMOD/(ONE+ENU)
      EG=EG2/TWO
      EG3=THREE*EG
      ELAM=(EBULK3-EG2)/THREE
C
C ELASTIC STIFFNESS
C
      DO K1=1, NDI
          DO K2=1, NDI
              DDSDDE(K2, K1)=ELAM
          END DO
          DDSDDE(K1, K1)=EG2+ELAM
      END DO
      DO K1=NDI+1, NTENS
          DDSDDE(K1, K1)=EG
```

```fortran
          END DO
C
C RECOVER ELASTIC STRAIN, PLASTIC STRAIN_AND SHIFT
C TENSOR_AND ROTATE
C NOTE: USE_CODE_1 FOR (TENSOR) STRESS, CODE_2 FOR
C(ENGINEERING) STRAIN
C
      CALL ROTSIG(STATEV(1),DROT,EELAS,2,NDI,NSHR)
      CALL ROTSIG(STATEV(NTENS+1),DROT,EPLAS,2,NDI,NSHR)
      CALL ROTSIG(STATEV(2*NTENS+1),DROT,ALPHA,1,NDI,NSHR)
C
C SAVE_STRESS_AND PLASTIC STRAINS_AND
C CALCULATE PREDICTOR STRESS_AND ELASTIC STRAIN
C
      DO K1=1, NTENS
          OLDS(K1)=STRESS(K1)
          OLDPL(K1)=EPLAS(K1)
          EELAS(K1)=EELAS(K1)+DSTRAN(K1)
          DO K2=1, NTENS
              STRESS(K2)=STRESS(K2)+DDSDDE(K2, K1)
     1                  *DSTRAN(K1)
          END DO
      END DO
C
C CALCULATE EQUIVALENT VON MISES STRESS
C
      SMISES=(STRESS(1)-ALPHA(1)-STRESS(2)+ALPHA(2))**2
     1      +(STRESS(2)-ALPHA(2)-STRESS(3)+ALPHA(3))**2
     2      +(STRESS(3)-ALPHA(3)-STRESS(1)+ALPHA(1))**2
      DO K1=NDI+1,NTENS
          SMISES=SMISES+SIX*(STRESS(K1)-ALPHA(K1))**2
      END DO
      SMISES=SQRT(SMISES/TWO)
C
C GET YIELD STRESS_AND HARDENING MODULUS
C
      SYIELD=PROPS(3)
      HARD=PROPS(4)
C
C DETERMINE_IF ACTIVELY YIELDING
C
      IF(SMISES.GT.(ONE+TOLER)*SYIELD) THEN
C
C ACTIVELY YIELDING
C SEPARATE THE HYDROSTATIC FROM THE DEVIATORIC STRESS
C CALCULATE THE FLOW DIRECTION
C
          SHYDRO=(STRESS(1)+STRESS(2)+STRESS(3))/THREE
          DO K1=1,NDI
              FLOW(K1)=(STRESS(K1)-ALPHA(K1)-SHYDRO)
     1                /SMISES
          END DO
          DO K1=NDI+1,NTENS
              FLOW(K1)=(STRESS(K1)-ALPHA(K1))/SMISES
          END DO
C
C SOLVE FOR EQUIVALENT PLASTIC STRAIN INCREMENT
C
          DEQPL=(SMISES-SYIELD)/(EG3+HARD)
C
```

```fortran
C UPDATE SHIFT TENSOR, ELASTIC_AND PLASTIC STRAINS
C_AND STRESS
C
      DO K1=1,NDI
         ALPHA(K1)=ALPHA(K1)+HARD*FLOW(K1)*DEQPL
         EPLAS(K1)=EPLAS(K1)+
     1              THREE/TWO*FLOW(K1)*DEQPL
         EELAS(K1)=EELAS(K1)-
     1              THREE/TWO*FLOW(K1)*DEQPL
         STRESS(K1)=ALPHA(K1)+
     1              FLOW(K1)*SYIELD+SHYDRO
      END DO
      DO K1=NDI+1,NTENS
         ALPHA(K1)=ALPHA(K1)+HARD*FLOW(K1)*DEQPL
         EPLAS(K1)=EPLAS(K1)+THREE*FLOW(K1)*DEQPL
         EELAS(K1)=EELAS(K1)-THREE*FLOW(K1)*DEQPL
         STRESS(K1)=ALPHA(K1)+FLOW(K1)*SYIELD
      END DO
C CALCULATE PLASTIC DISSIPATION
C
      SPD=ZERO
      DO K1=1,NTENS
         SPD=SPD+(STRESS(K1)+OLDS(K1))*(EPLAS(K1)
     1           -OLDPL(K1))/TWO
      END DO
C
C FORMULATE THE JACOBIAN (MATERIAL TANGENT)
C FIRST CALCULATE EFFECTIVE MODULI
C
      EFFG=EG*(SYIELD+HARD*DEQPL)/SMISES
      EFFG2=TWO*EFFG
      EFFG3=THREE*EFFG
      EFFLAM=(EBULK3-EFFG2)/THREE
      EFFHRD=EG3*HARD/(EG3+HARD)-EFFG3
      DO K1=1, NDI
         DO K2=1, NDI
            DDSDDE(K2, K1)=EFFLAM
         END DO
         DDSDDE(K1, K1)=EFFG2+EFFLAM
      END DO
      DO K1=NDI+1, NTENS
         DDSDDE(K1, K1)=EFFG
      END DO
      DO K1=1, NTENS
         DO K2=1, NTENS
            DDSDDE(K2,K1)=DDSDDE(K2,K1)+EFFHRD*
     1                    FLOW(K2)*FLOW(K1)
         END DO
      END DO
      ENDIF
C
C STORE ELASTIC STRAINS, PLASTIC STRAINS_AND SHIFT
C TENSOR IN_STATE VARIABLE ARRAY
C
      DO K1=1,NTENS
         STATEV(K1)=EELAS(K1)
         STATEV(K1+NTENS)=EPLAS(K1)
         STATEV(K1+2*NTENS)=ALPHA(K1)
      END DO
```

```
      C
            RETURN
            END
```

该 UMAT 生成的结果与具有动态硬化的 **PLASTIC** 选项的结果完全相同,也适用于大应变计算。Abaqus 对应力和应变进行了必要的旋转,通过调用 **ROTSIG**,实现位移张量、弹性应变和塑性应变的旋转。调用函数:

```
CALL ROTSIG(STATEV(1), DROT, EELAS, 2, NDI, NSHR)
```

将旋转增量 DROT 应用于 STATEV,并将结果存储在 ELAS 中。STATEV 由 NDI 直接分量和 NSHR 剪切分量组成。第四个参数的值为 1,表示转换后的数组包含张量剪切分量,如 α_{ij}。数值为 2,表示数组包含工程剪切分量,如 ε_{kl}^{pl}。旋转应在积分过程之前进行,因为经典的 Prager-Ziegler 理论仅限于这种情况,所以这个子程序是为线性硬化问题编写的,更复杂的非线性运动硬化模型更难积分。不过,一旦获得合适的积分过程,在 UMAT 中就很容易实现,并且遵循此处讨论的示例。

5.8.5 各向同性硬化塑性 UMAT 子程序

该问题的弹性控制方程与式(5.39)或式(5.40)和式(5.41)中所述的相同。
塑性方程见式(5.57)~式(5.61)。
- 屈服函数:

$$\sqrt{\frac{3}{2}S_{ij}S_{ij}} - \sigma_y(\bar{\varepsilon}^{pl}) = 0 \tag{5.57}$$

$$S_{ij} = \sigma_{ij} - \frac{1}{3}\delta_{ij}\sigma_{kk} \tag{5.58}$$

- 等效塑性应变率:

$$\dot{\bar{\varepsilon}}^{pl} = \sqrt{\frac{2}{3}\dot{\varepsilon}_{ij}^{pl}\dot{\varepsilon}_{ij}^{pl}} \tag{5.59}$$

$$\bar{\varepsilon}^{pl} = \int_0^t \dot{\bar{\varepsilon}}^{pl} dt \tag{5.60}$$

- 塑性流动定律:

$$\dot{\varepsilon}_{ij}^{pl} = \frac{3}{2}\dot{\bar{\varepsilon}}^{pl}\frac{S_{ij}}{\sigma_y} \tag{5.61}$$

计算过程按照式(5.44)~式(5.53)的不同步骤进行:
1)首先,基于纯弹性行为(弹性预测)计算 von Mises 应力:

$$\bar{\sigma}^{pr} = \sqrt{\frac{3}{2}S_{ij}S_{ij}} \tag{5.62}$$

$$S_{ij}^{pr} = S_{ij}^0 + 2\mu\Delta e_{ij} \tag{5.63}$$

2)如果弹性预测值大于当前的屈服应力,则发生塑性流动。采用后欧拉方法对方程进行积分,经过计算,用户可以将问题简化为一个关于增量等效塑性应变的方程:

$$\bar{\sigma}^{pr} - 3\mu\Delta\bar{\varepsilon}^{pl} = \sigma_y(\bar{\varepsilon}^{pl}) \tag{5.64}$$

该方程用牛顿法求解。

3) 方程求解后,可以使用以下应力和塑性应变的更新方程:

$$\eta_{ij} = \frac{S_{ij}^{pr}}{\bar{\sigma}^{pr}} \tag{5.65}$$

$$\Delta \varepsilon_{ij}^{pr} = \frac{3}{2} \eta_{ij} \Delta \bar{\varepsilon}^{pl} \tag{5.66}$$

$$\sigma_{ij} = \eta_{ij} \sigma_y + \frac{1}{3} \delta_{ij} \sigma_{kk}^{pr} \tag{5.67}$$

4) 此外,用户可以容易地获得一致的雅可比矩阵:

$$\mu^* = \mu \frac{\sigma_y}{\bar{\sigma}^{pr}} \tag{5.68}$$

$$\lambda^* = k - \frac{2}{3} \mu^* \tag{5.69}$$

$$h = \frac{\mathrm{d}\sigma_y}{\mathrm{d}\bar{\varepsilon}^{pl}} \tag{5.70}$$

$$\Delta \dot{\sigma}_{ij} = \lambda^* \delta_{ij} \Delta \dot{\varepsilon}_{kk} + 2\mu^* \Delta \dot{\varepsilon}_{ij} + \left(\frac{h}{1 + \frac{h}{3\mu}} - 3\mu^* \right) \eta_{ij} \eta_{kl} \Delta \dot{\varepsilon}_{kl} \tag{5.71}$$

相应的编码如下:

Listing 5.5 IHP.f

```
      SUBROUTINE UMAT(STRESS,STATEV,DDSDDE,SSE,SPD,
     1 SCD,RPL,DDSDDT,DRPLDE,DRPLDT,STRAN,DSTRAN,TIME,
     2 DTIME,TEMP,DTEMP,PREDEF,DPRED,CMNAME,NDI,NSHR,
     3 NTENS,NSTATV,PROPS,NPROPS,COORDS,DROT,PNEWDT,
     4 CELENT,DFGRD0,DFGRD1,NOEL,NPT,LAYER,KSPT,KSTEP,
     5 KINC)
C
      INCLUDE 'ABA_PARAM.INC'
C
      CHARACTER*8 CMNAME
C LOCAL ARRAYS
C ----------------------------------------------------------------
C EELAS - ELASTIC STRAINS
C EPLAS - PLASTIC STRAINS
C FLOW - DIRECTION OF PLASTIC FLOW
C ----------------------------------------------------------------
C
      DIMENSION EELAS(6),EPLAS(6),FLOW(6), HARD(3)
C
      PARAMETER(ZERO=0.D0, ONE=1.D0, TWO=2.D0,
     1          THREE=3.D0, SIX=6.D0, ENUMAX=.4999D0,
     2          NEWTON=10, TOLER=1.0D-6)
C
C ----------------------------------------------------------------
C UMAT FOR ISOTROPIC ELASTICITY_AND ISOTROPIC MISES
C PLASTICITY CANNOT BE USED FOR PLANE STRESS
C ----------------------------------------------------------------
C PROPS(1) - E
C PROPS(2) - NU
C PROPS(3..) - SYIELD AN HARDENING_DATA
```

```fortran
C CALLS UHARD FOR CURVE OF YIELD STRESS VS.
C PLASTIC STRAIN
C ----------------------------------------------------------------
C
C ELASTIC PROPERTIES
C
      EMOD=PROPS(1)
      ENU=MIN(PROPS(2), ENUMAX)
      EBULK3=EMOD/(ONE-TWO*ENU)
      EG2=EMOD/(ONE+ENU)
      EG=EG2/TWO
      EG3=THREE*EG
      ELAM=(EBULK3-EG2)/THREE
C
C ELASTIC STIFFNESS
C
      DO K1=1, NDI
         DO K2=1, NDI
            DDSDDE(K2, K1)=ELAM
         END DO
         DDSDDE(K1, K1)=EG2+ELAM
      END DO
      DO K1=NDI+1, NTENS
         DDSDDE(K1, K1)=EG
      END DO
C RECOVER ELASTIC AND PLASTIC STRAINS AND ROTATE
C FORWARD ALSO RECOVER EQUIVALENT PLASTIC STRAIN
C
      CALL ROTSIG(STATEV(1), DROT, EELAS, 2, NDI, NSHR)
      CALL ROTSIG(STATEV(NTENS+1), DROT, EPLAS, 2, NDI, NSHR)
      EQPLAS=STATEV(1+2*NTENS)
C
C CALCULATE PREDICTOR STRESS AND ELASTIC STRAIN
C
      DO K1=1, NTENS
         DO K2=1, NTENS
            STRESS(K2)=STRESS(K2)+DDSDDE(K2, K1)
     1                 *DSTRAN(K1)
         END DO
         EELAS(K1)=EELAS(K1)+DSTRAN(K1)
      END DO
C
C CALCULATE EQUIVALENT VON MISES STRESS
C
      SMISES=(STRESS(1)-STRESS(2))**2+(STRESS(2)
     1       -STRESS(3))**2+(STRESS(3)-STRESS(1))**2
      DO K1=NDI+1,NTENS
         SMISES=SMISES+SIX*STRESS(K1)**2
      END DO
      SMISES=SQRT(SMISES/TWO)
C
C GET YIELD STRESS FROM THE SPECIFIED HARDENING CURVE
C
      NVALUE=NPROPS/2-1
      CALL UHARD(SYIEL0, HARD, EQPLAS, EQPLASRT, TIME, DTIME,
     1           TEMP, DTEMP, NOEL, NPT, LAYER, KSPT, KSTEP,
     2           KINC, CMNAME, NSTATV, STATEV, NUMFIELDV,
     3           PREDEF, DPRED, NVALUE, PROPS(3))
C
C DETERMINE_IF ACTIVELY YIELDING
```

```fortran
C
      IF (SMISES.GT.(ONE+TOLER)*SYIEL0) THEN
C
C ACTIVELY YIELDING
C SEPARATE THE HYDROSTATIC FROM THE DEVIATORIC STRESS
C CALCULATE THE FLOW DIRECTION
C
         SHYDRO=(STRESS(1)+STRESS(2)+STRESS(3))/THREE
         DO K1=1,NDI
            FLOW(K1)=(STRESS(K1)-SHYDRO)/SMISES
         END DO
         DO K1=NDI+1, NTENS
            FLOW(K1)=STRESS(K1)/SMISES
         END DO
C
C SOLVE FOR EQUIVALENT VON MISES STRESS
C AND EQUIVALENT PLASTIC STRAIN INCREMENT USING
C NEWTON ITERATION
C
         SYIELD=SYIEL0
         DEQPL=ZERO
         DO KEWTON=1, NEWTON
            RHS=SMISES-EG3*DEQPL-SYIELD
            DEQPL=DEQPL+RHS/(EG3+HARD(1))
            CALL UHARD(SYIELD,HARD,EQPLAS+DEQPL,
     1                 EQPLASRT,TIME,DTIME,TEMP,DTEMP,
     2                 NOEL,NPT,LAYER,KSPT,KSTEP,KINC,
     3                 CMNAME,NSTATV,STATEV,NUMFIELDV,
     4                 PREDEF,DPRED,NVALUE,PROPS(3))
            IF(ABS(RHS).LT.TOLER*SYIEL0) GOTO 10
         END DO
C
C WRITE WARNING MESSAGE TO THE MSG FILE C
         WRITE(7,2) NEWTON
    1    FORMAT(//,30X,'***WARNING - PLASTICITY'
    2                  'ALGORITHM DID NOT CONVERGE AFTER '
    3                  ,I3,' ITERATIONS')
   10    CONTINUE
C C UPDATE STRESS, ELASTIC AND PLASTIC STRAINS AND C EQUIVALENT
PLASTIC STRAIN C
         DO K1=1,NDI
            STRESS(K1)=FLOW(K1)*SYIELD+SHYDRO
            EPLAS(K1)=EPLAS(K1)+THREE/TWO*FLOW(K1)*DEQPL
            EELAS(K1)=EELAS(K1)-THREE/TWO*FLOW(K1)*DEQPL
         END DO
         DO K1=NDI+1,NTENS
            STRESS(K1)=FLOW(K1)*SYIELD
            EPLAS(K1)=EPLAS(K1)+THREE*FLOW(K1)*DEQPL
            EELAS(K1)=EELAS(K1)-THREE*FLOW(K1)*DEQPL
         END DO
         EQPLAS=EQPLAS+DEQPL
C
C CALCULATE PLASTIC DISSIPATION
C
         SPD=DEQPL*(SYIEL0+SYIELD)/TWO
C
C FORMULATE THE JACOBIAN (MATERIAL TANGENT)
C FIRST CALCULATE
EFFECTIVE MODULI
```

```fortran
C
          EFFG=EG*SYIELD/SMISES
          EFFG2=TWO*EFFG
          EFFG3=THREE/TWO*EFFG2
          EFFLAM=(EBULK3-EFFG2)/THREE
          EFFHRD=EG3*HARD(1)/(EG3+HARD(1))-EFFG3
          DO K1=1, NDI
             DO K2=1, NDI
                DDSDDE(K2, K1)=EFFLAM
             END DO
             DDSDDE(K1, K1)=EFFG2+EFFLAM
          END DO
          DO K1=NDI+1, NTENS
             DDSDDE(K1, K1)=EFFG
          END DO
          DO K1=1, NTENS
             DO K2=1, NTENS
                DDSDDE(K2, K1)=DDSDDE(K2, K1)+EFFHRD*
     1                         FLOW(K2)*FLOW(K1)
             END DO
          END DO
       ENDIF
C
C STORE ELASTIC_AND (EQUIVALENT) PLASTIC STRAINS
C_IN STATE
VARIABLE ARRAY
C
       DO K1=1, NTENS
          STATEV(K1)=EELAS(K1)
          STATEV(K1+NTENS)=EPLAS(K1)
       END DO
       STATEV(1+2*NTENS)=EQPLAS
C
       RETURN
       END

       SUBROUTINE UHARD(SYIELD,HARD,EQPLAS,EQPLASRT,TIME,
     1 DTIME,TEMP,DTEMP,NOEL,NPT,LAYER,KSPT,KSTEP,KINC,
     2 CMNAME,NSTATV,STATEV,NUMFIELDV,PREDEF,DPRED,
     3 NVALUE,TABLE)
       INCLUDE 'ABA_PARAM.INC'
       CHARACTER*80 CMNAME
       DIMENSION HARD(3),STATEV(NSTATV),TIME(*),
     1           PREDEF(NUMFIELDV),DPRED(*)
C
       DIMENSION TABLE(2, NVALUE)
C
       PARAMETER(ZERO=0.D0)
C
C SET YIELD STRESS_TO LAST_VALUE OF TABLE,
C HARDENING_TO ZERO
C
       SYIELD=TABLE(1, NVALUE)
       HARD(1)=ZERO
C_IF MORE THAN ONE_ENTRY, SEARCH TABLE
C
       IF(NVALUE.GT.1) THEN
          DO K1=1, NVALUE-1
             EQPL1=TABLE(2,K1+1)
             IF(EQPLAS.LT.EQPL1) THEN
```

```
                EQPL0=TABLE(2, K1)
                IF(EQPL1.LE.EQPL0) THEN
                    WRITE(7, 1)
   1                FORMAT(//, 30X, '***ERROR - PLASTIC',
   1                            'STRAIN MUST BE ENTERED IN ',
   1                            'ASCENDING ORDER')
                CALL XIT
                ENDIF
C
C  CURRENT YIELD STRESS AND HARDENING
C
                DEQPL=EQPL1-EQPL0
                SYIEL0=TABLE(1, K1)
                SYIEL1=TABLE(1, K1+1)
                DSYIEL=SYIEL1-SYIEL0
                HARD(1)=DSYIEL/DEQPL
                SYIELD=SYIEL0+(EQPLAS-EQPL0)*HARD(1)
                GOTO 10
            ENDIF
        END DO
  10    CONTINUE
      ENDIF
      RETURN
      END
```

该 UMAT 生成的结果与具有各向同性硬化的 **PLASTIC** 选项的结果完全相同，也适用于大应变计算。Abaqus 对应力和应变进行了必要的旋转，积分的弹性应变和塑性应变旋转是通过调用 ROTSIG 来完成的。该程序调用用户子程序 UHARD 来恢复分段的线性硬化曲线，可以很简单地通过解析描述来直接替换分段线性曲线，采用局部牛顿迭代法确定当前的屈服应力和硬化模量。如果给出的应变数据不是升序的，则调用程序 XIT，关闭所有文件并终止执行。

5.8.6 简单线性黏弹性材料 UMAT 子程序

作为用户子程序 UMAT 编码的简单示例，可参考图 5.3 所示的简单线性黏弹性模型。尽管这不是一个对实际材料非常有用的模型，但它可以用来说明如何对程序进行编码。

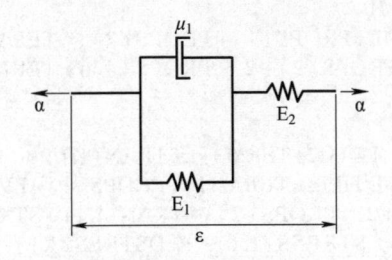

图 5.3 简单线性黏弹性模型

用户必须参考 Abaqus 文档才能完整地理解该示例[一]。图 5.3 所示的一维模型的行为由式（5.72）给出。

[一] 参见 *Abaqus User Subroutines Reference Guide* v6.14 第 1.1.41 节。

$$\sigma + \frac{\mu_1}{E_1+E_2}\dot{\sigma} = \frac{E_2\mu_1}{E_1+E_2}\dot{\varepsilon} + \frac{E_1 E_2}{E_1+E_2}\varepsilon \tag{5.72}$$

对于这种简单的示例，对用户材料需要定义五个常量，即 $\text{PROPS}(1)=\lambda$，$\text{PROPS}(2)=\mu$，$\text{PROPS}(3)=\tilde{\lambda}$，$\text{PROPS}(4)=\tilde{\mu}$，以及 $\text{PROPS}(4)=\tilde{\nu}$。

该模型的编码如下：

Listing 5.6 VISCO.f

```fortran
      SUBROUTINE UMAT(STRESS,STATEV,DDSDDE,SSE,SPD,SCD,
     1 RPL,DDSDDT,DRPLDE,DRPLDT,STRAN,DSTRAN,TIME,
     2 DTIME,TEMP,DTEMP,PREDEF,DPRED,CMNAME,NDI,
     3 NSHR,NTENS,NSTATV,PROPS,NPROPS,COORDS,DROT,
     4 PNEWDT,CELENT,DFGRD0,DFGRD1,NOEL,NPT,LAYER,
     5 KSPT,JSTEP,KINC)
C
      INCLUDE 'ABA_PARAM.INC'
C
      CHARACTER*80 CMNAME
      DIMENSION STRESS(NTENS),STATEV(NSTATV),
     1          DDSDDE(NTENS,NTENS),DDSDDT(NTENS),
     2          DRPLDE(NTENS),STRAN(NTENS),DSTRAN(NTENS),
     3          TIME(2),PREDEF(1),DPRED(1),PROPS(NPROPS),
     4          COORDS(3),DROT(3,3),DFGRD0(3,3),
     5          DFGRD1(3,3),JSTEP(4)
      DIMENSION DSTRES(6),D(3,3)
C
C   EVALUATE NEW STRESS TENSOR
C
      EV = 0.
      DEV = 0.
      DO K1=1,NDI
        EV = EV + STRAN(K1)
        DEV = DEV + DSTRAN(K1)
      END DO
C
      TERM1 = .5*DTIME + PROPS(5)
      TERM1I = 1./TERM1
      TERM2 = (.5*DTIME*PROPS(1)+PROPS(3))*TERM1I*DEV
      TERM3 = (DTIME*PROPS(2)+2.*PROPS(4))*TERM1I
C
      DO K1=1,NDI
        DSTRES(K1) = TERM2+TERM3*DSTRAN(K1)
     1              +DTIME*TERM1I*(PROPS(1)*EV
     2              +2.*PROPS(2)*STRAN(K1)-STRESS(K1))
        STRESS(K1) = STRESS(K1) + DSTRES(K1)
      END DO
C
      TERM2 = (.5*DTIME*PROPS(2) + PROPS(4))*TERM1I
      I1 = NDI
      DO K1=1,NSHR
        I1 = I1+1
        DSTRES(I1) = TERM2*DSTRAN(I1)+
     1               DTIME*TERM1I*(PROPS(2)*STRAN(I1)
     2              -STRESS(I1))
```

```fortran
            STRESS(I1) = STRESS(I1)+DSTRES(I1)
        END DO
C
C   CREATE NEW JACOBIAN
C
      TERM2 = (DTIME*(.5*PROPS(1)+PROPS(2))+PROPS(3)+
     1         2.*PROPS(4))*TERM1I
      TERM3 = (.5*DTIME*PROPS(1)+PROPS(3))*TERM1I
      DO K1=1,NTENS
          DO K2=1,NTENS
              DDSDDE(K2,K1) = 0.
          END DO
      END DO
C
      DO K1=1,NDI
          DDSDDE(K1,K1) = TERM2
      END DO
C
      DO K1=2,NDI
          N2 = K1  1
          DO K2=1,N2
              DDSDDE(K2,K1) = TERM3
              DDSDDE(K1,K2) = TERM3
          END DO
      END DO
      TERM2 = (.5*DTIME*PROPS(2)+PROPS(4))*TERM1I
      I1 = NDI
      DO K1=1,NSHR
          I1 = I1+1
          DDSDDE(I1,I1) = TERM2
      END DO
C
C   TOTAL CHANGE IN SPECIFIC ENERGY
C
      TDE = 0.
      DO K1=1,NTENS
          TDE=TDE+(STRESS(K1)-.5*DSTRES(K1))*DSTRAN(K1)
      END DO
C
C   CHANGE_IN SPECIFIC ELASTIC STRAIN ENERGY
C
      TERM1 = PROPS(1) + 2.*PROPS(2)
      DO K1=1,NDI
          D(K1,K1) = TERM1
      END DO
      DO K1=2,NDI
          N2 = K1-1
          DO K2=1,N2
              D(K1,K2) = PROPS(1)

              D(K2,K1) = PROPS(1)
          END DO
      END DO
      DEE = 0.
      DO K1=1,NDI
```

```
            TERM1 = 0.
            TERM2 = 0.
            DO K2=1,NDI
                TERM1 = TERM1 + D(K1,K2)*STRAN(K2)
                TERM2 = TERM2 + D(K1,K2)*DSTRAN(K2)
            END DO
            DEE = DEE + (TERM1+.5*TERM2)*DSTRAN(K1)
      END DO
      I1 = NDI
      DO K1=1,NSHR
            I1 = I1+1
            DEE = DEE + PROPS(2)*(STRAN(I1)+
     1                  .5*DSTRAN(I1))*DSTRAN(I1)
      END DO
      SSE = SSE + DEE
      SCD = SCD + TDE - DEE
      RETURN
      END
```

5.9 VUMAT 子程序示例

这些输入行作为定义运动硬化塑性的 VUMAT 子程序接口。

```
*MATERIAL, NAME=KINPLAS
*USER MATERIAL, CONSTANTS=4
30.E6, 0.3, 30.E3, 40.E3
*DEPVAR
5
*INITIAL CONDITIONS, TYPE=SOLUTION
Data line to specify initial solution-dependent
variables
```

输入行与 UMAT 接口的输入行相同，用户子程序必须保存在单独的文件中，并通过 Abaqus 执行程序调用，如下所示：

```
abaqus job=... user=....
```

必须在重启动分析时调用用户子程序，因为用户子程序没有保存在重启动文件中。与解相关的状态变量可以用 SDV1、SDV2 等标识符输出。可以在 Abaqus Viewer 中绘制 SDV 的云图、路径图和 X-Y 曲线图。每次分析只能运行一个 VUMAT 子程序，如果需要定义多个材料，请在 VUMAT 子程序和分支中对材料名称进行验证。

在 VUMAT 中，以下量可用，但不能重新定义，如增量开始时的应力、拉伸和 SDV，增量开始和结束时的相对旋转矢量和变形梯度，以及应变增量开始和结束时的时间、温度及用户定义的场变量的总值和增量值、材料常数、密度、材料点位置和特征单元长度，增量开始时的内能和耗散能，调用例程时要处理的材料点数量（NBLOCK），以及指示例程是否在退火过程中调用的标志。

必须定义以下量，即增量结束时的应力和 SDV。

可以定义下列变量，即增量结束时的内能和耗散能。

这些变量中的许多变量与 UMAT 中的变量等效或相似，并遵循第 5.8 节中所述的相同规则。

UMAT 和 VUMAT 接口之间有许多显著的不同之处，VUMAT 采用双状态架构：初始值存储在 OLD 数组中，新值必须放入 NEW 数组中。VUMAT 接口的编写利用了矢量处理的优势：无须定义材料雅可比矩阵，不提供有关单元编号的信息，无法重新定义时间增量，并且不能使用实用程序，因为它们会妨碍矢量化。

创建 VUMAT 子程序有两个重要因素，首先是矢量化接口，其次是共旋公式。VUMAT 中的矢量化接口意味着数据以大块（尺寸为 NBLOCK）的形式传入和传出。NBLOCK 通常等于 64 或 128，在长度为 NBLOCK 的数组中，每个条目对应一个单独的材料点。同一块中的所有材料点具有相同的材料名称，并属于相同的单元类型，这种结构允许程序的矢量化。

矢量化的 VUMAT 应确保所有操作都以矢量模式进行，且矢量长度为 NBLOCK。在矢量化的代码中，应该避免在循环内进行分支操作。基于单元类型的分支操作应该在 NBLOCK 循环之外进行。

共旋公式包括基于 Jaumann 应力率的共旋框架中的本构方程，应变增量由 Hughes-Wingt[11] 获得。从变形梯度可以得到其他的测量值，用户必须定义柯西应力：该应力在下一个增量中作为旧的应力重新出现，无须旋转张量的状态变量。

5.9.1 运动硬化可塑性 VUMAT 子程序

控制方程和积分程序与第 5.8.4 节相同，不需要雅可比矩阵。

该模型的编码如下：

Listing 5.7 VKHP.f
```
      SUBROUTINE VUMAT(
C_Read_only -
   1   NBLOCK, NDIR, NSHR, NSTATEV, NFIELDV, NPROPS,
   2   LANNEAL, STEPTIME, TOTALTIME, DT, CMNAME, COORDMP,
   3   CHARLENGTH, PROPS, DENSITY, STRAININC, FIELDNEW,
   4   RELSPININC, TEMPOLD, STRETCHOLD, DEFGRADOLD,
   5   FIELDOLD, STRESSOLD, STATEOLD, ENERINTERNOLD,
   6   ENERINELASOLD, TEMPNEW, STRETCHNEW, DEFGRADNEW,
C_Write_only -
   7   STRESSNEW, STATENEW, ENERINTERNNEW, ENERINELASNEW)
C
      INCLUDE 'VABA_PARAM.INC'
C
      DIMENSION PROPS(NPROPS), DENSITY(NBLOCK),
   1         COORDMP(NBLOCK), CHARLENGTH(NBLOCK),
   2         STRAININC(NBLOCK, NDIR+NSHR),
   3         RELSPININC(NBLOCK, NSHR),
   4         TEMPOLD(NBLOCK), FIELDOLD(NBLOCK, NFIELDV),
   5         STRETCHOLD(NBLOCK, NDIR+NSHR),
   6         DEFGRADOLD(NBLOCK, NDIR+NSHR+NSHR),
   7         STRESSOLD(NBLOCK, NDIR+NSHR),
   8         STATEOLD(NBLOCK, NSTATEV),
   9         ENERINTERNOLD(NBLOCK),
   1         ENERINELASOLD(NBLOCK), TEMPNEW(NBLOCK),
   2         STRETCHNEW(NBLOCK, NDIR+NSHR),
```

⊖ 参阅 Abaqus Theory Guide v6.14 中的第 3.2.2 节"Solid element formulation"。

```fortran
     3              STATENEW(NBLOCK,NSTATEV),
     4              DEFGRADNEW(NBLOCK,NDIR+NSHR+NSHR),
     5              FIELDNEW(NBLOCK,  NFIELDV),
     6              STRESSNEW(NBLOCK,NDIR+NSHR),
     7              ENERINTERNNEW(NBLOCK),
     8              ENERINELASNEW(NBLOCK)
C
      CHARACTER*8 CMNAME
C
      E      =PROPS(1)
      XNU    =PROPS(2)
      YIELD  =PROPS(3)
      HARD   =PROPS(4)
C
C ELASTIC CONSTANTS
C
      TWOMU  =E/(ONE+XNU)
      THREMU =THREE_HALFS*TWOMU
      SIXMU  =THREE*TWOMU
      ALAMDA =TWOMU*(E-TWOMU)/(SIXMU-TWO*E)
      TERM   =ONE/(TWOMU*(ONE+HARD/THREMU))
      CON1   =SQRT(TWO_THIRDS)
C
C_If stepTime equals_to zero, assume the material
C pure elastic and_use initial elastic modulus
C
      IF( STEPTIME .EQ. ZERO ) THEN
         DO I = 1,NBLOCK
C Trial Stress
            TRACE=STRAININC(I,1)+STRAININC(I,2)
     1           +STRAININC(I,3)
            STRESSNEW(I,1)=STRESSOLD(I,1)+
     1           ALAMDA*TRACE+TWOMU*STRAININC(I,1)
            STRESSNEW(I,2)=STRESSOLD(I,2) +
     1           ALAMDA*TRACE+TWOMU*STRAININC(I,2)
            STRESSNEW(I,3)=STRESSOLD(I,3) +
     1           ALAMDA*TRACE+TWOMU*STRAININC(I,3)
            STRESSNEW(I,4)=STRESSOLD(I,4)
     1                    +TWOMU*STRAININC(I,4)
         END DO
      ELSE
C
C PLASTICITY CALCULATIONS_IN BLOCK_FORM
C
         DO I = 1, NBLOCK
C Elastic predictor stress
            TRACE=STRAININC(I,1)+STRAININC(I,2)
     1           +STRAININC(I,3)
            SIG1=STRESSOLD(I,1)+ALAMDA*TRACE
     1           +TWOMU*STRAININC(I,1)
            SIG2=STRESSOLD(I,2)+ALAMDA*TRACE
     1           +TWOMU*STRAININC(I,2)
            SIG3=STRESSOLD(I,3)+ALAMDA*TRACE
     1           +TWOMU*STRAININC(I,3)
            SIG4=STRESSOLD(I,4)+TWOMU*STRAININC(I,4)
C Elastic predictor stress measured from the back stress
            S1=SIG1-STATEOLD(I,1)
```

```
              S2=SIG2-STATEOLD(I,2)
              S3=SIG3-STATEOLD(I,3)
              S4=SIG4-STATEOLD(I,4)
C Deviatoric part of predictor stress measured from the
C back stress
              SMEAN=THIRD*(S1+S2+S3)
              DS1=S1-SMEAN
              DS2=S2-SMEAN
              DS3=S3-SMEAN
C Magnitude of the deviatoric predictor stress difference
              DSMAG=SQRT(DS1**2+DS2**2+DS3**2+TWO*S4**2)
C Check for yield by determining the factor for
C plasticity, zero for elastic, one for yield
              RADIUS=CON1*YIELD
              FACYLD=ZERO
              IF(DSMAG-RADIUS .GE. ZERO) FACYLD=ONE
C Add a protective addition factor to_prevent a
C divide by zero when DSMAG is zero. If_DSMAG is zero,
C we will_not have exceeded the yield stress
C_and FACYLD will be zero.
              DSMAG=DSMAG+(ONE-FACYLD)
C Calculated increment in_gamma,
C this explicitly includes the time step.
              DIFF=DSMAG-RADIUS
              DGAMMA=FACYLD*TERM*DIFF
C Update equivalent plastic strain
              DEQPS=CON1*DGAMMA
              STATENEW(I,5)=STATEOLD(I,5)+DEQPS
C Divide DGAMMA by DSMAG so that the deviatoric
C stresses are explicitly converted to_tensors of_unit
C magnitude in_the following calculations
              DGAMMA=DGAMMA/DSMAG
C Update back stress
              FACTOR=HARD*DGAMMA*TWO_THIRDS
              STATENEW(I,1)=STATEOLD(I,1)+FACTOR*DS1
              STATENEW(I,2)=STATEOLD(I,2)+FACTOR*DS2
              STATENEW(I,3)=STATEOLD(I,3)+FACTOR*DS3
              STATENEW(I,4)=STATEOLD(I,4)+FACTOR*S4
C Update stress
              FACTOR=TWOMU*DGAMMA
              STRESSNEW(I,1)=SIG1-FACTOR*DS1
              STRESSNEW(I,2)=SIG2-FACTOR*DS2
              STRESSNEW(I,3)=SIG3-FACTOR*DS3
              STRESSNEW(I,4)=SIG4-FACTOR*S4
C Update the specific internal energy -
              STRESS_POWER=HALF*(
     1        (STRESSOLD(I,1)+STRESSNEW(I,1))*STRAININC(I,1)
     2        +(STRESSOLD(I,2)+STRESSNEW(I,2))*STRAININC(I,2)
     3        +(STRESSOLD(I,3)+STRESSNEW(I,3))*STRAININC(I,3)
     4        +TWO*(STRESSOLD(I,4)+STRESSNEW(I,4))
     5        *STRAININC(I,4))
              ENERINTERNNEW(I)=ENERINTERNOLD(I)
     1                       +STRESS_POWER/DENSITY(I)
C Update the dissipated inelastic specific energy -
              SMEAN=THIRD*(STRESSNEW(I,1)+STRESSNEW(I,2)
     1                    +STRESSNEW(I,3))
```

```fortran
          EQUIV_STRESS=SQRT(THREE_HALFS
     1                *((STRESSNEW(I,1)-SMEAN)**2
     2                +(STRESSNEW(I,2)-SMEAN)**2
     3                +(STRESSNEW(I,3)-SMEAN)**2
     4                +TWO*STRESSNEW(I,4)**2))
          PLASTIC_WORK_INC=EQUIV_STRESS*DEQPS
          ENERINELASNEW(I)=ENERINELASOLD(I)
     1                +PLASTIC_WORK_INC/DENSITY(I)
C
        END DO
      END IF
      RETURN
      END
```

在数据检查阶段，VUMAT 被调用时，传入了一组虚构的应变，并且 TOTALTIME 和 STEPTIME 均等于零。检查用户定义的本构关系，并根据计算出的等效初始材料属性确定初始稳定时间增量。确保在调用 VUMAT 子程序时使用弹性属性；否则，可能会使用过大的初始时间增量，导致计算不稳定。状态文件（.sta）会输出一条警告消息，通知用户正在执行此检查。

使用特殊的编码技术获得矢量化编码，材料程序中的所有小循环都被展开。无论行为是纯弹性的还是弹塑性的，都会执行相同的代码。

必须特别注意避免除以零，循环内不调用任何外部子程序。允许在循环中使用局部标量变量，编译器会自动将这些局部标量变量展开为局部矢量，应避免迭代。

如果无法避免迭代，则使用固定的迭代次数，并且不进行收敛测试。

5.9.2 各向同性硬化塑性 VUMAT 子程序

控制方程和积分程序与第 5.8.5 节相同。

等效塑性应变增量通过式（5.73）得到，

$$\Delta \bar{\varepsilon}^{pl} = \frac{\bar{\sigma}^{pr}-\sigma_y}{3\mu+h} \tag{5.73}$$

式中，σ_y 是屈服应力；$h=\dfrac{d\bar{\sigma}^{pr}}{d\bar{\varepsilon}^{pl}}$，是增量开始时的塑性硬化，不需要雅可比矩阵。

该模型的编码如下：

Listing 5.8 VIHP.f

```fortran
      SUBROUTINE VUMAT(
C Read_only -
     1   NBLOCK, NDIR, NSHR, NSTATEV, NFIELDV, NPROPS,
     2   LANNEAL, STEPTIME, TOTALTIME, DT, CMNAME, COORDMP,
     3   CHARLENGTH, PROPS, DENSITY, STRAININC, FIELDNEW,
     4   RELSPININC, TEMPOLD, STRETCHOLD, DEFGRADOLD,
     5   FIELDOLD, STRESSOLD, STATEOLD, ENERINTERNOLD,
     6   ENERINELASOLD, TEMPNEW, STRETCHNEW, DEFGRADNEW,
C Write_only -
     7   STRESSNEW, STATENEW, ENERINTERNNEW, ENERINELASNEW )
C
      INCLUDE 'VABA_PARAM.INC'
C
      DIMENSION PROPS(NPROPS), DENSITY(NBLOCK),
```

```fortran
     1              COORDMP(NBLOCK),CHARLENGTH(NBLOCK),
     2              STRAININC(NBLOCK,NDIR+NSHR),
     3              RELSPININC(NBLOCK,NSHR),
     4              TEMPOLD(NBLOCK),FIELDOLD(NBLOCK,NFIELDV),
     5              STRETCHOLD(NBLOCK,NDIR+NSHR),
     6              DEFGRADOLD(NBLOCK,NDIR+NSHR+NSHR),
     7              STRESSOLD(NBLOCK,NDIR+NSHR),
     8              STATEOLD(NBLOCK, NSTATEV),
     9              ENERINTERNOLD(NBLOCK),
     1              ENERINELASOLD(NBLOCK), TEMPNEW(NBLOCK),
     2              STRETCHNEW(NBLOCK,NDIR+NSHR),
     3              STATENEW(NBLOCK,NSTATEV),
     4              DEFGRADNEW(NBLOCK,NDIR+NSHR+NSHR),
     5              FIELDNEW(NBLOCK, NFIELDV),
     6              STRESSNEW(NBLOCK,NDIR+NSHR),
     7              ENERINTERNNEW(NBLOCK),
     8              ENERINELASNEW(NBLOCK)
C
      CHARACTER*8  CMNAME
C
      parameter  ( zero=0.d0, one=1.d0, two=2.d0,
     1             third=1.d0/3.d0, half=0.5d0, op5=1.5d0)
C
C For plane strain, axisymmetric, and_3D cases using
C the J2 Mises Plasticity with piecewise-linear
C isotropic hardening.
C
C The state variable is stored as:
C
C STATE(*,1) = equivalent plastic strain
C
C User needs to_input
C props(1) Young s modulus
C props(2) Poisson s ratio
C props(3..) syield and_hardening_data
C calls vuhard for curve of yield stress vs. plastic strain
      e      =props(1)
      xnu    =props(2)
      twomu  =e/(one+xnu)
      alamda =xnu*twomu/(one-two*xnu)
      thremu =op5*twomu
      nvalue =nprops/2-1
C
      if ( stepTime .eq. zero ) then
         do k = 1, nblock
            trace=strainInc(k,1)+strainInc(k,2)
     1           +strainInc(k,3)
            stressNew(k,1)=stressOld(k,1)
     1           +twomu*strainInc(k,1)+alamda*trace
            stressNew(k,2)=stressOld(k,2)
     1           +twomu*strainInc(k,2)+alamda*trace
            stressNew(k,3)=stressOld(k,3)
     1           +twomu*strainInc(k,3)+alamda*trace
            stressNew(k,4)=stressOld(k,4)
     1           +twomu*strainInc(k,4)
            if ( nshr .gt. 1 ) then
```

```fortran
              stressNew(k,5)=stressOld(k,5)
     1                +twomu*strainInc(k,5)
              stressNew(k,6)=stressOld(k,6)
     1                +twomu*strainInc(k,6)
            end if
          end do
        else
          do k = 1, nblock
            peeqOld=stateOld(k,1)
            call vuhard(yieldOld, hard, peeqOld,
     1                  props(3), nvalue)
            trace=strainInc(k,1)+strainInc(k,2)
     1            +strainInc(k,3)
            s11=stressOld(k,1)+twomu*strainInc(k,1)
     1          +alamda*trace
            s22=stressOld(k,2)+twomu*strainInc(k,2)
     1          +alamda*trace
            s33=stressOld(k,3)+twomu*strainInc(k,3)
     1          +alamda*trace
            s12=stressOld(k,4)+twomu*strainInc(k,4)
            if ( nshr .gt. 1 ) then
                s13=stressOld(k,5)+twomu*strainInc(k,5)
                s23=stressOld(k,6)+twomu*strainInc(k,6)
            end if
C
            smean=third*(s11+s22+s33)
            s11=s11-smean
            s22=s22-smean
            s33=s33-smean
            if ( nshr .eq. 1 ) then
                vmises=sqrt(op5*(s11*s11+s22*s22+s33*
     1                    s33+two*s12*s12) )
            else
                vmises=sqrt(op5*(s11*s11+s22*s22+s33*
     1                    s33+two*s12*s12+two*s13*
     2                    s13+two*s23*s23))
            end if
C
            sigdif=vmises-yieldOld
            facyld=zero
            if ( sigdif .gt. zero ) facyld=one
            deqps=facyld*sigdif/(thremu+hard)
C
C Update the stress
C
            yieldNew=yieldOld+hard*deqps
            factor=yieldNew/(yieldNew+thremu*deqps)
            stressNew(k,1)=s11*factor+smean
            stressNew(k,2)=s22*factor+smean
            stressNew(k,3)=s33*factor+smean
            stressNew(k,4)=s12*factor
            if ( nshr .gt. 1 ) then
                stressNew(k,5)=s13*factor
                stressNew(k,6)=s23*factor
            end if
C
```

```fortran
C Update the state variables
C
              stateNew(k,1)=stateOld(k,1)+deqps
C
C Update the specific internal energy -
C
              if ( nshr .eq. 1 ) then
                  stressPower=half*(
     1  (stressOld(k,1)+stressNew(k,1))*strainInc(k,1)+
     2  (stressOld(k,2)+stressNew(k,2))*strainInc(k,2)+
     3  (stressOld(k,3)+stressNew(k,3))*strainInc(k,3))+
     4  (stressOld(k,4)+stressNew(k,4))*strainInc(k,4)
              else
                  stressPower=half*(
     1  (stressOld(k,1)+stressNew(k,1))*strainInc(k,1)+
     2  (stressOld(k,2)+stressNew(k,2))*strainInc(k,2)+
     3  (stressOld(k,3)+stressNew(k,3))*strainInc(k,3))+
     4  (stressOld(k,4)+stressNew(k,4))*strainInc(k,4)+
     5  (stressOld(k,5)+stressNew(k,5))*strainInc(k,5)+
     6  (stressOld(k,6)+stressNew(k,6))*strainInc(k,6)
              end if
              enerInternNew(k)=enerInternOld(k)
     1                        +stressPower/density(k)
C
C Update the dissipated inelastic specific energy -
C
              plasticWorkInc=half*(yieldOld+yieldNew)
     1                        *deqps
              enerInelasNew(k)=enerInelasOld(k)
     1                        +plasticWorkInc/density(k)
          end do
      end if
C
      return
      end
      subroutine vuhard(syield,hard,eqplas,table,nvalue)
      include 'vaba_param.inc'
c
      dimension table(2, nvalue)
c
      parameter(zero=0.d0)
c
c set yield stress to_last_value of table, hardening
C_to zero
c
      syield=table(1, nvalue)
      hard=zero
c
c if_more than one_entry, search table
c
      if(nvalue.gt.1) then
          do k1=1, nvalue-1
              eqpl1=table(2,k1+1)
              if(eqplas.lt.eqpl1) then
                  eqpl0=table(2,k1)
c
```

```
c     yield stress and_hardening
c
                deqpl  = eqpl1 - eqpl0
                syie10 = table(1,k1)
                syie11 = table(1,k1+1)
                dsyiel = syie11 - syie10
                hard   = dsyiel / deqpl
                syield = syie10 + (eqplas - eqpl0) * hard
                goto 10
              endif
          end do
10        continue
       endif
       return
       end
```

这种 VUMAT 计算结果与带有 ISOTROPIC 硬化的 PLASTIC 选项相同，同样适用于大应变计算。应力和应变所需的旋转由 Abaqus 处理得到。该程序调用用户子程序 VUHARD 来恢复分段的线性硬化曲线，用解析描述代替分段线性曲线是很直接的。

参考文献

1. Treloar LRG (1975) The physics of rubber elasticity. Clarendon Press, Oxford, p 85
2. Ogden RW (1997) Non-linear elastic deformations. Dover Publications, New York, pp 101–103
3. Gurtin ME, Fried E, Anand L (2010) The mechanics and thermodynamics of continua. Cambridge University Press, Cambridge, p 151, 242
4. Bathe KJ (1996) Finite element procedures. Prentice-Hall, Upper Saddle River, p 612
5. Weber G, Anand L (1990) Finite deformation constitutive equations and a time integration procedure for isotropic, hyperelastic-viscoplastic solids. Comput Methods Appl Mech Eng 79:173–202
6. McKenna RF, Jordaan IJ, Xiao J (1990) Finite element modelling of the damage process in ice. In: ABAQUS users conference proceedings
7. Snyman MF, Mitchell GP, Martin JB (1991) The numerical simulation of excavations in deep level mining. In: ABAQUS users conference proceedings
8. HajAli RM, Pecknold DA, Ahmad MF (1993) Combined micromechanical and structural finite element analysis of laminated composites. In: ABAQUS users conference proceedings
9. Govindarajan RM, Aravas N (1993) Deformation processing of metal powders: cold and hot isostatic pressing. Private communication
10. Kalidindi SR, Anand L (1993) Macroscopic shape change and evolution of crystallographic texture in pre-textured FCC metals. Acta Metall
11. Hughes TJR, Winget J (1980) Finite rotation effects in numerical integration of rate constitutive equations arising in large deformation analysis. Int J Numer Methods Eng 15:1862–1867

第6章 网格和网格划分

6.1 概述

网格划分很难基于特定的几何标准,所以网格划分的质量主要取决于目测。为了划分出质量较好的网格,必须注意模型中的一些限制条件。

1) 与设计人员一起做出必要的假设,在不影响装配体中每个部件功能的情况下修改初始设计。根据边界和载荷条件对结构进行简化,近似表示结构的几何形状。

2) 如果已从 CAD 文件中导入结构组件,首先应识别小的不连续的线或与设计者的思路不一致的区域,并对其进行修复。第二种修复并重建几何的方法是使用 Abaqus mesher 的虚拟拓扑功能。如果结构网格没有按照用户的假设进行充分的映射,则需要使用 Abaqus 进行 CAD 建模,以便用于 CAD 结构设计和随后的网格控制操作。

3) 使用相同的单元形状模式对结构进行网格划分,控制结构网格的最佳选择是二阶网格,因为它可以使网格的过渡区最小化。

4) 根据设计评估网格的长宽比,以控制网格过渡区的接近程度。

5) 对结构进行分区操作,以控制网格结构。

6) 关键分析区域周围的网格要均匀一致。

在 Abaqus CAE 用户手册第 17 章中对网格控制模块进行了详细解释。

网格控制方法分为三大类:

1) 选择一个基本的单元形状(三角形、正方形、六面体、四面体或楔形)以进行近似设计。

2) 用户为控制某些分析区域而定义的分区策略。实际上,一个好的分区策略能够以适当的计算形式对结构进行网格划分。在一定的边界和载荷条件下,结构响应的初步判断或响应的理论估计高度依赖于网格划分(如果适用)。

3) 该算法是在 Abaqus 内部根据与 Delaunay⊖三角剖分[1]相关的网格理论编程的特定标准下进行的控制和调整,并考虑了单元变形的内部几何限制。

6.1.1 网格控制选项

用于选择单元形状的控制面板定义了用于处理所定义区域或体积的策略,并通过三角

⊖ 假设软件在问题区域内随机地生成一个点集,可以连接尽可能多的节点对,而无须跨越之前的一条线。获得的是节点的(最大)三角剖分,这个过程看似非常随意,实际上,一个点集有很多种可能的三角剖分方法。用户可能想知道如何自动化这个过程,一种普遍的方法是首先创建一个巨大的三角形,将用户需要网格化的所有节点都包围起来,然后添加第一个节点,将其连接到封闭三角形的每个顶点,最终用户将获得最大的三角剖分;添加第二个节点,它落入用户已经创建的三角形中,因此用户可以细分该三角形。继续执行同样的操作,最后移除封闭的三角形及其相连的所有边,用户将获得节点的最大三角剖分。

形、四边形（二维）或四面体和六面体（三维）等基本形状来近似模拟真实几何形状。

6.1.2 二维结构的网格控制

图 6.1 所示为二维结构的网格控制面板选项。这里选择了在结构上映射以四边形为主（Quad-dominated）的单元形状，选择了自由（Free）网格生成技术。该方法使用了一种先进的前沿推进算法进行映射，该算法在网格划分时是默认的执行选项。

图 6.2～图 6.4 所示为图 6.1 中平面结构的单元形状选项，可以使用四边形（**Quad**）、以四边形为主（**Quad-dominated**）或三角形（**Tri**）的网格模式来映射结构。图 6.2 所示为仅使用四边形单元选项创建的网格。

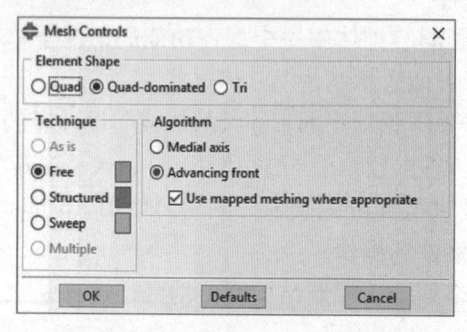

图 6.1 二维结构的网格控制面板选项

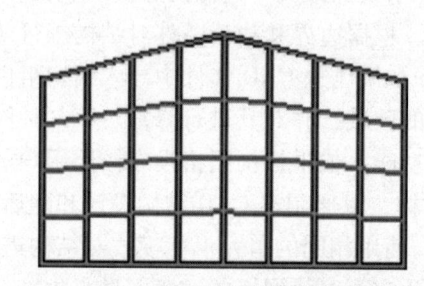

图 6.2 仅使用四边形单元选项创建的网格

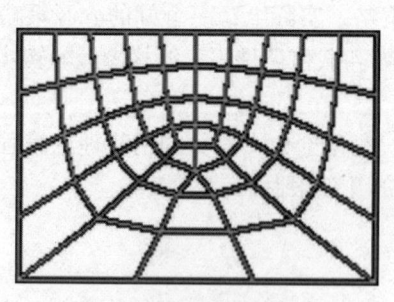

图 6.3 所示为采用以四边形为主的单元选项创建的网格。采用该选项时，允许在过渡区域使用三角形，此设置是默认设置。

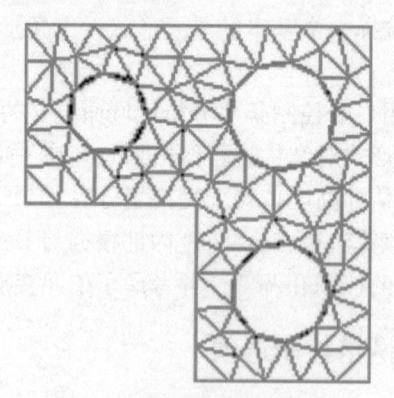

图 6.4 所示为仅使用三角形单元选项创建的网格。当对实体进行网格划分时，此选项是唯一选项，因为三角形面网格将用于生成四面体形状的实体网格。

图 6.3 采用以四边形为主的
单元选项创建的网格

图 6.4 使用三角形单元选项
创建的网格

6.1.3 三维结构的网格控制

3D 中存在相同的网格类型控制。图 6.5 所示为三维结构的网格控制面板选项，此处设置的是结构上映射的六面体单元（Hex），该结构采用结构化技术进行了映射。

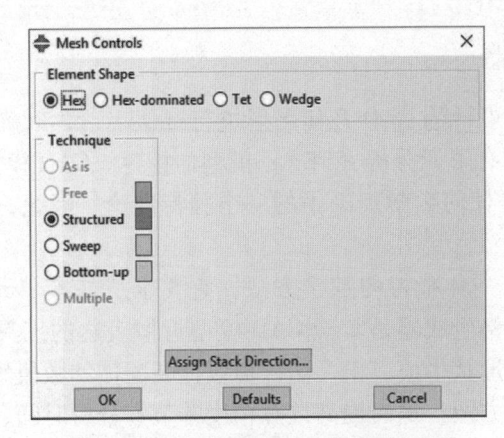

图 6.5 三维结构的网格控制面板选项

图 6.6~图 6.9 所示为用户从六面体（**Hex**）、以六面体为主（**Hex-dominated**）、四面体（**Tet**）和楔形（**Wedge**）单元形状选项中获得不同类型的映射结构。图 6.6 所示为采用六面体单元（默认设置）选项创建的网格。

图 6.7 所示为采用以六面体为主的单元选项，并允许在过渡区使用一些三棱柱（楔形）单元选项创建的网格。

图 6.6 采用六面体单元选项（默认设置）
创建的网格

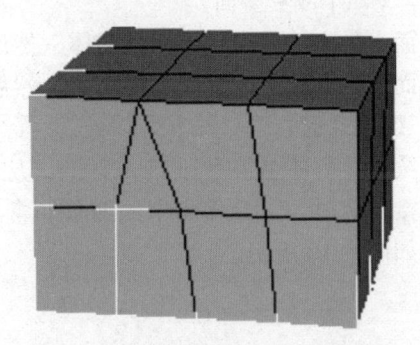

图 6.7 采用以六面体为主的单元选项
创建的网格

图 6.8 所示为仅采用四面体单元选项创建的网格。
图 6.9 所示为仅使用楔形单元选项创建的网格。

图 6.8 仅采用四面体单元选项创建的网格

图 6.9 仅采用楔形单元选项创建的网格

6.1.4　了解网格生成器

网格生成器是用来对设计的 CAD 几何图形进行近似表达，以确保它与有限元（简单几何图形）兼容，以便进行有限元分析（FEA）模型的构建。CAD 模型遵循标准方法和协议，而 FEA 网格生成器仅遵循任何数学理论中的一个独特理论。因此，用于创建和分析设计的几何体的方法并不兼容。

事实上，FEA 是基于一种独特的数学方法，它要求从基本单元形状（1D、2D 或 3D）计算出一个解。因此，网格生成器是实现 CAD 模型近似表达的工具，因为真实的几何图形过于复杂，无法从简单的形状生成，也无法计算设计装配体的数值解。

为了使网格的生成更方便，从而提高计算精度并节省分析时间，很重要的一点是考虑几何和拓扑，以将真实几何（定义为直接定义几何特征的实体）转换为多面几何（定义为仅通过基础网格间接定义特征的实体）。

几何类型和拓扑特征基于：
1）顶点（有坐标的点）。
2）边（两个或多个顶点）。
3）面（三条或更多条边）。
4）体（四个或更多面）。

自下而上的方法是先生成低维实体，然后在其上构建高维实体。

自上而下的方法是先生成高维实体，然后使用布尔运算来定义其他实体。

6.1.4.1　连接几何

不连续的几何体是得不到 FEA 解的，从较低的拓扑实体构建较高的拓扑实体需要将它们正确连接。有时，CAD 模型中的细节非常小，很难发现几何结构中的不连续性或不一致的连接，如图 6.10 所示。

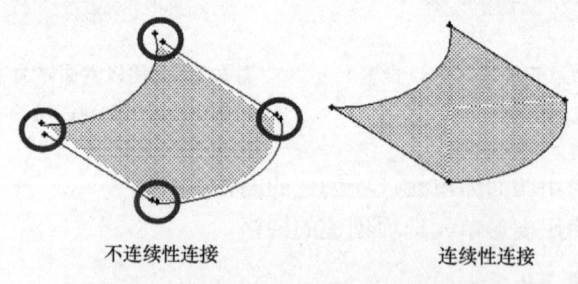

不连续性连接　　　　　连续性连接

图 6.10　设计几何结构中的不连续性示例

为了避免模型区域中出现不好的网格连续性或不一致的连接，分析师必须密切跟踪和检测导入模型的不连续性。模型中的不连续性可能是导入文件本身造成的，也可能是装配设计方法造成的。设计师按照某些标准制造零件的方法不适用于计算结构解的独特的有限元方法。因此，分析师和设计师应该共同努力，在需要时进行修正，或者建立一个设计模型来弥补某些缺陷。有限元分析软件不是 CAD 软件，CAD 软件也不是有限元分析软件，即使两者共享某些功能和特征，在每个专业领域都可以执行基本的操作。

为了跟踪这种几何上的不连续性，对于一个大模型来说，没有自动预编程的方法来执行这种操作。最有效的方法是首先进行目视检查，然后对几何体进行网格划分，并使用仅具有很小变形的纯弹性材料进行试验加载，以检测与网格结构有关的任何错误或警告消息。但是，Abaqus 在 Mesh 模块中有一些强大的工具，特别是**虚拟拓扑**[⊖]特性，如可以将面和边组合在一起。

6.1.4.2 导入几何

有许多文件格式的 CAD 模型文件可以导入 FEA 软件中，使用哪种类型的文件主要取决于用户使用的 FEA 软件许可相关的类型，如对于 Abaqus，最好使用 STEP 文件格式。

1）STEP（产品模型数据转化标准；ISO 标准）。
2）IGES（初始图形转化规范；ANSI 标准）。
3）STL（立体光刻；快速成型标准）。

6.1.4.3 清理 CAD 模型

几何清理的模型更容易划分网格，这意味着与几何相关的问题少，数值拟合困难也更少。清理 CAD 模型需要检查的主要问题如下：

1）消除未暴露在流体中的部件。
2）消除重复实体。
3）消除小特征。
4）对表面进行修复处理。
5）重建零件之间的几何连接。

图 6.11 所示为边连接示例。

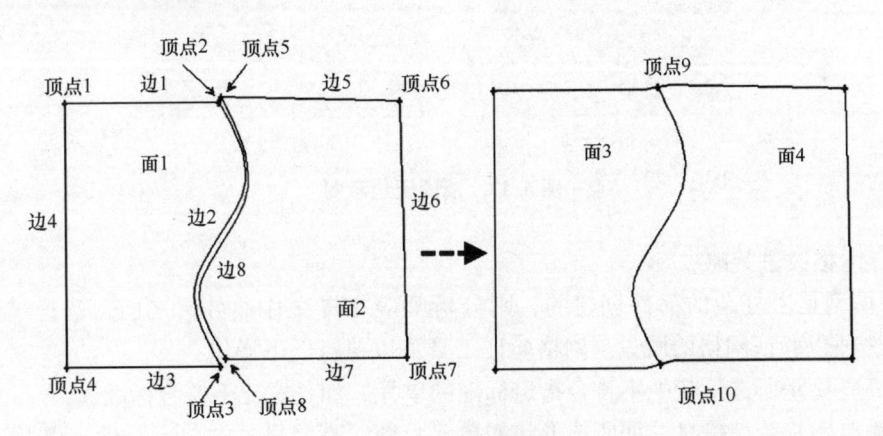

图 6.11 边连接示例

6.1.4.4 清理 CAD 模型裂纹

如图 6.12 所示，裂纹定义为由满足以下条件的边缘对组成的几何形状。

1）一对边中的每条边都用作单独面的边界。
2）在一端或两端共享公共端点顶点的边。
3）沿其长度被一个小的间隙分开的边。

[⊖] 要了解有关虚拟拓扑特性的更多信息，请参阅 *Abaqus CAE User's Guide* 第 75 章 "The Virtual Topology toolset"。

a) 清理之前　　　　　　　b) 清理之后

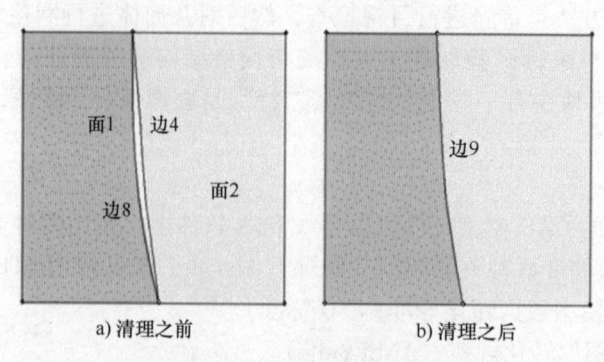

图 6.12　清理裂纹示例

6.1.4.5　清理硬边

硬边（悬挂边）属于定义面的边，但不属于限制该面的封闭边的部分。这样的边通常是由于面分割操作而产生的，其中分割后的工具面仅与目标面部分相交，如图 6.13 所示。因此，去除这些边对于获得正确的网格结构至关重要。

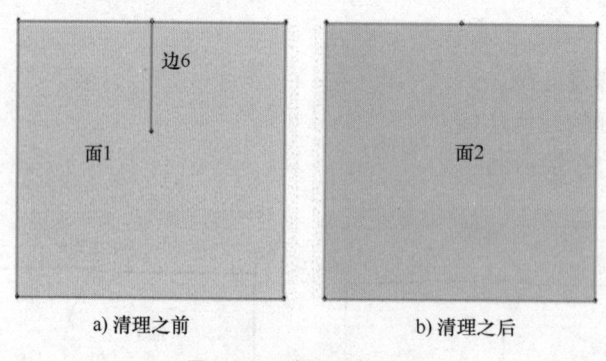

a) 清理之前　　　　　　　b) 清理之后

图 6.13　清理硬边示例

6.1.4.6　网格改进策略

如果模型是由复杂的部件创建的，则分析师应在提交作业分析之前，选择"网格"→"验证"选项以验证网格的质量。网格验证工具可以执行以下操作：

1）高亮显示所选形状中不符合指定标准的单元，如长宽比不符合标准。

2）输出网格统计信息，如所选形状的单元总数、高亮显示的单元数量，以及选择条件的平均值和最差值。

3）高亮显示未通过网格质量验证的单元，这些单元包含在 Abaqus Standard 和 Abaqus Explicit 的输入文件处理器中。

如果"网格验证"工具指示用户应尝试提高网格的质量，请先尝试以下操作，然后再转到"编辑网格"工具集：

1）改变种子分布。

2）添加或修改分区。

3）更改网格划分技术。

此外，分析师可以尝试在"Part"模块中修改零件，用户也可以尝试使用"虚拟拓扑"

工具集重新生成网格。分析师应将"编辑网格"工具集视为网格划分过程的最后一步，并仅将其用于对节点和单元进行微小调整。如果对网格进行了更改，Abaqus CAE 会尝试保留属性，如载荷和边界条件。如果用户修改了零件，Abaqus CAE 会在网格返回 mesh 模块时删除该网格，因此分析师将丢失用户对网格所做的任何编辑。

6.1.5 网格生成

如图 6.1 所示，网格生成（mesh）主要基于结构化或非结构化网格，定义如下：
1）结构化网格：一组有序的（局部正交）线。
- 几种技术可以将计算域映射到物理域：超限插值、变形、基于偏微分方程（PDE）等。
- 网格线弯曲以适合边界的形状。

2）非结构化网格：不规则的多边形集合（多面体）。
- 三种主要技术可以自动生成三角形（四面体）：Delaunay 三角剖分、前沿推进和基于空间分解。
- 在二维中为自动生成四边形铺砌。

图 6.1 中使用名称为"Free"的三角剖分技术得到的非结构化网格，是与同一图中所示的结构化（structured）技术相对应的非结构化网格。

6.1.5.1 前沿推进算法

图 6.14 所示为前沿推进算法原理。

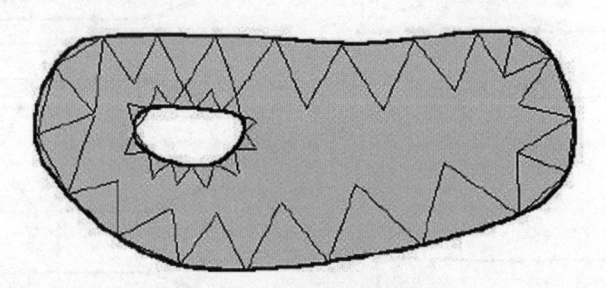

图 6.14 前沿推进算法原理

当表面网格与表面附近的特殊层保持一致时，可以认为网格结构运行良好。一个质量不好的网格将导致计算困难和结果质量低下。

图 6.1 所示的前沿推进算法原理如下：
1）三角形从边界表面向内扩展。
2）最后一层单元构成了活动前沿。
3）每个线段的最佳位置都会生成一个新节点；通过检查现有的所有节点和这个最佳位置来生成新节点。
4）需要检查交叉以避免前部重叠。

图 6.14 所示的前沿推进算法通过五个主要步骤对结构进行网格划分。首先，它从初始前沿（见图 6.15）开始，边界网格被定义为前沿上每条边（面）的初始前沿，根据前沿 A、B 定位理想节点 C。第二步是创建第一个前沿（见图 6.16），以确定当前前沿上的其他节点是否在理想位置 C 的搜索半径（r）范围内（选择 D 而不是 C）。图 6.17 中所示的下一个前

沿，即所谓的 **Book-Keeping**，在这个过程中，新的前沿边以三角形的形式被添加和删除，直到前沿上没有剩余的边为止。图 6.18 所示的迭代前沿仍然遵循与下一个前沿相同的逻辑，继续通过三角剖分迭代进行网格映射。如图 6.19 所示，迭代技术中的所有过渡形状可以有多种选择，以确保最佳的网格质量（最接近于等边形）。拒绝三角形迭代网格的准则是任何与现有的前沿相交的三角形或任何反转三角形，如使用不满足非反转条件 $\det(\overrightarrow{AB} \times \overrightarrow{AC}) > 0$ 的行列式计算的表面值。非反转条件，即第二类贝塞尔多项式形式的雅可比行列式在整个区域内为正值。这一条件对于有限元分析具有重要意义，因为该条件意味着网格在全局上是可逆的，对于领域中的每个区域，都存在一个唯一的网格单元和一个唯一的网格三角形。如果网格没有重叠且网格是全局可逆的，那么每个单元也是不可逆的。如果二阶贝塞尔三角形在下一次迭代中没有反转，那么它是全局可逆的。

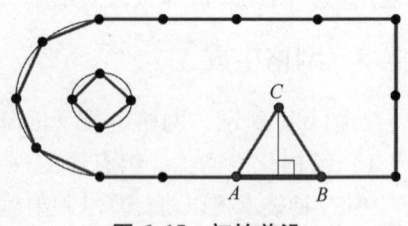

图 6.15 初始前沿

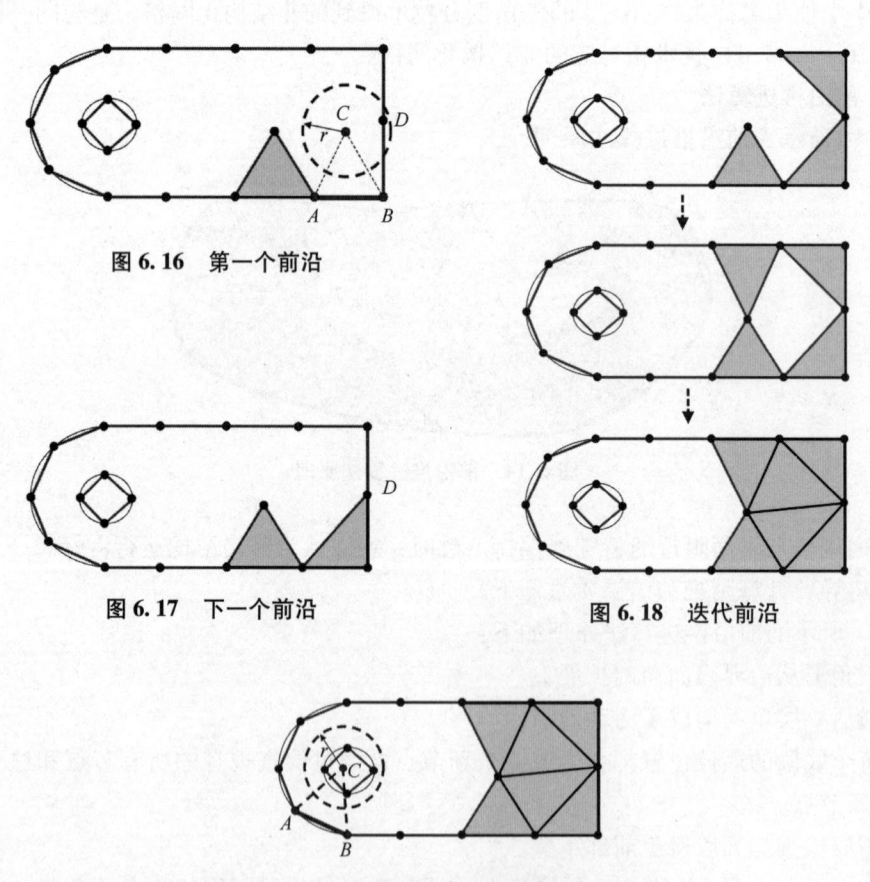

图 6.16 第一个前沿

图 6.17 下一个前沿

图 6.18 迭代前沿

图 6.19 上一个前沿增量检测到的过渡形状

6.1.5.2 以四边形为主

网格定义为以四边形为主的单元形状控制，如图 6.1 所示。该结构具有以下原则：

1) 对包含边界的正方形进行递归细分，直到获得所需的分辨率。
2) 在正方形与边界相交的表面附近生成不规则单元（或三角形）。

图 6.20 所示为采用以四边形为主的网格技术生成的结构网格，这是一种用于评估有效性的网格准则。它需要最少的表面，并通过结构高度自动匹配。否则，无法正确匹配表面网格，从而导致接近设计表面极限的低质量网格结构。

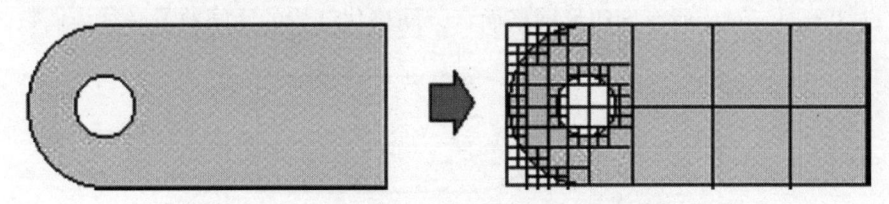

图 6.20 以四边形为主的网格技术生成结构网格

图 6.21 所示为图 6.20 中采用以四边形为主的网格技术和三角形单元设计的曲面。

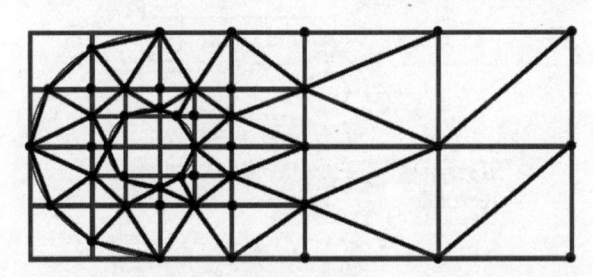

图 6.21 采用以四边形为主的网格技术和三角形单元设计的曲面

显然，网格结构符合以下步骤：
1) 定义初始边界框（四边形树的根）。
2) 递归地将每条根分解为四片叶子，以解析几何问题。
3) 求出叶片与几何边界的交点。
4) 使用角点、边节点和与几何体的交点对每片叶子划分网格。
5) 删除外部网格。

6.1.5.3 非结构化网格：铺砌

当网格仅是单元形状的函数时，可从三角形变为四边形，反之亦然，如图 6.22 所示：
1) 基于四边形（而不是三角形）前沿推进技术。
2) 仅用于 2D。

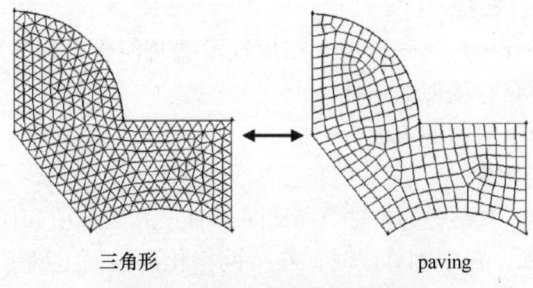

三角形　　　　　　　　paving

图 6.22 网格单元形状的选择

6.1.5.4 非结构化四边形

在图 6.1 中，网格生成器设置为非结构化四边形，但这次使用了四边形单元形状，而不是以四边形为主，并采用了自由技术和前沿推进算法。

图 6.23 所示为不同设置方法划分非结构化四边形网格的步骤。在这里，前沿推进从边界处的前沿开始，以前沿角度为基础形成单元行；然后，为了使用合适的四边形单元几何形状以逼近设计表面，对于所有四边形网格而言，网格化结构的区间数量必须为偶数。

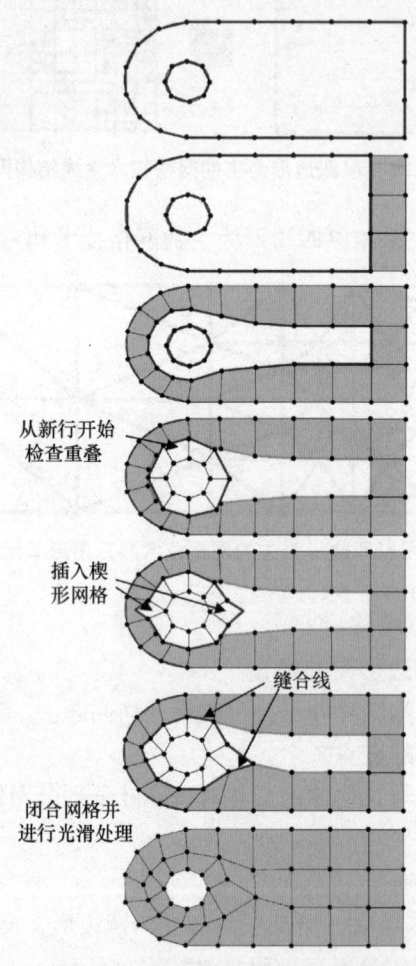

图 6.23 不同设置方法划分非结构化四边形网格的步骤

6.1.5.5 非结构化网格：扫掠

图 6.1 中有扫掠（Sweep）这一选项。扫掠技术的几何要求如图 6.24 所示。
1) 源表面和目标面具有相似的拓扑。
2) 具有连接映射或子映射的表面。

6.1.5.6 使用中轴生成网格

图 6.25 所示为图 6.1 中设置的中轴（Medial axis）算法选项如何对零件进行网格划分。

当通过网格控制选项设置中轴算法时，在待网格化的表面上确定一个中轴对象，并在模型中以最大圆（二维）或球体（三维）进行滚动，中心沿着中轴对象的轨迹移动。该轨迹

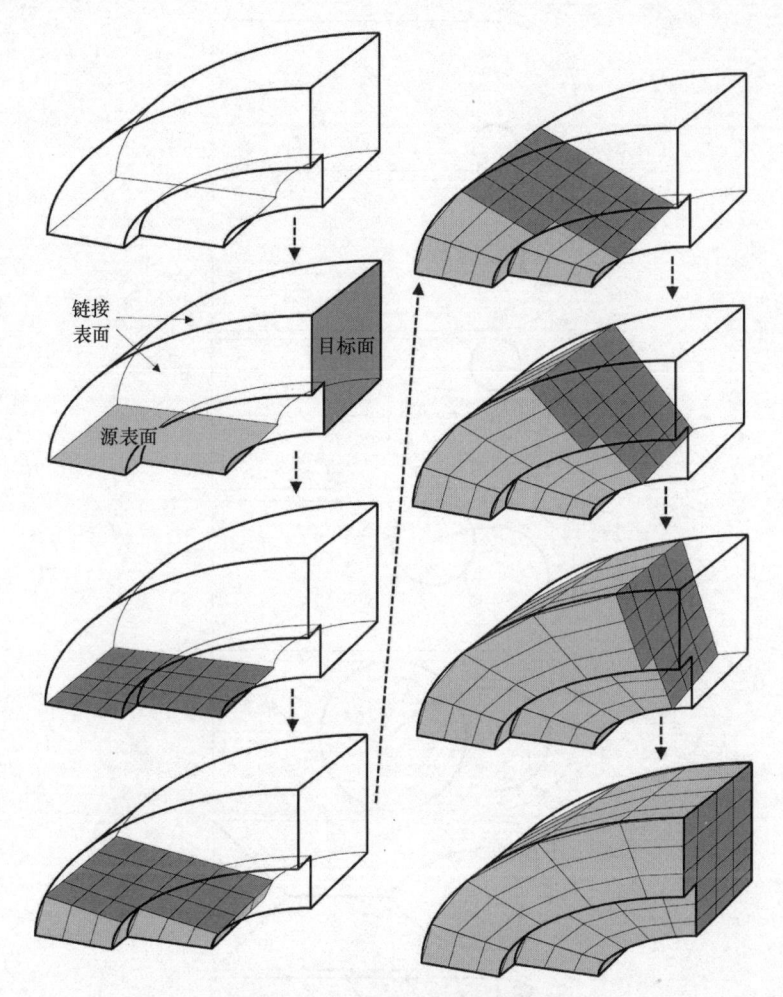

图 6.24 扫掠技术的几何要求

被追踪，以覆盖整个待网格化结构。一旦确定了中轴对象的轨迹，网格生成器就会定义模型的解剖脊，从而建立相应的单元网格模式。中轴对象可作为一种工具，自动将模型分解为更简单的可映射或可扫掠的部分。

6.1.5.7 非结构化网格：三维单元

图 6.26 所示为可用于三维实体结构网格划分的三维单元类型。最好是获得基于六面体的网格，因为等角四面体网格不适用于较薄的零件，并且模型需要太多的单元才能获得较好的分辨率。

Hex：用于最大化每条边上的体积覆盖量，每个单元的节点比例最大。

Hex/Wedge：高质量的单元分布在实体边界上。

Tet：用于对极其复杂的区域进行自动网格划分。

表 6.1 列出了不同单元类型网格映射功能的特点。可以清楚地看到，除了复杂的几何模型，采用结构化网格是最佳选择。通过对整个模型采用一些巧妙的分区策略，这种困难可以得到部分解决。为了平衡结构化网格处理复杂几何形状时的效益性能，有时无法实现良好的平衡，而且大多数情况下很难找出解决办法。

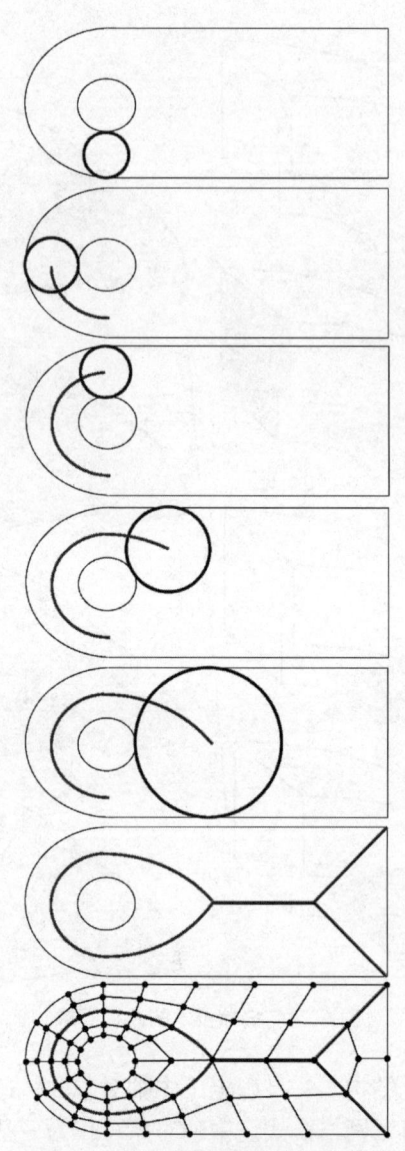

图 6.25 利用中轴算法进行网格划分

表 6.1 不同单元类型网格映射功能的特点

网格映射	分析的特点				
	速度	表面粗糙度	质量和控制	复杂几何	网格尺寸
结构化网格（映射）	Y[①]	Y	Y	N[②]	Y
非结构化网格三角形	N	Y	NS[③]	Y	N
非结构化网格铺砌	N	N	NS	Y	Y
非结构化协同[④]	Y	N	NS	N	Y

[①] Y：Yes，推荐使用。
[②] N：No，不推荐使用。
[③] NS：Not Sure 不确定是否正常运行。
[④] 通常，Cooper 网格方案适用于显示以下两个特征之一的实体。第一，至少有一个面既不可映射也不可子映射（sub-mappable）；第二，所有面都是可映射的或可子映射的，但指定了顶点类型，使得体积不能划分为可映射的子体积。满足上述任一条件的面，以及逻辑上与这些面平行的面，构成了相应逻辑圆柱体的体积和端盖的源面。

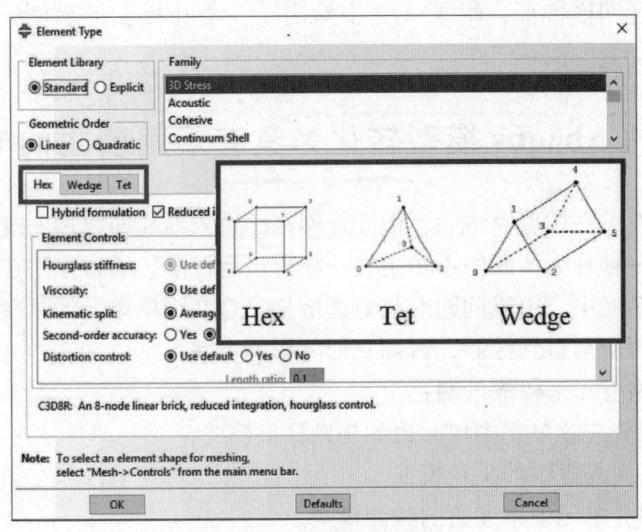

图 6.26 三维单元类型

6.1.5.8 网格质量

网格的质量指标不是绝对的,但应结合具体的问题加以考虑,一个仿真计算的精度总是与网格的质量相关。

图 6.27 所示为用于圆形的网格映射,展示了什么样的网格使其能够获取所使用单元类型的功能或用于帮助网格划分策略,从而在划分的结构上实现尽可能均匀的四边形形状。虽然理论上,无论采用何种网格,都存在一个节点域的协调方程。然而,在实际应用中,加载所引起的结构单元大变形会导致严重的数值收敛困难。因此,网格质量可以是几个几何度量的函数,这些几何度量的定义如下:

1)取决于单元的大小。
2)取决于单元的形状。
3)取决于相邻单元的相对尺寸。

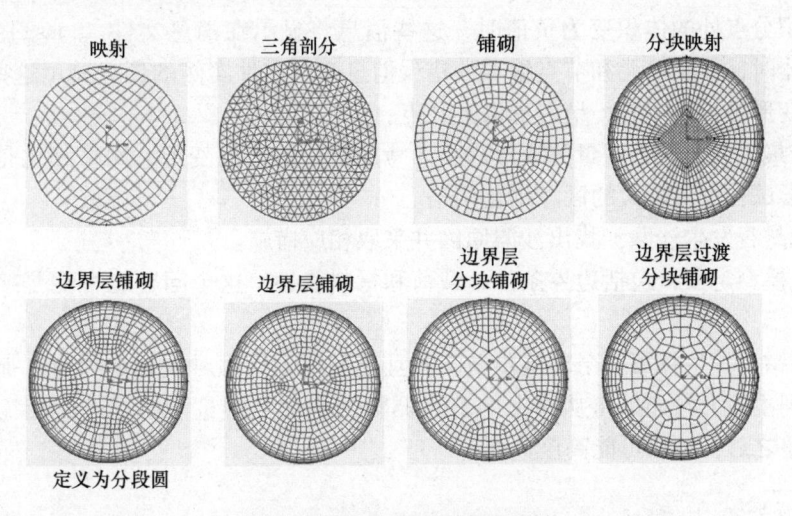

图 6.27 用于圆形的网格映射

为了更好地概述网格特征，附录 A.5 中给出了一个孔板设计示例，该示例包括图 6.1 中可用的所有选项。

6.2 网格化的 Abaqus 模型转化为具有规则模式的非物理形状

这种情况可能发生在模型完成后，但变形网格已进入明显非物理的规则模式，这是因为网格可能正在经历一种称为沙漏的不稳定性。如果出现沙漏，通常发生在一阶缩减积分连续单元或缩减积分壳单元中。由于问题的数值离散化，这些网格单元的某些变形不会引起应变能。除非这些非物理变形得到控制，否则它们将影响求解。

可通过观察网格变形来检测沙漏：

1）一阶缩减积分连续单元中单元边的规则梯形模式。
2）垂直于壳平面的规则的尖状模式。
3）二阶缩减积分单元中单元边的沙漏模式。

Abaqus 通过引入人工沙漏刚度来控制一阶连续单元和壳单元中的沙漏。对于许多单元，可以使用 ***HOURGLASS STIFFNESS*** 选项更改沙漏刚度，或者使用 ***SECTION CONTROLS*** 选项缩放沙漏刚度。如果分析师观察到沙漏现象，那么他们应该细化网格或增加沙漏刚度，其中，细化网格是首选方案。

如果沙漏刚度过高，则模型可能会变得过于刚硬。请检查伪应变能 **ALLAE** 与内能 **ALLIE** 的比值：**ALLAE** 通常应该很小，如 ALLAE 与 ALLIE 的比小于 1%。沙漏趋势越大，伪应变能越高。

如果模型继续发生沙漏，应继续细化网格或使用不同的单元类型（一阶完全积分单元，甚至二阶单元）。

6.3 单元过度变形警告

如前所述，如果消息文件中存在单元过度变形警告，则表示网格与设计几何图形不匹配。当单元积分点处的体积变为负值时，这些消息将显示在消息文件（.msg）中。当使用零件和装配体时，涉及单元和节点编号的错误消息会以零件实例的形式显示这些编号[⊖]。排除单元过度变形警告故障时，请考虑以下几点：

1）检查最后一个收敛增量的变形形状。考虑变形单元的变形，网格细化是否合理？如果不是，请尝试在变形较大的区域细化网格。
2）单元是否发生沙漏？找出沙漏原因并采取相应措施。
3）检查模型定义，包括边界条件、载荷和材料属性，这个问题也可能是接触时的干涉导致的。
4）如果错误发生在第一个增量步中，并且模型包含接触对或绑定约束，那么是否已将从节点调整到主面上？如果将从面上的节点调整到主面上的量与单元长度相比是比较明显的，则在调整之后，单元可能高度失真。

⊖ 请参阅 *Abaqus Analysis User's Guide* 第 2.10.1 节 "Defining an assembly for more information"。

6.4 含有杂交单元模型的兼容性错误输出到消息文件

当分析师运行含有杂交单元的 Abaqus Standard 分析时，消息文件（.msg）包含标题为 **COMPATIBILITY ERRORS**（兼容性错误）的部分。这些错误是什么？可以安全地忽略它们吗？

使用杂交单元时，输出到消息文件中的兼容性错误信息并表示分析中发生了错误。

对于实体杂交单元，体积应变既可通过位移自由度计算，也可通过独立压力自由度计算。Abaqus 会检查这两个应变值之间的差异是否在特定容差范围内，以确保收敛，这类似于力和力矩平衡的校核。在每次迭代中，关于杂交单元兼容性的消息都被输出到消息文件中。

例如，以下是使用杂交单元的增量步的最后一次迭代：

```
COMPATIBILITY ERRORS:
TYPE           NUMBER        MAXIMUM        IN ELEMENT
               EXCEEDING     ERROR
               TOLERANCE

VOLUMETRIC     0             -9.595E-10     49
```

在上述情况下，两个应变值之间的最大误差（或差值）在 1.0e-5 的可接受容差范围内，可以忽略此类消息。当满足力和力矩平衡时，会出现杂交单元兼容性检查失败的情况。例如，bootseal.inp[⊖] 示例的分析中，分析步 2、增量步 4、第 3 步迭代中就会出现这种情况。在该分析中，兼容性检查在第 4 步迭代中完成，因此分析继续进行，该消息也可以忽略。

可能存在 Abaqus 难以满足兼容性检查且分析无法收敛的情况，通常，这意味着分析中使用了不合适的单元，或者材料完全不可压缩。在这种情况下，通常需要改变模型或分析设置来解决问题。

6.5 用户单元子程序

Abaqus Standard 有一个接口，允许用户实施线性和非线性有限元分析。在用户子程序 UEL[⊖] 中实现了非线性有限元分析，这个接口使得定义任意复杂的（专有）单元成为可能。如果编码正确，用户单元可用于大多数的 Abaqus Standard 分析程序。多个用户单元可以在单个 UEL 子程序中实现，并且可以一起使用。本节将仅讨论非线性有限元的实施，并举例说明。

Abaqus Standard 是一款通用的分析工具，拥有庞大的单元库，可以分析最复杂的结构问题。然而，在某些情况下，使用用户定义的单元来扩充 Abaqus 库，对于建模与结构行为耦合的非结构物理过程、施加依赖于解的载荷以及建模主动控制机制是非常有用的。在分析代码（如 Abaqus）中实现用户单元比编写完整的分析代码具有明显的优势。实际上，Abaqus 提供了大量的结构单元、分析程序和建模工具，还提供了前处理和后处理的工具，许多第三

⊖ 请参阅 *Abaqus Example Problems Guide* 第 1.1.15 节 "Analysis of an automotive boot seal for more information"。

⊖ 请参阅第 14 节中的 *Abaqus Users Subroutines Reference Guide* v6.14 第 1.1.28 节 "UEL user subroutine to define an element"。

方供应商提供了带有 Abaqus 接口的前处理器和后处理器。此外，维护和移植子程序要比维护和移植一个完整的有限元程序容易得多。多年来，为了开发出符合许多研究领域特殊需求的用户单元子程序，世界各国的科学家们进行了大量的工作。例如，成型加工[2]、钢筋混凝土结构[3]和裂纹扩展[4]。

6.5.1 编写 UEL 指南

在编写 UEL 子程序之前，必须定义单元的以下关键特征：
1）单元上的节点数。
2）每个节点的坐标值。
3）每个节点的自由度。

此外，还必须确定以下属性：
1）在 UEL 外部定义的单元属性数量。
2）每个单元存储的与解有关的状态变量（SDV）的数量。
3）可用于单元的（分布式）载荷类型的数量。

这些项目不需要立即确定，可以在基本子程序完成后轻松添加。在通用分析步中，单元对模型的主要贡献是提供节点处的通量F^N，它取决于节点处的自由度u^N值。

F^N被定义为一个残差量：

$$F^N = F^N_{ext} - F^N_{int} \tag{6.1}$$

式中，F^N_{ext}是节点 N 的外部通量（由外加分布式载荷引进）；F^N_{int}是节点 N 的内部通量（由应力等引起）。

如果自由度是位移，那么相关的通量就是节点力。类似地，旋转对应力矩，温度对应热通量。

在非线性用户单元中，单位力的通量通常取决于自由度 Δu^N的增量和内部状态变量H^α，必须在用户子程序中更新状态变量。

在通用分析步中，求解（非线性）方程组需要用户定义单元的雅可比矩阵（刚度矩阵），由式（6.2）给出：

$$K^{NM} = -\frac{dF^N}{du^M} \tag{6.2}$$

雅可比应包括F^N对u^M的所有直接和间接依赖关系，包括式（6.3）所示的项：

$$-\frac{\partial F^N}{\partial H^\alpha}\frac{\partial H^\alpha}{\partial u^M} \tag{6.3}$$

定义更精确的雅可比矩阵可以提高通用分析步的收敛性。

雅可比矩阵（刚度）决定了线性扰动分析步的解，因此它必须是精确的。雅可比矩阵可以是对称的，也可以是非对称的。

用户单元公式化的复杂程度可能有很大差异。在由常规单元构成的分析中，可以开发一些简单单元，以起控制和反馈机制的作用。一些复杂的非线性结构单元在开发过程中通常需要付出巨大的努力。

如果单元是由非线性材料构成的，用户应该创建一个单独的子程序（或一系列子程序）来描述材料的行为。如果在用户子程序 UMAT 中实现了材料模型，则可以在 UEL 中包含对

UMAT 的调用。针对 UMAT 讨论的集成问题也适用于 UEL 中使用的材料模型。

6.5.1.1 等参数单元的公式与计算

本小节简要概述了有限元计算中使用的形函数和雅可比矩阵的公式,但对于进一步的研究,强烈建议阅读有关有限元程序的更多信息。例如,有限元程序[5],壳体有限元分析基础[6],实体和结构的非弹性分析[7],实体和结构的力学分层建模和有限元解决方案[8],以及用有限元方法建模的结构 Vol1:弹性实体[9],Vol2:梁和板[10],Vol3:壳[11]。

连续单元的基本概念基于两个方面,一是几何插值,二是位移插值。对于 N,插值几何体的节点数在式(6.4)中给出,这些节点分别与笛卡儿坐标系中的 x、y 和 z 有关。

$$x = \sum_{i=1}^{N} h_i x_i \quad y = \sum_{i=1}^{N} h_i y_i \quad z = \sum_{i=1}^{N} h_i z_i \tag{6.4}$$

同理,位移的插值见式(6.5):

$$u = \sum_{i=1}^{N} h_i u_i \quad v = \sum_{i=1}^{N} h_i v_i \quad w = \sum_{i=1}^{N} h_i w_i \tag{6.5}$$

通过比较式(6.4)和(6.5),可以直接得出这样的结论:用插值函数 h_i 对几何形状和位移进行了完全相同的插值。因此,该函数对建立有限元模型是必不可少的。

具有两个节点的一维单元的插值函数如图 6.28 所示。

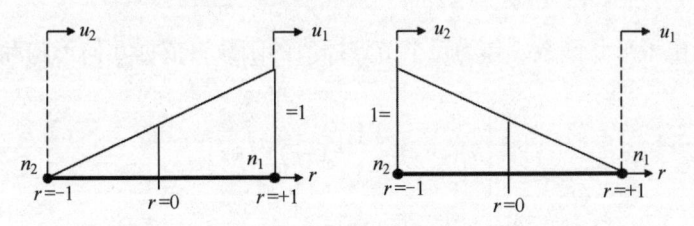

图 6.28 具有两个节点的一维单元的插值函数

式(6.6)给出了形状函数,作为每个节点插值的函数,依据几何形状和位移,如图 6.28 所示。

$$\begin{cases} h_1(r) = \dfrac{1}{2}(1+r) \\ h_2(r) = \dfrac{1}{2}(1-r) \end{cases} \tag{6.6}$$

具有 3 个节点的一维单元的插值函数如图 6.29 所示。

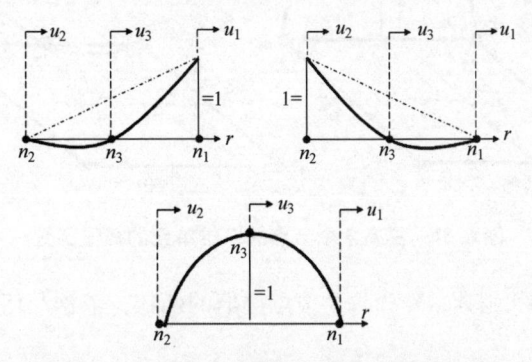

图 6.29 具有 3 个节点的一维单元的插值函数

式（6.7）给出了形状函数，作为每个节点插值的函数，依据几何形状和位移，如图 6.29 所示。

$$\begin{cases} h_1(r) = \dfrac{1}{2}(1+r) - \dfrac{1}{2}(1-r^2) \\ h_2(r) = \dfrac{1}{2}(1-r) - \dfrac{1}{2}(1-r^2) \\ h_3(r) = 1-r^2 \end{cases} \tag{6.7}$$

具有 4 个节点的二维单元的插值函数如图 6.30 所示。

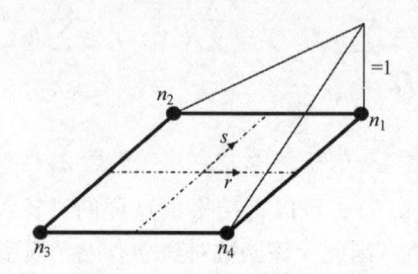

图 6.30　具有 4 个节点的二维单元的插值函数

式（6.8）给出了形状函数，作为每个节点插值的函数，依据几何形状和位移，如图 6.30 所示。

$$\begin{cases} h_1(r,s) = \dfrac{1}{4}(1+r)(1+s) \\ h_2(r,s) = \dfrac{1}{4}(1-r)(1+s) \\ h_3(r,s) = \dfrac{1}{4}(1-r)(1-s) \\ h_4(r,s) = \dfrac{1}{4}(1+r)(1-s) \end{cases} \tag{6.8}$$

具有 5 个节点的二维单元的插值函数如图 6.31 所示。

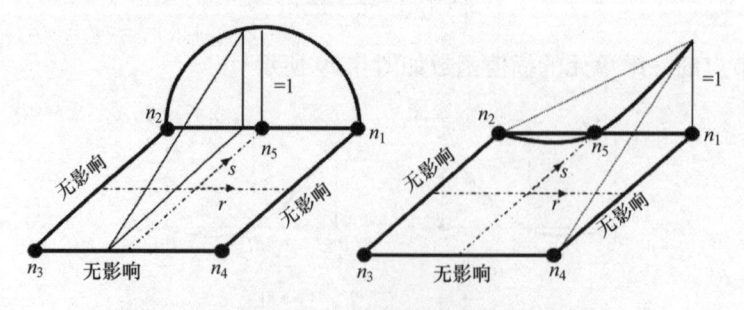

图 6.31　具有 5 个节点的二维单元的插值函数

式（6.9）给出了形状函数，作为每个节点插值的函数，依据几何形状和位移，如图 6.31 所示。

$$\begin{cases} h_1(r,s) = \dfrac{1}{4}(1+r)(1+s) - \dfrac{1}{2}h_5(r,s) \\ h_2(r,s) = \dfrac{1}{4}(1-r)(1+s) - \dfrac{1}{2}h_5(r,s) \\ h_3(r,s) = \dfrac{1}{4}(1-r)(1-s) \\ h_4(r,s) = \dfrac{1}{4}(1+r)(1-s) \\ h_5(r,s) = \dfrac{1}{2}(1-r^2)(1+s) \end{cases} \quad (6.9)$$

对于图 6.30 所示的二维 4 节点单元，位移插值见式（6.10）。式（6.10）可以写成式（6.11）所示的矩阵形式。

$$u = \sum_{i=1}^{4} h_i(r,s) u_i \quad v = \sum_{i=1}^{4} h_i(r,s) v_i \quad (6.10)$$

$$\begin{bmatrix} u(r,s) \\ v(r,s) \end{bmatrix} = \begin{bmatrix} h_1 & 0 & h_2 & 0 & h_3 & 0 & h_4 & 0 \\ 0 & h_1 & 0 & h_2 & 0 & h_3 & 0 & h_4 \end{bmatrix} \begin{bmatrix} u_1 \\ v_1 \\ u_2 \\ v_2 \\ u_3 \\ v_3 \\ u_4 \\ v_4 \end{bmatrix} = \underline{H} \cdot \underline{u} \quad (6.11)$$

式（6.12）给出了平面应变的计算。类似地，式（6.12）可以写成式（6.13）所示的矩阵形式。

$$\varepsilon_{rr} = \dfrac{\partial u}{\partial r} = \sum_{i=1}^{4} \dfrac{\partial h_i(r,s)}{\partial r} u_i \quad \varepsilon_{ss} = \dfrac{\partial v}{\partial s} \quad \varepsilon_{rs} = \dfrac{\partial u}{\partial s} + \dfrac{\partial v}{\partial r} \quad (6.12)$$

$$\begin{bmatrix} \varepsilon_{rr} \\ \varepsilon_{ss} \\ \varepsilon_{rs} \end{bmatrix} = \begin{bmatrix} \dfrac{\partial h_1}{\partial r} & 0 & \cdots & \dfrac{\partial h_4}{\partial r} & 0 \\ 0 & \dfrac{\partial h_1}{\partial s} & \cdots & 0 & \dfrac{\partial h_4}{\partial s} \\ \dfrac{\partial h_1}{\partial s} & \dfrac{\partial h_1}{\partial r} & \cdots & \dfrac{\partial h_4}{\partial s} & \dfrac{\partial h_4}{\partial r} \end{bmatrix} \begin{bmatrix} u_1 \\ v_1 \\ u_2 \\ v_2 \\ u_3 \\ v_3 \\ u_4 \\ v_4 \end{bmatrix} = \underline{B} \cdot \underline{u} \quad (6.13)$$

一般情况下，要想知道单元点的位移，通过插值位移函数可以很容易得到。然而，对于应变，它们是 x 和 y 的导数，不再是 r 和 s 的函数。因此，式（6.10）必须使用式（6.14）中所示的雅可比变换系统来编写。在这种情况下，需要将位移 $u(r,s)$ 和 $v(r,s)$ 的每个局部坐标系导数转换为几何模型中的全局坐标系导数 $u(x,y)$ 和 $v(x,y)$。

$$\begin{bmatrix} \dfrac{\partial}{\partial r} \\ \dfrac{\partial}{\partial s} \end{bmatrix} = \begin{bmatrix} \dfrac{\partial x}{\partial r} & \dfrac{\partial y}{\partial r} \\ \dfrac{\partial x}{\partial s} & \dfrac{\partial y}{\partial s} \end{bmatrix} \begin{bmatrix} \dfrac{\partial}{\partial x} \\ \dfrac{\partial}{\partial y} \end{bmatrix} = \underline{J} \begin{bmatrix} \dfrac{\partial}{\partial x} \\ \dfrac{\partial}{\partial y} \end{bmatrix} \tag{6.14}$$

雅可比分量矩阵很容易计算。例如，分量 $\dfrac{\partial x}{\partial r}$ 就很容易计算，因为位移和几何体是用相同的形状函数插值的，那么可使用式（6.15）和式（6.16）来计算这个雅可比矩阵分量。按照这个步骤，可以重新编写几何模型中一般单元坐标的矩阵 $\underline{B}$。

$$x = \sum_{i=1}^{N} h_i(r,s) x_i \tag{6.15}$$

$$\frac{\partial x}{\partial r} = \sum_{i=1}^{N} \frac{\partial h_i(r,s)}{\partial r} x_i \tag{6.16}$$

在三维单元中，H 矩阵和 B 矩阵是 (r,s,t) 局部坐标系的函数，也是几何模型中 (x,y,z) 的函数。例如，式（6.17）给出了计算刚度矩阵的积分，式（6.18）定义了基本单元体积。

$$\underline{K} = \int_V \underline{B}^T \cdot \underline{C} \cdot \underline{B} \, dV \tag{6.17}$$

$$dV = \det(\underline{J}) \, dr \, ds \, dt \tag{6.18}$$

6.5.1.2 UEL 接口

用户单元是用 **USER ELEMENT** 选项定义的，在使用 ELEMENT 选项调用用户单元之前，该选项必须出现在输入文件中。与 UEL 接口的语法如下：

```
*USER ELEMENT, TYPE=Un, NODES=, COORDINATES=,
PROPERTIES=, I PROPERTIES=, VARIABLES=, UNSYMM
Data line(s)
*ELEMENT,TYPE=Un, ELSET=UEL
Data line(s)
*UEL PROPERTY, ELSET=UEL
Data line(s)
*USER SUBROUTINES, (INPUT=file_name)
```

一种数据行形式为 dof_1、dof_2，依此类推，其中 dof_1 是在节点处激活的第一个自由度，dof_2 是在节点处激活的第二个自由度，它遵循 **USER ELEMENT** 选项。如果用户单元的所有节点都具有相同的活动自由度，则不需要更多的数据。但是，如果某些节点具有不同的活动自由度，请输入后续数据行，其格式为位置、dof_1、dof_2 等。其中，位置是单元上的（局部）节点编号（位置），dof_1 是在该节点和后续节点处激活的第一个自由度，dof_2 是在该节点和后续节点处激活的第二个自由度，依此类推。可以在单元中的任何节点上更改活动自由度。

用户单元自由度的量纲与 Abaqus 中常规单元自由度的量纲相同，如文献所述，1~3 是位移自由度，4~6 是旋转自由度。这种对应关系对于非线性分析中的收敛控制非常重要，由于有限旋转的非线性特性，它在几何非线性分析中的三维旋转方面也具有重要意义。

用户单元可以有一些内部自由度，因为它们不与其他单元的节点相连，收敛性将针对内部自由度进行检查，因此适当选择内部自由度很重要（即内部自由度 1 应具有位移的尺寸）。出于效率考虑，用户应选择单元外部节点或模型中其他节点上的内部自由度数。

表 6.2 列出了 UEL 子程序中使用的参数定义。

表 6.2　UEL 子程序中使用的参数定义

参数	定义
TYPE（类型）	（用户定义）Un 形式的单元类型，其中 n 是数字
NODES（节点）	单元上的节点数
COORDINATES（坐标系）	任意节点的最大坐标值
PROPERTIES（属性）	浮点属性值的数量
I PROPERTIES（I 属性）	整数属性值的数量
VARIABLES（变量）	SDV 的数量
UNSYMM（不对称的）	指示雅可比非对称的标志

单元中任何节点的最大坐标数由 COORDINATES 参数指定，可以通过增加 COORDINATES 的值，使其匹配单元上活动的最高位移自由度。

每个单元的状态依赖变量（SDV）总数由 VARIABLES 参数设置。如果单元是数值积分的，则 VARIABLES 参数应设置为积分点数乘以每个积分点的 SDV 数量。与解相关的状态变量可以与 SDV1、SDV2 等标识符一起输出。任何单元的 SDV 只能输出到数据（.dat）、结果（.fil）或输出数据库（.odb）文件中，并在 Abaqus Viewer 中以 X-Y 图的形式输出。

表 6.2 中 PROPERTIES 和 I PROPERTIES 参数给出了用户单元属性的数量。PROPERTIES 确定浮点属性值的数量，I PROPERTIES 确定整数属性值的数量。

属性值通过 **UEL PROPERTY** 选项提供，属性是在单元集的基础上分配的。因此，同一个 UEL 子程序可以用于具有不同属性的用户单元。按照这种方法，不需要对用户子程序中的属性值进行硬编码。

UEL 编码以单独文件的形式提供，并通过 Abaqus 执行程序调用，如下所示：

abaqus job=... user=....

用户子程序必须在重启动分析中调用，因为用户子程序不会保存在重启动文件中。分布式载荷和通量类型可以通过使用载荷类型键 Un 和 UnNU 与 **DLOAD** 和 **DFLUX** 选项一起使用。无论哪种情况，分布式载荷类型的等效节点载荷矢量必须在用户子程序中定义。如果使用载荷类型键 Un，则载荷值在数据行中定义，并且可以通过 **AMPLITUDE** 选项使载荷随时间变化。如果使用载荷类型键 UnNU，则所有的载荷定义都将在用户子程序 UEL 中进行：必须编码一个时间依赖的载荷大小矢量。最后，如果载荷依赖于求解值的变量，则应包括对应于雅可比矩阵的载荷刚度矩阵，以获得最佳性能。

UEL 中可以使用以下变量：
1）坐标、位移、增量位移，以及动力学、速度和加速度。
2）增量开始时的 SDV。
3）时间、温度和用户定义场变量的总值和增量值。
4）用户单元属性。
5）载荷类型以及总载荷和增量载荷大小。

6）单元类型和用户定义的单元编号。

7）程序类型标志，对于动力学，为积分运算符值。

8）当前步长和增量编号。

必须定义以下量：右侧矢量（残余节点通量或力）、雅可比矩阵（刚度）和与解相关的状态变量。

可以定义以下变量，与单元相关的能量（应变能、塑性耗散、动能等）和建议的新（减少的）时间增量。

解变量（位移、速度等）按节点/自由度排列，首先是第一个节点的自由度，然后是第二个节点的自由度，依此类推。通量矢量和雅可比矩阵的排序方式必须相同。例如，考虑一个平面梁，其第一和第二个节点使用自由度 1、2 和 6（u_x、u_y、ϕ_z），第三个（中间的）节点使用自由度 1 和 2。顺序是

Element variable（单元变量）	1	2	3	4	5	6	7	8
Node（节点）	1	1	1	2	2	2	3	3
Degree of freedom（自由度）	1	2	6	1	2	6	1	2

传入 UEL 的位移、速度等均基于全局坐标系，无论节点是否使用了 TRANSFORM 选项，通量矢量和雅可比矩阵也必须在全局坐标系中定义。

雅可比矩阵必须表示为完整的矩阵，即使它是对称的。如果不使用 UNSYMM 参数，Abaqus 将对用户定义的雅可比矩阵进行对称化处理。

对于瞬态传热和动态分析，必须在通量矢量中包含热容量和惯量的作用。

在新的增量步开始时，解变量的增量将从上一个增量步的基础上外推，通量矢量和雅可比行列式必须基于这些外推值。如果不需要外推，则可以使用 STEP，EXTRAPOLATION = NO 将其关闭。

如果解变量的增量过大，可以使用变量 PNEWDT 来自动确定新的时间增量。Abaqus 将放弃当前的时间增量，并用一个更小的 PNEWDT 参数再次尝试时间增量。

复杂的 UEL 可能有许多潜在的问题区域，调试 UEL 时不要使用大模型，请用一个单元输入文件验证 UEL。

1）采用通用分析步进行测试，其中所有解变量均为给定值，以验证结果通量。

2）采用扰动分析步进行测试，其中所有载荷均为给定值，以验证单元的雅可比矩阵（刚度）。

3）采用通用分析步进行测试，其中所有载荷均为给定值，以验证雅可比矩阵和通量矢量的一致性。

逐渐增加测试问题的复杂性，然后尽可能将结果与标准 Abaqus 单元的结果进行比较。

6.6 UEL 子程序案例

同样，作为调试模型的一种好的方法，这里的 Fortran 子程序是按顺序在用户代码内的不同位置行插入 PRINT 和 PAUSE 指令，首先输出用户需要跟踪的变量，然后暂停以监控 Abaqus 执行代码的顺序；其次，这种方法允许用户以最有效的方式执行简单的逐步调试处理；最后，通过 FEA 模型从子程序代码中检测出异常行为，这在复杂程序中是最容易识别的。

6.6.1 非线性截面平面梁的 UEL 子程序

框架受载时,混凝土中会产生明显的非线性,但位移足够小时,可以忽略几何非线性。

在本例中,用户建立了一个模型,直接用轴向力和弯矩来描述非线性的截面行为。类似于 **BEAM GENERAL SECTION**,**SECTION = NONLINEAR GENERAL** 选项,但允许轴向项和弯曲项之间的耦合,横向剪切变形可以忽略不计。

对单元进行数值积分,需要在 UEL 中定义以下变量:

1) 单元 $\underline{B}$ 矩阵,将轴向应变 ε 和曲率 k 与单元位移 $\underline{u_e}$ 关联起来:

$$\begin{bmatrix} \varepsilon \\ \kappa \end{bmatrix} = \underline{B} \cdot \underline{u_e} \tag{6.19}$$

2) 本构定律 $\underline{D}$ 将轴向力 F 和力矩 M 与轴向应变和曲率关联起来:

$$\begin{bmatrix} F \\ M \end{bmatrix} = \underline{D} \cdot \begin{bmatrix} \varepsilon \\ \kappa \end{bmatrix} \tag{6.20}$$

3) 单元刚度矩阵:

$$\underline{K_e} = \int_0^L \underline{B}^T \cdot \underline{D} \cdot \underline{B} \, dl \tag{6.21}$$

4) 单元内力矢量:

$$\underline{F_e} = \int_0^L \underline{B}^T \cdot \begin{bmatrix} F \\ M \end{bmatrix} dl \tag{6.22}$$

5) 通过数值方法完成积分:

$$\int_0^L A \, dl = \sum_{i=1}^n A_i \cdot l_i \tag{6.23}$$

式中,n 是积分点的个数;l_i 是与积分点 i 相关联的长度。

该单元公式基于欧拉公式-伯努利梁理论,插值仅通过位移来描述,且在节点处是连续的。

曲率是梁法线位移的二阶导数。

最简单的二维梁单元有两个节点,每个节点有两个位移自由度和一个旋转自由度(u_x, u_y, Φ_z),自由度分别以 1、2 和 6 表示。

如图 6.32 所示,在基本形式中,切向位移 u_{loc} 采用线性插值,法向位移采用 v_{loc} 三次插值。法向位移的三次插值产生曲率的线性变化,切向位移的线性插值产生恒定的轴向应变。

恒定轴向应变和线性曲率变化是不一致的,如果轴向和弯曲行为耦合,可能会导致局部轴向力过大。考虑分析非线性混凝土行为时,这种耦合将会存在,过大的轴向力可能会导致过度僵硬的行为。为了防止这个问题,我们在单元中添加了一个额外的内部节点 C,内部节点有一个自由度,即切向位移 u^C,如图 6.33 所示。

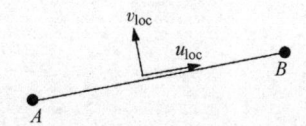

图 6.32 UEL 子程序中具有
非线性截面模型的平面梁

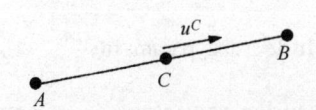

图 6.33 将内部节点添加到具有
非线性截面 UEL 子程序的平面梁

轴向应变和曲率都呈线性变化，插值函数为

$$u_{\text{loc}} = u_{\text{loc}}^A(1-3\xi+2\xi^2) + u_{\text{loc}}^B(-\xi+2\xi^2) + u^C 4(\xi-\xi^2) \tag{6.24}$$

$$v_{\text{loc}} = v_{\text{loc}}^A(1-3\xi^2+2\xi^3) + v_{\text{loc}}^B(3\xi^2-2\xi^3) + \phi^A L(\xi-2\xi^2+\xi^3) + \phi^B L(-\xi^2+\xi^3) \tag{6.25}$$

式中，L 是单元长度；$\xi = \dfrac{s}{L}$ 是沿梁方向无量纲的位置。

通过求解式（6.24）的一阶导数可得到式（6.26）的轴向应变表达式，通过求解式（6.25）的二阶导数可得到式（6.27）的曲率表达式：

$$\varepsilon = \frac{1}{L}\left[u_{\text{loc}}^A(-3+4\xi) + u_{\text{loc}}^B(-1+4\xi) + u^C 4(1-2\xi)\right] \tag{6.26}$$

$$\kappa = \frac{1}{L^2}\left[v_{\text{loc}}^A(-6+12\xi) + v_{\text{loc}}^B(6-12\xi) + \phi^A L(-4+6\xi) + \phi^B L(-2+6\xi)\right] \tag{6.27}$$

这些线性关系可以在单元的 **B** 矩阵中实现，**B** 矩阵还可以实现节点处的局部位移到全局位移的转换。该单元采用两点高斯方法进行数值积分。

以下数据行定义了输入文件中的用户单元：

```
*user element,type=u1,nodes=3,coordinates=2,...
... properties=3,variables=8
1, 2, 6
3, 1
*element, type=u1, elset=one
1, 1, 2, 3
*uel property, elset=one
2., 1., 1000.
```

用户单元名称是 U1，用于 **ELEMENT** 选项，分配了八个状态变量，因此可以在每个积分点定义四个变量。分配了三个单元属性，即截面高度、截面宽度和弹性模量。该单元有三个节点，其中第三个内部节点对每个单元都是唯一的。

该模型的编码如下：

Listing 6.1 UEL1.f

```fortran
c
c simple 2-d linear beam element with generalized
c section properties
c
      subroutine uel(rhs, amatrx, svars, energy, ndofel,
     1 nrhs, nsvars, props, nprops, coords, mcrd, nnode,
     2 u, du, v, a, jtype, time, dtime, kstep, kinc,
     3 jelem, params, ndload, jdltyp, adlmag, predef,
     4 npredf, lflags, mlvarx, ddlmag, mdload, pnewdt,
     5 jprops, njprop, period)
c
      include 'aba_param.inc'
c
      dimension rhs(mlvarx, *), amatrx(ndofel, ndofel),
     1 svars(*), props(*), energy(7), coords(mcrd,nnode),
     2 u(ndofel), du(mlvarx, *), v(ndofel), a(ndofel),
```

```fortran
     3 time(2), params(*), jdltyp(mdload, *),
     4 adlmag(mdload, *), ddlmag(mdload, *),
     5 predef(2, npredf, nnode), lflags(4), jprops(*)
c
      dimension b(2, 7), gauss(2)
c
      parameter(zero=0.d0, one=1.d0, two=2.d0,
     1 three=3.d0, four=4.d0, six=6.d0, eight=8.d0,
     2 twelve=12.d0)
c
      data gauss/.211324865d0, .788675135d0/
c
c calculate length_and direction cosines
c
      dx=coords(1, 2)-coords(1, 1)
      dy=coords(2, 2)-coords(2, 1)
      dl2=dx**2+dy**2
      dl=sqrt(dl2)
      hdl=dl/two
      acos=dx/dl
      asin=dy/dl
c
c initialize rhs_and lhs
c
      do k1=1, 7
          rhs(k1, 1)= zero
          do k2=1, 7
              amatrx(k1, k2)= zero
          end do
      end do
c
      nsvint=nsvars/2
c
c loop over integration points
c
      do kintk=1, 2
          g=gauss(kintk)
c
c make b-matrix
c
          b(1,1)=(-three+four*g)*acos/dl
          b(1,2)=(-three+four*g)*asin/dl
          b(1,3)=zero
          b(1,4)=(-one+four*g)*acos/dl
          b(1,5)=(-one+four*g)*asin/dl
          b(1,6)=zero
          b(1,7)=(four-eight*g)/dl
          b(2,1)=(-six+twelve*g)*-asin/dl2
          b(2,2)=(-six+twelve*g)* acos/dl2
          b(2,3)=(-four+six*g)/dl
```

```fortran
          b(2,4)= (six-twelve*g)*-asin/dl2
          b(2,5)= (six-twelve*g)* acos/dl2
          b(2,6)= (-two+six*g)/dl
          b(2,7)=zero
c
c calculate (incremental) strains_and curvatures
c
          eps=zero
          deps=zero
          cap=zero
          dcap=zero
          do k=1, 7
              eps = eps+b(1,k)*u(k)
              deps=deps+b(1,k)*du(k,1)
              cap = cap+b(2,k)*u(k)
              dcap=dcap+b(2,k)*du(k,1)
          end do
c
c_call constitutive routine ugenb
c
          isvint=1+(kintk-1)*nsvint
          bn=zero
          bm=zero
          daxial=zero
          dbend=zero
          dcoupl=zero
          call ugenb(bn, bm, daxial, dbend, dcoupl, eps,
         1 deps, cap, dcap, svars(isvint), nsvint,
         2 props, nprops)
c c assemble rhs_and lhs c
          do k1=1, 7
              rhs(k1,1)=rhs(k1,1)
         1             -hdl*(bn*b(1,k1)+bm*b(2,k1))
              bd1=hdl*(daxial*b(1,k1)+dcoupl*b(2,k1))
              bd2=hdl*(dcoupl*b(1,k1)+dbend *b(2,k1))
              do k2=1, 7
                  amatrx(k1,k2)=amatrx(k1,k2)
         1                    +bd1*b(1,k2)+bd2*b(2,k2)
              end do
          end do
      end do
c
      return
      end
```

此 UEL 使用与简单 B23 单元基本相同的公式进行几何线性分析，该子程序可以在有 TRANSFORM 选项的情况下使用，也可以在没有 TRANSFORM 选项的情况下使用。

将该子程序应用到三维分析中相对更简单，而应用到几何非线性分析则要复杂得多。即使是线性分析，该子程序在增量步的第一次迭代中也会被调用两次（对于每个单元）：

一次用于组装成装配体，一次用于恢复。随后，每次迭代调用一次：组合和恢复同时起作用。

6.6.2 广义本构行为

用户创建的子程序 UGENB 在每个积分点处理广义本构行为。

该子程序是仿照用户子程序 UGENS 设计的，它允许用户对壳进行建模。UGENB 中会传递以下数据：总的和增量形式的轴向应变和曲率，增量开始时的状态变量和用户单元属性。

用户必须定义两个量，第一是轴向力和弯矩，以及线性化的力/力矩-应变/曲率关系；第二是与解相关的状态变量。

简单的线弹性子程序 UGENB 如下：

Listing 6.2 UGENB.f

```
      subroutine ugenb(bn,bm,daxial,dbend,dcoupl,eps,
     1 deps,cap,dcap,svint,nsvint,props,nprops)
c
      include 'aba_param.inc'
c
      parameter(zero=0.d0,twelve=12.d0)
c
      dimension svint(*),props(*)
c
c variables_to be defined by the user
c
c bn – axial force
c bm – bending moment
c daxial – current tangent axial stiffness
c dbend – current tangent bending stiffness
c dcoupl – tangent coupling term
c
c variables that may be updated
c
c svint – state variables for this integration point
c
c variables passed_in for information
c
c eps – axial strain
c deps – incremental axial strain
c cap – curvature change
c dcap – incremental curvature change
c props – element properties
c nprops – # element properties
c nsvint – # state variables
c
c current assumption
c
c props(1) – section height
c props(2) – section width
```

```
c   props(3) – Young s modulus
c
    h=props(1)
    w=props(2)
    E=props(3)
c
c formulate linear stiffness
c
    daxial=E*h*w
    dbend=E*w*h**3/twelve
    dcoupl=zero
c
c calculate axial force and moment
c
    bn=svint(1)+daxial*deps
    bm=svint(2)+dbend*dcap
c
c store internal variables
c
    svint(1)=bn
    svint(2)=bm
    svint(3)=eps
    svint(4)=cap
c
    return
    end
```

该子程序的编码本质上与子程序 UMAT 和 UGENS 中的编码非常相似，该子程序记录了每个高斯点的轴向应变、曲率、轴向力和弯矩。对于非线性材料行为，还将记录更多的变量。将本构关系以增量的形式写入子程序，以便于应用到非线性截面行为。

UGENB 和 UEL 必须合并在一个外部文件中。

6.6.3 水平桁架和传热单元的 UEL 子程序

为了演示子程序的用法，创建了一个结构和传热用户单元。用户定义的这些单元在许多分析中得到了应用。以下摘录来自一个验证问题，该问题在隐式动力学程序中调用了结构用户单元：

```
*USER ELEMENT, NODES=2, TYPE=U1, PROPERTIES=4, ...
...COORDINATES=3, VARIABLES=12
1, 2, 3
*ELEMENT, TYPE=U1
101, 101, 102
*ELGEN, ELSET=UTRUSS
101, 5
*UEL PROPERTY, ELSET=UTRUSS
0.002, 2.1E11, 0.3, 7200.
```

用户单元由假定平行于 x 轴的两个节点组成，该单元的行为类似于线性桁架单元，所提供的单元属性分别为截面积、弹性模量、泊松比和密度。

下一个摘录展示了子程序的列表,该用户子程序可用于扰动静态分析、一般的静态分析(包括带有子程序定义的载荷增量的屈曲分析)、特征频率提取分析和直接积分动态分析[1],通过 LFLAGS 数组传入将特定计算与求解过程联系起来。

在调试屈曲分析的过程中,所有的力载荷必须通过分布式载荷定义传递到 UEL 中,以便用于增量载荷矢量的定义。加载键 Un 和 UnNU 必须正确使用,如第 6.5.1.2 节所述。子程序 UEL 中的编码必须将载荷分配到一致的等效节点力中,并在计算 RHS 和 ENERGY 阵列时考虑这些力。

该单元的 UEL 代码如下:

Listing 6.3 UEL2.f

```
      SUBROUTINE UEL(RHS,AMATRX,SVARS,ENERGY,NDOFEL,NRHS,
     1 PROPS,NPROPS,COORDS,MCRD,NNODE,U,DU,V,A,JTYPE,
     2 DTIME,KSTEP,KINC,JELEM,PARAMS,NDLOAD,JDLTYP,
     3 PREDEF,NPREDF,LFLAGS,MLVARX,DDLMAG,MDLOAD,
     4 JPROPS,NJPROP,PERIOD,PNEWDT,ADLMAG,TIME,NSVARS)
C
      INCLUDE 'ABA_PARAM.INC'
      PARAMETER (ZERO=0.D0,HALF=0.5D0,ONE=1.D0)
C
      DIMENSION RHS(MLVARX,*),AMATRX(NDOFEL,NDOFEL),
     1 SVARS(NSVARS),ENERGY(8),PROPS(*),TIME(2),
     2 U(NDOFEL),DU(MLVARX,*),V(NDOFEL),A(NDOFEL),
     3 PARAMS(3),JDLTYP(MDLOAD,*),ADLMAG(MDLOAD,*),
     4 DDLMAG(MDLOAD,*),PREDEF(2,NPREDF,NNODE),
     5 JPROPS(*),COORDS(MCRD,NNODE),LFLAGS(*)
      DIMENSION SRESID(6)
C
C UEL_SUBROUTINE FOR A HORIZONTAL TRUSS ELEMENT
C
C SRESID - stores the static residual at time t+dt
C SVARS
c    - In_1-6, contains_the static residual at time t
C      upon entering the routine. SRESID is copied_to
C      SVARS(1-6) after the dynamic residual has been
C      calculated.
C    - For half-increment residual calculations:
C      In_7-12, contains_the static residual at the
C      beginning of the previous increment. SVARS(1-6)
C      are copied into SVARS(7-12) after the dynamic
C      residual has been calculated.
C
      AREA = PROPS(1)
      E    = PROPS(2)
      ANU  = PROPS(3)
      RHO  = PROPS(4)
```

---

[1] 参见 UEL. Abaqus Verification Guide v6.14 的第 4.1.14 节。

```fortran
C
      ALEN = ABS(COORDS(1,2)-COORDS(1,1))
      AK   = AREA*E/ALEN
      AM   = HALF*AREA*RHO*ALEN
C
      DO K1 = 1, NDOFEL
        SRESID(K1) = ZERO
        DO KRHS = 1, NRHS
          RHS(K1,KRHS) = ZERO
        END DO
        DO K2 = 1, NDOFEL
          AMATRX(K2,K1) = ZERO
        END DO
      END DO
C
      IF (LFLAGS(3).EQ.1) THEN
C------Normal incrementation
        IF (LFLAGS(1).EQ.1 .OR. LFLAGS(1).EQ.2) THEN
C         *STATIC
          AMATRX(1,1) =  AK
          AMATRX(4,4) =  AK
          AMATRX(1,4) = -AK
          AMATRX(4,1) = -AK
          IF (LFLAGS(4).NE.0) THEN
            FORCE  = AK*(U(4)-U(1))
            DFORCE = AK*(DU(4,1)-DU(1,1))
            SRESID(1) = -DFORCE
            SRESID(4) =  DFORCE
            RHS(1,1) = RHS(1,1)-SRESID(1)
            RHS(4,1) = RHS(4,1)-SRESID(4)
            ENERGY(2) = HALF*FORCE*(DU(4,1)-DU(1,1))
     *              + HALF*DFORCE*(U(4)-U(1))
     *              + HALF*DFORCE*(DU(4,1)-DU(1,1))
          ELSE
            FORCE = AK*(U(4)-U(1))
            SRESID(1) = -FORCE
            SRESID(4) =  FORCE
            RHS(1,1) = RHS(1,1)-SRESID(1)
            RHS(4,1) = RHS(4,1)-SRESID(4)
            DO KDLOAD = 1, NDLOAD
              IF (JDLTYP(KDLOAD,1).EQ.1001) THEN
                RHS(4,1)  = RHS(4,1)+ADLMAG(KDLOAD,1)
                ENERGY(8) = ENERGY(8)+(ADLMAG(KDLOAD,1)
     *                - HALF*DDLMAG(KDLOAD,1))*DU(4,1)
                IF (NRHS.EQ.2) THEN
C                 Riks
                  RHS(4,2) = RHS(4,2)+DDLMAG(KDLOAD,1)
                END IF
              END IF
            END DO
```

```fortran
              ENERGY(2) = HALF*FORCE*(U(4)-U(1))
           END IF
        ELSE IF(LFLAGS(1).EQ.11.OR.LFLAGS(1).EQ.12)THEN
C--------DYNAMIC
           ALPHA = PARAMS(1)
           BETA  = PARAMS(2)
           GAMMA = PARAMS(3)

C
           DADU = ONE/(BETA*DTIME**2)
           DVDU = GAMMA/(BETA*DTIME)
C
           DO K1 = 1, NDOFEL
              AMATRX(K1,K1) = AM*DADU
              RHS(K1,1) = RHS(K1,1)-AM*A(K1)
           END DO
           AMATRX(1,1) = AMATRX(1,1)+(ONE+ALPHA)*AK
           AMATRX(4,4) = AMATRX(4,4)+(ONE+ALPHA)*AK
           AMATRX(1,4) = AMATRX(1,4)-(ONE+ALPHA)*AK
           AMATRX(4,1) = AMATRX(4,1)-(ONE+ALPHA)*AK
           FORCE = AK*(U(4)-U(1))
           SRESID(1) = -FORCE
           SRESID(4) =  FORCE
           RHS(1,1) = RHS(1,1) -
     *          ((ONE+ALPHA)*SRESID(1)-ALPHA*SVARS(1))
           RHS(4,1) = RHS(4,1) -
     *          ((ONE+ALPHA)*SRESID(4)-ALPHA*SVARS(4))
           ENERGY(1) = ZERO
           DO K1 = 1, NDOFEL
              SVARS(K1+6) = SVARS(k1)
              SVARS(K1)   = SRESID(K1)
              ENERGY(1)   = ENERGY(1)+HALF*V(K1)*AM*V(K1)
           END DO
           ENERGY(2) = HALF*FORCE*(U(4)-U(1))
        END IF
     ELSE IF (LFLAGS(3).EQ.2) THEN
C--------Stiffness matrix
        AMATRX(1,1) = AK
        AMATRX(4,4) = AK
        AMATRX(1,4) = -AK
        AMATRX(4,1) = -AK
     ELSE IF (LFLAGS(3).EQ.4) THEN
C--------Mass matrix
        DO K1 = 1, NDOFEL
           AMATRX(K1,K1) = AM
        END DO
     ELSE IF (LFLAGS(3).EQ.5) THEN
C--------Half-increment residual calculation
        ALPHA = PARAMS(1)
        FORCE = AK*(U(4)-U(1))
```

```fortran
          SRESID(1) = -FORCE
          SRESID(4) =  FORCE
          RHS(1,1)=RHS(1,1)-AM*A(1)-(ONE+ALPHA)*SRESID(1)
     *            + HALF*ALPHA*( SVARS(1)+SVARS(7) )
          RHS(4,1)=RHS(4,1)-AM*A(4)-(ONE+ALPHA)*SRESID(4)
     *            + HALF*ALPHA*( SVARS(4)+SVARS(10) )
        ELSE IF (LFLAGS(3).EQ.6) THEN
C--------Initial acceleration calculation
          DO K1 = 1, NDOFEL
            AMATRX(K1,K1) = AM
          END DO
          FORCE = AK*(U(4)-U(1))
          SRESID(1) = -FORCE
          SRESID(4) =  FORCE
          RHS(1,1) = RHS(1,1)-SRESID(1)
          RHS(4,1) = RHS(4,1)-SRESID(4)
          ENERGY(1) = ZERO
          DO K1 = 1, NDOFEL
            SVARS(K1) = SRESID(K1)
            ENERGY(1) = ENERGY(1)+HALF*V(K1)*AM*V(K1)
          END DO
          ENERGY(2) = HALF*FORCE*(U(4)-U(1))
        ELSE IF (LFLAGS(3).EQ.100) THEN
C--------Output for perturbations
          IF (LFLAGS(1).EQ.1 .OR. LFLAGS(1).EQ.2) THEN
C----------STATIC
            FORCE  = AK*(U(4)-U(1))
            DFORCE = AK*(DU(4,1)-DU(1,1))
            SRESID(1) = -DFORCE
            SRESID(4) =  DFORCE
            RHS(1,1) = RHS(1,1)-SRESID(1)
            RHS(4,1) = RHS(4,1)-SRESID(4)
            ENERGY(2) = HALF*FORCE*(DU(4,1)-DU(1,1))
     *              + HALF*DFORCE*(U(4)-U(1))
     *              + HALF*DFORCE*(DU(4,1)-DU(1,1))
            DO KVAR = 1, NSVARS
              SVARS(KVAR) = ZERO
            END DO
            SVARS(1) = RHS(1,1)
            SVARS(4) = RHS(4,1)
          ELSE IF (LFLAGS(1).EQ.41) THEN
C----------FREQUENCY
            DO KRHS = 1, NRHS
              DFORCE = AK*(DU(4,KRHS)-DU(1,KRHS))
              SRESID(1) = -DFORCE
              SRESID(4) =  DFORCE
              RHS(1,KRHS) = RHS(1,KRHS)-SRESID(1)
              RHS(4,KRHS) = RHS(4,KRHS)-SRESID(4)
            END DO
            DO KVAR = 1, NSVARS
```

```fortran
              SVARS(KVAR) = ZERO
           END DO
           SVARS(1) = RHS(1,1)
           SVARS(4) = RHS(4,1)
        END IF
     END IF
C
     RETURN
     END
```

6.6.4 平面应变中四节点的 UELMAT 子程序

用户子程序 UELMAT 与子程序 UEL 不同，因为 UELMAT 允许用户使用 Abaqus 材料定义单元。因此，用户无须对材料行为准则进行编程，只需对结构单元，如具有 Abaqus 各向同性线弹性材料的结构用户单元进行编程即可。

为了演示 UELMAT 子程序的用法，我们创建了一个结构单元和一个传热用户单元，并在大量分析中应用了用户定义的单元。以下摘录说明了如何通过用户子程序 UELMAT 访问 Abaqus 中可用的线弹性各向同性材料：

```
...
*USER ELEMENT,TYPE=U1,NODES=4,COORDINATES=2,VAR=16,...
... INTEGRATION=4, TENSOR=PSTRAIN
1,2
*ELEMENT, TYPE=U1, ELSET=SOLID
1, 1,2,3,4
...
*UEL PROPERTY, ELSET=SOLID, MATERIAL=MAT
...
*MATERIAL, NAME=MAT
*ELASTIC
7.00E+010,  0.33
...
```

上面定义的用户单元是一个 4 节点的全积分平面应变单元，类似于 Abaqus 的 CPE4 单元。下面的摘录展示了用户子程序的列表，在子程序内部，对积分点执行循环。对于每个积分点，都会调用程序 MATERIAL_LIB_MECH，该子程序会返回积分点处的应力和雅可比矩阵，这些量将用于计算右侧向量和单元的雅可比矩阵。

该单元的 UELMAT 代码如下：

Listing 6.4 UELMAT.f

```fortran
      subroutine uelmat(rhs,amatrx,svars,energy,ndofel,
     1 nsvars,props,nprops,coords,mcrd,nnode,u,du,
     2 v,a,jtype,time,dtime,kstep,kinc,jelem,params,
     3 ndload,jdltyp,adlmag,predef,npredf,lflags,
     4 ddlmag,mdload,pnewdt,jprops,njpro,period,
     5 materiallib,nrhs,mlvarx)
c
      include 'aba_param.inc'
C
      dimension rhs(mlvarx,*), amatrx(ndofel, ndofel),
```

```fortran
      1 svars(*), energy(*), coords(mcrd,nnode),
      2 du(mlvarx,*), v(ndofel), a(ndofel), time(2),
      3 jdltyp(mdload,*), adlmag(mdload,*),
      4 predef(2, npredf, nnode), lflags(*), jprops(*),
      5 props(*), u(ndofel), params(*), ddlmag(mdload,*)
c
      parameter (zero=0.d0, dmone=-1.0d0, one=1.d0,
      1 four=4.0d0, fourth=0.25d0,
      2 gaussCoord=0.577350269d0)
c
      parameter (ndim=2, ndof=2, nshr=1,nnodemax=4,
      1 ntens=4, ninpt=4, nsvint=4)
c
c ndim    the number_ of spatial dimensions
c ndof    the number_of degrees of freedom per node
c nshr    the number_of shear stress component
c ntens   the total _number_of stress tensor components
c         (=ndi+nshr)
c ninpt   the number_of integration points
c nsvint  the number_of state variables per integration
c         point (strain)
c
      dimension  stiff(ndof*nnodemax,ndof*nnodemax),
      1 force(ndof*nnodemax), shape(nnodemax),
      2 xjac(ndim,ndim), xjaci(ndim,ndim),
      3 statevLocal(nsvint),stress(ntens),
      4 stran(ntens), dstran(ntens), wght(ninpt),
      5 dshape(ndim,nnodemax), bmat(nnodemax*ndim),
      6 ddsdde(ntens, ntens)
c
      dimension predef_loc(npredf),dpredef_loc(npredf),
      1 defGrad(3,3),utmp(3),xdu(3),stiff_p(3,3),
      2 force_p(3)
c
      dimension coord24(2,4),coords_ip(3)
c
      data  coord24 /dmone, dmone,
      2                one, dmone,
      3                one,   one,
      4              dmone,   one/
c
      data wght /one, one, one, one/
c
c────────────────────────────────
c U1 = first-order, plane strain, full integration
c
c State variables: each integration point has nsvint
c SDVs
c
c isvinc=(npt-1)*nsvint      . integration point counter
```

```fortran
c     statev(1+isvinc         ).strain
c----
      if (lflags(3).eq.4) then
        do i=1, ndofel
          do j=1, ndofel
            amatrx(i,j) = zero
          end do
          amatrx(i,i) = one
        end do
        goto 999
      end if
c----PRELIMINARIES
      pnewdtLocal = pnewdt
      if(jtype .ne. 1) then
        write(7,*)'Incorrect element type'
        call xit
      endif
      if(nsvars .lt. ninpt*nsvint) then
        write(7,*)'Increase the number of SDVs to',
     1             ninpt*nsvint
        call xit
      endif
      thickness = 0.1d0
c----INITIALIZE RHS AND LHS
      do k1=1, ndof*nnode
        rhs(k1, 1)= zero
        do k2=1, ndof*nnode
          amatrx(k1, k2)= zero
        end do
      end do
c----LOOP OVER INTEGRATION POINTS
      do kintk = 1, ninpt

c-------EVALUATE SHAPE_FUNCTIONS AND THEIR DERIVATIVES
c-------determine (r,s) local coordinates
        r = coord24(1,kintk)*gaussCoord
        s = coord24(2,kintk)*gaussCoord
c-------shape_functions
        shape (1) = (one + r)*(one + s)/four;
        shape (2) = (one − r)*(one + s)/four;
        shape (3) = (one − r)*(one − s)/four;
        shape (4) = (one + r)*(one − s)/four;
c-------derivative d(Ni)/d(r)
        dshape (1,1) =  (one + s)/four;
        dshape (1,2) = −(one + s)/four;
        dshape (1,3) = −(one − s)/four;
        dshape (1,4) =  (one − s)/four;
c-------derivative d(Ni)/d(s)
        dshape (2,1) =  (one + r)/four;
        dshape (2,2) =  (one − r)/four;
```

```fortran
              dshape (2,3) = -(one - r)/four;
              dshape (2,4) = -(one + r)/four;
c———compute coordinates at the integration point
          do k1=1, 3
              coords_ip(k1) = zero
          end do
          do k1=1,nnode
              do k2=1,mcrd
                  coords_ip(k2)=coords_ip(k2)+shape(k1)*
     1                          coords(k2,k1)
              end do
          end do
c———INTERPOLATE FIELD VARIABLES
          if(npredf.gt.0) then
              do k1=1,npredf
                  predef_loc(k1) = zero
                  dpredef_loc(k1) = zero
                  do k2=1,nnode
                      predef_loc(k1) = predef_loc(k1)+
     1                                (predef(1,k1,k2)-
     2                                predef(2,k1,k2))*shape(k2)
                      dpredef_loc(k1) = dpredef_loc(k1)+
     1                                predef(2,k1,k2)*shape(k2)
                  end do
              end do
          end if
c———FORM_B MATRIX
          djac = one
          do i = 1, ndim
              do j = 1, ndim
                  xjac(i,j)  = zero
                  xjaci(i,j) = zero
              end do
          end do
c
          do inod= 1, nnode
              do idim = 1, ndim
                  do jdim = 1, ndim
                      xjac(jdim,idim) = xjac(jdim,idim) +
     1                   dshape(jdim,inod)*coords(idim,inod)
                  end do
              end do
          end do
          djac = xjac(1,1)*xjac(2,2) - xjac(1,2)*xjac(2,1)
          if (djac .gt. zero) then
c———jacobian is positive - o.k.
              xjaci(1,1) =  xjac(2,2)/djac
              xjaci(2,2) =  xjac(1,1)/djac
              xjaci(1,2) = -xjac(1,2)/djac
```

```fortran
              xjaci(2,1) = -xjac(2,1)/djac
          else
c------negative_or zero jacobian
          write(7,*)'WARNING: element',jelem,'has neg.
     1               Jacobian'
          pnewdt = fourth
          endif
          if (pnewdt .lt. pnewdtLocal) pnewdtLocal=pnewdt
          do i = 1, nnode*ndim
             bmat(i) = zero
          end do
          do inod = 1, nnode
             do ider = 1, ndim
                do idim = 1, ndim
                   irow = idim + (inod - 1)*ndim
                   bmat(irow) = bmat(irow) +
     1                xjaci(idim,ider)*dshape(ider,inod)
                end do
             end do
          end do
c------CALCULATE INCREMENTAL STRAINS
          do i = 1, ntens
             dstran(i) = zero
          end do
c------set deformation gradient to_Identity matrix
          do k1=1,3
             do k2=1,3
                defGrad(k1,k2) = zero
             end do
             defGrad(k1,k1) = one
          end do
c------COMPUTE INCREMENTAL STRAINS
          do nodi = 1, nnode
             incr_row = (nodi - 1)*ndof
             do i = 1, ndof
                xdu(i)= du(i + incr_row,1)
                utmp(i) = u(i + incr_row)
             end do
             dNidx = bmat(1 + (nodi-1)*ndim)
             dNidy = bmat(2 + (nodi-1)*ndim)
             dstran(1) = dstran(1) + dNidx*xdu(1)
             dstran(2) = dstran(2) + dNidy*xdu(2)
             dstran(4) = dstran(4) + dNidy*xdu(1) +
     1                dNidx*xdu(2)
c------deformation gradient
             defGrad(1,1) = defGrad(1,1) + dNidx*utmp(1)
             defGrad(1,2) = defGrad(1,2) + dNidy*utmp(1)
             defGrad(2,1) = defGrad(2,1) + dNidx*utmp(2)
             defGrad(2,2) = defGrad(2,2) + dNidy*utmp(2)
          end do
```

```fortran
c------CALL_CONSTITUTIVE ROUTINE
c------integration point increment
      isvinc= (kintk-1)*nsvint
c------prepare arrays for entry_into material routines
      do i = 1, nsvint
          statevLocal(i)=svars(i+isvinc)
      end do
c------state variables
      do k1=1,ntens
          stran(k1) = statevLocal(k1)
          stress(k1) = zero
      end do
      do i=1, ntens
        do j=1, ntens
          ddsdde(i,j) = zero
        end do
        ddsdde(i,j) = one
      enddo
c------compute characteristic element length
      celent = sqrt(djac*dble(ninpt))
      dvmat  = djac*thickness
      dvdv0 = one
      call material_lib_mech(materiallib, stress,
     1 stran, dstran, kintk, dvdv0, dvmat, defGrad, ddsdde,
     2 predef_loc, dpredef_loc, npredf, celent, coords_ip)
c
      do k1=1,ntens
          statevLocal(k1) = stran(k1) + dstran(k1)
      end do
c------integration point increment
      isvinc= (kintk-1)*nsvint
c------update element state variables
      do i = 1, nsvint
          svars(i+isvinc)=statevLocal(i)
      end do
c------form_stiffness matrix and_internal force vector
      dNjdx = zero
      dNjdy = zero
      do i = 1, ndof*nnode
        force(i) = zero
        do j = 1, ndof*nnode
          stiff(j,i) = zero
        end do
      end do
      dvol= wght(kintk)*djac
      do nodj = 1, nnode
        incr_col = (nodj - 1)*ndof
        dNjdx = bmat(1+(nodj-1)*ndim)
        dNjdy = bmat(2+(nodj-1)*ndim)
        force_p(1) = dNjdx*stress(1)+dNjdy*stress(4)
```

```fortran
              force_p(2) = dNjdy*stress(2)+dNjdx*stress(4)
              do jdof = 1, ndof
                jcol = jdof + incr_col
                force(jcol)=force(jcol)+force_p(jdof)*dvol
              end do
              do nodi = 1, nnode
                incr_row = (nodi −1)*ndof
                dNidx = bmat(1+(nodi −1)*ndim)
                dNidy = bmat(2+(nodi −1)*ndim)
                stiff_p(1,1) = dNidx*ddsdde(1,1)*dNjdx
     1                       + dNidy*ddsdde(4,4)*dNjdy
     2                       + dNidx*ddsdde(1,4)*dNjdy
     3                       + dNidy*ddsdde(4,1)*dNjdx
                stiff_p(1,2) = dNidx*ddsdde(1,2)*dNjdy
     1                       + dNidy*ddsdde(4,4)*dNjdx
     2                       + dNidx*ddsdde(1,4)*dNjdx
     3                       + dNidy*ddsdde(4,2)*dNjdy
                stiff_p(2,1) = dNidy*ddsdde(2,1)*dNjdx
     1                       + dNidx*ddsdde(4,4)*dNjdy
     2                       + dNidy*ddsdde(2,4)*dNjdy
     3                       + dNidx*ddsdde(4,1)*dNjdx
                stiff_p(2,2) = dNidy*ddsdde(2,2)*dNjdy
     1                       + dNidx*ddsdde(4,4)*dNjdx
     2                       + dNidy*ddsdde(2,4)*dNjdx
     3                       + dNidx*ddsdde(4,2)*dNjdy
                do jdof = 1, ndof
                  icol = jdof + incr_col
                  do idof = 1, ndof
                    irow = idof + incr_row
                    stiff(irow,icol) = stiff(irow,icol) +
     1                                 stiff_p(idof,jdof)*dvol
                  end do
                end do
              end do
            end do
c------assemble rhs and_lhs
            do k1=1, ndof*nnode
              rhs(k1, 1) = rhs(k1, 1) − force(k1)
              do k2=1, ndof*nnode
                amatrx(k1,k2) = amatrx(k1,k2)+stiff(k1,k2)
              end do
            end do
c------end_ loop on material integration points
          end do
          pnewdt = pnewdtLocal
c
 999      continue
c
          return
          end
```

6.7 在各种分析过程中使用非线性用户单元

非线性用户单元可用于大多数的 Abaqus Standard 分析过程。**LFLAGS(1)** 表示使用的程序类型,如 **LFLAGS(1) = 11**,表示用于具有自动时间增量的动态程序;**LFLAGS(1) = 12**;表示用于具有固定时间增量的动态程序。

所描述的用法仅适用于用户子程序中的静态(**STATIC**)分析过程(**LFLAGS(1) = 1,2**)。

在许多分析过程中的用法与 STATIC;VISCO;HEAT TRANSFER,STEADY STATE;COUPLED TEMPERATURE DISPLACEMENT,STEADY STATE;GEOSTATIC;SOILS,STEADY STATE 或 COUPLED THERMAL ELECTRICAL,STEADY STATE 相同或类似。

静态分析的一个特例是 STATIC,RIKS,必须提供一个额外的力矢量,该矢量仅包含与施加载荷成比例的力,以及通常的力矢量和雅可比矩阵。如果单元中存在热膨胀效应,则这些附加力必须包括热膨胀效应。

如果没有对单元施加任何力,则其用法与常规 STATIC 分析相同。

用户单元也可用于大多数的线性扰动分析中,对于静态线性扰动分析(**STATIC,PERTURBATION**),UEL 必须返回一个刚度矩阵和两个力矢量。**LFLAGS(3)** 的值表示调用时要返回的矩阵。选择 **LFLAGS(3) = 1**,用于组装时返回初始的刚度矩阵和仅包含外部扰动载荷的力矢量;选择 **LFLAGS(3) = 100**,用于恢复时返回的力矢量包含外部扰动载荷与内部扰动力之间的差异,如式(6.28)所示。此力矢量用于计算反作用力。

$$F^N = \Delta P^N - K^{NM} \Delta u^M \tag{6.28}$$

对于频率(**FREQUENCY**)分析,刚度矩阵和质量矩阵必须由 UEL 返回。**LFLAGS(3)** 的值表示调用时要返回的矩阵。选择 **LFLAGS(3) = 2**,返回刚度矩阵;选择 **LFLAGS(3) = 4**,返回质量矩阵,而且对于使用 FREQUENCY 选项的用户单元,没有可用的单元输出。

使用 FREQUENCY 选项获得的特征频率和特征矢量可用于所有的模态动力学过程:模态动力学、稳态动力学、响应谱或随机响应。

用户单元的局限性在于它们不能用于稳态动力学、直接法过程和屈曲过程。

必须在与以下程序一起使用的 UEL 中考虑一阶瞬态效应:传热(瞬态);土壤,固结;耦合温度-位移(瞬态)或耦合热电(瞬态)。热(孔隙流体)容项必须包含在通量矢量和雅可比矩阵中。如果用户单元没有热(孔隙流体)容,则用户单元的使用方法与相应的稳态分析相同。

在瞬态传热分析中,**LFLAGS(1)** 表示正在使用的瞬态传热分析类型,**LFLAGS(1) = 32** 表示具有自动时间增量的瞬态传热分析,**LFLAGS(1) = 33** 表示具有固定时间增量的瞬态传热分析。必须指出的是,通量矢量和雅可比矩阵需要与平衡方程中瞬态项的附加编码相关。

通量矢量必须包含外部施加的通量、由传导产生的通量、由内能变化而产生的通量,如式(6.29)所示。

$$F^N = F^N_{\text{ext}} + F^N_{\text{cond}} + F^N_{\text{cap}} \tag{6.29}$$

如果热容矩阵 C^{NM} 是常数,则由热容产生的通量由式(6.30)给出,其中 $\Delta \theta^M$ 是温度增量。

$$F_{\text{cap}}^N = -C^{NM}\frac{\Delta\theta^M}{\Delta t} \tag{6.30}$$

如果热容矩阵随温度变化（如相变过程中），则必须根据式（6.31）中所示的能量变化矢量计算通量矢量。

$$F_{\text{cap}}^N = -\frac{\Delta u^M}{\Delta t} \tag{6.31}$$

雅可比矩阵将包含电导率和热容的贡献，如果热容矩阵是常数，雅可比矩阵的形式如式（6.32）所示，其中 K^{NM} 是电导率矩阵。

$$K^{NM} + \frac{C^{NM}}{\Delta t} \tag{6.32}$$

如果热容矩阵是温度的函数，牛顿算法需要增量结束时的热容，如式（6.33）所示。对于热容变化很大的情况（如潜热），收敛可能很困难。

$$C^{NM} = C^{NM}(\theta_{t+\Delta t}) \tag{6.33}$$

如果用户单元不包含热容项，则瞬态传热公式与稳态传热公式相同。

在用于直接积分动力分析的 UEL 中，必须考虑二阶瞬态（惯性）效应。**LFLAGS(1)** 表示使用的动态过程类型，**LFLAG(1) = 11** 表示具有自动时间增量的动态过程，**LFLAGS(1) = 12** 表示具有固定时间增量的动态过程。必须指出的是，在 UEL 中需要对瞬态项、速度或加速度的突然变化，以及半步残差的评估（如果使用自动时间增量）进行附加编码。

LFLAGS(3) 的值表示正在执行的编码和要返回的矩阵。**LFLAGS(3) = 1** 用于正常时间增量。用户必须指定与所用积分过程相对应的力和雅可比矩阵。力矢量的形式如式（6.34）所示，其中 M^{NM} 是单元质量矩阵，G^N 是静力矢量，α 是 Hughes-Hilbert-Taylor 积分算子。

$$F^N = -M^{NM}\ddot{u}_{t+\Delta t}^M + (1+\alpha)G_{t+\Delta t}^M - \alpha G_t^N \tag{6.34}$$

静力矢量 G^N 还必须包含与率相关（阻尼）的项。矢量 G_t^N 必须存储为一组状态变量（或状态变量集），参数 α 作为 **PARAMS(1)** 传入子程序中。雅可比的形式如式（6.35）所示，其中 C^{NM} 是单元阻尼矩阵，K^{NM} 是静态切线刚度矩阵。

$$M^{NM}\left(\frac{d\ddot{u}}{du}\right) + (1+\alpha)C^{NM}\left(\frac{d\dot{u}}{du}\right) + (1+\alpha)K^{NM} \tag{6.35}$$

$\left(\dfrac{d\ddot{u}}{du}\right)$ 和 $\left(\dfrac{d\dot{u}}{du}\right)$ 遵循积分准则。对于式（6.36）中给出的 HHT 算子，其中 β 和 γ 是式（6.37）中 Newmark-β 算子的系数。

$$\left(\frac{d\ddot{u}}{du}\right) = \frac{1}{\beta\Delta t^2}\left(\frac{d\dot{u}}{du}\right) = \frac{\gamma}{\beta\Delta t} \tag{6.36}$$

$$\beta = \frac{1}{4}(1-\alpha)^2 \quad \gamma = \frac{1}{2} - \alpha \tag{6.37}$$

参数 β 及 γ 作为 **PARAMS(2)** 和 **PARAMS(3)** 传入用户子程序中。

如果 HHT 参数 $\alpha = 0$，编码将大为简化。尤其注意的是，不需要存储静态残差矢量 G_t^N，变量 α 可以通过 DYNAMIC 选项中的 ALPHA 参数设置为零。

当在每个动态步骤的开始和接触变化后进行速度的跳跃计算时，选择 **LFLAGS(3) = 4**。

该计算的目的是在保持动量不变的同时，使速度符合由 MPC、EQUATION 或接触条件施加的约束。雅可比矩阵等于质量矩阵，力矢量应设为零。

如果用户单元没有惯性或阻尼项（即力矢量不依赖于速度和加速度），则可在子程序中忽略该参数。如果用户单元包含黏性效应但没有惯性项，则在瞬态传热分析中可以使用相同的方法。力矢量应包含式（6.38）中所示的项，并且式（6.39）中的项必须添加到刚度中，在这种情况下，可以再次忽略该参数。

$$-C^{NM}\frac{\Delta u^M}{\Delta t} \tag{6.38}$$

$$\frac{C^{NM}}{\Delta t} \tag{6.39}$$

当仅对自动时间增量进行半步残差计算时，选择 **LFLAGS(3) = 5**，只需提供力矢量，其形式如式（6.40）所示。

$$F^N = M^{NM}\ddot{u}_{t+\frac{\Delta t}{2}} + (1+\alpha)G^N_{t+\frac{\Delta t}{2}} - \frac{\alpha}{2}(G^N_t + G^N_{t_0}) \tag{6.40}$$

式中，$G^N_{t_0}$ 是前一个增量开始时的静态残差，必须将其存储为依赖于解的状态矢量；矢量 $\ddot{u}_{t+\frac{\Delta t}{2}}$ 被传入子程序中，必须计算 $G^N_{t+\frac{\Delta t}{2}}$ 和 G^N_t。

显然，如果 $\alpha = 0$，这个表达式会大为简化。

进行加速度计算时，选择 **LFLAGS(3) = 6**，该计算将在每个动态步骤开始时（除非 DYNAMIC 选项中设置 INITIAL = NO）和接触状态变化后进行。该计算的目的是在步骤开始时或接触状态变化后创建动态平衡。雅可比矩阵等于质量矩阵，力矢量应仅包含静态和阻尼的贡献。

在动态分析中，实施具有惯性效应的用户单元相当复杂。如果将 DYNAMIC 选项中的 ALPHA 参数设置为零，则可以简化 UEL。在这种情况下，用户单元中不包含惯性效应。通过将标准 Abaqus 单元叠加在用户单元上，可以间接包含惯性效应。在这种情况下，Abaqus 单元的刚度可以忽略不计。例如，在第 6.6.1 节描述的例子中，可以将 B23 单元叠加在具有非线性截面行为的梁单元上。

参考文献

1. Lee DT, Schachter BJ (1980) Two algorithms for constructing a delaunay triangulation. Int J Comput Inf Sci 9(3)
2. Boyce MC (1992) Finite element simulations in mechanics of materials and deformation processing research. In: ABAQUS users' conference proceedings
3. Wenk T, Linde P, Bachmann H (1993) User elements developed for the nonlinear dynamic analysis of reinforced concrete structures. In: ABAQUS users' conference proceedings
4. Vitali R, Zanotelli GL (1994) User element for crack propagation in concrete-like materials. In: ABAQUS users' conference proceedings
5. Bathe KJ (2014) Finite element procedures, 1st edn. Prentice Hall, Upper Saddle River, 1996; 2nd edn. Watertown
6. Chapelle D, Bathe KJ (2011) The finite element analysis of shells fundamentals, 1st edn. Springer, Berlin, 2003; 2nd edn. Springer, Berlin
7. Kojic M, Bathe KJ (2005) Inelastic analysis of solids and structures. Springer, Berlin
8. Bucalem ML, Bathe KJ (2011) The mechanics of solids and structures hierarchical modeling and the finite element solution. Springer, Berlin

9. Batoz J-L, Dhatt G (1990) Modélisation des structures par éléments finis. Tome 1: solides élastiques (French). Hermes Science Publications, New Castle
10. Batoz J-L, Dhatt G (1990) Modélisation des structures par éléments finis. Tome 2: poutres et plaques (French). Hermes Science Publications, New Castle
11. Batoz J-L, Dhatt G (1992) Modélisation des structures par éléments finis. Tome 3: coques (French). Hermes Science Publications, New Castle

第 7 章 接触

7.1 概述

什么是接触？简单地说，它是两个节点之间的非线性弹簧集。事实上，无论使用哪种软件，有限元建模中的接触都是一个简单的机械弹簧单元，两个零件之间以线性或非线性的刚度行为相互接触，如图 7.1 所示。接触主要通过定义从面和主面来设置，接触刚度是两个表面之间间隙的函数，在穿透区域有一定的容差。

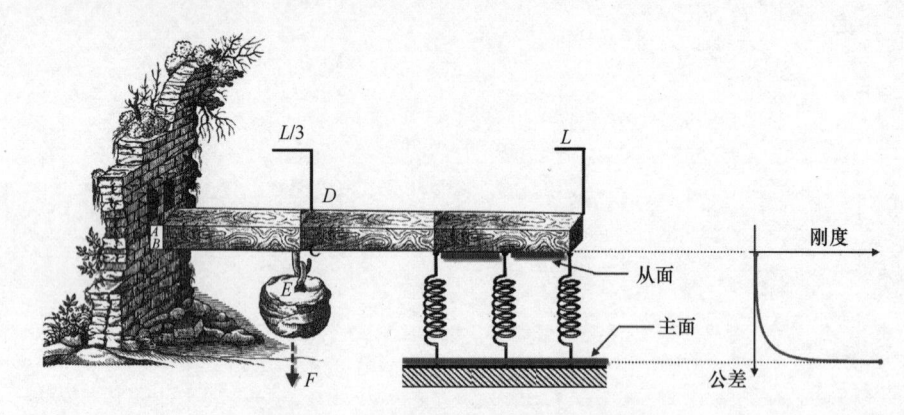

图 7.1 悬臂梁模型上的接触区域说明

图 7.1 所示的悬臂梁的自由端受到约束，与地面发生接触相互作用。因此，变形的形状挠度也将受到非线性弹簧区的约束。非线性弹簧始终是模拟实际情况中接触相互作用的一个较佳选择，因为变形结构末端越接近最大间隙值，弹簧的刚度就会越大，以确保适当的接触。如果弹簧是线性的，即使变形形状远离以确保与主面的接触，刚度也会增加，这是不正常的，也不切合实际情况。

为了理解这个原理，依据图 7.1 中的模型提供一个简单的示例，然后尝试计算理论解，Abaqus 仅使用法向接触行为模拟该模型并比较两种变形模式。因此，第一个 Euler-Bernoulli 平衡方程将用于计算没有接触相互作用的精确解。

$$EI \cdot \frac{d^2}{dx^2}y(x) = -M_z(x) = F\left(\frac{L}{3}-x\right)^1_{0 \leqslant x \leqslant \frac{L}{3}} \tag{7.1}$$

例如，梁的总长度为 L（45mm），弹性模量为 E（200000MPa），I 为横梁截面为圆形时的惯性矩，以确保梁在平面上的圆周接触。

根据 $I=\frac{\pi}{64}\Phi^4$，圆形截面梁的直径 Φ 为 5mm，y 是变形形状在 x 处沿长度方向的挠度，M_z 是沿梁长度方向的弯矩，在 $x=\frac{L}{3}$ 处对梁上施加一个力 F。

根据式（7.1），通过积分运算得到旋转方程：

$$EI \cdot \theta(x) = -\frac{F}{2}\left(x-\frac{L}{3}\right)^2_{0 \leq x \leq \frac{L}{3}} + K_1 \tag{7.2}$$

变形形状方程的挠度由式（7.2）通过另一积分运算给出：

$$EI \cdot y(x) = \frac{F}{6}\left(\frac{L}{3}-x\right)^3_{0 \leq x \leq \frac{L}{3}} + K_1 x + K_2 \tag{7.3}$$

式（7.3）中的积分常数由固定边界 $\theta(0)=0$ 和 $y(0)=0$，以及常量值 $K_1 = \frac{FL^2}{18}$ 和 $K_2 = -\frac{FL^3}{162}$ 计算得到，图7.1所示模型在不考虑接触相互作用时的理论解为

$$EI \cdot y(x) = \frac{F}{6}\left(\frac{L}{3}-x\right)^3_{0 \leq x \leq \frac{L}{3}} + \frac{FL^2}{18}x - \frac{FL^3}{162} \tag{7.4}$$

现在，让我们在从面和主面之间设置一个距离 h，h 是梁最末端的测量值，则

$$y(x=L) = h \tag{7.5}$$

结合式（7.4）和式（7.5），可以得到施加在结构上的力和变形形状最大挠度之间的关系：

$$F = \frac{81}{4}\frac{EIh}{L^3} \tag{7.6}$$

式（7.6）表明，如果最大挠度 h 等于零（因为不存在变形），则没有作用在结构上的力使其变形。如果 h 等于接触相互作用中定义的最大间隙，则可以将最大挠度视为施加在结构上的力的函数。例如，$h=4.5\text{mm}$，根据式（7.6）计算，所施加的力等于6135.92N。

根据上述输入数据，依据图7.1建立一个有限元分析梁模型。如图7.2所示，该模型为一端固定，一端自由的悬臂梁，其接触相互作用设定为与固定的不可变形的矩形表面呈硬接触的法向行为。

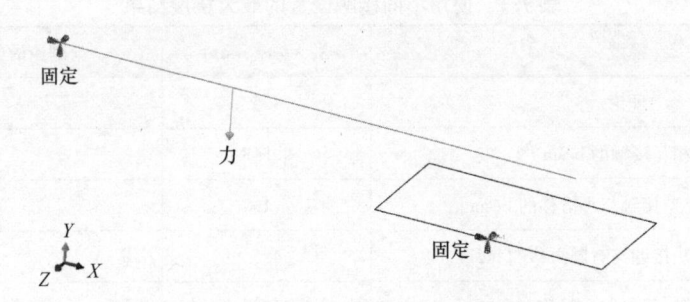

图7.2 确定接触相互作用行为的悬臂梁示例

在图7.3中，加载梁在 $x=15\text{mm}$ 处施加的力 $F=6135.92\text{N}$，其解表明了不同接触设置下的结构响应和挠度。从图7.3可以看出，除了具有小滑移（small sliding）的面-面接触的相互作用设置，所有其他接触相互作用设置的响应都与式（7.4）中计算的理论解一致。与使用 Node-to-Surface（点-面）的模型设置一样，小滑移的接触相互作用也提供了正确的解。第一个结论实际上是值得思考的，因为主面通常是用面定义的，因此接触响应是所选主面的函数。这里，采用小滑移面-面接触相互作用的挠度响应在梁的最后三分之一长度（$2L/3 \leq x \leq L$）

中表现为平坦的挠度,该部分与串联的弹簧接触。如图 7.1 所示。使用小滑移的 Surface-to-Surface(面-面)解触相互作用时,必须谨慎设置,因为这会影响求解,包含与其他接触定义相对应的整个从面和主面,如图 7.3 所示。

图 7.3 中的讨论结果为分析师提供了有关接触对的接触相互作用设置的第一条线索。

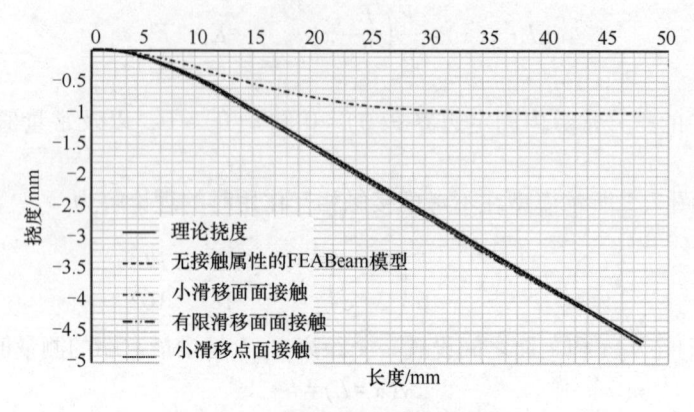

图 7.3 悬臂梁模型的挠度响应

为了选择合适的接触相互作用,分析师应仔细考虑各个方面,以预测与其他单元接触的面,以及要定义的接触滑移类型。这意味着分析师必须考虑模型装配中设置的边界和加载条件,以预测结构响应。量化并不是必须的,因为这将由求解器完成并输出数据,但至少对结构响应很有用。通常很难弄清各个组件之间的变形情况,尤其是在多个组件接触和具有不同接触依赖关系的复杂装配体中。

从表 7.1 可以明显看出,在与理论进行比较之后,本例中使用的最佳接触设置是有限滑移(finite sliding)的"面-面"接触。下一节将介绍如何正确选择接触设置以建立接触相互作用,而无须在接触相互作用功能中逐一尝试所有不同选项,从而避免浪费时间。

表 7.1 使用不同接触设置的最大挠度结果

模型	最大偏差/mm	与理论的最大偏差(%)
理论	4.5	0
无相互接触的 beam	4.568	1.51
面-面(STS)接触与小滑移的 beam	1	77.78
面-面(STS)接触与有限滑移的 beam	4.5	0
点-面(NTS)接触与小滑移的 beam	4.568	1.51
点-面(NTS)接触与有限滑移的 beam	NA[①]	NA[①]

[①] NA 为不可使用,因为当某个节点的平移(旋转)自由度受运动耦合定义约束时,模型返回以下警告消息:该节点的平移(旋转)自由度不能包含在任何其他约束中,包括 MPC、刚体等。图 7.2 所示的不可变形的矩形表面上设置的固定约束与 NTS 接触算法不兼容。

7.1.1 解读

接触是相当直观的,并且在数值求解方面具有一定的难度,因为接触涉及物体之间的相互作用，这需要考虑接触压力以防止穿透，摩擦力以防止滑移，如有需要，还可能涉及电或热的相互作用。接触在数值上也具有挑战性，因为接触包括严重的非线性。例如，在导致不连续刚度的条件下、初始间隙距离 $d_{gap} \geqslant 0$、摩擦应力 $\tau = \mu\sigma$（μ 为摩擦系数），以及当接触建立时，导电特性会发生变化，有时会发生骤变。

接触相互作用可以考虑多种分类，如细长或块状组件，对于块状的组件，尽管通常有许多节点同时接触，并且这种接触会导致局部变形和剪切，但几乎不会产生弯曲。

对于细长的组件，同时接触的节点通常相对较少，接触会导致弯曲，并且通常在数值上更具挑战性。常见的接触相互作用分类如下：

1）细长或块状的组件。
2）变形或刚性表面。
3）组件的约束度和可压缩性。
4）两个物体接触或自接触。
5）相对运动量（小滑移或有限滑移）。
6）变形量。
7）基础单元类型（一阶或二阶）。
8）相互作用属性（摩擦、热等）。
9）有意义且重要的特定结果（如接触应力）。

需要从许多方面明确定义接触相互作用，因此下面提供了一个列表，以帮助分析师确定接触设置中需要的内容：

1）接触面，即可能发生接触的物体表面。
2）应了解哪些表面将与其他表面存在相互作用来定义接触相互作用。
3）表面属性分配，如壳体的接触厚度。
4）接触特性模型，如压力与干涉关系、摩擦系数、传导系数等。
5）如果假定接触面之间的滑移很小，则应考虑接触形式。
6）算法接触控制，如接触稳定设置。

建立接触模型的主要目的是提高可用性和准确性，以确保更多地考虑物理性能，而不是数值算法的独特性和广泛适用性，尤其是在大型装配体中。图 7.4 所示为 Abaqus 中不同的接触相互作用策略。对于一个包含四个组件的装配体，可以通过接触单元之间的接触对直接定义每个接触表面，或者采用通用接触定义所有可能发生接触的区域。

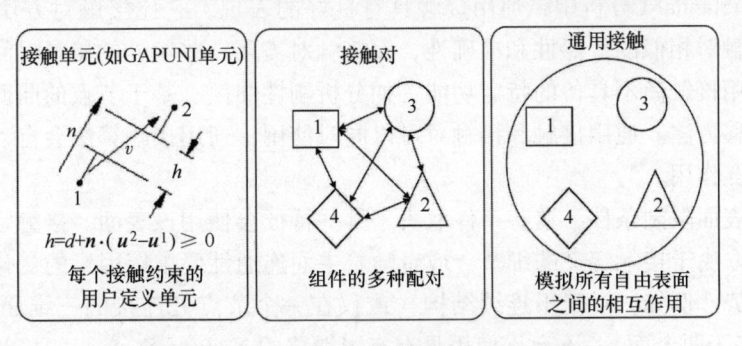

图 7.4 Abaqus 中不同的接触相互作用策略

在接触相互作用中，必须正确定义物理意义上的主面实体和从面实体，否则会出现不真实的接触现象，如图 7.5 所示。通用接触算法可以定义多个实体（包括刚性实体和可变形实体）的接触域，默认情况下，该域通过基于单元的全部面自动定义。该方法适用于具有多个组件和复杂拓扑结构的模型，最容易定义接触模型。

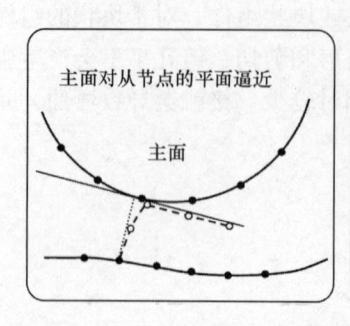

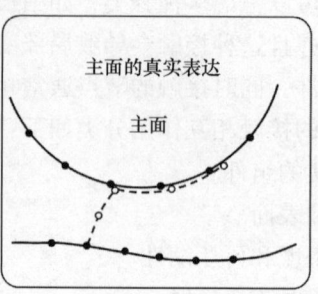

图 7.5 接触相互作用的主面

请确保所有需要进行接触相互作用的表面都已定义；否则如图 7.6 所示，在组件之间可能会出现一些不真实的穿透。

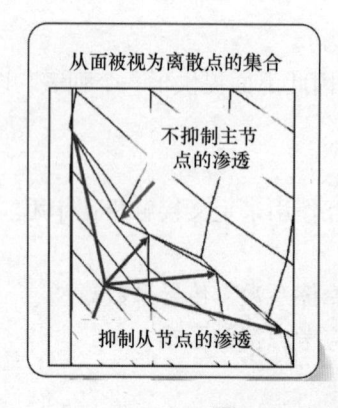

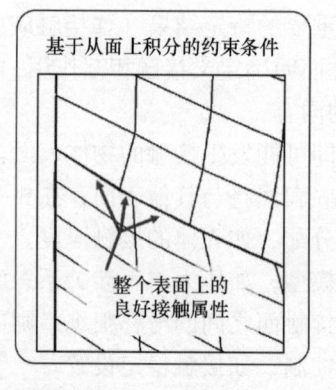

图 7.6 定义所有接触面

对于大多数 Abaqus Explicit 分析，可以使用通用接触。Abaqus Explicit 分析采用通用接触，使用方便、稳健性好、准确度高，具有良好的性能，可扩展性好，甚至优于接触对方法。在 Abaqus Standard 分析中，通用接触具有良好的表现，它比接触对方法更容易创建模型，具有与接触对相似的鲁棒性和准确性，而接触对需要一些额外的接触时间。需要使用接触对来访问通用接触尚不具备的特定功能，如分析刚性曲面、基于节点的曲面或三维梁上的曲面或小型滑移方法。通用接触和接触对可以同时使用，通用接触算法会自动避免处理接触对所处理的相互作用。

存在一些表面限制条件，这些条件取决于哪些特征会使用该表面。接触定义中所使用表面的限制条件取决于接触定义的细节，或者随主面连通性要求等因素的变化，表面限制条件有减少的趋势。例如，对于不连续结构（或仅在一个节点处连接的三维面）或 T 形相交（每条边连接多于两个面），不允许使用具有有限滑移的 Node-to-Surface 的接触方式。基于单元面的一般限制的另一个示例是父单元，它不能是二维的、轴对称和三维单元的混合体。

7.1.2 定义接触对

为了定义接触对，分析师应确定参与接触对的所有潜在表面，例如：
1）每个表面的构成。
2）哪些接触对会发生相互作用。
3）哪个面是主面，哪个面是从面。
4）哪些表面的相互作用特性是相关的（如摩擦）。

然后，可以按照以下步骤定义接触对：
1）定义面。
2）定义接触属性。
① 通用接触和接触对的接触属性定义相同。
② 接触属性包括：摩擦、接触阻尼和压力-干涉关系。
3）使用每对可发生相互作用的面定义所需的接触对。
4）在 Abaqus CAE 中自动检测接触对。
① 自动接触对检测是一种快速简便的方法，用于在三维模型中定义接触对和绑定约束。
② 可以指示 Abaqus/CAE 自动定位模型中可能相互作用的所有表面，而无须单独选择面并定义它们之间的相互作用，这基于初步的接近度。
③ 可用于定义与壳、膜和实体的接触：包括壳单元偏移、原生或孤立的网格部件。
④ 提供可选接触对的表格显示。
⑤ 包括对选择标准的各种控制等。

7.1.3 定义通用接触

通用接触用户界面允许使用简洁的接触定义来反映问题的物理描述。例如，接触定义可以根据需要扩展其复杂性。接触相互作用域、接触属性和表面属性有一个独立的规范，允许使用最少的算法控制。Abaqus Explicit 分析和 Abaqus Standard 分析的通用接触用户界面非常相似。

表 7.2 列出了 Abaqus Explicit 和 Abaqus Standard 求解器中通用接触的区别。

表 7.2　Abaqus Explicit 与 Abaqus Standard 求解器中通用接触的区别

特性	Abaqus Explicit	Abaqus Standard
主要形式	Node-to-Surface	Surface-to-Surface
主-从角色	平衡的主从关系	纯粹的主从关系
次要形式	边-边	边-面
二维和轴对称	不可用	可用
大多数接触定义	分析步相关	模型数据

通用接触的设置步骤如下：

1）开始定义通用接触。
2）为整个模型指定自动接触。
3）指定全局接触属性。
每个主要步骤可细分为以下子步骤：
1）接触的定义可以根据分析的需要逐渐变得更加详细，包括：
① 可以定义全局/局部摩擦系数和其他的接触属性。
② 接触域的成对指定（而不是所有外部的），允许接触包含和接触排除。
③ 用户可通过表面属性控制接触厚度（特别是壳）。
④ 接触初始化（初始调整、过盈配合等）。
2）微调接触域：
① 可以通过包括和/或排除预定义的表面来修改通用接触域。
② 例如，本节中不考虑刚性表面之间的接触，对于本例来说这不是必须的（垂直表面之间的重叠不能通过通用接触的面-面接触形式来处理）。
3）接触的初始化：
① 通用接触的默认行为是在没有应变的情况下调整较小的初始干涉问题。
② 可改为过盈配合（**INTERFERENCE FIT**）。
4）接触属性：
① 包括以下方面：接触压力-干涉关系、摩擦、接触阻尼。
② 默认值：硬压力-干涉关系，即在节点接触之前没有接触压力，一旦建立接触，则接触压力不受限制［通过罚函数法（penalty method）强制执行］；无摩擦；无接触阻尼。
③ 用户可以用最后一次赋值覆盖全局和局部范围内的接触属性作为默认值，这适用于赋值冲突的情况。

7.1.4 曲面的表示

从图 7.7 可以明显看出，具有分离面的曲面有时不利于提高模拟的精度和收敛性。针对表面接触公式的几何修正能够改善这些方面，而不会降低每次迭代的性能，并且可用于近似轴对称和近似球形表面。

另外，点-面接触形式的曲面平滑选项，主要针对不连续曲面法线相关的收敛问题。但是，它们通常不能很精确地表示初始几何或细节，而是取决于表面是二维还是三维、刚性还是可变形的。

几何修正有一定的适用性，如小到中等变形时能够获得显著效果，不经过大变形后，效果通常不显著，或者在使用小滑移或有限滑移、面-面接触公式时。

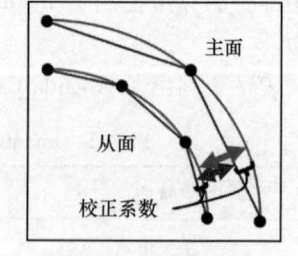

图 7.7　曲面的从面和主面表示

注：很容易观察到 CAD 模型中设计的曲线与包含直线的网格之间接触相互作用的差异。

Abaqus CAE 可以自动检测初始几何模型的这些曲面，并在接触相互作用中应用适当的平滑方法，这提高了准确性，避免了在接触界面上使用匹配节点，有时还可以减少迭代次数。根据经验，最快的分析通常是在接触对定义后采用通用接触平滑处理，最慢的分析通常是直接通过通用接触来完成的。

7.1.5 接触的形式

关于接触形式有两个主要问题。首先，约束是如何形成的？例如，在离散化过程中，需要确定如何从节点位置计算穿透距离，或者如何处理 Node-to-Surface、Surface-to-Surface、Edge-to-Surface 的公式化。例如，在约束的施加方面，数值方法也被用来抵抗穿透，或者使用直接（拉格朗日乘数）或罚函数。第二个问题是滑移时约束是如何演化的？以下是离散化的演化、严格的非线性演化（有限滑移）与近似（小滑移）的演化介绍。

7.1.5.1 接触离散化

用于定义适用于接触相互作用的接触离散化的不同技术如下所示（见图 7.8）。

1) **Node-to-Surface**（点-面）技术。
- 一个表面（从面）上的节点与另一个表面（主面）上的线段接触。
- 在离散点（从节点）上强制接触。

2) **Surface-to-Surface**（面-面）技术。
- 在每个从节点周围的区域内以平均方式强制接触。
- 从面不仅仅是节点的集合。
- 这是在 Abaqus Standard 中开发通用接触的基础。

3) **Edge-to-Surface**（边-面）技术。
- 特征边与面之间的接触。
- 在特征边缘的部分区域上以平均方式强制接触。

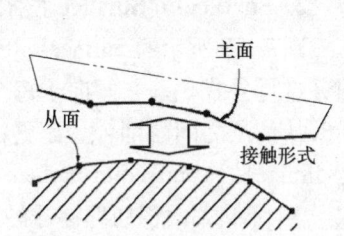

图 7.8　在从面和主面之间可以采用不同的技术建立这种接触相互作用

1. Node-to-Surface 技术

Node-to-Surface 接触离散化是一种传统的点-面方法，如图 7.9 所示。这种方法的每个潜在接触约束都包含一个从节点和一个主面。

Node-to-Surface 技术特别依赖于网格模式，如果从面和主面之间的网格质量较差，则某些节点不能包含在计算的接触解中。

如图 7.10 所示，Node-to-Surface 技术的关键点是从节点不能穿透主面，而主节点并没有被明确限制不能穿透从面（有时确实会穿透从面）。

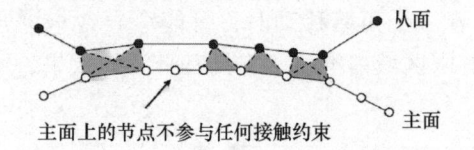

图 7.9　Node-to-Surface 技术

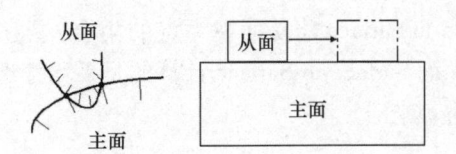

图 7.10　Node-to-Surface 接触方法的结果

从面的细化有助于避免主节点进入从面。主面和从面的规则如下：
- 更精细的面应作为从面，
- 较硬的主体应为主面，
- 主面上接触区域应迅速地变化，尽量减少接触状态的变化。

虽然从面的细化可以提高整体精度，但仍可能出现局部接触应力振荡。在接触压力 **CPRESS** 或应力响应中，作用在从面上的噪声（以百分比计算）可以按照图 7.11 所示进行评估，通过接触面的网格匹配可以防止这种噪声。

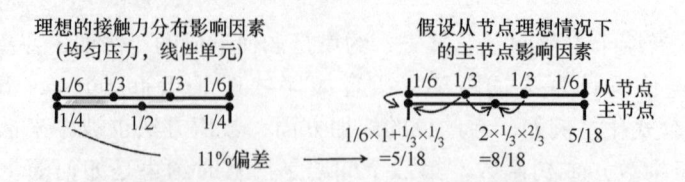

图 7.11　噪声作为解偏差的修正因子是由网格模式错位产生的

注：在这里，偏差是 11%，等于节点处的 1−(5/18)/(1/4)。

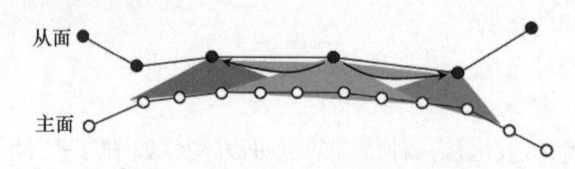

2. Surface-to-Surface 技术

图 7.12 所示的 Surface-to-Surface 技术用于每个接触约束，它基于对从节点周围区域的积分进行公式化。它倾向于每个约束包含更多的主节点，特别是主面比从面更精细，并且还涉及从节点之间的耦合。让更精细的面作为从面仍然是理想的选择，这样可以确保更好的性能和准确性。Surface-to-Surface 技术的优点如下：

- 降低大面积局部穿透的可能性。
- 降低结果对主从面的敏感性。
- 即使没有匹配的网格，也能获得更精确的接触应力。
- 一个固有的平滑处理有助于更好的收敛。

图 7.12　Surface-to-Surface 技术

Surface-to-Surface 离散化通常能提高接触应力的精度，这与主节点之间的接触力的合理分布有关。例如，对于经典的赫兹接触问题，采用 Surface-to-Surface 方法，会使接触压力等值线更加平滑，且接触应力峰值与解析解非常接近。

如图 7.13 所示，Surface-to-Surface 接触离散化降低了出现沙漏的可能性。事实上，Node-to-Surface 将从面视为点的集合，当从节点沿着一个角落移动时，可能会导致卡滞现象，而 Surface-to-Surface 计算的是平均穿透，并在有限区域内滑移，它具有平滑的效果，可以避免卡滞。

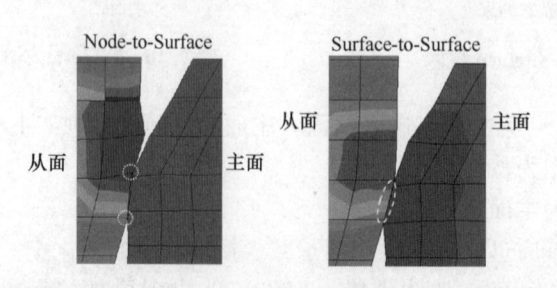

图 7.13　Surface-to-Surface 接触离散化降低了出现沙漏的可能性

如图 7.14 所示，Surface-to-Surface 接触离散化降低了主节点穿透从面的可能性。事实上，在个别节点上可以观察到一些穿透。但是，不会发生主节点大面积穿透从面而未被检测的情况。

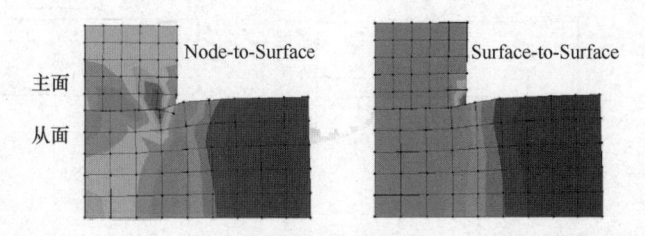

图 7.14　Surface-to-Surface 接触离散化降低了主节点穿透从面的可能性

Surface-to-Surface 离散化的结果几乎与图 7.15 中的主从面无关，其中这两个面可以相互切换。基于这一点可以得出结论，选择更精细的网格作为从面仍然可以获得更好的结果；选择更精细的网格作为主面往往会增加分析成本（时间和输出数据的数量）。

在适当的情况下，Surface-to-Surface 离散化将在转角处生成多个约束。实际上，Node-to-Surface 在转角处平均执行一个法向的单一约束，这是不稳定的，会导致较大的穿透和卡滞，可以通过两个接触对来解决这一问题。另外，Surface-to-Surface 会在转角处生成两个约束（即使只使用了一个接触对）。这种方法更加准确和稳定，无须对表面法线进行平滑处理。

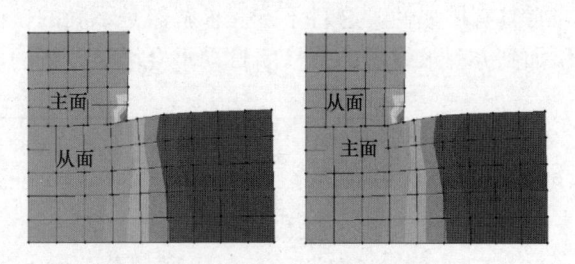

图 7.15　从面和主面相互切换

在进行接触计算时，Surface-to-Surface 离散化考虑了壳和膜的厚度，而 Node-to-Surface 离散化仅在计算小滑移时才会考虑这种影响。

对于从面采用二次单元的情况，Surface-to-Surface 离散化从根本上来说更合理，而 Node-to-Surface 离散化与一些二阶单元类型有关，这些二阶单元类型与从面的离散处理或单元的一致力分布有关。

此外，Surface-to-Surface 离散化更容易生成不对称的刚度，尤其是在主面和从面之间不互相接近平行的情况下。为了避免收敛困难，有时需要使用非对称的求解器 *STEP，UN-SYMM = YES，强烈建议使用，特别是当摩擦系数大于 0.2 时。

当接触面的法线几乎相反时，Surface-to-Surface 离散化效果最佳，它适用于许多涉及转角的情况。然而，它很难处理 Point-to-Surface 接触，由于其公式是基于在有限区域上的平均穿透率和从面的接触法向，如图 7.16 所示。

3. Edge-to-Surface 技术

Edge-to-Surface 可以很好地处理某些 Surface-to-Surface 技术难以处理的接触问题，但也有一些限制，如仅与三维实体的边一起使用和仅用于通用接触。它包括非变形构型中测量的角度 θ，如 $\theta \geqslant \theta_{cutoff}$，其符号约定为：（+）表示外角，（-）表示内角，$\theta_{cutoff}$ 是以度为单位表示的面法线之间的夹角。

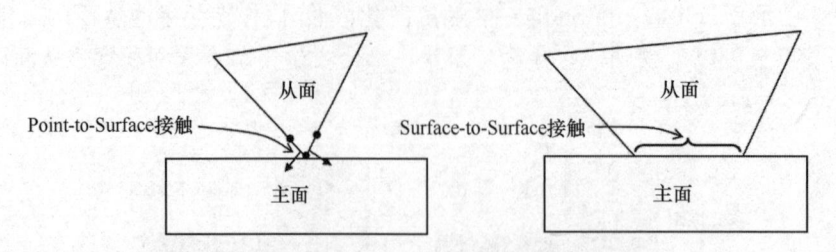

图 7.16 Point-to-Surface 接触

7.1.5.2 强制执行

默认情况下，接触约束的默认选项是使用罚函数法强制执行接触约束。在大多数情况下，默认使用有限滑移，Node-to-Surface 形式的接触对使用拉格朗日乘子法来强制执行接触约束。

图 7.17 所示的严格执行接触方法对用户来说是比较直观的，它可以用 Abaqus Standard 中的拉格朗日乘子法实现，但也有一些缺点，当约束重叠时，会使牛顿迭代收敛的求解过程非常具有挑战性。这对于方程求解器是不利的，由于要求解的矩阵系统的规模将增加，因此添加到方程求解器的拉格朗日乘子会增加分析的成本。

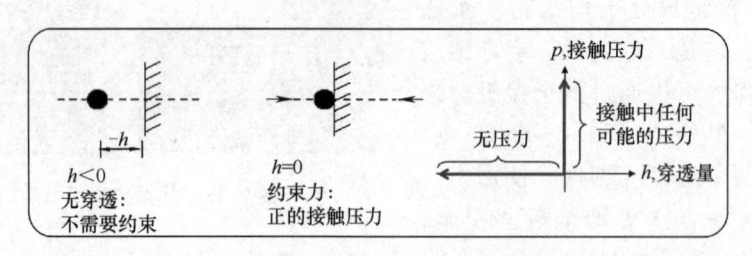

图 7.17 严格执行接触方法

式（7.7）给出了使用拉格朗日乘子法约束的直接执行方法，这是一个无约束的方程组，其中 K 是整个模型的刚度矩阵，u 是节点矢量解，F 是节点力矢量；拉格朗日乘子被添加到式（7.8）的方程组中。λ 是拉格朗日乘子自由度（约束力或压力）的矢量，每个约束有一个 λ。矩阵 B^T 是用于约束力的无单位分布系数，矩阵 C 是无量刚的约束系数，对于对称约束，使用 $B=C$。

$$(K)\{u\}=\{F\} \qquad (7.7)$$

$$\begin{pmatrix} K & B^T \\ C & 0 \end{pmatrix} \begin{pmatrix} u \\ \lambda \end{pmatrix} = \begin{pmatrix} F \\ 0 \end{pmatrix} \qquad (7.8)$$

如图 7.18 所示，罚函数法是硬接触的刚性近似，相当于用式（7.9）替换式（7.7）。

$$(K+K_p)\{u\}=\{F\} \qquad (7.9)$$

罚函数法具有收敛速度快、方程求解器性能好、能有效处理重叠约束等优点。除非接触刚度非常高，否则不会存在拉格朗日乘子的自由度。另一方面，其主要缺点是会有少量的穿透，而这通常是可以忽略的，并且在某些情况下可能需要相对于默认设置调整罚刚度。

式（7.9）中的默认罚刚度 K_p 的计算方法如下：Abaqus Standard 试图在过低的罚刚度（导致过度穿透）和过高的罚刚度（收敛速度随着拉格朗日乘子自由度的下降而下降）之间

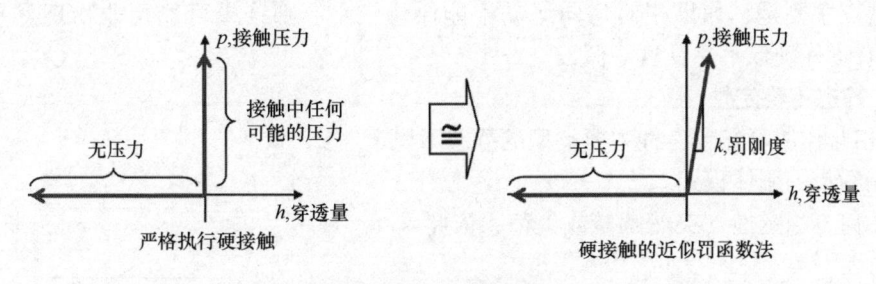

图 7.18　罚函数法

找到一个合适的中间值，以避免出现异常现象。在 Abaqus Explicit 中，罚刚度过高会导致稳定时间增量显著缩短。如下所示，比例因子与 ***CONTACT CONTROLS** 是相关的，并且是一个乘积的参数。

```
*SURFACE INTERACTION
*SURFACE BEHAVIOR, PENALTY
penalty stiffness, clearance offset, scale factor
:
*STEP
:
*CONTACT CONTROLS, STIFFNESS SCALE FACTOR=value
```

默认罚刚度是基于基础单元的典型刚度，并使用一个比例因子来设置默认的罚刚度。Abaqus Standard 中的数值高于 Abaqus Explicit，可以使用以下选项来缩放罚刚度：

1）对于默认罚刚度不适合的情况。

2）当建议更改数量级时。

3）如果比例因子大于 100，Abaqus 将自动调用一种使用拉格朗日乘子的变体方法，以避免出现异常情况。

罚刚度的大小主要取决于问题类型：首先，对于刚性或块状问题，使用默认的罚刚度，通常能获得与直接法相当的结果，所需内存和 CPU 时间的较少；其次，对于以弯曲为主的问题（如纯弯矩载荷），默认的罚刚度通常可以缩减两个数量级，而不会显著降低精度。对于以弯曲为主的问题，缩减罚刚度有时会提高收敛速度。

7.1.5.3　离散化的演变

Abaqus 提供了 Surface-to-Surface 和 Node-to-Surface 接触形式的有限滑移和小滑移选项。

1）有限滑移通常适用于使用真实主面表示的更新主面上的与交互点相关的情况。

2）小滑移是一种近似方案，旨在降低求解成本；它对表示基于初始配置的每个从节点的主面有一定的限制，仅适用于接触对（而非自接触或通用接触）。

小滑移近似：每个从节点都与其局部滑移面发生相互作用，在二维或轴对称情况下，它表示为一条线。它还假设，与主面的局部曲率和主面的切面尺寸相比，每个从节点的相对运动都很小。

```
*CONTACT PAIR, SMALL SLIDING
```

1）优点主要是，处理的非线性较少，降低了每次迭代的成本，并能在较少的迭代次数中找到收敛解。

2）缺点主要是，如果相对切向运动不能保持较小，则结果可能是非物理意义的。因此，用户有责任确保不违反这一假设。

7.1.5.4 静态不稳定性

接触相互作用可导致三种主要类型的静态不稳定性：

1）无约束的刚体模式。

2）几何不稳定性（突然翻转或失稳，依此类推）。

3）材料不稳定性（软化）。

图 7.19 和图 7.23 所示为无约束刚体模式的静态不稳定性和几何和/或材料的不稳定性。

例如，对于如图 7.19 所示的无约束刚体运动，在许多机械装配体中，都依赖于物体之间的接触以防止无约束的刚体运动。通常，在没有用户干预的情况下对此类系统建立接触模型是不切实际或不可能的。Abaqus 可能会在消息（.msg）文件中报告求解器奇异点，这通常也导致收敛缓慢或不收敛。

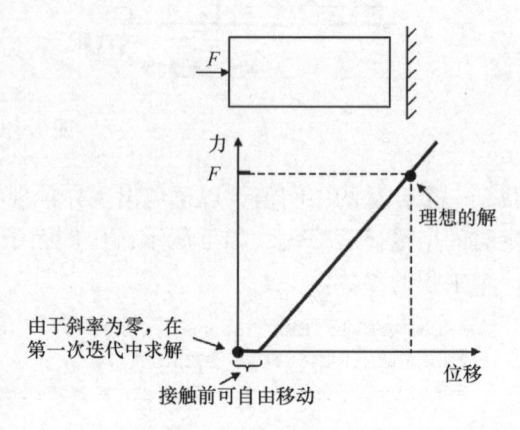

图 7.19 无约束的刚体模式

```
***WARNING: SOLVER PROBLEM.
NUMERICAL SINGULARITY WHEN PROCESSING NODE 17
D.O.F. 2 RATIO = 3.93046E+16
```

实际上，在图 7.19 中存在一个接触相互作用问题，在时间增量开始时，奇异方程组在建立接触之前自由移动。根据式（7.7）可以写出这样的方程组，用弹簧刚度 k 模拟接触相互作用：

$$\begin{pmatrix} k & -k \\ -k & k \end{pmatrix} \begin{pmatrix} u_1 \\ u_2 \end{pmatrix} = \begin{pmatrix} F \\ 0 \end{pmatrix} \tag{7.10}$$

不稳定的原因很清楚，如式（7.10）所示，刚度矩阵的行列式为零，这意味着没有解。这就是系统中的奇异点（图 7.20）。

为了正确建立接触，最好采用位移控制加载，以避免在时间增量开始时出现奇异点。在这种情况下，式（7.10）变为式（7.11），因为节点是由受控位移驱动的，而不是由消除奇异点的力驱动的。如图 7.21 所示，因为解由 $u_2 = u_1 = \overline{u}$ 给出（图 7.22），因此该系统现在是非奇异的。

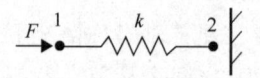

图 7.20 建立接触前的奇异方程组

图 7.21 建立接触前的位移控制加载避免了奇异点

图 7.22 建立接触后方程组对于力控制加载也是稳定的

$$(k)\{u_2\} = \{ku_1\} \tag{7.11}$$

一旦通过移除图 7.19 所示的时间增量开始时的平直曲线建立接触，方程组对于力控制加载时也是稳定的，并且方程组最终写成式（7.12）的形式，这是一个非奇异值方程组，其解为 $u_1 = F/k$，$u_2 = 0$ 且 $\lambda = F$。

$$\begin{pmatrix} k & -k & 0 \\ -k & k & 1 \\ 0 & 1 & 0 \end{pmatrix} \begin{pmatrix} u_1 \\ u_2 \\ \lambda \end{pmatrix} = \begin{pmatrix} F \\ 0 \\ 0 \end{pmatrix} \tag{7.12}$$

这一点在罚函数法中也是如此，式（7.10）中没有使用拉格朗日乘子，而是使用了一个额外的刚度，如图 7.18 所示，带有一个新的方程组，即式（7.13），其解为 $u_1 = F\left(\dfrac{1}{k} + \dfrac{1}{k_p}\right)$ 和 $u_2 = \dfrac{F}{k_p}$。可以看出，当 k_p 越趋于无穷大时，这个解就越接近于式（7.12）中给出的解。

$$\begin{pmatrix} k & -k \\ -k & k+k_p \end{pmatrix} \begin{pmatrix} u_1 \\ u_2 \end{pmatrix} = \begin{pmatrix} F \\ 0 \end{pmatrix} \tag{7.13}$$

图 7.23 显示了由非线性系统引起的典型的负特征值问题，这通常与特定的增量变形模式有关，经历暂时的不稳定性，表现为负切线刚度。这是一个典型的问题，可以识别为几何不稳定（突变）或材料不稳定（软化）。如果不进行干预，Abaqus 将在消息（.msg）文件中报告负特征值，并且通常会导致收敛缓慢或不收敛。

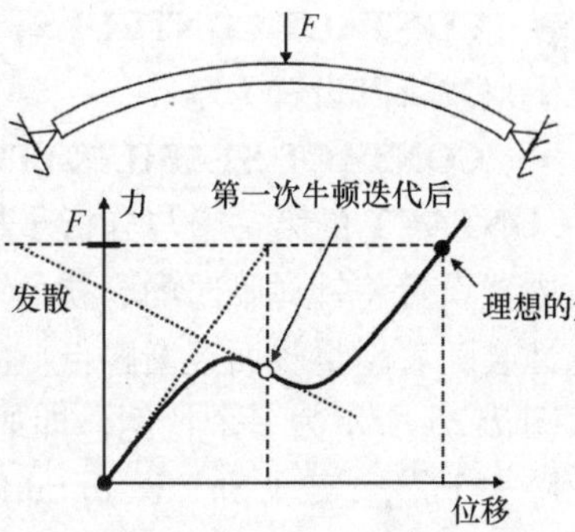

在图 7.19 和 7.23 所示的两种情况下，都使用了干预程序：

- 添加边界条件（如位移控制加载）。
- 调整初始接触状态。
- 增加稳定刚度（阻尼）。
- 考虑惯性效应（动态分析）。

图 7.23 几何和/或材料的不稳定性

7.1.5.5 稳定化方法

如果使用稳定化方法来处理由于接触相互作用的数值困难而导致的收敛问题，则有两种主要选择：第一种是使用人工刚度以产生某种阻尼效应；第二种也是首选的，即定义基于接触的稳定化或基于体积的稳定化。

在不启用接触约束的情况下，基于接触的稳定化会为相邻表面之间的相对运动增加较小的阻力，这在接触建立之前有效地稳定了初始刚体模式。

基于体积的稳定化将在各个体内中创建自适应性稳定化，这对克服分析过程中有时会出现的暂时不稳定性非常有效。

1. 基于接触的稳定化

用于罚函数的执行法与式（7.13）的原理相同，只不过现在它不是用于定义接触，而是用于稳定接触。因此，式（7.13）被式（7.14）中的非奇异方程组替换为恒定刚度 k_s，其中 u_2 用于触发下一次迭代的接触状态变化。

$$\begin{pmatrix} k & -k \\ -k & k+k_s \end{pmatrix} \begin{pmatrix} u_1 \\ u_2 \end{pmatrix} = \begin{pmatrix} F \\ 0 \end{pmatrix} \rightarrow u_1 = F\left(\dfrac{1}{k} + \dfrac{1}{k_s}\right) \quad u_2 = \dfrac{F}{k_s} \tag{7.14}$$

图 7.24 所示为式（7.14）对附近接触面之间的增量相对运动具有较小的阻力，该阻力（刚度）是初始单元刚度的一小部分。默认情况下，该阻力在步长结束时逐渐变为零，并且与增量大小（阻尼）成反比。通常情况下，使用这种稳定方法对结果的影响很小，法向稳定所消耗的能量几乎总是微不足道的，但如果发生大的滑移，切向稳定所消耗的能量可能会变大。

图 7.24 主要针对表面初始间隙较小的情况

分析师可以使用不同的选项定义接触稳定性，并设置不同的参数。

- *CONTACT CONTROLS, STABILIZE，使用默认的阻尼系数。
- *CONTACT CONTROLS, STABILIZE=factor，缩放默认的阻尼系数。
- *CONTACT CONTROLS, STABILIZE, damping factor，直接指定阻尼系数。
- *CONTACT CONTROLS, STABILIZE, ramp-down factor 指定非默认的逐渐降低的系数。
- *CONTACT CONTROLS, STABILIZE, TANGENT FRACTION=value 减小或增大切向阻尼或将其设置为零。
- *CONTACT STABILIZATION，指定局部或全局接触稳定控制。这是 Abaqus Standard *CONTACT 的第一个与分析步相关的子选项。默认情况下，它不处于激活状态，但激活后，内置设置将针对临时的、初始的无约束刚体模式。这些内置设置没有切向稳定性，并且稳定性会随着增量步而逐渐降低。

图 7.25 所示为一个特例，即通过考虑每个从节点的平均间隙大于零来实现 Surface-to-Surface 离散化的初始接触，因此 Surface-to-Surface 的接触约束最初是不激活的，并且初始方程组对施加的载荷不会产生阻力。然而，在这种情况下（即使接触点不对应某个节点）也会自动添加稳定刚度。稳定刚度在分析步结束时为零，并且与增量大小成反比。

这种特殊形式的自动稳定功能默认情况下对有限滑移和 Surface-to-Surface 接触是激活的，不能用于其他形式。

如果使用接触对，则

```
*CONTACT PAIR, TYPE=SURFACE TO SURFACE,
MINIMUM DISTANCE = [YES(DEFAULT)/NO]
```

如果使用通用接触，则

```
*CONTACT INITIALIZATION DATA, NAME=xyz,
MINIMUM DISTANCE = [YES(DEFAULT)/NO]

*CONTACT
*CONTACT INCLUSIONS
*CONTACT INITIALIZATION ASSIGNMENT
, , xyz
```

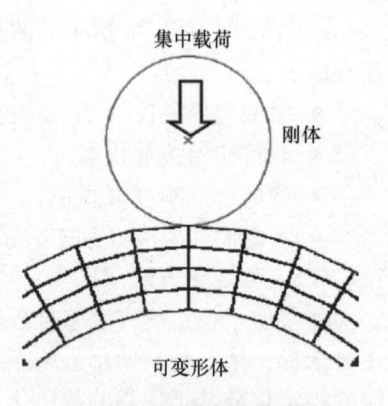

图 7.25 接触稳定化示例

2. 基于体积的稳定化

*STATIC, STABILIZE，也称为静态稳定，具有与体积成比例的阻尼，旨在针对局部

动态不稳定性，它适用于静态、黏性、温度位移耦合和土壤固结等准静态过程。平衡方程中使用的阻尼项如式（7.15）所示，其中 u 是准速度，M^* 是单位密度的质量矩阵，c 是阻尼系数。

$$cM^*\dot{u}+I(u)=P \qquad (7.15)$$

式（7.15）对 Newton-Raphson 每次迭代求解方程的影响可写成式（7.16）：

$$\left[K_t+\left(\frac{c}{\Delta t}M^*\right)\right]\partial u = R-\left(cM^*\frac{\Delta u}{\Delta t}\right) \qquad (7.16)$$

通过自动选择阻尼系数，Abaqus 会自动计算阻尼系数 c。该系数可以随空间和时间变化，并且可以根据收敛历史和黏性阻尼耗散的能量与总能量的比值进行自适应调整。该模型具有一个基于以下前提的初始阻尼系数：在施加阻尼的分析步的第一个增量中，模型响应是稳定的，但在分析开始时，对于稳定无约束的刚体模态并非特别有效。在稳定的情况下，使用阻尼系数会产生一个能量比，其中耗散能量 ALLSD 占有总能量 ALLIE 的比例极小，如图 7.26 所示。

在该过程中，惯性在运动方程中本质上具有稳定性，此时式（4.4）变为式（7.17）。如第 4.8 节所述，Abaqus 提供了隐式和显式动力学的程序。具体而言，第 4.8.5 节针对接触问题，第 4.8.6 节针对材料问题。

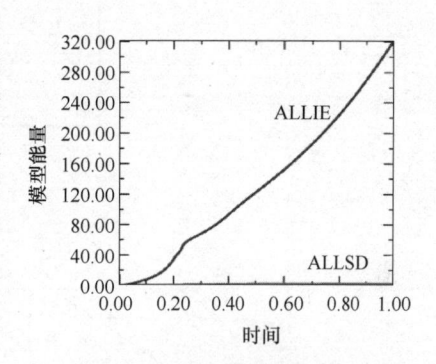

$$M\ddot{u}+C\dot{u}+I(u)=P \qquad (7.17)$$

图 7.26 与稳定相关的能量耗散量通常很好地表明了稳定对结果的影响
注：在这里，由稳定而耗散的总能量与变形所涉及的总能量相比非常小。

7.1.5.6 过约束

对模型施加过约束的一个直接后果是，当节点被过约束时，施加接触约束的拉格朗日乘子是不确定的，因此在这种情况下，分析通常会失败。当多个运动学（边界条件、接触或 MPC）约束沿同一方向作用于同一节点时，就会出现这种情况，这可能是由于单个从节点与来自不同接触对的多个不同主面交互作用引起的，图 7.27 举例说明了这种情况。

在许多情况下，接触相互作用与其他约束类型结合可能导致过约束，如图 7.27 所示。由于接触状态通常会在分析过程中发生变化，因此无法在模型预处理器中检测与接触相关的冗余约束，相反，这些检查是在分析过程中进行的。由于接触相互作用的复杂性，只会自动处理有限数量的冗余约束情况。

如图 7.27 所示，当基于表面的绑定约束中使用的从节点同时也是接触中的从节点时，也会经常出现过约束。在图 7.27a 中，节点 5 和节点 9 通过绑定约束连接，并且都与主面接触。由于这两个节点绑定在一起，其中一个接触约束是多余的。图 7.27b 中也有类似的情况：两个不匹配的实体网格通过绑定约束连接在一起，并且使用平整的刚性表面定义了接触。节点 S 是绑定约束中的从节点，其运动由节点 B 和节点 C 决定。因此，用于节点 S 的任何接触约束都是多余的。此外，节点 G 和节点 H 的接触约束是多余的，因为这两个节点的运动分别由节点 B 和节点 C 确定。当所有节点都处于接触状态时，为了消除这些冗余，Abaqus Standard 将自动在与接触约束相关的拉格朗日乘子之间应用绑定约束，并消除冗余接

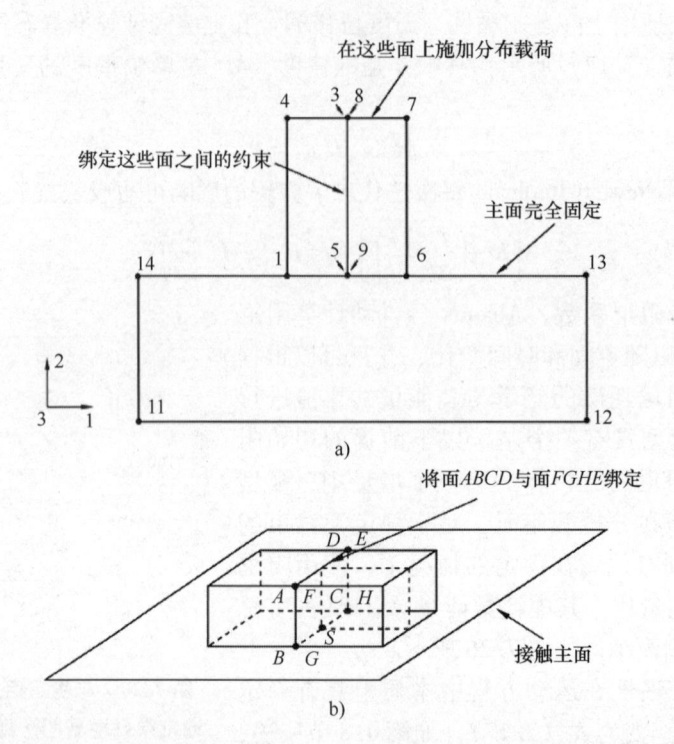

图 7.27 单个从节点在接触相互作用中产生的过约束，以及由接触相互作用和绑定约束产生的冗余约束（图经授权使用© Dassault Systemes Simulia Corp）

触约束。从相关的与绑定无关的节点处的压力和摩擦力中可恢复从节点处的接触压力和摩擦力。

在分析之前，Abaqus 会自动处理一个特定的过约束集，包括边界条件、刚体和绑定约束。或者，它可以在分析过程中处理所有的过约束，包括接触相互作用与边界条件和绑定约束的交集。

如果 Abaqus 无法自动处理过约束，则通常会将零主元警告消息写到消息（.msg）文件中（由求解器报告）。用户需要手动识别并移除过约束或切换到强制执行的罚函数形式。

下一节将讨论使用罚函数法强制施加过约束，这种方法通常不会带来灾难性的后果，但会降低收敛性（仍然应避免使用它们）。如果罚刚度大于默认值，也会引起更大的问题。

7.1.5.7 接触的结果输出

输出数据库（.odb）文件中的输出文件用于使用 Abaqus Viewer 进行后处理。默认情况下，.odb 输出包括预先选择的变量、数据（.dat）文件和打印输出文件。结果文件（.fil）用于在第三方后处理器中进行后处理，默认情况下没有输出，存储的输出变量类型包含所有表面变量和节点变量。

节点输出到 .odb 文件的设置默认为节点接触输出，包括接触应力 **CSTRESS**、接触压力 **CPRESS**、摩擦剪应力 **CSHEAR1** 和 **CSHEAR2**、接触位移 **CDISP**、接触间隙 **COPEN**，以及累积的相对切向运动 **CSLIP1** 和 **CSLIP2**。**CSHEAR2** 和 **CSLIP2** 仅适用于三维问题，所有输出都可以作为场数据和历史数据使用。

.odb 文件中的其他节点输出包括带有接触的法向力 **CNORMF** 和接触的切向力

CHEARF 的接触节点力矢量 **CFORCE**，与活动接触约束相关的节点面积 **CNAREA** 和接触状态 CSTATUS（可绘制黏滞、滑移或开放状态的等值线图）。

自接触结果在输出数据文件中包含 CPRESS、CSHEAR、CNORMF 和 CSHEARF 的值，它们是一个净量值，表示在给定的自接触定义中，一个节点在某些约束中充当从节点，而在其他约束中充当主节点的贡献净量。

无论是否考虑几何非线性效应，小滑移的接触区域都是基于**参考构型**的。

无论是否考虑几何非线性效应，有限滑移的接触区域都是基于**当前构型**的。

有两个选项可用于生成与接触分析相关的打印输出：

1) ***PREPRINT，CONTACT = YES**，在预处理阶段控制输出到打印输出（.dat）文件，并提供内部生成的接触单元的详细信息。

2) ***PRINT，CONTACT = YES**，在分析阶段控制对消息（.msg）文件的输出，并提供迭代过程的详细信息。

接触应力误差指示器 **CSTRESSERI** 是一个节点变量，类似于节点变量输出中的 **CSTRESS**，不能用于驱动自适应网格重新划分，但可使用以下警告定义误差指示器：

1) 误差指示器输出的变量是近似值，不代表对解的精确或保守的估计。如果用户的网格很粗糙，则错误指示器的质量可能特别差。随着网格的细化，误差指示器的质量会提高。然而，这些变量不应理解为进一步细化网格时解变量的值是多少。

2) 误差指示器并不能取代网格细化研究或分析师可以增强建模实践信心的方法。

7.1.5.8 处理初始干涉的最佳方法

首先，分析师应检查模型中的任何初始干涉，以确定初始干涉是否被视为过盈配合或其他问题。

事实上，导致初始干涉的常见原因包括 Abaqus Standard 中的建模过盈配合或其他问题，如预处理器中未考虑壳体厚度、预处理器错误或对曲面进行离散化时未进行几何修正等，如图 7.28 所示。

为了避免如图 7.28 所示的这种意外的初始间隙，接触对中有一种已知的技术，在接触设置中，调整区域用于定义一个使用 ADJUST 参数（a）设置的区域，该区域位于主面和从面之间，使从节点位于主面上，如图 7.29 所示。

```
*CONTACT PAIR, INTERACTION=myProp,
ADJUST=a
```

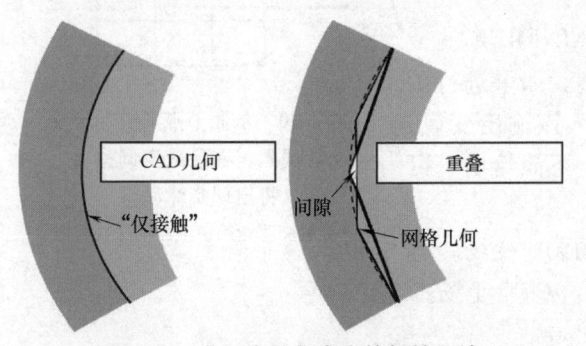

图 7.28 曲面离散化产生的初始干涉

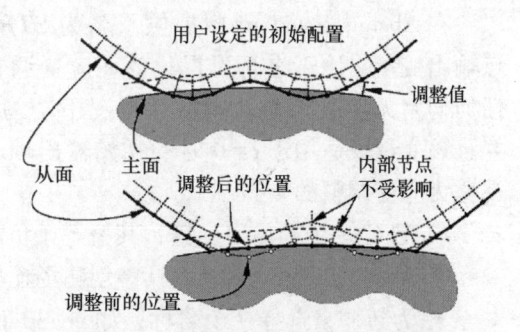

图 7.29 调整后和开始分析前的配置

注：调整区域之外的从节点不受影响，
对于 Surface-to-Surface 方法有一些例外的情况。

用户还可以使用 **SEARCH ABOVE** 命令在 Abaqus Standard 中为通用接触在接触界面中定义相同的调整区域。

```
*Contact Initialization Data, name=adjust-1,
SEARCH ABOVE=1.E-5
*Contact Initialization Assignment
allHeads, myPart.outer, adjust-1
```

默认情况下，Abaqus Standard 和 Abaqus Explicit 中的通用接触使用无应变的调整方法处理初始干涉（在给定容差内）。所有大于指定容差的干涉都将被忽略。此外，在 Abaqus Standard 中，干涉可以被视为过盈配合，并在第一个分析步中逐渐得到解决。

对于 Abaqus Standard 中的接触对，默认情况下将初始干涉视为过盈配合。它可以在第一个增量步（即单个增量）中消除所有过盈，但会导致收敛困难，因为载荷不随增量大小而缩放。另外，干涉问题可以逐步解决，也可以通过无应变调整来解决。

1. 无应变调整

输出变量 **STRAINFREE** 包含表示初始无应变调整的节点矢量。默认情况下，如果 Abaqus Standard 进行了任何无应变调整，则该输出变量将在零时刻的原始场输出帧中写入输出数据库（.odb）文件中。

Abaqus Standard 中的通用接触默认情况下包括接触初始化，可通过无应变调整来消除较小的初始干涉，默认容差基于初始单元面的大小。初始间隙在默认调整中保持不变，对于较大的初始干涉和初始间隙，也可以通过指定表面上下的搜索距离进行调整，如下面的命令行所示。在面上方搜索可以关闭间隙（如前所述），或者进行面下方搜索以增加默认干涉容差。

```
*Contact Initialization Data,
name=Init-1,
SEARCH ABOVE=distance,
SEARCH BELOW=distance
*Contact Initialization Assignment
, , Init-1
```

典型的警告消息仅涉及为粗（大）调整而重新定位的从面节点，这可能会严重扭曲初始单元的形状。在图 7.30 所示的情况下，用户应该仅依靠无应变调整来处理小的初始干涉（相对于单元尺寸）。

在 Abaqus Standard 中提供了名为 **STRAINFREE** 的节点输出变量，用于进行可视化的无应变调整。如果进行了任何初始无应变调整，则默认情况下会写入该输出变量，并且该变量仅适用于 $t=0$ 时的初始输出帧。下面给出了可视化无应变调整的步骤：

1）创建一个场输出变量，其值等于负的无应变场。

- Abaqus 可视化结果工具→创建场输出→来自于场。
- 为新变量选择一个名称，如 negStrainfree。
- 通过在输出变量中选择（-）运算符和 **STRAINFREE** 输入表达式。

2）查看基于此变量的变形图。

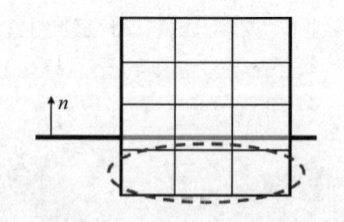

图 7.30 从面节点具有单元反转现象，在无应变调整后将出现负体积

n—接触交互作用中主面的法线方向

- Abaqus 可视化结果→步/帧→选择任务分析步。
- 使用驱动位移的新变量创建变形云图。

图中出现的配置与式（7.18）一致，加上一个净效应，以减去无应变调整与负应变无关项的影响。

$$x = x_0 + \text{negStrainfree} \tag{7.18}$$

根据式（7.19）和表 7.3 给出的隐式调整 x_0 与显式调整 u 之间的无应变调整，Abaqus Standard 与 Abaqus Explicit 之间存在以下不同。

$$x = x_0 + u \tag{7.19}$$

表 7.3 Abaqus viewer 中的技术与 Abaqus Standard 或 Abaqus Explicit 模型中使用的无应变调整之间的差异

想要可视化的内容	Abaqus Standard	Abaqus Explicit
节点矢量调整	$t=0$ 时的无应变符号图	$t=0$ 时的 U[①] 符号图
节点调整幅度	$t=0$ 时的无应变云图	$t=0$ 时的 U[①] 云图
调整构型	$t=0$ 时的未变形或变形形状	$t=0$ 时的变形形状
调整前的构型	用无应变代替变形云图中 $t=0$ 时的 U[①]	未变形

① 位移。

2. 过盈配合

在 Abaqus Standard 中进行通用接触设置时，通用接触算法将初始干涉视为过盈配合，在第一个分析步中，采用收缩配合方法逐步处理干涉，从而以产生应力和应变。

```
*Contact Initialization Data, name=Fit-1,
INTERFERENCE FIT
*Contact initialization Assignment
Surface_BUMPER-EXT, Surface_SHAFT, Fit-1
```

如图 7.31 所示，在 Abaqus Standard 中，用户指定的通用接触的过盈和间隙距离（该过程无等效方法）的具体描述如下：

1) 原始网格不能反映所需的干涉或间隙距离。
2) 无应变调整用于实现用户指定的干涉或间隙距离。用户应注意，较大的调整可能会导致单元出现异常问题。
3) 随后在第一步中进行收缩配合，以解决干涉问题，从而产生应力和应变。
4) 在第一步结束时，处于过盈配合的两个表面将较好地接触（除了罚函数导致的穿透情况）。

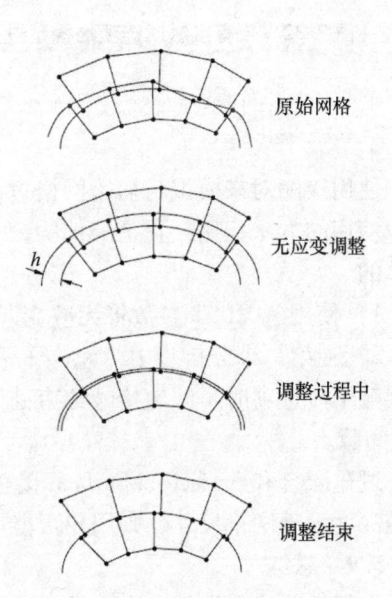

图 7.31 用户在 Abaqus Standard 中指定的两个实体间通用接触的干涉和间隙距离

h—所需的干涉配合距离（图经授权使用© Dassault Systemes Simulia Corp）

使用关键字界面，用户应该：

1）使用 *CONTACT INITIALIZATION ASSIGNMENT 选项指定接触初始化方法。

2）用 *CONTACT INITIALIZATION DATA 选项指定间隙或过盈距离。

3）选择间隙或过盈。

- 间隙值用 *CONTACT INITIALIZATION DATA, INITIAL CLEARANCE = value。
- 过盈值用 *CONTACT INITIALIZATION DATA, INTERFERENCE FIT = value。

4）在这两种情况下，**SEARCH ABOVE** 和 **SEARCH BELOW** 参数都可以覆盖默认的捕获区域。

默认情况下，Abaqus Standard 的接触对将初始干涉处理为过盈配合，以便在分析的第一个增量步中得到解。然而，使用这种方法，在第一个增量步中施加的过盈配合载荷值与步长的增量大小无关，并且在第一个增量步中施加了全部的过盈配合载荷。全部的过盈配合载荷有时大到足以导致牛顿法出现发散，并伴随高非线性响应。

在 Abaqus Standard 中使用接触对来稳健地模拟过盈配合时，通常建议用户指定收缩配合选项，以便在第一个分析步中通过多个增量解析过盈配合，以获得图 7.32 所示的形式。

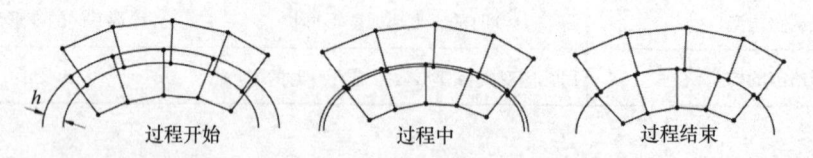

图 7.32 带有接触对选项的模型过盈配合（图经授权使用© Dassault Systemes Simulia Corp）

```
*CONTACT INTERFERENCE, SHRINK
slave, master
```

使用接触对来模拟与初始网格过盈量不同的干涉距离是一种棘手的选项组合。与通用接触中使用的方法相比，它是笨拙的、令人疑惑且不够精确。事实上，通用接触过程中是比较简单的。

1）使用 ADJUST 参数将无应变调整为零穿透。

2）在第一个分析步中，允许干涉从 0.0 提升到 h，其中 h 是所需的过盈配合距离。使用接触干涉选项时，即使接触约束处于活动状态，在第一步结束时表面之间似乎出现距离为 h 的间隙。

过盈配合和 Surface-to-Surface 接触离散化意味着法向约束沿从面的法线方向施加，如果穿透深度大于网格尺寸，则用户可能需要使用 Node-to-Surface 方法。

7.1.5.9 总结

良好的公式化特征在准确性、鲁棒性和通用性方面的优点可以总结为：

1）精确表示表面的几何形状。

- 从面：不仅仅是点的集合。**Surface-to-Surface**
- 主面：每个从节点均不近似为平面。**Finite sliding**
- 几何校正以减少离散化误差。**Surface-to-Surface**

2）节点力的分布与基本单元的构造一致，这体现了其满足接触补丁测试的能力。

Surface-to-Surface

3）滑移时接触力的连续性。**Surface-to-Surface**

4）单个的约束应力应阻止穿透（和滑移），这对于某些二阶单元类型来说很重要。**Surface-to-Surface**

5）避免过约束和约束不足。通常，接触区域中的接触约束数量应等于该区域中更精细表面的节点数量。**Master and Slave roles**

6）少量的数值软化。**Penalty method**

7）稳健的接触搜索算法，避免接触丢失等。**Finite sliding**

8）特征边缘的特殊处理。**Edge-to-Surface**

表 7.4 列出了 Abaqus Standard 中通用接触和接触对的建模方法。

表 7.4 通用接触和接触对的建模方法

配置方面	通用接触	接触对
接触离散化	主要：Surface-to-Surface 补充：Edge-to-Surface	默认：Node-to-Surface 可选：Surface-to-Surface
接触执行	默认：罚函数 可选：直接	Node-to-Surface 默认：直接 Surface-to-Surface 默认：罚函数
滑移约束演化	有限滑移	默认：有限滑移 可选：小滑移近似

转换接触时最常见的问题如下：

1）大多数问题与初始干涉有关。

2）通用接触考虑了壳/膜厚度和有限滑移。如果考虑壳厚度，则 Node-to-Surface 接触对不会产生初始穿透。

3）通用接触通常考虑所有外部表面，并且在某些穿透区域可能未定义接触时。

4）对初始干涉的默认处理方式不同。

- 接触对会产生初始干涉，默认将其视为过盈配合。
- 通用接触通过无应变调整处理小的初始干涉，或者假设大的初始干涉是非物理/非预期的。

5）用户确定初始干涉问题。

- 用户负责指导初始干涉问题的处理，选择是否使用应变调整来解决这个问题。
- 过盈配合的共同特征是，过盈距离可能较大，或者仅限于特定的界面，这需要用户进行成对关注。
- 无应变调整旨在处理较小的干涉（如由于曲面呈现的棱角化所致）。对于较小的干涉，自动算法可以确定要移动的节点以及将节点移动到哪里。

一些收敛问题与以下因素有关：

1）牛顿迭代、收敛半径和增量。

2）诊断输出有助于确定收敛问题的位置和原因。

3）接触状态的变化（打开/闭合和滑移/黏滞）被迭代控制算法表征为严重的不连续性：

- 严格执行，从无接触刚度变为无限刚度。
- 罚函数执行，从无接触刚度变为有限刚度（较小的罚刚度）。

4）平滑接触表征特征可提高收敛性（如滑移时节点接触力的连续性），Surface-to-Surface 接触离散化比 Node-to-Surface 接触离散化更平滑。

5）平滑（且更准确）的表示曲面，并在方程求解器中考虑非对称刚度项，对于收敛性也有帮助。

偶尔出现这种不好的特性组合是很正常的，因此我们提供了以下建议，以防止这种有问题的特性组合：

1）一般建议采用 Surface-to-Surface 接触和罚函数方法。

2）在单元类型推荐上比较中立，但相较于 C3D10M、C3D10（I）可以更准确地表示曲面。

3）在 Abaqus Standard 中，默认的罚刚度是其他因素的 10~100 倍。
- 在 Abaqus Explicit 中，增加罚刚度会减小时间增量。
- 在 Abaqus Standard 中，增加罚刚度会降低收敛性。

4）通过减小面的厚度，Abaqus 可以自动减小与结构单元相关的接触厚度，从而避免出现自相交的问题。

如果厚度减小，状态文件中会发出警告，并生成单元集 **WarnElemGContThickReduce**。减小面的接触厚度可能意味着接触发生的时间比预期的要晚，如在夹紧壳体的情况下。请使用输出变量 **CTHICK** 计算用于通用接触的实际壳体厚度。

5）对于表面侵蚀[⊖]，默认情况下，仅将附着于受侵蚀单元的节点视为质点，这些质点可与未受损的小平面发生接触，这意味着会传递一些额外的动量，但它们不会与其他此类节点相互作用。或者，用户可以指定 ***CONTACT CONTROLS ASSIGNMENT，NODAL=YES**。在这种情况下，节点被排除在接触相互作用之外，输出变量 **STATUS** 表示单元是否失效；（STATUS=0）表示失效单元，（STATUS=1）表示活动单元。随后，当输出数据库文件中包含 STATUS 时，Abaqus Viewer 将自动删除失效的单元。

6）Abaqus Explicit 不适用于创建过盈配合的模型，因此最好使用 Abaqus Standard。

7）默认情况下，通过无应变调整第一步中出现的接触干涉问题，在 Abaqus Explicit 中对节点位移进行调整。

这里有一些关于接触问题的诊断解释的评论：

1）在 Abaqus Viewer 中，可以通过时间为 0.0 时的位移（**U**）的符号（矢量）图来识别初始干涉的解，这些位移（**U**）等值线图用于识别自动生成的节点集，其中包括调整后的节点 **InfoNodeOverclosureAdjust**，或者对于一些未处理的初始干涉节点 **InfoNodeUnresolvInitOver**。

2）初始的交叉曲面通常表明几何形状存在错误，诊断输出提供了一个视图单元集

⊖ 在 Abaqus Explicit 中，用户可以在实体单元网格内部定义表面的切面，定义中将包括指定单元中不在模型外部（自由）表面上的面。例如，内部表面在 Abaqus Explicit 中与通用接触一起用于模拟由于单元失效引起的表面腐蚀。自动生成内部表面相当于构建一个由所有单元的面组成的表面，然后减去这些单元的自由表面。壳单元、梁单元、管道单元、膜单元等将被忽略，因为根据定义它们没有任何内表面，生成内表面时不考虑多点约束，这可能会导致实体内部的面排除在表面定义之外。

WarnElemSurfaceIntersect，可以在 Disply Group（显示组）对话框中使用。应当手动避免 FEA 模型中任何错误的几何形状，否则在分析过程中这些面将保持锁定状态。

Abaqus 针对接触行为提供了两种选择。首先是物理压力与干涉，可以在 FEA 模型中定义一个软接触（指数、线性或表格形式），该接触是基于物理原理（表面涂层）或基于数值方法，以提高收敛性；其次是无分离的接触。还有其他影响整体接触本构行为的特征，如可断裂的黏结、基于表面的内聚行为或包括法向和切向行为的沿接触界面的裂纹扩展；另一个方面是使用由用户子程序 **UINTER** 控制的特定行为，该子程序还控制用户编程的切向行为。

无分离的接触适用于黏合剂的建模，该特性使得一旦建立接触，表面在分析期间将保持粘合状态，只有法向接触受到影响，而仍然允许相对滑移，并且通常与 rough friction（粗糙摩擦）选项一起使用（也不允许滑移）。这个选项有时被用作数值激励以改善收敛性。

```
*SURFACE INTERACTION
*SURFACE BEHAVIOR, NO SEPARATION
```

7.2 摩擦

摩擦力是抵抗固体表面、流体层和材料单元相互滑移的相对运动的力。摩擦有几种类型：

1) **干摩擦**是一种抵抗两个接触固体表面相对横向运动的力。干摩擦又分为非运动表面之间的静摩擦（黏滞）和运动表面之间的动摩擦。除原子或分子摩擦，干摩擦通常源于被称为表面粗糙度的表面特征之间的相互作用。
2) **流体摩擦**描述的是黏性流体层之间相对运动的摩擦。
3) **润滑摩擦**是流体摩擦的一种情况，即润滑剂流体将两个固体表面分离。
4) **表面摩擦**是阻碍流体在物体表面上运动的阻力的一部分。
5) **内摩擦**是构成固体材料的各单元之间发生变形时的运动阻力。

Abaqus 提供了三种类型的摩擦模型：

1) 库仑摩擦。
- 各向同性或各向异性。
- 可选的摩擦系数取决于滑移速率、压力、温度和场变量，可通过线性插值表格数据或对滑移速率的指数依赖，甚至可使用自定义的用户子程序 **FRIC_COEF**。

2) 粗糙摩擦。只要法向接触约束处于活动状态，无论接触压力如何，都表现为黏附状态。

3) 用户通过用户子程序 **FRIC** 或 **UINTER** 来定义。

摩擦的黏滞或滑移不连续性类似于法向的开放或闭合不连续性。图 7.33 和图 7.34 分别用拉格朗日乘子法和罚函数法描述了两种不同约束条件下的法向和切向摩擦行为。

在这两种情况下，滑移的剪应力函数都依赖于接触压力（虚线），默认情况下使用的罚函数法称为黏滞刚度。剪应力 τ、正应力 σ 的屈服函数和摩擦系数 u 的关系为 $\tau = \mu\sigma$。

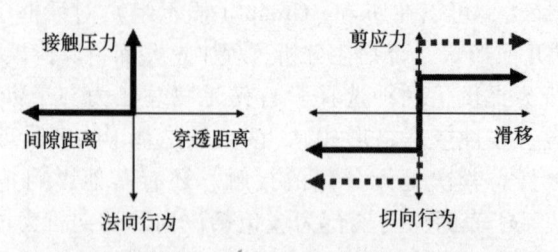

图 7.33 用拉格朗日乘子法强制执行的约束条件

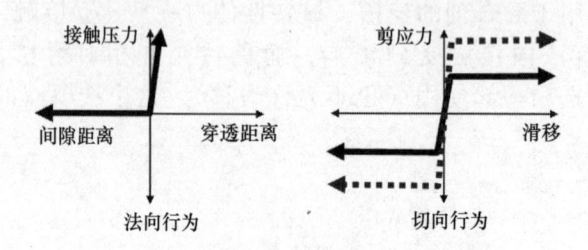

图 7.34 用罚函数法强制执行的约束条件
········—当接触压力沿法线方向增加时的切向应力响应

拉格朗日乘子法可能导致过约束问题,如在交叉点处。过约束会给方程求解器带来问题。

7.2.1 静摩擦和动摩擦

当两个物体表面没有相互滑移时,摩擦力称为静摩擦力,定义见式(7.20)。

$$\|F\| = \mu_s \|N\| \tag{7.20}$$

式中,u_s 是静摩擦系数;F 是摩擦力;N 是垂直于两个物体接触表面的法向力。

当两个物体表面有相互滑移时,摩擦力称为动摩擦力,定义见式(7.21)。

$$\|F\| = \mu_k \|N\| \tag{7.21}$$

式中,u_k 是动摩擦系数。

动摩擦是物体运动的函数,其速度矢量 v_t 在方向矢量 t 上,式(7.20)可重写为

$$\|F_t\| = \mu_s \|N\| \frac{v_t}{\|v_t\|} \tag{7.22}$$

动摩擦系数可由式(7.21)和式(7.22)确定,它是一个屈服函数,可由式 7.23 表示。

$$\mu_k = \mu_s \frac{v_t \cdot t}{\|v_t\|} \tag{7.23}$$

如式(7.23)所示,非线性摩擦系数中可包含许多参数。因此,非线性摩擦力可以是平面内等效滑移速度 $\dot{\gamma}_{eq} = \sqrt{\dot{\gamma}_1^2 + \dot{\gamma}_2^2}$、接触压力 p、平均表面温度 $\bar{T} = \frac{1}{2}(T_A + T_B)$、平均场变量值 $\bar{f}_i$ 的函数。

对于表格数据的线性插值,如果 μ 是场变量的函数,则必须在 *FRICTION 选项中使用依赖(**dependencies**)参数来指定场变量依赖项的数量。

用户子程序 **FRIC_COEF** 和 **VFRIC_COEF** 允许用户在 Abaqus Standard 中指定摩擦系数的表达式，并提供其导数的表达式。例如，如果摩擦系数是用户定义的，如 $\mu = A(1+B\dot{\gamma}+C\dot{\gamma}^2)(1+Dp)$，那么 FRIC.f 文件中给出了以下用 Fortran 编码的用户子程序。

Listing 7.1 FRIC.f

```
      subroutine fric_coef(fCoef,fCoefDeriv,
     * nBlock,nProps,nTemp,nFields,jFlags,rData,
     * surfInt,surfSlv,surfMst,props,slipRate,
     * pressure,tempAvg,fieldAvg)

      include "aba_param.inc"
      dimension fCoefDeriv(3)
      parameter (one=1.d0,two=2.d0)

      fs=one+props(2)*slipRate+props(3)*slipRate**2
      fp=one+props(4)*pressure

      fCoef=props(1)*fs*fp

      fCoefDeriv(1)=props(1)*(props(2)+
     1              two*props(3)*slipRate)*fp
      fCoefDeriv(2)=props(1)*fs*props(4)
      fCoefDeriv(3)=zero

      return
      end
```

其中，**fCoef** 是摩擦系数；**fCoefDeriv（1）** 是一阶导数 $\partial\mu/\partial\dot{\gamma}$；**fCoefDeriv（2）** 是一阶导数 $\partial\mu/\partial p$；而 **fCoefDeriv（3）** 是一阶导数 $\partial\mu/\partial T$，这个导数等于零，表明摩擦力不依赖于温度，无论摩擦力值是多少，温度都保持不变。

props（1）、props（2）、props（3）、props（4） 分别为常数 A、B、C 和 D。

一旦用户子程序编码完成并调用到 FEA 模型中，用户就必须使用以下命令行：

```
*SURFACE INTERACTION, NAME=name
*FRICTION, USER=COEFFICIENT, PROPERTIES=4
A, B, C, D (substitute real numbers)
```

在 Abaqus 中，动摩擦模型是摩擦系数与滑移速率的一种特定形式，根据式（7.24），可以实现从静摩擦系数 μ_s 到动摩擦系数 μ_k 的指数转换，其中 d_c 是衰减系数。

$$\mu = \mu_k + (\mu_s - \mu_k)e^{-d_c\dot{\gamma}_{eq}} \tag{7.24}$$

定义该模型有两种方法：首先，用户应使用以下命令行直接创建静态、动态和衰减系数：

```
*SURFACE INTERACTION
*FRICTION, EXPONENTIAL DECAY
```

或者使用测试数据来拟合指数模型。

粗糙摩擦是一种可选行为，在这种摩擦行为中，当表面处于接触状态时（即当法向约束处于激活状态时），始终强制执行黏附条件，它类似于具有无限大摩擦系数的库仑摩擦。

但是，如果同时指定了无分离（**NO SEPARATION**）行为，即使法向接触力是受拉的，它也将阻止相对运动。虽然粗糙摩擦的理想化模型在接触时没有滑移，但由于数值软化（对于执行黏附条件的罚函数），可能会发生少量滑移。使用粗糙摩擦的目的可能是物理的，也可能是数值的（避免收敛问题）。

```
*SURFACE INTERACTION, NAME=name
*FRICTION, ROUGH
```

7.2.2 在分析过程中改变摩擦属性

如果分析师需要在分析过程中更改摩擦属性，则更新后的摩擦力将取决于所定义的求解器。

Abaqus Explicit 会对接触属性分组命名，摩擦模型是接触属性分组的一部分，然后创建接触属性的分组库，如从 **Property grouping i** 到 **Property grouping j**；现在，可以在 step1 中定义 **Surface pairing k**，在 step2 中定义 **Surface pairing k**。

Abaqus Explicit 求解器将进行接触属性分组（或表面相互作用），即取决于分析步，这意味着在 step1 中将 **Surface pairing k** 指定给 **Property grouping i**，在 step2 中将 **Surface pairing k** 指定给 **Property grouping j**。

Abaqus Standard 将修改已指定的接触属性分组。在模型定义中，用 **Surface pairing k** 定义了 **Property grouping i**。在 step 模块中，step1 没有更改接触，但 step2 中更改了接触；然后在 step2 中，求解器将修改 **Property grouping i** 中的摩擦模型，在 Abaqus Standard 中，每个接触属性分组（表面相互作用）的步长依赖性非常有限。为了改变摩擦属性，用户需要使用以下命令行：

```
*CHANGE FRICTION, INTERACTION=name
*FRICTION
```

下面是一个示例，对定义的摩擦系数（最常见的情况）进行更改，并且对于大多数分析步类型来说，摩擦系数会随着步长的增加而从旧值逐渐过渡到新值。在下一个分析步中，滑移容差与执行黏滞条件的罚函数相关（不常见）。在大多数情况下，随着摩擦系数的改变，滑移容差过渡具有与摩擦系数过渡相同的过渡行为。

7.2.3 经典摩擦值

在没有任何关于接触表面状态的信息或规范文件的情况下，无论是否使用润滑剂都很难设定一个正确的摩擦系数值。当然，最保守的值是零，但这根本不现实，即使是两块冰块接触，摩擦力也不为零。在特定条件下，某些材料的摩擦系数很低，如（高度有序的热解）石墨，其摩擦系数可低于 0.01 [1]。这种超低摩擦状态称为超润滑性（表 7.5）。

表 7.5 经典的静摩擦系数和动摩擦系数是与接触材料的类型相关的函数 [2]

材料 1	材料 2	μ_s DC[①]	μ_s L[②]	μ_k DC[①]	μ_k L[②]
铝	钢	0.61		0.47	
铝	铝			1.5	

（续）

材料 1	材料 2	μ_s DC[①]	μ_s L[②]	μ_k DC[①]	μ_k L[②]
BAM[③]	TiB$_2$[⑥]	0.04~0.05	0.02		
黄铜	钢	0.35~0.51	0.19	0.44	
铸铁	纯铜	1.05		0.29	
铸铁	锌	0.85		0.21	
混凝土	橡胶	1.0	0.30[⑦]	0.6~0.85	0.45~0.75[⑦]
混凝土	木材	0.62			
纯铜	玻璃	0.68			
纯铜	钢	0.53		0.36	
玻璃	玻璃	0.9~1.0		0.4	
HSF[④]	软骨		0.01		0.003
冰	冰	0.02~0.09			
聚乙烯	钢	0.2	0.2		
PTFE[⑤]	PTFE[⑤]	0.04	0.04		0.04
钢	冰	0.03			
钢	PTFE[⑤]	0.04~0.2	0.04		0.04
钢	钢	0.74~0.80	0.16	0.42~0.62	
木材	金属	0.2~0.6	0.2[⑦]		
木材	木材	0.25~0.5	0.2[⑦]		

① 干燥和清洁。
② 润滑。
③ 陶瓷合金 AlMgB14。
④ 人体滑膜液。
⑤ 聚四氟乙烯。
⑥ 钛硼化物。
⑦ 表面的湿润状态。

7.3 硬接触或软接触

硬接触使用强制的罚函数约束，软接触使用线性和指数压力-干涉约束。硬接触的定义是为了优化间隙的反作用力响应函数，如图 7.35 所示。

罚函数法近似于硬压力-干涉行为。使用这种方法时，接触力与穿透距离成正比，因此会产生一定程度的穿透。罚函数法的优点包括：

1) 与罚函数法相关的数值软化可以缓解过约束问题，并减少分析中所需的迭代次数。

2)罚函数法可以不使用拉格朗日乘子而提高求解效率。

图 7.36 中所示参数用于定义图 7.35 所示 Abaqus 中的接触行为类型。

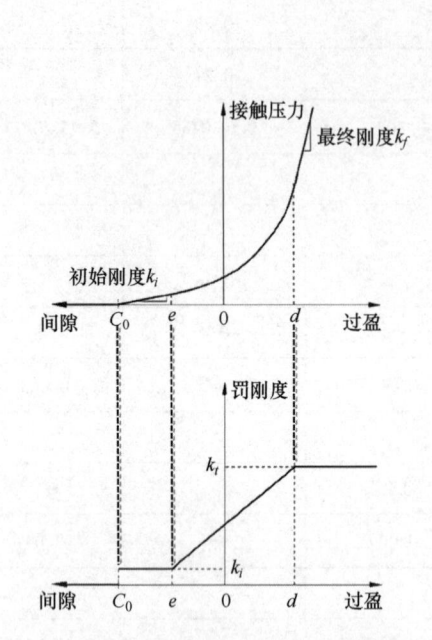

图 7.35 非线性接触压力和线性接触刚度
(图经许可使用© Dassault Systemes Simulia Corp)

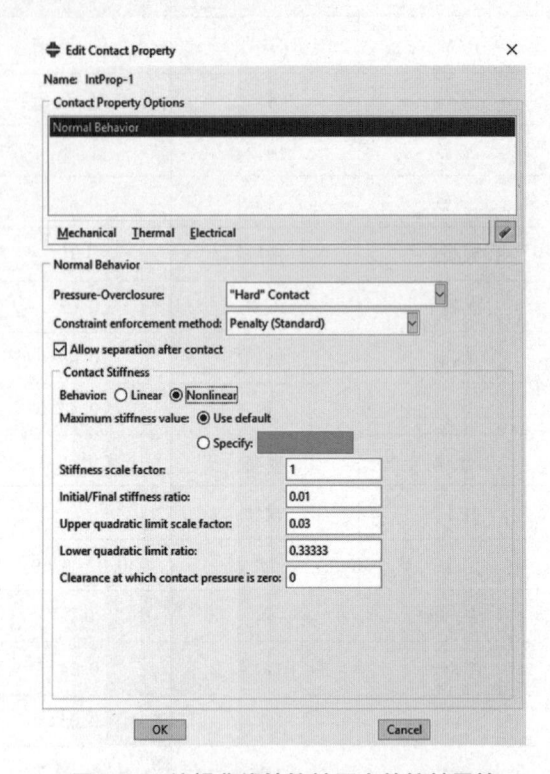

图 7.36 编辑非线性接触压力的接触属性

1)指定接触刚度(Contact Stiffness)。

- 对于线性罚函数法,在 **Stiffness value** 文本框中指定接触刚度。可以选择 Use default(使用默认值)让 Abaqus 自动计算罚函数接触刚度,或者选择 Specify(指定)并输入一个正值作为线性罚刚度。

- 对于非线性罚函数法,在 **Maximum stiffness value** 文本框中指定接触刚度。可以选择 Use default(使用默认值)让 Abaqus 自动计算罚函数接触刚度,也可以选择 Specify(指定)并输入一个正值作为最终的非线性罚刚度。

2)在 **Stiffness scale factor** 文本框中指定一个因子,用于乘以设定的罚刚度。

3)对于非线性罚函数法,可为以下选项指定值:

- 在 **Initial/Final stiffness ratio** 文本框中输入初始罚刚度与最终罚刚度之比。

- 在 **Upper quadratic limit scale factor** 文本框中输入二次上限的比例因子,该比例因子等于比例因子乘以特征接触面长度。

- 在 **Lower quadratic limit ration** 文本框中输入定义二次下限值的比值 $\dfrac{e-c_0}{d-c_0}$。

4)指定 **Clearance at which contact pressure is zero**,默认值为零。

主要挑战在于如何进行适当的设置,以便在定义的接触相互作用的罚刚度线性函数和代表真实物理意义的硬接触之间获得良好的匹配。

两个零件之间的接触过渡区主要取决于两个关键选项：
- 初始刚度与最终刚度之间的比率用于在一定容差范围内启动接触和停止接触。
- 过渡区将根据二次函数的参数设置进行计算，并根据二次函数的形状将接触视为硬接触或软接触。

7.3.1 数学刚度函数的识别

现在可以通过图 7.35 中的罚刚度曲线，即间隙和干涉量 u_0 的函数来定义非线性弹簧的行为，如式（7.25）所示：

$$k(x) = \begin{cases} k_1 & c_0 \leq x \leq e \\ \Omega x + \Gamma & e \leq x \leq d \\ k_2 & d \leq x \leq u_0 \end{cases} \tag{7.25}$$

连续性条件由式（7.26）给出：

$$\begin{cases} k(e) = k_1 \\ k(d) = k_2 \end{cases} \tag{7.26}$$

式（7.25）中使用的线性刚度系数 Ω 和 Γ 可通过式（7.27）和式（7.26）中的连续性方程进行计算。

$$\Omega = \frac{k_1 - k_2}{e - d} \quad \Gamma = k_1 - \frac{k_1 - k_2}{e - d} e \tag{7.27}$$

最后，接触相互作用中弹簧单元的多线性刚度方程由式（7.28）给出。

$$k(x) = \begin{cases} k_1 & c_0 \leq x \leq e \\ \frac{k_1 - k_2}{e - d}(x - e) + k_1 & e \leq x \leq d \\ k_2 & d \leq x \leq u_0 \end{cases} \tag{7.28}$$

式（7.28）中的刚度和用于接触相互作用的反作用力之间的关系由式（7.29）给出。

$$\frac{\mathrm{d}}{\mathrm{d}x} f(x) = k(x) \tag{7.29}$$

根据式（7.25），基于式（7.29）的反作用力函数将由式（7.30）给出。

$$f(x) = \begin{cases} a_1 x + a_2 & c_0 \leq x \leq e \\ a_3 x^2 + a_4 x + a_5 & e \leq x \leq d \\ a_6 x + a_7 & d \leq x \leq u_0 \end{cases} \tag{7.30}$$

因此，根据式（7.29），可以通过式（7.31）得到一些系数：

$$\begin{cases} a_1 & c_0 \leq x \leq e \\ 2a_3 x + a_4 & e \leq x \leq d \\ a_6 & d \leq x \leq u_0 \end{cases} = \begin{cases} k_1 & c_0 \leq x \leq e \\ \Omega x + \Gamma & e \leq x \leq d \\ k_2 & d \leq x \leq u_0 \end{cases} \tag{7.31}$$

式（7.30）中的积分常数将通过式（7.32）中的连续性方程计算得到。

$$\begin{cases} a_1 c_0 + a_2 = 0 \\ a_1 e + a_2 = a_3 e^2 + a_4 e + a_5 \\ a_3 d^2 + a_4 d + a_5 = a_6 d + a_7 \end{cases} \quad (7.32)$$

所有积分常数都由式（7.33）系统给出。

$$\begin{cases} a_2 = -c_0 a_1 \\ a_5 = -a_3 e^2 + (a_1 - a_4)e + a_2 \\ a_7 = a_3 d^2 + (a_4 - a_6)d + a_5 \end{cases} \quad (7.33)$$

根据式（7.30）给出的通用反作用力方程确定接触压力的所有系数均在式（7.34）中列出，这些系数包括刚度、间隙和干涉值的函数。

参数	方程
$a_1 =$	k_1
$a_2 =$	$-c_0 k_1$
$a_3 =$	$\dfrac{1}{2}\dfrac{k_1 - k_2}{e - d}$
$a_4 =$	$k_1 - \dfrac{k_1 - k_2}{e - d} e$
$a_5 =$	$\dfrac{1}{2}\dfrac{k_1 - k_2}{e - d} e^2 - c_0 k_1$
$a_6 =$	k_2
$a_7 =$	$\dfrac{1}{2}(k_1 - k_2)(e + d) - c_0 k_1$

(7.34)

现在可以根据图 7.35 中给出的参数重新计算理论的接触压力，从而确定接触压力在两个接触面之间的作用情况。

接触行为对于间隙参数和接触开始定义的方式非常敏感。此外，如图 7.35 所示，间隙 c_0 和二次下限值 $R_{\text{Lower Quadratic Limit}}$ 在式（7.35）中都是最小间隙 e 和最大干涉量 d 的函数：

$$R_{\text{Lower Quadratic Limit}} = \frac{e - c_0}{d - c_0} \quad (7.35)$$

接触相互作用的挑战是如何处理一个方程和两个未知参数，即初始间隙和二次下限，以确保通过适当的调整来定义接触行为。最合乎逻辑的选择是保持默认的二次下限比，并找出最佳的初始间隙，尽管这并不能完美地表示两个接触表面的法向硬接触行为。否则，用户只需知道初始间隙参数，从而根据式（7.35）计算二次下限比。

在没有任何接触开口的情况下定义初始接触相互作用时，可以假设法向行为是线性的，具有较低的刚度，而不是设置非线性接触，这样可以节省计算时间，避免数值困难与收敛问题。

图 7.36 所示的初始/最终刚度比（Initial/Final stiffness ratio）与式（7.35）中定义的二次下限比 R 之间存在一定的关系，分析师能够通过在接触相互作用的两个零件的间隙之间取五个点来构建定制的接触压力行为，如图 7.35 所示。五个坐标点（c_0、e、d、u_0）加上点 e 和点 d 之间的一个点，将确定式（7.30）中的系数 a_n（$1 \leq n \leq 7$）。根据式（7.30）给出的定义，间隙 e 和过盈量 d 可以写成系数 a_n（$1 \leq n \leq 7$）的函数，分别如式（7.36）和式（7.37）所示。

$$e = \frac{(a_1-a_6)^2 + 2(a_7-a_2)}{4a_3(a_1-a_6)} \tag{7.36}$$

$$d = \frac{2(a_7-a_2) - (a_1-a_6)^2}{4a_3(a_1-a_6)} \tag{7.37}$$

式（7.36）和式（7.37）显示了一个禁止值，如 a_1 不能等于 a_6，这意味着初始刚度 k_1 不能等于最终刚度 k_2。这与图 7.35 所示的罚刚度行为一致，否则曲线将是一个常数函数。

二次下限比现在可以写成式（7.30）中系数 a_n（$1 \leq n \leq 7$）的函数，即

$$R(X) = \frac{AX^2 + BX + C}{-AX^2 + BX + C} \tag{7.38}$$

其中，根据图 7.35，$A = a_1 a_6^2$，$B = 4a_1 a_3 a_6$，$C = 2a_1(a_7-a_2)$，$X = (a_1-a_6)/a_6$。罚刚度行为为正值，必须定义最终刚度 k_2 且必须大于初始刚度 k_1（$a_6 > a_1$）。因此，X 值总是负的。$X = (a_1/a_6) - 1$，其中比值（a_1/a_6）是初始/最终刚度比。当 X 趋于零时，比率 r 趋于 1，这意味着 k_2 的值趋于 k_1。比率 r 的值在 0~1 之间变化，当比率 r 趋于 0 时，X 趋于 -1，这意味着 k_1 趋于 0 或 k_2 趋于无穷大。现在可以建立二次下限比 R，它是初始/最终刚度比 r 的函数，即

$$R(0<r<1) = \frac{A(r-1)^2 + B(r-1) + C}{-A(r-1)^2 + B(r-1) + C} \tag{7.39}$$

例如，如果用户自定义的接触压力行为是式（7.40）中确定的二次下限比函数，则二次下限比是图 7.37 中初始/最终刚度比的函数。在这种情况下，图 7.36 所示的 Contact stiffness 选项组中的设置参数在给定的 Initial/Final stiffness ratio 为 0.1 时，应设置 Lower quadratic limit ratio 为 5.2，以优化接触压力计算。

$$R(r) = \frac{(r-1)^2 + 2(r-1) + 3}{-(r-1)^2 + 2(r-1) + 3} \tag{7.40}$$

7.3.2 指数接触刚度

使用指数曲线可替代法向硬接触行为，以确保软化接触压力-干涉，如图 7.38 所示。当穿透量（干涉）$h < 6c$ 时，接触面之间的接触压力呈指数增长，接触压力可以由式（7.41）得到。

$$p(h) = \frac{p_0}{e-1} \frac{c+h}{c} \left[\exp\left(\frac{c+h}{c}\right) - 1 \right] \quad -c < h \leq 6c \tag{7.41}$$

当穿透量大于 $6c$ 时，压力-干涉呈线性关系，并且表面在法向测量间隙减小到 c 时接触，c 和 p_0 必须为正值。

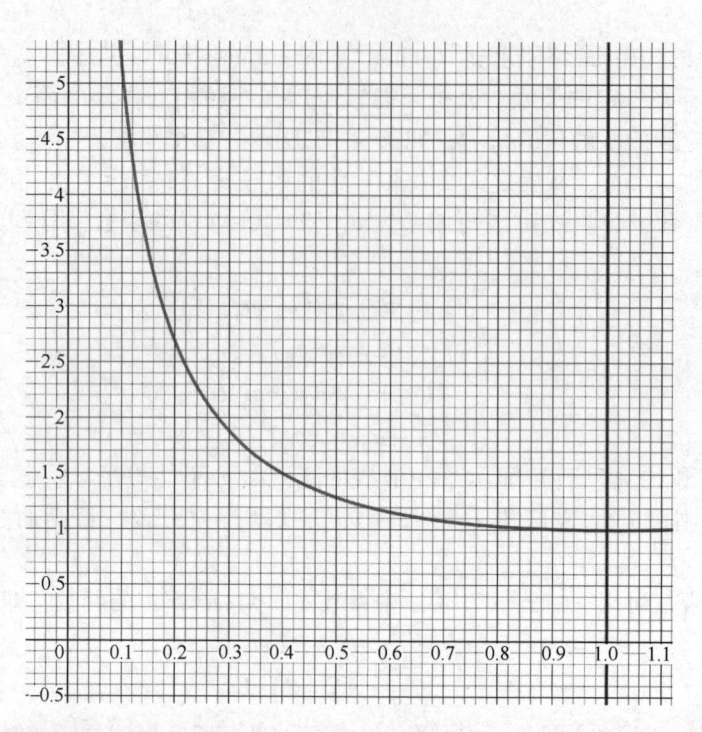

图 7.37 设置接触刚度参数的函数示例（其中二次下限比参数是初始/最终刚度比参数的函数）

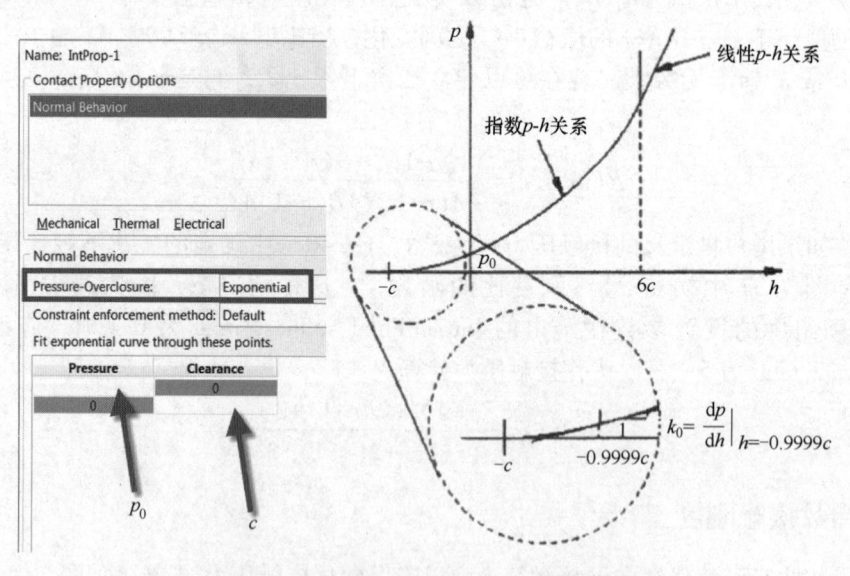

图 7.38 使用指数函数的压力-干涉软化接触

1）选择 p_0 和 c 时，应考虑指数压力-干涉关系的刚度，通过设置 p_0 和 c 来匹配建模表面的刚度。

2）如果只有一个数值 k，用户需要使用正间隙线性关系来近似计算压力间隙，具体方法如下：

- 设定期望接触压力 p 的初始值为 p_0。如果该值未知，则使用作用在结构上的期望应力的平均值。
- 设置 c，以得到接触刚度 k，其中 $c=p_0/k$。

3) 始终检查闭合接触点的干涉情况。如果干涉过于严重，则需要更改零间隙处的压力 p_0，并重新提交分析报告。
- 为了减少干涉量，可增大零间隙 p_0 处的预期接触压力。
- 为了增加干涉量，可降低零间隙 p_0 处的预期接触压力。

4) 间隙差异用不兼容误差的形式来表示。
- 这不是运行时出现的错误，它在建立正确接触状态中的作用类似于力残差在确定力平衡时所起的作用。
- 图 7.38 显示了使用指数格式的示例。

5) 收敛默认容差：对于 $p>p_0$，不兼容误差 $\leqslant 0.005c$。

6) 在 $0\leqslant p\leqslant p_0$ 的范围内，容差是当 $p=p_0$ 时以 $0.005c$ 线性插值，并当 $p=0$ 时以 $0.1c$ 插值。在 $p=0$ 处的容差可以通过 *CONTROLS 选项（见图 7.39）进行修改。

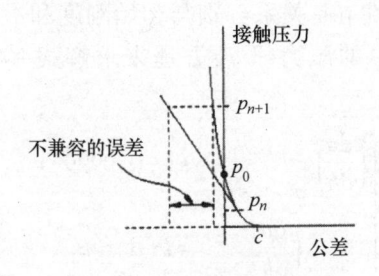

图 7.39 软接触约束

注：目前，软接触约束只能通过拉格朗日乘子来实现。在每次迭代过程中，由于接触应力是从拉格朗日乘子中得到的，因此接触应力可能与穿透不兼容。

7.3.3 由硬接触变为指数型接触

现在可以在两个选项之间建立等效关系，以定义法向接触行为，同时了解用于设置接触的所有方程。式（7.42）用于设置指数函数，从而确定了使用指数函数的软接触行为，该指数函数与初始间隙 x 的接触函数起点相当，可以将数值困难的风险降至最低。

$$e\leqslant x\leqslant d:\begin{cases}f(x)=b_1e^{b_2x}+b_3\\k(x)=f'(x)=b_1b_2e^{b_2x}\end{cases} \quad (7.42)$$

如图 7.38 所示，指数函数由两个坐标定义，指数函数的两端表现出与硬接触相关的线性刚度斜率。式（7.34）中描述的边界条件用于确定式（7.43）中的系数 b_1 和 b_2。

$$\begin{cases}b_1e^{b_2e}=a_1\\b_1e^{b_2d}=a_6\end{cases} \quad (7.43)$$

系数的确定见式（7.44）。

$$\begin{cases}b_1=a_6e^{-b_2d}\\b_2=(e-d)^{-1}\ln\left|\dfrac{a_1}{a_6}\right|\end{cases} \quad (7.44)$$

最后一个系数 b_3 将在式（7.46）中确定，使得硬接触和指数接触之间的间隙起始值相同。

$$\begin{cases} e-d \leqslant x-d \leqslant 0 : f(e-d) \leqslant f(x-d) \leqslant f(0) : 0 \leqslant f(x-d) \leqslant P_0 \\ f(x) = b_1 e^{b_2(x-d)} + b_3 \end{cases} \quad (7.45)$$

$$\begin{cases} b_3 = a_1 e + a_2 - b_1 e^{b_2(e-d)} \\ f(x) = b_1 \left[e^{b_2 x} - e^{b_2(e-d)} \right] + a_1 e + a_2 \end{cases} \quad (7.46)$$

很明显，在硬接触和指数软接触之间建立一个等效的数学模型，可以为分析师提供一个概念，即如何确定两个表面之间的局部接触行为，以便正确解释两种接触相互作用之间的差异，从而在物理上与真实的接触相互作用保持一致。数学模型还可以反过来使用，从一组已知的输出数据（如某个接触压力极限和/或最大接触刚度值）中确定输入参数。

根据图 7.38，需要在"接触相互作用属性设置"框中定义参数 p_0 和 c，以选择指数型压力-干涉。与图 7.35 相似，图 7.38 显示了假设 $c_0 = 1$，在间隙 $e = -0.9999 c_0$ 和干涉量 $d = 6c_0$ 时的线性 p-h 关系。线性 p-h 关系分别与初始刚度和最终刚度相关。为了得到 p_0 和 c 的值，需要使用式（7.41）中的压力-干涉方程来求解式（7.47）和式（7.48）中的方程组。

$$\begin{cases} \left(\dfrac{\mathrm{d}p}{\mathrm{d}h} \right)_{(h=-0.9999)} = k(-0.9999) = k_1 \\ \left(\dfrac{\mathrm{d}p}{\mathrm{d}h} \right)_{(h=d)} = k(d) = k_2 \end{cases} \quad (7.47)$$

$$\begin{cases} \dfrac{p_0}{c(e-1)} \left[\left(2 + \dfrac{-0.9999}{c} \right) \exp\left(1 + \dfrac{-0.9999}{c} \right) - 1 \right] = k_1 \\ \dfrac{p_0}{c(e-1)} \left[\left(2 + \dfrac{d}{c} \right) \exp\left(1 + \dfrac{d}{c} \right) - 1 \right] = k_2 \end{cases} \quad (7.48)$$

参数 c 和 p_0 的解如式（7.49）和式（7.50）所示。

$$\dfrac{\left[\left(2 + \dfrac{-0.9999}{c} \right) \exp\left(1 + \dfrac{-0.9999}{c} \right) - 1 \right]}{\left[\left(2 + \dfrac{d}{c} \right) \exp\left(1 + \dfrac{d}{c} \right) - 1 \right]} = \dfrac{k_1}{k_2} \quad (7.49)$$

$$p_0 = \dfrac{ck_2(e-1)}{\left[\left(2 + \dfrac{d}{c} \right) \exp\left(1 + \dfrac{d}{c} \right) - 1 \right]} \quad (7.50)$$

为了确定式（7.50）中的间隙 c 值，用户需要将初始/最终刚度比 $r = k_1/k_2$ 的值在干涉量 d 的函数曲线中进行内插，如图 7.40 所示。从图 7.40 可以看出，干涉量越大，响应越趋于零。当 r 趋于 0，k_2 趋于无穷大时，表现为非常硬的接触行为；或者当 r 趋于 1 时，k_2 趋于 k_1 时，表现为软接触行为。

一旦从图 7.40 中确定间隙 c 的值，再根据比率 r 的值，可以通过式 7.50 确定干涉压力 p_0 的值。

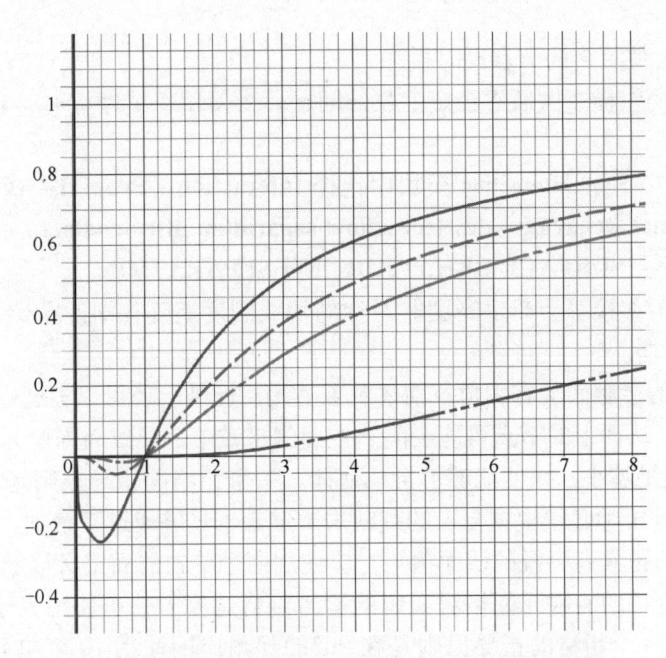

图 7.40　初始/最终刚度比与间隙参数 c 的关系示例
用户定义的用于建立接触相互作用的过盈 d 的不同值：——0.01，----0.5。-·-1，-··-6。

7.4　获得收敛的接触解

本节为分析师提供了当 Abaqus Standard 接触分析遇到收敛困难时使用的程序，以及如何检查的方法。

首先，应要求获得接触状态的详细输出：

1）在 Abaqus CAE 的 Step 模块中：**Output → Diagnostic Print ... → Contact**。
2）使用关键字：***PRINT，CONTACT = YES**。

接触状态信息将被写入消息（.msg）文件中，分析师还应该经常将必要的接触输出变量写入数据（.dat）和输出数据库（.odb）文件中，以便用户能够诊断问题。

应采取以下步骤：

1）检查接触面是否正确定义，并纠正任何错误。这些面可以在 Abaqus Viewer 中查看，如果表面是通过自动使用单元集的自由表面在输入文件中创建的，请检查是否应该使用 TRIM 参数。

2）检查每个面的接触方向。面的法线可以在 Abaqus Viewer 中查看，如果法线方向是错误的，分析师通常会遇到较大的干涉，从而导致收敛困难。

3）有摩擦接触问题通常比无摩擦接触问题更难求解，尝试在无摩擦的情况下求解，以查看困难是否由摩擦引起，或者是否由其他原因引起。如果困难确实是由摩擦引起的，请考虑以下几点：

- 重新检查选择的摩擦系数：较大的摩擦系数通常更难收敛。
- 检查允许的弹性滑移（较小的值可能导致收敛问题，但较大的值可能在物理上是不正确的)。
- 优化网格，使更多的节点同时接触。

4) 间断接触的粗糙摩擦通常会产生收敛问题。当使用粗糙摩擦时，建立接触后，不允许接触面分离。
- 在 Abaqus CAE 的 Interaction 模块中选择 **Interaction→Property→Create→Contact→Mechanical→Normal Behavior→deselect Allow separation after contact**。
- 使用关键字：***SURFACE BEHAVIOR, NO SEPARATION**。

5) 三维有限滑移接触会产生高度非对称的切线刚度矩阵，即使摩擦系数小于 0.2，也应使用非对称求解器。

6) 如果模型的接触面上有尖角，前述观点适用。此外，还可以尝试以下方法：
- 平滑表面。从面上的节点可能会陷入主面的褶皱中，导致周围单元变形时难以收敛。构成从面的单元应足够小，以便能够解析几何体。一个粗略的指导原则是在 90° 的拐角周围使用 10 个单元，分析师必须根据自己的判断来决定是否足够或过于精细。
- 如果物理问题具有尖锐的凹面褶皱，应使用两个单独的面定义接触。
- 无法使用合理的有限元网格对尖锐的褶皱进行建模时，可使用大于从面单元尺寸的半径来平滑折痕。一个粗略的指导原则是在 90° 的拐角周围使用 10 个单元；显然，分析师必须根据自己的判断来决定网格是否足够或过于精细。

7.5 第一个增量的收敛困难

这是一种情况，即 Abaqus Standard 接触分析会在经过过多严重不连续迭代后，在第一个增量中终止。要确定此类故障的原因，需要调查以下几个方面。

分析中的一个或多个接触对可能具有严重的初始干涉，干涉可能是由模型的特征引起的，也可能是建模错误引起的。无论哪种情况，干涉都可能导致分析提前终止。这里将讨论初始干涉过大的一些常见原因。

1) 对于由模型特征引起的干涉，如过盈配合分析，干涉可能太大，无法在一个增量内解决。为了帮助诊断，请在数据检查和求解阶段输出有关干涉的信息：
- 在 Abaqus CAE 的 Job 模块中执行 Job Manager，然后选择 **Edit→General→Preprocessor printout→Print contact constraint data**。
- 在 Step 模块中选择 **Output→Diagnostic Print...→Contact**。
- 使用关键字输入命令行 ***PREPRINT, CONTACT = YES** 和 ***PRINT, CONTACT = YES**。

2) 如果用户使用的是通用接触，在这种情况下，处理方法是使用 ***CONTACT INITIALIZATION DATA, INTERFERENCE FIT** 选项来消除干涉。如果用户使用的是接触对方法，则 ***CONTACT INTERFERENCE** 默认为过盈配合。有时需要在几个增量中解决干涉问题，为了克服这个困难，可能还需要调整求解控制，以增加增量中允许的最大严重不连续的迭代次数。有时，可以通过调整接触对中的从节点来消除小的干涉（相对于单元尺寸）：
- 在 Abaqus CAE 的 Interaction 模块中，进入相互作用管理器，然后选择 **Edit → Slave node adjustment**。

● 使用关键字命令 *CONTACT PAIR, ADJUST = [Node set label | Adjustment value]。

3) 主面的法线有可能指向从面。使用 Abaqus Viewer 检查主面的法线。这种情况下的处理方法是重新定义主面，使主面法线指向从面（假定曲面是开放的）。

4) 该模型可能允许刚体运动，并检测到非常大的干涉现象这些干涉有时达 10~15 的数量级，通常是由于在边界条件不足或缺乏有效接触约束以消除刚体运动的情况下施加了力。在大多数情况下，分析师也会在消息（.msg）文件中看到有关数值奇异性的消息。在求解过程中输出干涉信息（如第一项所述）以诊断问题。可以通过以下方法解决这个问题：

● 使用边界条件移动实体，直到它们刚好接触（在虚拟分析步中执行该操作）。在下一个分析步中，删除这些边界条件，并用维持接触的力替换它们（这是推荐的方法）。

● 在刚体运动的方向上为模型添加软弹簧。弹簧的自由度（dofs）可以从与数值奇异性消息相关联的自由度中看出；弹簧的刚度必须足够小，以使弹簧中的力与问题中的典型力相比可以忽略不计。

● 使用接触稳定 *CONTACT CONTROLS, APPROACH 或 *CONTACT CONTROLS, STABILIZE 以稳定运动（使用阻尼效应）。在分析过程中，接触的目的是防止刚体运动。如果没有谨慎处理这一过程，黏性力可能会影响结果。使用 VF 输出变量打印出由这些选项施加的黏性效应所产生的力。此外，输出变量 ALLSD 测量黏性阻尼消耗的能量，该量与弹性应变能或其他适当的一般能量值的比值应很小。

如果分析在出现数值奇异的迭代中收敛，请仔细检查结果。Abaqus Standard 尝试修正解，但有时无法提供正确的解。分析师应查找造成数值奇异的原因。如果数值奇异只出现在收敛迭代之前的迭代步中，则解应该是正确的；然而，分析师应该始终检查这一点。

● 接触颤振是接触状态在迭代过程中不断变化，从而达到严重不连续迭代（SDI）的最大次数。

7.6 接触颤振的原因及处理方法

当 Abaqus 难以处理接触约束时，就会发生接触颤振。在每次严重不连续迭代（SDI）之间，特定从节点的接触状态有时会反复从打开变为关闭，这被称为接触颤振。如果在一定次数的严重不连续迭代中无法处理接触状态，则可能导致时间增量缩减。如果时间增量多次缩减，则接触颤振最终可能会导致收敛失败。

如下所述，有许多可能导致接触颤振的原因。启动自动干涉容差通常可以缓解这一问题。这些容差的引入方法如下：

● 在 Abaqus CAE 的 Interaction 模块中选择 Interaction→Contact Controls→Create→Continue→check Automatic overclosure tolerances。

● 使用关键字命令行 *CONTACT CONTROLS, AUTOMATIC TOLERANCES。

通过自动容差，Abaqus 可以计算出一组备选容差，用于解决那些标准控制方法无法提供经济有效处理方法的问题。这些问题通常需要在分析开始时进行多次迭代，以建立正确的接触状态。因此，自动容差将从节点的允许穿透量增加到最大位移修正量的两倍，并允许在前两次迭代中拉伸接触压力等于最大允许残余力除以节点接触面积的十倍。

如果使用这些修正容差在前两次迭代中收敛，至少还要进行一次迭代，将分离容差设置为最大允许残差。

如果使用自动接触控制方法不能处理颤振问题，则需要一些其他的处理方法：

1）如果在使用有限滑移时，从节点滑离主表面，则检查并在必要时扩展主表面。

2）如果只有少数节点处于接触状态，则可以通过细化从面的初始网格或使用软接触（指数、表格或线性压力-干涉关系）将接触分布到更多节点上。

3）如果接触区域的大小变化很快，确保施加的摩擦力不会延迟到接触发生后的增量中（即确保未使用*CONTACT CONTROLS, FRICTION ONSET=DELAYED）。事实上，默认行为是立即发生摩擦，如果模型具有长而柔软的部件和较小的接触压力，则使用软接触。

4）如果主面不够光滑，并且主表面的皱褶被夹在两个从面节点之间，则可以通过细化初始网格或使用*NORMAL, TYPE=CONTACT SURFACE 定义接触方向，使主面变得平滑。如果可能，请使用解析刚体面而不使用单元定义的刚性面。

5）如果必须使用刚性单元，则使用*CONTACT PAIR, SMOOTH 使刚性面平滑。

6）确保解析刚性面在接触区域之间是平滑的，然后使用*SURFACE, FILLET RADIUS 选项。用户有责任确保刚性面足够光滑。

7）如果可以建立接触，但是 Abaqus Standard 存在困难（将接触状态从闭合更改为打开），请尝试使用黏性阻尼来控制接触颤振：

• 在 Abaqus CAE 的 Interaction 模块中选择 Interaction → Contact Controls → Create → Stabilization tab → click Stabilization coefficient →Specify damping parameters。

• 使用关键字命令行*CONTACT DAMPING, DEFINITION=DAMPING COEFFICIENT。

8）如果上述情况都不适用，请尝试在静态、耦合温度位移、土壤或准静态分析步中使用自动稳定：

• 在 Abaqus CAE 的 Step 模块中选择 step→ Create... → select Step type→ select Use Stabilization with。

• 使用关键字命令行*STATIC、*COUPLED TEMPERATURE-DISPLACEMENT、*SOILS 或 *VISCO 选项中包含 STABILIZE 参数。

自动稳定通常用于稳定全局不稳定的问题，但有时有助于防止接触颤振问题的发生。在某些情况下，可以通过在接触区域内和附近的单元上使用缓冲器来稳定接触。如果分析师使用此技术，则应将缓冲器应用到所有的平动自由度，直到表明用户只能在特定方向或有限数量的节点上应用缓冲器。

9）对于极难收敛的情况，作为没有办法的最终手段，分析师可允许某些点违反接触条件，通过设置允许违反接触的最大点数和允许在接触点传递的最大拉伸应力来实现：

• 在 Abaqus CAE 的 Interaction 模块中选择 Interaction → Contact Controls → Create → General 选项卡。

• 使用关键字命令行*CONTACT CONTROLS, [MAXCHP|PERRMX]。

这些参数可以在后续分析步中重置。

警告：这些控制选项适用于经验丰富的分析师，使用时应特别小心。

还需要注意的是，*CONTACT CONTROLS, APPROACH 和*CONTACT CONTROLS,

STABILIZE 选项不是为处理接触颤振问题而设计的，因此它们在这些情况下可能不起作用，这些选项旨在防止由于无约束刚体运动而导致的干涉问题。

7.7 理解面-面接触的有限滑移

关于接触的一个常见问题是，有限滑移的 Surface-to-Surface 接触约束执行方法与有限滑移的 Node-to-Surface 方法有何不同？因此，这里讨论的内容是补充第 7.1.5.1 节的概述。

在 Node-to-Surface 方法中，接触条件是在离散点（即从节点）上强制执行的。而在 Surface-to-Surface 方法中，接触条件是在从面上以平均方式强制执行，而不是在离散点上。

Surface-to-Surface 方法的基本前提是，如果接触约束是基于有限表面区域的平均穿透，而不是单个节点的穿透，则可以减少与表面离散化相关的负面影响。Surface-to-Surface 方法固有的平滑特性通常比 Node-to-Surface 方法具有更好的收敛性能。由于计算穿透量的方法不同，现有的模型从 Node-to-Surface 的形式转换为 Surface-to-Surface 的形式会表现出不同的行为。但是，随着网格的细化，这两种方法会收敛到相同的行为。

下面是一些使用注意事项：

1) 默认情况下，接触约束是以节点为中心，而不是以从面为中心，这降低了出现过约束的可能性。以面为中心的方法仍然可用，但可能会在将来的版本中被删除。

2) 可采用直接方法执行接触约束。这允许严格执行硬接触条件，罚函数仍然是默认方法。出于性能和稳健性的考虑，建议使用罚函数方法，除非必须严格遵守硬接触约束。

3) 如果从面从主面的角落滑出、滑入或绕过，接触力分布将以更平滑的方式变化，从而改善收敛行为。

表 7.6 列出了有限滑移 Surface-to-Surface 方法相对于 Node-to-Surface 方法的优缺点。下面的示例说明了使用 Surface-to-Surface 方法时需要注意的几个重要事项。

表 7.6 有限滑移 Surface-to-Surface 方法相对于 Node-to-Surface 方法的优缺点

优点	缺点
考虑壳体厚度，可以放宽表面限制，可以使用不连续的主面	如果网格未充分细化，则从 Node-to-Surface 转换的模型可以显示不同的行为
假设表面表示充分，接触应力的精度提高	增加内存和 CPU 成本
减少从面节点的阻碍，提高收敛速度	有时需要使用非对称求解器，特别是在 Node-to-Surface 之间存在不对称的情况下

抗钩挂测试是一个说明 Surface-to-Surface 离散的典型示例，它由两个可变形体之间的有限滑移组成，用来证明 Surface-to-Surface 方法的固有平滑特性如何有助于避免钩挂。图 7.13 描述了物体之间相对滑移时的典型特点，左图的 Node-to-Surface 图像显示了从节点在转角处卡住的情况，而右图的 Surface-to-Surface 图像显示了相对平滑的过渡。当使用降阶积分单元时，Surface-to-Surface 方法也有助于避免沙漏现象。

图 7.41 所示的平均表面切面穿透示例包含一个绕过尖角的薄板，用于展示基于平均表面切面穿透和从节点穿透施加接触约束两种方法的效果对比。

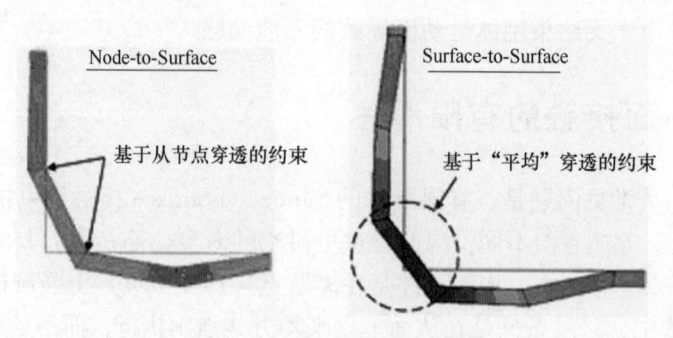

图 7.41 平均表面切面穿透

板材在转角处滑移时的典型结构如图 7.41 所示。通过观察，可以清楚地看到，当将使用 Node-to-Surface 方法的现有模型转换为使用 Surface-to-Surface 方法时，穿透计算的差异会产生截然不同的行为。

初始刚体模式也是说明 Surface-to-Surface 离散化的典型示例，它由一个与可变形体接触的刚性圆柱体组成，并展示了由于计算 Surface-to-Surface 穿透的方式而可能出现的复杂情况。使用 Node-to-Surface 方法，图 7.25 所示的模型在开始时将正常运行而不会遇到数值困难，因为从节点与刚体面接触，并且一开始就应用垂直约束。使用有限滑移时，Surface-to-Surface 的平均穿透在任何区域都被计算为负值（即开放），并且由于垂直方向上的刚体模式，模型将无法运行。这种情况特别常见，一旦出现这种情况，一种可能的解决办法是使用接触稳定，另一种可能的解决方法是用位移控制代替力控制，以使刚体接触。Node-to-Surface 的形式仍然是默认设置，要激活 Surface-to-Surface 形式，请使用下列选项：

- 在 Abaqus CAE 的 Interaction 模块中，从 **Edit Interaction** 对话框中选择方法、跟踪和其他设置。
- 使用关键字输入命令行，在接触对定义中包含约束方法类型 *CONTACT PAIR, TYPE=SURFACE-TO-SURFACE, TRACKING=[STATE|PATH]。

7.8 使用罚函数接触

在 Abaqus Standard 中，法向接触约束的施加主要有两种方法，即直接拉格朗日乘子法和罚函数法。这两种方法的根本区别在于，拉格朗日乘子法通过为问题添加自由度来精确实现接触约束，而罚函数法则近似地通过使用弹簧而不增加自由度来实现接触约束。罚函数法如图 7.42 所示，上表面是从面，下表面是主面。虽然干涉被夸大了，但很明显，刚度为 k_p 的弹簧阻止了从节点进入主面。

在许多问题中，拉格朗日乘子法所能达到的额外精度与所做的近似值（即粗网格）并不一致。在这些问题中，充分捕捉接触界面的载荷传递往往比精确实施零穿透的条件更为重要。罚函数法在这类问题中的应用很有优势，因为它通常可以用少量的穿透来提高收敛速度。

Abaqus 中的罚函数法是根据初始单元的刚度来选择合理的罚刚度。如果默认的罚刚度不合适，可以使用缩放罚刚度的选项，也可以直接指定罚刚度。如果缩放或用户预设的罚刚

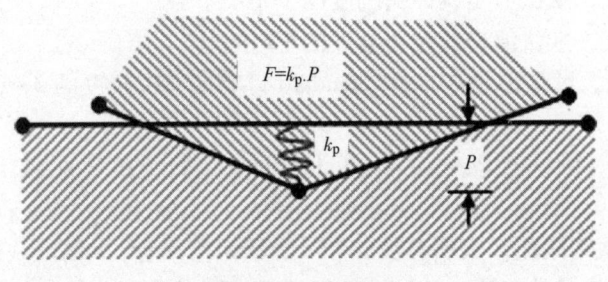

图 7.42　罚函数法

度过大，Abaqus 会自动调用特殊的逻辑，将异常现象最小化。表 7.7 列出了这两种方法的优缺点。

表 7.7　直接拉格朗日乘子法与罚函数法

直接拉格朗日乘子法接触		罚函数法接触	
优点	缺点	优点	缺点
实现零穿透的精确接触约束	更大的方程组	方程的数量不会增加	近似约束强制（有限穿透量）
易于恢复接触力	很难处理过约束	更容易处理过约束	很难选择合适的罚刚度
不需要定义接触刚度	敏感的颤振		

线性和非线性罚刚度定义均可用，在这种方法中，罚刚度具有恒定的初始值和最终值。这些值作为中间干涉区的边界，其中刚度会呈二次曲线变化。图 7.43 所示为线性和非线性罚函数法的接触压力-干涉关系。

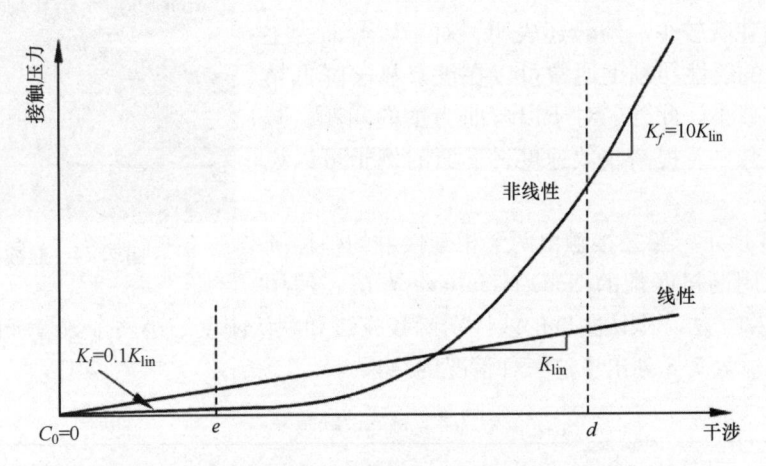

图 7.43　线性和非线性罚函数法的接触压力-干涉关系

（图经授权使用© Dassault Systems Simulia）

用于定义非线性压力-干涉关系的各种参数如下：
- K_{lin} 是线性罚函数接触的线性刚度。默认值是初始单元刚度的 10 倍。
- C_0 是接触压力为零时的间隙值，默认值为零。

- K_i 是初始刚度，默认值是线性罚刚度的 1/10。
- K_f 是最终刚度，默认值是线性罚刚度的 10 倍。
- d 是二次上限，默认值是 Abaqus Standard 计算的特征长度的 3%，以表示典型的接触面尺寸。
- e 是二次下限，默认值是 Abaqus Standard 计算的特征长度的 1%，以表示典型的接触面尺寸。
- $e_r=e/d$ 是二次下限比。根据参数 d 和 e 的默认值来看，e_r 的默认值为 0.3333。

这些参数的默认值是基于从面的初始单元的特性，用户可以控制并更改默认值。非线性罚函数法具有以下特点：

- 接触压力较小时，使用相对较低的罚刚度。当接触状态发生变化时，这有助于降低接触刚度的不连续性。
- 罚刚度的平稳增加有助于避免与显著穿透相关的不准确性，而不会引入额外的不连续性。

对于容易发生颤振的线性罚函数接触问题，较低的初始罚刚度通常会有较好的收敛性。对于接触压力较大的问题，较高的最终刚度会使干涉保持在可接受的水平。由于初始刚度较小，非线性罚函数接触倾向于减少严重不连续迭代的次数；但是，由于非线性压力-干涉行为，非线性罚函数接触可能会增加平衡迭代的次数。因此，与线性罚函数接触相比，非线性罚函数接触不一定会减少总的迭代次数。

如上所述，Abaqus 试图根据初始单元的刚度选择合理的罚刚度值。经验表明，对于刚性或块状问题，Abaqus 选择的默认罚刚度产生的结果在准确度上与使用直接拉格朗日乘子法产生的结果相当，但通常在内存和 CPU 时间方面花费较少。经验还表明，对于以弯曲为主的问题，默认的线性罚刚度通常可以在没有显著降低精度的情况下被减小。此外，对于以弯曲为主的问题，减小罚刚度有时会显著提高收敛速度，下面的例子可以说明这一点。

如图 7.44 所示，赫兹接触由两个相互接触的弹性圆柱体组成。采用网格匹配的 Node-to-Surface 方法，使用直接拉格朗日乘子法、默认刚度的线性罚函数方法和默认刚度缩小两个数量级的线性罚函数法进行了运算。表 7.8 列出了这三种情况的结果。

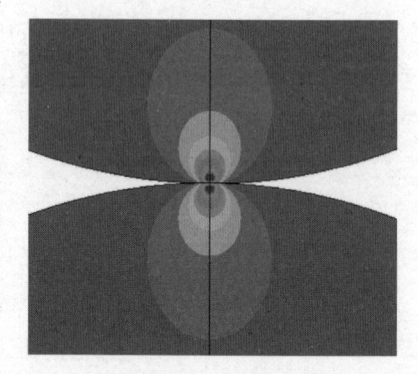

图 7.44 赫兹接触

表 7.8 赫兹接触结果

方法	穿透量/mm	峰值应力/Pa
直接拉格朗日乘子法	0	1.201×10^5
默认刚度的线性罚函数法	4.482×10^{-6}	1.183×10^5
线性罚函数法，$S_f=0.01$	2.492×10^{-4}	6.334×10^4

正如预期的那样，直接拉格朗日乘子法产生零穿透，而使用罚函数法会产生有限穿透。

在本例中，将罚刚度降低为原来的 1/10，穿透量就会增加 55 倍。很明显，对于该示例，默认罚刚度预测的峰值应力仅与使用直接拉格朗日乘子法计算的峰值应力相差 1.5%。如果将罚刚度降低为原来的 1/10，则预测的峰值应力将显著下降，并与使用直接拉格朗日乘子法计算的峰值应力相差 47%。峰值应力的显著降低是由于采用了位移控制加载和接触界面顺应性相结合的罚函数法。

以弯曲为主的接触示例包括弹塑性梁的三点弯曲试验，如图 7.45 所示，使用了 Node-to-Surface 方法和半对称法。使用直接拉格朗日乘子法、默认刚度的线性罚函数法和默认刚度缩小两个数量级的线性罚函数法进行了运算，表 7.9 列出了这三种情况的结果。

图 7.45 以弯曲为主的接触

表 7.9 以弯曲为主的接触结果

方法	穿透量/mm	峰值应力/Pa	迭代次数
直接拉格朗日乘子法	0	2.416×10^4	130
默认刚度的线性罚函数法	1.004×10^{-7}	2.416×10^4	117
线性罚函数法，$S_f = 0.01$	1.015×10^{-5}	2.416×10^4	112

正如预期的那样，直接拉格朗日乘子法产生了零穿透，罚函数法产生了有限穿透。然而，在该示例中可以看出，使用罚函数法的两种情况预测的峰值应力实际上与使用直接拉格朗日乘子法计算的峰值应力相同。从本例中可以得到，一个相对较小的罚刚度可以产生精确的应力结果，也适用于以弯曲为主的大类问题。在本例中，罚函数法可以产生一个更经济的解，迭代次数减少了 14%。

总之，罚函数法适用于所有的接触方式。在许多情况下，直接拉格朗日乘子法仍然是默认的约束处理方法，而有限滑移的 Surface-to-Surface 方法和三维自接触默认采用线性罚函数法。为了激活罚函数法，可以使用下面列出的选项：

• 在 Abaqus CAE 的 Interaction 模块中选择 Interaction → Property → Manager，打开 **Interaction Property Manager** 对话框。选择适当的相互作用（interaction），然后单击 **Edit**，以接收 **Edit Contact Property** 对话框。选择 Mechanical→Normal Behavior→constraint enforcement method：Penalty（Standard）→ behavior：[Linear | Nonlinear]

• 通过以下关键字选项选择罚函数法 *SURFACE BEHAVIOR，PENALTY = [LINEAR | NONLINEAR]，数据行可用于修改线性或非线性方法的默认设置。

7.9 使用扩展的拉格朗日接触

Abaqus Standard 提供了三种接触约束的实现方法：直接拉格朗日乘子法、扩展的拉格朗日乘子法和罚函数法。本节将讨论直接拉格朗日乘子法和扩展的拉格朗日乘子法之间的区别。

在经典硬接触问题的背景下，直接拉格朗日乘子法和扩展的拉格朗日乘子法的区别如下：

(1) 直接拉格朗日乘子法　严格执行接触约束，不允许从节点穿透主面。

(2) 扩展的拉格朗日乘子法

1) 使用罚函数法近似执行接触约束，罚刚度是可变化的。

2) 允许从节点对主面的非零穿透，穿透容差是可调的。

3) 一旦获得收敛的解，如果从节点穿透主面的相对穿透容差超过特征界面长度的 0.1%（默认设置）时，接触压力就会增大，需要反复迭代直到收敛。如果穿透容差是可接受的，则得到的解也是可以接受的。

4) 由于采用了增强方案和额外的迭代，计算成本有时可能比直接拉格朗日乘子法更高。

一般来说，扩展的拉格朗日接触约束的近似性质可以简化不易处理的接触问题，有时还可以在精确的拉格朗日乘子约束过于严格时得到解。通过调整罚函数刚度和穿透容差，可以放宽接触约束以促进收敛。但是，必须谨慎地进行此操作，并且必须仔细检查接触表面是否存在过度穿透的情况。

这种方法可以帮助解决以下的具体情况：

1. 接触对表面上的网格密度相差较大时

当构成接触对的两个可变形表面使用相差较大的网格密度时，更容易出现不均匀的接触压力分布。如果采用拉格朗日乘子法，当两个表面都用二阶单元（包括修正的二阶四面体单元）建模时，接触压力的不均匀性会特别明显，并且可能出现接触压力的振荡和尖峰。采用扩展的拉格朗日方法，可使二阶四面体单元的表面获得更光滑的接触压力。

2. 过约束问题

当从节点上的位移、温度、电势或孔隙流体压力的接触约束与该节点在该自由度上的规定边界条件或其他运动约束冲突时，就会发生过约束。一般来说，主面节点上指定的边界条件通常不会导致过约束。此外，从节点上指定的边界条件可能会产生过约束。

过约束只能通过改变接触定义或边界条件来避免。使用扩展的拉格朗日接触约束执行方法也可以缓解过约束问题，虽然在某些收敛困难的情况下可能会有所帮助，但最好还是要消除过约束的根源。

扩展的拉格朗日乘子法不能与软化压力-干涉关系一起使用。

7.10　基于刚度的接触稳定技术

自动接触稳定化可用于在静态问题中接触闭合之前防止刚体运动，并且摩擦力会抑制此类运动。该功能主要用于虽然明确了会建立接触，但在建模过程中很难精确确定多个实体间接触关系的情况。

与任何建模功能一样，必须小心使用自动接触稳定，以避免出现意想不到的结果或收敛问题。它不能用来模拟刚体动力学或解决接触颤振问题。

使用该技术，可以通过对模型施加黏性阻尼来抑制刚体运动。阻尼系数是根据初始单元刚度和步长在每个从节点上自动计算的，稳定功能仅在指定的分析步中起作用。

默认情况下，阻尼系数为：

(1) 在该分析步中线性下降至零

1) 如果在该分析步结束时接触尚未完全建立，或者在该分析步中接触状态发生变化，从而发生了刚体运动，则可能会出现收敛困难。在 Abaqus CAE 中可以选择 Interaction 模块，进入 **Contact Controls Editor**，然后选择 **Stabilization→Automatic Stabilization**→分析步结束时的阻尼系数，并输入值。

2) 在输入文件中使用命令行 ***CONTACT CONTROLS，STABILIZE**，以输入阻尼系数。如果阻尼系数为 1，则阻尼在整个分析步中保持恒定。

(2) 在法向和切向同样适用于所有接触对　即使在无摩擦接触情况下，阻尼的切向分量也会在模型中引入切向力，因此在解释结果值时必须小心。如上所述，默认情况下，阻尼在分析步中逐渐变为零。当使用默认的阻尼时，切向力也会在分析步结束时逐渐趋于零。然而，在此分析步中，切向力仍处于激活状态并会参与求解。

1) 在 Abaqus CAE 中，可以通过以下方式缩放或删除切向阻尼：选择 Interaction 模块，进入 **Contact Controls Editor**，然后选择 **Stabilization→Automatic Stabilization→Tangent fraction**，并输入数值。

2) 在输入文件中使用命令行 ***CONTACT CONTROLS，STABILIZE，TANGENT FRACTION**=value。

在 Abaqus CAE 中，可以通过创建单独的接触控制定义并将其与接触对关联起来，选择性地对个别接触对施加阻尼。在输入文件中，可以通过 ***CONTACT CONTROLS，STABI-LIZE，MASTER**=master surface，**SLAVE**=slave surface 来指定要稳定的主面和从面。

(3) 只有当接触面之间的距离小于特征面尺寸时才起作用　默认情况下，应用阻尼的开启距离等于特征从面单元的尺寸。对于基于节点的表面，则使用整个模型的特征单元长度。

1) 在 Abaqus CAE 中，可以通过以下方式更改应用阻尼的距离：选择 Interaction 模块，进入 **Contact Controls Editor**，然后选择 **Stabilization → Automatic Stabilization** →阻尼为零时的容差→输入值。

2) 在输入文件中使用命令行 ***CONTACT CONTROLS，STABILIZE,** damping range value。

(4) 不保证为最优值　尽管默认的阻尼系数通常是合适的，但必须检查结果以确保阻尼不会使结果失真。输出变量 **ALLSD** 用于测量黏性阻尼耗散的能量，该量与弹性应变能或其他一般能量的值的比值应该很小。注意，如果对整个模型也使用了自动稳定（***STATIC，STABILIZE**），**ALLSD** 将包括来自两个稳定来源的贡献。在此不建议同时使用两个阻尼源，因为这可能会导致模型阻尼过大；如果在同一个分析步中同时激活两个阻尼源，分析数据（.dat）文件中将发出警告。

此外，将输出变量 **CDSTRESS** 的接触阻尼应力与真实的接触应力 **CSTRESS** 进行比较，可以更详细地了解阻尼效应。

如果从面材料的刚度相对较高，而施加在从面上的载荷幅值较小，则阻尼力可能会平衡载荷并防止发生接触。在这种情况下，应该降低阻尼水平。

1) 如果默认的阻尼系数不合适，可以在 Abaqus CAE 中选择 Interaction 模块，进入 **Contact Controls Editor** 然后选择 **Stabilization→Automatic Stabilization，Factor**，并输入系

数或稳定系数作为阻尼系数。

2）在输入文件中使用命令行 *CONTACT CONTROLS，STABILIZE=factor 或 *CONTACT CONTROLS，STABILIZE 使用阻尼系数。

7.11 用二阶四面体单元建立接触模型

本节将讨论在 Abaqus Standard 中使用二阶四面体单元建立接触面模型的最佳方法，分析师在对二阶四面体单元进行接触建模时应考虑以下准则：

1）如果使用默认设置的有限滑移、Surface-to-Surface 接触方法，C3D10 单元的接触面通常比 C3D10M 单元接触面的精度更高，而不会降低接触的稳健性。注意，以节点为中心的约束定位是默认的罚函数约束执行方法。

2）当使用小滑移、Surface-to-Surface 接触方法时，最好使用 C3D10 单元。

3）有限滑移、Surface-to-Surface 接触的默认设置不适用于从面使用 C3D10 单元，因为会降低收敛性并导致接触应力噪声。

① 当 C3D10 单元用于从面时，如果严格执行硬接触约束，则很难获得收敛解。在这些情况下，与 C3D10 单元边角处节点关联的接触约束可能会由于这些单元的力分布不均匀而颤振。

如果分析收敛，即使基体单元应力可能相当准确，接触压力仍可能会产生噪声。

② 如果使用了软化压力-干涉行为，基于 C3D10 单元的从面的收敛性会得到改善（但请注意，在有限滑移和不使用 Surface-to-Surface 默认方法的情况下，首选基于 C3D10M 单元的从面）：

- *SURFACE BEHAVIOR，PENALTY
- *SURFACE BEHAVIOR，AUGMENTED LAGRANGE
- *SURFACE BEHAVIOR，PRESSURE-OVERCLOSURE=［EXPONENTIAL｜LINEAR｜TABULAR］

对于这些情况，Abaqus 使用补充约束来改善接触力的分布并降低接触压力噪声。虽然补充约束消除了一个导致收敛性降低的原因（接触力分布不均匀），但它们也可能导致另一个收敛性降低的潜在来源，即约束的总数超过从节点的数量。

请注意，如果使用了 C3D10 单元的有限滑移、Surface-to-Surface 的默认方法，且参数（如罚刚度）发生了变化，则对收敛的影响将取决于具体问题。例如，在某些情况下，提高罚刚度可能会影响收敛性。

4）C3D10 单元比 C3D10M 单元更能准确地表示曲面的曲率。在许多情况下，这一点在选择主面的单元类型时尤其重要。

5）对于接触面上的网格匹配，当主面和从面具有不同的单元类型时，将导致接触应力的解中产生噪声，使用 Surface-to-Surface 方法的平面除外。例如，如果使用匹配网格，而其他因素要求从面使用 C3D10M 单元，则选择 C3D10M 单元（而不是 C3D10）作为主面将会得到更好的接触应力解。

6）无论使用哪种接触方法，都推荐使用罚函数法，而不是强制执行的硬接触。总的来说，罚函数法在精度不显著下降的情况下提高了鲁棒性和性能，而准确性的降低则微乎其微。

7）如果基体材料是不可压缩或几乎不可压缩的，就像许多超弹性或弹塑性材料一样，C3D10 和 C3D10M 单元可能存在体积锁定问题（C3D10 更容易受到影响）。可以使用 C3D10H 和 C3D10MH 单元来避免这些问题，但需要增加一些费用。

8）对于接触应力奇异或与网格细化相关的高度局部化接触应力集中的问题，C3D10M 单元更有可能对局部进行平滑处理。例如，对于高度局部化的接触应力集中，C3D10M 单元倾向于低估最大接触应力，而对于相同的网格，C3D10 单元可能倾向于高估最大接触应力。

9）如果在接触区域的边缘（一个面的角与另一个面的光滑部分接触）附近存在应力奇点，使用相当粗糙的 C3D10M 单元预测这些位置的最大接触应力可能会偏高，但相同网格的 C3D10 单元往往会显示出更高的峰值。无论采用哪种单元类型，随着网格的细化，峰值都将继续增大。

参考文献

1. Dienwiebel M, Verhoeven GS, Pradeep N, Frenken JW, Heimberg JA, Zandbergen HW (2004) Superlubricity of graphite. Phys Rev Lett 92:26101
2. Cobb F (2008) Structural engineer's pocket book, 2nd edn: British standards edition. CRC Press, Boca Raton

第3篇

工具箱

有些故障排除任务涉及多种形式，首先需要采用特定的程序确定故障的性质，然后按照特定的程序来解决数值问题或困难。以下章节提供了结构分析中常见的主要故障排除程序工具箱，以修复错误或警告消息，并且针对一些具体的案例讨论数值标准。最后，在用户需要帮助执行特定任务的情况下，将给出一些进行控制检查的方法，以便最大限度地减少从子建模、重新启动及壳技术分析中排除故障。

第 8 章 作业诊断中的故障排除

8.1 Abaqus Standard 指南

本节介绍 Abaqus Standard 分析未完成时应采取的主要步骤。用户如何确定并纠正分析作业中出现此类故障的原因？本节内容将提供一些指导，帮助用户解决在尝试进行 Abaqus Standard 分析时可能遇到的常见错误。

1. 是否阅读过相关文档

Abaqus 提供具有广泛搜索功能的在线文档。在花费大量时间进行分析之前，阅读与分析类型有关的文档可以节省你的时间。使用 Abaqus 时遇到的大多数困难都可以通过仔细阅读手册中的说明来解决。

建议阅读顺序：

1) 如果分析人员是新用户，请阅读《Abaqus 入门》或《Abaqus/Standard 入门 关键字版》。Abaqus 使用这些手册来培训新的支持工程师，因此它们是可靠的资料来源，用户可以确信它们是使用 Abaqus/Standard 的最佳入门指南。

2) 关于特定主题的 Abaqus 讲义提供了对许多常见分析问题的简短介绍。Abaqus 主页上提供了可用的讲义列表。许多讲义都有相关的研讨会，可以帮助用户了解如何使用 Abaqus。

3)《Abaqus/Standard 用户手册》（6.3 版及更早版本）和《Abaqus 分析用户手册》（6.4-1 版及更高版本）提供了有关使用 Abaqus/Standard 的详细信息。使用在线文档可以搜索特定主题。

4) 示例问题、基准手册和验证手册包含了许多有价值的测试用例的详细说明。示例问题和基准手册中的问题很容易理解，又切合实际。用户几乎总能在这些手册中找到与所做分析类似的问题。

5) 使用在线文档搜索用户感兴趣的特定主题。这些问题的所有输入文件也都可以从 Abaqus 输入文件手册中的在线文档或 **findkeyword** 选项中获得。用户可以使用 Abaqus/Fetch 工具获取特定的输入文件。

2. 分析模拟是否提前终止

1) 分析模拟是否在分析的数据检查阶段终止？如果是这种情况，用户将在打印输出 (.dat) 文件中看到 *****ERROR** 消息。打印输出文件提供了详细的警告和错误消息，可以帮助用户找到建模错误。打印输出文件中出现的任何错误都是在数据检查阶段遇到的，必须在分析开始前纠正。

2) 分析模拟是否在模拟完成之前的分析阶段终止？在分析阶段遇到的任何警告和错误都会写入消息（.msg）文件。用户必须查看消息文件，以找出分析提前终止的原因。

Abaqus Viewer 可用于查看作业诊断信息，包括有关收敛行为、数值问题和接触状态变化的详细信息。

分析在完成之前停止的原因可能有很多。常见的原因是建模错误：物理场没有正确建模，或者对正确物理场的近似程度不够。Abaqus 可能无法解决建模错误的问题！用户可能也不会询问关于建模错误的问题！

假设物理场已经合理建模，以下问题可以帮助你确定分析未完成的原因。请勿限制消息（.msg）文件的信息输出，且保持残差数据向消息文件的完整输出频次。要激活诊断打印：

- 进入 Step 模块，然后选择 Output → Diagnostic Print... → [Contact | Plasticity | Residual]。
- 使用关键字命令行输入 *PRINT，FREQUENCY = 1，[CONTACT | PLASTICITY | RESIDUAL] = YES。

此外，删除所有可能降低求解精度的接触控制和求解控制。这些选项通常用于解决收敛问题，他们会在分析中掩盖问题的原因。用户只有考虑了其他所有可能性之后，才能使用它们作为最后的手段。

- 当所有增量都收敛时，是否需要太多增量？分析步定义中指定的增量不足，无法达到分析步的总时间。用户需要检查为什么会发生这种情况；消息文件中会提供线索。
- 上次尝试的时间增量是否削减太多？Abaqus Standard 无法在特定时间增量内收敛。在消息文件中，用户可以看到打印输出，表明 Abaqus Standard 正在多次尝试求解增量。随后的每次尝试都使用较小的时间增量，直到时间增量小于允许的最小时间增量，此时分析停止。查看消息文件以查找原因。Abaqus Standard 可能无法确定正确的接触状态或无法实现平衡。同样重要的是要注意分析何时终止，是在分析步的第一个增量中，还是在后续的增量中？

3. 分析工作完成，但结果看起来很可疑

分析师负责检查获得的结果是否有合理。虽然分析完成，但不能保证能获得到预期的结果。如果结果看起来可疑，请考虑下一节中的建议，以帮助确定问题所在。

8.2 Abaqus Standard 作业完成，但结果看起来可疑

分析师必须检查他们获得的结果是否有合理。通常是检查变形网格图，变形看起来合理吗？⊖如果不合理，表明结果存在问题。从变形的网格图中很容易发现沙漏之类的问题：在单元区域会有一个规则的变形模式。若变形不太可能与单元尺寸有关，则验证结果通常存疑。建议检查沙漏效应。

在评估结果时，建议考虑以下事项：
1) 与接触相关的问题。
① 主面是否过度穿透从面。
- 细化从面的网格，从面的网格要比主面更精细。
- 如果主、从面的网格密度大致相等，确保从面的材料相对较软（较低的弹性模量）。

⊖ 如果用户使用的是 Abaqus/Viewer，则应确保变形图比例因子设置为 1。有时默认设置会非常高或非常低。如果设置得很高，则会显示单元变形或扭曲程度大于实际情况；如果设置得很低，则可能根本看不到变形。

同样，刚度不仅仅取决于材料特性，还取决于形状和约束量。
- 如果调用了小滑移，确保初始从节点能对应上主面。

② 接触输出异常。确保初始从节点能对应上主面。使用 *PRINT，CONTACT = YES 获取 Abaqus 迭代时接触状态的详细打印输出。在此打印输出中，可以看到从节点对应不上主面的消息。

问题是否真的涉及小滑移（从节点应该从初始接触点滑移的长度小于约一个单元的长度）。

如果发生过度滑移，局部接触面可能不再能准确地表示面的几何形状；在这种情况下使用有限滑移。请参阅《Abaqus 分析用户指南》（6.13 版）中的第 38.1.1 节 "Abaqus Standard 中的接触形式"。

2）几何非线性影响是否重要？分析中是否考虑了这些影响？请参阅《Abaqus 分析用户指南》（6.13 版）中的第 6.1.3 节 "通用和线性扰动程序"。

3）Abaqus Standard 执行小应变、小旋转分析时，不需要分析师使用 *STEP，NLGEOM；Abaqus Standard 执行大位移旋转分析时，使用 NLGEOM 参数。对于大多数单元，也使用大应变，但一些壳、梁和特殊用途单元使用小应变作为假设。请参阅《Abaqus 分析用户指南》（6.13 版）中的第 6.1.2 节 "定义分析"。

4）载荷和边界条件是否合理？尽可能在 Abaqus Viewer 中检查施加了载荷和边界条件的区域。有关详细信息，请参阅《Abaqus 分析用户指南》（6.13 版）中的第 1.2.2 节 "约定"。

5）材料属性是否正确合理？请参阅《Abaqus 分析用户指南》（6.13 版）中的第 4.1.1 节 "输出"。

6）如果用户使用的是新材料模型，请对该材料进行一些简单的一个单元测试，以确保其行为符合用户的预期。通常，这种简单的检查会显示材料模型规范中的错误。在 Abaqus 验证手册中，有许多测试材料模型的输入文件。修改其中一个输入文件来检查用户定义的材料，可以轻松获得需要的结果。

7）使用用户子程序时出现的问题。

① 如果涉及用户子程序，是否通过一个单元模型的简单测试进行了验证。

- 对于用户子程序 UMAT，通常进行单轴拉伸和纯剪切测试（对于不可压缩材料，平面拉伸与纯剪切相同）。确保检查 UMAT 的应变范围好于用户预期。由于用户不知道变形量是多少，因此材料的变形量总是有可能超出用户的预期。

- 确保用户子程序的参数列表如手册中的说明一致。检查（通过打印输出）传入用户子程序的变量是否符合用户预期。如果不是，找出原因；用户可能存在编码错误。在某些机器上，不正确的参数列表也会导致链接错误。

② 有关详细信息，请参阅《Abaqus 分析用户指南》（6.13 版）中的第 18.1.1 节 "用户子程序　概述"。

8）将 *CONTOUR INTEGRAL 用于断裂力学时，沿裂纹线的节点集之间等值线的值会显示突变。参见《Abaqus 分析用户指南》（6.13 版）中的第 11.4.1 节 "断裂力学　概述"。

- 检查应力和应变的结果是否合理。
- 检查定义裂纹尖端的节点集是否正确。将等值线的所有节点集打印到数据文件中。检查第一条等值线的节点集中的节点。如果定义裂纹线的节点集超过 16 个，请确保每条线只有 16 个节点集。
- 检查网格是否正确定义。实际上，Abaqus 中裂纹区域周围的等值线算法，对于如何创建网格有一定的限制。

9）确保网格映射已充分细化；用户应确保细化网格不会显著改变结果。开始细化网格的好地方是那些网格严重变形的地方。原则上，分析师应始终进行网格细化研究，但在实践中，由于项目耗时较长，可能无法做到这一点。如果由于某种原因无法检查网格的适当性，用户应牢记尚未对结果进行重要检查。用户可以根据经验做出判断。

10）由 Abaqus 一阶全积分单元构成的网格可能会因剪切和体积锁定效应而产生过度刚性行为。网格细化、使用降阶积分或非协调单元可以帮助解决这些问题。

11）如果材料定义与场变量相关，则应定义初始应力状态（使用 *INITIAL CONDITIONS，TYPE=STRESS），如果未使用 *INITIAL CONDITIONS，TYPE=FIELD 对场变量的值（材料定义中使用）进行初始化，并且/或者材料定义表中使用的场变量范围不包括这些场变量的预期初始值，则可能会发生令人理解混淆的情况。Abaqus Standard 在开始分析之前将初始应力转换为初始弹性应变。为此，必须计算每个单元的材料刚度。计算中所使用的场变量值是用 *INITIAL CONDITIONS，TYPE=FIELD 指定的值（如果未指定，则使用零）。常见的错误有两个：

- 用户忘记指定场变量的初始值，但在场变量保持不变的分析步（如 *GEOSTATIC 分析步）中使用 *FIELD 指定非零值。Abaqus 使用场变量的零值来计算初始弹性应变，而场变量的非零值用于在分析步中评估材料属性。
- 有关详细信息，请参阅《Abaqus 分析用户指南》（6.13 版）中的第 21.1.2 节"材料数据定义"。

结果是模型以意想不到的方式变形，或者在某些情况下甚至不收敛。纠正方法如下：
- 使用 *INITIAL CONDITIONS，TYPE=FIELD 定义场变量的初始值。
- 扩展材料定义数据的范围，以包括场变量的初始值。

用户子程序 USDFLD 仅在材料积分点修改场变量，且仅针对当前迭代。USDFLD 中场变量的计算必须在每次迭代中重复进行。

Abaqus Standard 中有一些选项不是材料属性，但也可能与场变量相关，如 *FILM PROPERTY。只能使用 *INITIAL CONDITIONS；*FIELD 或 *FIELD，USER 指定此类选项的场变量。

8.3 全局不稳定的结构建模

由于全局屈曲或材料软化，非线性静态问题可能不稳定。如果模型的载荷-位移响应达到了最大载荷，并且存在全局不稳定或负刚度的可能性，则可以使用两种解决问题的方法，即静态分析或动态分析。

- 在静态分析中，如果结构达到屈曲载荷，如存在失稳，则执行 Riks 分析。否则，使用 Newton-Raphson 或修正的 Newton-Raphson 求解器。

Riks 方法假设全局不稳定性可以通过修改施加的载荷来控制，这意味着稳定性的损失不能太严重，即载荷与位移曲线不能有明显的突变。因此，平板、圆柱和球体等结构如果在屈曲后刚度突然大幅下降，则其原始几何形状中必然存在某些缺陷。

这可以通过使用 *IMPERFECTION 选项来实现，即通过添加缺陷来修改原始几何形状。最好的方法是使用试验确定的缺陷；但是，由于可能无法获得这些测量数据，*IMPERFECTION 选项可以使用之前屈曲分析的特征模态组合作为缺陷添加到原始几何体中。如果 Riks 方法未能在极限或突变点（屈曲载荷）附近收敛，则问题可能是刚度损失过于严重。表现出急剧过渡的不稳定性问题，通常需要限制最大增量弧长以通过过渡点，或者需要在几何形状中构建更大的缺陷。

- 如果需要进行动态分析，Abaqus Explicit 被认为是最稳妥的方法，尤其是存在材料失效、极端变形或接触状态快速变化的情况下。如果稳定性损失不是太严重，或者只需计算最大载荷而不是完全崩溃的结构，那么可以用更少的运行时间完成 Abaqus Standard 动态分析。选择 *DYNAMIC 中的 APPLICATION 参数可控制应用于积分算子的数值阻尼量。如果在 Abaqus Explicit 中使用动态分析，结构一旦遇到不稳定就会振动，如果需要准静态求解，就必须考虑如何抑制振动。

全局不稳定性也可以在具有黏性力的静态分析中稳定。尽管不打算作为全局不稳定性的主要解决技术，但自动稳定可用于静态、温度-位移耦合、土壤和准静态程序。自动稳定将为结构增加黏性阻尼，这可能会使求解超越不稳定点。

离散缓冲器也可用于稳定此类问题。

无论采用哪种技术，人工黏性力消耗的能量（离散缓冲器的输出变量 **ALLVD** 或自动稳定的 **ALLSD**）与问题中的总内能（输出变量 **ALLIE**）都应该很小。与问题中的典型力相比，节点黏性力也应该很小（使用节点输出变量 **VF**）。

8.4 纠正由局部不稳定性引起的收敛困难

不稳定性的来源包括局部屈服、突弹跳变、表面起皱和局部材料失效。当出现局部不稳定性时，可能无法获得静态解；必须使用动态方法或引入人工阻尼的静态方法。局部不稳定性表现为时间增量很小的突然收敛困难。与全局不稳定性的情况不同，Riks 方法在这些情况下无济于事。

纠正措施通常是增加耗散机制。使用静态、温度-位移耦合、土壤或准静态程序的自动稳定；检查引入的黏性力（使用输出变量 **VF**）与任何其他典型力相比，是否较小，并且自动稳定耗散的能量（使用输出变量 **ALLSD**）相对于内能 **ALLIE** 是否较小。

或者，使用离散缓冲器，将其应用于所有方向的所有节点；根据需要调整阻尼系数，以确保缓冲器力相对于结构中的典型力较小，并且黏性耗散能 **ALLVD** 相对于内能 **ALLIE** 较小。

如果局部不稳定性是由于失去接触造成的，接触阻尼可以在接触变化时稳定接触区域。

如果出现局部不稳定性的模型区域同时出现大的全局变形或刚体运动，则自动稳定将无法区分这两种运动规模。与速度成比例的力作用于任何运动，必须注意确保稳定不会显著改变结果。在某些情况下，在局部不稳定区域和结构的某些其他部分之间放置缓冲器可能会有所帮助，这样缓冲器将对相对速度而非总速度做出反应。

离散缓冲器单元也可用于防止刚体运动。

8.5 在分析的数据检查阶段纠正错误

在分析的数据检查阶段检查模型是否设置正确。Abaqus 无法确保模型的物理正确性，它会尽可能多地检查模型是否合理。有关数据检查执行程序的详细信息，请参见《Abaqus 分析用户指南》（6.13 版）中的第 3.2.2 节 "Abaqus/Standard、Abaqus/Explicit 和 Abaqus/CFD 执行"。

在尝试纠正数据检查的错误时，请考虑以下几点：

1）检查几何、边界条件、载荷、面定义和材料属性，以确保它们准确且合理。

① 在数据检查阶段，数据（.dat）文件的打印输出默认关闭。在用户确定模型设置正确之前，明智的做法是打开此打印输出。如果用户未正确设置模型，则可以通过查看数据文件来检查 Abaqus 如何解释输入数据。通过使用以下方式打开此打印输出。

- 进入 Job 模块，然后选择 Job → Create... → Continue... → General → Preprocessor printout，并请求打印输出输入数据、模型定义数据和历史数据。
- 使用关键字命令行输入 *PREPRINT, MODEL = YES, HISTORY = YES。

材料数据和截面属性数据最容易在（.dat）文件中进行检查。有一个环境文件设置 **printed_output = ON**，可用于将此打印输出设为默认值。但请注意，有时这会导致问题的内存估计错误地变大。

② 如果用户在模型中定义了接触，请使用以下命令检查接触的初始状态（开启或关闭及关闭的程度）：

- 进入 Job 模块，然后选择 Job → Create... → Continue... → General → Preprocessor printout，并请求打印输出接触约束数据。
- 使用关键字命令行输入 *PREPRINT, CONTACT = YES。

③ 除非用户在输入文件中出现严重错误，否则 Abaqus 会将信息写入输出数据库（.odb）文件和重启（.res）文件（如果用户请求重启输出）中。分析师可以使用 Abaqus Viewer 读取输出数据库文件，并以图形的方式检查模型。

查看模型以确保几何形状正确、网格合理、边界条件应用正确、载荷位于正确位置，以及面定义正确。如果用户在问题中定义了接触，则很容易在 Abaqus Viewer 中检查接触对。此外，检查接触面的法向，如果它们指向错误的方向，接触算法将尝试应用此错误定义，这可能导致网格严重变形。

2）确保模型是根据有效且一致的单位进行定义的。Abaqus 不使用任何内置单位。

常见的一个错误是在动态分析中使用不正确的质量单位来表示密度，尤其是在使用英制单位时。在每本印刷版的 Abaqus 手册中的内封面和在线手册的开头，都有一些表格，可以帮助用户进行单位转换，如表 3.1。在极少数情况下，如果使用的单位使数字非常大或非常小，可能会导致分析过程中出现舍入问题。

3）如果用户收到错误消息 **THERE IS NOT ENOUGH MEMORY ALLOCATED TO PROCESS THE INPUT DATA**，要了解 Abaqus Standard 中的内存使用情况，请阅读：

- 《Abaqus 分析用户指南》（6.13 版）中的第 3.3.1 节 "使用 Abaqus 环境设置"。
- 《Abaqus 安装和许可指南》（6.13 版）中的第 4.1.1 节 "内存和磁盘管理参数"。

4）特定类型的分析在数据检查阶段和分析阶段可能会占用大量内存，即使自由度的数量可能不是很大。这些分析包括以下内容：
- 自动计算为三维有限滑移问题提供了合理的滑移距离。
- 具有精细网格空腔的空腔辐射问题。用户需要使用比周围网格更粗的网格尺寸对空腔进行网格划分。这就需要使用捆绑约束，将定义空腔的传热单元连接到更精细的周围网格。Abaqus 进行了性能增强，以缓解内存使用和空腔辐射分析之间的问题。
- 使用方程或多点约束⊖将大量节点约束到单个节点的问题。如果可能，请使用其他技术将节点捆绑在一起，如附录 A2 中所述。
- 具有大量保留自由度的子结构。如有可能，请减少保留自由度的数量。

5）在输入数据文件中可以找到其他类型的常见错误，这些错误是由于命令行中参数定义的语法不正确引起的。例如，如果一行上只有一个数据项，则该数据项后面必须跟一个逗号。有关详细信息，请参阅《Abaqus 分析用户指南》（6.13 版）中的第 1.2.1 节"输入语法规则"。

6）如果故障是由于 Abaqus 模型的旧版本引起的，用户可以使用 Abaqus 升级工具轻松地将输入文件从旧的 Abaqus 版本转换为新版本。有关更多信息，请参阅：
- 《Abaqus 分析用户指南》（6.13 版）中的第 3.2.25 节"固定格式转换工具"。
- 《Abaqus 分析用户指南》（6.13 版）中的第 3.2.17 节"输入文件和输出数据库升级工具"。

当用户完成数据检查阶段后，应查看数据文件中的所有警告消息。在继续之前，用户应确保有充分的理由忽略任何警告。警告通常表示严重错误，是为了帮助用户创建好的模型。有时可以被忽略，但用户应理解忽略任何警告消息的含义。

8.6 分析过早结束，即使所有的增量已经收敛

即使所有增量最终都收敛了，也必须在分析步定义中指定足够数量的增量，以达到该分析步的总时间。要找出分析用完增量的原因，请检查消息（.msg）文件，其中会有相关线索。

Abaqus Standard 可能在分析中的某个点难以实现收敛（将出现时间增量的缩减）。出现过多的缩减意味着模拟无法正确完成，除了允许的时间增量数量不足，没有其他的原因。如果是这种情况：

1）重新开始分析并定义一个新分析步，以完成该分析步未完成的部分。如果载荷或边界条件使用非默认幅度曲线，应确保重新启动时正确引用幅度曲线。
① 在 Abaqus CAE 中进入 Job 模块，然后选择 Job → Create → Restart。
② 使用关键字命令行输入以下行 *RESTART, END STEP, READ, STEP=…, INC=…
2）增加分析步定义中允许的增量数，然后重新运行分析。

如果时间增量的削减使时间增量变得非常小，以至于分析无法在合理的时间内完成，原因可能类似于增量不收敛的情况。

⊖ 请参阅 *Abaqus/CAE User's Guide* v6.14，中的第 15.15.6 节 "Defining MPC constraints"。

8.7 在上一次尝试的增量中使用过多的削减，导致调试发散

问题可能的来源包括：

1) 无法确定接触状态，而接触状态是通过在多个严重不连续迭代（SDI）后终止来识别的。这些困难通常是由接触定义的问题引起的。请考虑以下原因：

① 如果终止发生在第一个增量中，可能的原因包括过度干涉。

② 如果在第一个增量之后终止，可能的原因是接触抖动（从面接触状态在打开和关闭之间反复交替，以达到 SDI 的最大数量）。查看接触抖动的原因以获取更多信息。

2) 未能达到平衡状态，表现为力/力矩残差和位移/旋转修正值没有变小，终止错误表示发散。在诊断问题时，应考虑以下几点：

① 与接触相关的问题。

② 单元变形过大警告，通常仅在分析模拟部分完成后才会出现，除非初始模型不正确。

③ 变形网格的沙漏形成规则的样式，这显然没有物理意义；这通常在变形网格图中很容易看到。

④ 过度屈服，这通常与当前应变增量超过首次屈服应变的 50 倍以上的消息有关。

⑤ 在几何非线性分析中使用弹性材料模型时，会产生大弹性应变。大弹性应变应使用超弹性或超泡沫材料模型进行建模；弹性材料模型适用于保持较小弹性应变（≤5%）的情况，它可与其他材料模型（如塑性模型）一起使用，用以模拟承受任意大应变的结构（使用塑性模型时，大应变是非弹性的）。

⑥ 材料响应是不可压缩的或几乎不可压缩的（通常弹塑性材料几乎不可压缩）。

⑦ 由于存在数值奇点警告和非常大的位移修正，表明可能存在无约束的刚体运动。

⑧ 消息（.msg）文件中的零主元信息通常表明过约束。

⑨ 在分析过程中出现局部不稳定性，如起皱或材料局部变形。

⑩ 分析以核心转储结束，分析未完成，输出文件在中途中止。

⑪ 如果分析似乎正在接近载荷最大值，并且在最后一个增量的迭代过程中出现负特征值消息，则分析可能已达到全局不稳定性。

⑫ 微小的位移修正，但残余力的公差不满足要求。这可能是由于数值精度问题造成的。例如，模型中的所有坐标与模型大小相比都非常大，或者使用的单位中的质量、力或能量等典型量非常小或非常大。如果位移修正相对于位移增量确实很小，则增量可能已经收敛。在这种情况下，可以放宽对残余力容差的要求。

⑬ 分析中的随动载荷（包括分布压力），包括非线性几何效应。

8.8 在非线性分析中使用随动载荷

本节介绍在 Abaqus Standard 分析中，当具有大位移的模型使用随动力（或分布压力）且存在收敛困难时应采取的步骤。原因可能是大位移分析中的随动载荷（分析师使用 *STEP、NLGEOM 时）在模型的刚度矩阵中引入了非对称载荷刚度项。除非在 *STEP 选项中使用 UNSYMM 参数（或者非对称求解器自动激活），否则 Abaqus Standard 会对称载荷刚度

矩阵；一般来说，只要变形不是太大，就能得到解。但是，当变形较大时，使用对称刚度矩阵会导致增量收敛速度较慢，甚至可能不收敛。

当面的边缘不受约束时（在边缘处与面相切的方向上），面上的压力载荷是随动载荷。用户往往意识不到这一点，并且忘记在有限应变分析中使用非对称求解器。

如果分析师使用非对称求解器，应该意识到通过方程求解器所需的时间大约是使用对称求解器时的四倍。在收敛速度不太慢的情况下，使用非对称方程求解器可能不值得。

8.9 理解负特征值消息

当系统矩阵被分解时，在求解过程中会产生负特征值消息。产生消息的原因有多种，其中一些与模型的物理特性相关，而另一些则与数值问题相关。以下是某案例发出的消息：

```
***WARNING: THE SYSTEM MATRIX HAS 16 NEGATIVE
EIGENVALUES.

IN AN EIGENVALUE EXTRACTION STEP THE NUMBER OF
NEGATIVE EIGENVALUES IS THIS MAY BE USED TO
CHECK THAT EIGENVALUES HAVE NOT BEEN MISSED.

NOTE: THE LANCZOS EIGENSOLVER APPLIES AN INTERNAL
SHIFT WHICH WILL RESULT IN NEGATIVE EIGENVALUES.

IN A DIRECT-SOLUTION STEADY-STATE DYNAMIC ANALYSIS,
NEGATIVE EIGENVALUES ARE EXPECTED. A STATIC ANALYSIS
CAN BE USED TO VERIFY THAT THE SYSTEM IS STABLE.

IN OTHER CASES, NEGATIVE EIGENVALUES MEAN THAT THE
SYSTEM MATRIX IS NOT POSITIVE DEFINITE:

FOR EXAMPLE, A BIFURCATION (BUCKLING) LOAD MAY HAVE
BEEN EXCEEDED.

NEGATIVE EIGENVALUES MAY ALSO OCCUR IF QUADRATIC
ELEMENTS ARE USED TO DEFINE CONTACT SURFACES.
```

从物理角度看，负特征值消息通常与刚度的损失或解的唯一性相关，其形式为材料不稳定性或超出分岔点的载荷应用（可能由建模错误引起）。在迭代过程中，刚度矩阵可能会在远离平衡的状态下组装，从而导致发出警告。

从数值角度看，负特征值可能与使用拉格朗日乘子来强制约束或局部数值不稳定性的建模技术相关，这些不稳定性会导致特定自由度的刚度损失。大多数与拉格朗日乘子相关的负特征值警告都会被抑制，除了二阶三维实体单元用于定义接触面或混合单元用于几何非线性模拟并发生大变形时。

从数学角度看，负特征值的出现意味着系统矩阵不是正定的。如果将有限元问题的基本语句写成式（8.1）中的节点载荷向量 F、刚度矩阵 K 和节点位移向量 x，则

$$F = Kx \tag{8.1}$$

那么正定系统矩阵 K 将是非奇异的且满足式（8.2），

$$x^T Kx > 0 \tag{8.2}$$

适用于所有非零 x。因此，当系统矩阵为正定时，模型发生的任何位移都会产生正应变能。

除了警告消息中显示的原因，可能出现负特征值消息的情况还包括：

1) 在屈曲分析中，预屈曲响应不是刚性和线弹性的。在这种情况下，负特征值往往指向伪模态。请记住，屈曲问题的表述前提是结构在屈曲之前的响应是刚性和线弹性的。

2) 不稳定的材料响应：超弹性材料在高应变值下变得不稳定；理想可塑性的开始；混凝土开裂或其他材料失效引起的材料响应软化。

3) 使用各向异性弹性，其剪模量比直接模量要低得多。在这种情况下，剪切变形过程中可能会出现触发负特征值的不良条件。

4) 在 UGENS 程序中定义的非正定壳体截面刚度。

5) 使用未受 *BOUNDARY 选项控制的预拉伸节点，并且结构组件的运动约束不足。在这种情况下，由于刚体模态的存在，结构可能会解体。由此产生的警告消息可能包括与负特征值相关的内容。

6) 静压流体单元的一些应用。

7) 建模错误导致的刚体模态。

负特征值警告有时会伴随其他警告，如单元过度变形或当前应变增量大小等。在分析无法收敛的情况下，解决无法收敛问题通常也会消除负特征值警告。

对于收敛的分析，如果警告出现在收敛迭代中，请仔细检查结果。负特征值警告的一个常见原因是非平衡状态下刚度矩阵的组装。在这些情况下，警告通常会随着继续迭代而消失，如果在所有已经收敛的迭代中都没有出现警告，则可以放心地忽略出现在未收敛迭代中的警告。如果警告出现在收敛迭代中，必须检查结果，以确保它在物理上是现实的和可接受的。当模型处于非平衡状态时，可能已经为模型找到了满足收敛容差的解。

8.10 具有数值奇异警告的发散

这些警告表明，在线性方程求解过程中丢失了如此多的信息，以致结果不可靠。最有可能的情况是模型正在经历无约束的刚体运动，最常见的原因是在静态应力分析中缺乏针对此类运动的约束。无约束的刚体运动导致切线刚度矩阵奇异（即不能求逆的矩阵），这表现为在消息（.msg）文件中存在数字奇异性（NUMERICAL SINGULARITY）警告和非常大的位移修正。

刚体运动的原因通常是接触尚未建立，因此无法阻止刚体运动。

纠正措施是对模型进行适当的约束（使用边界条件或软弹簧）。在接触问题中，一旦建立了接触，接触和摩擦就会阻止刚体运动。

- *CONTACT STABILIZATION 将黏性阻尼稳定应用于一般接触域中的法线和切线方向。
- *CONTACT CONTROLS，STABILIZE 将黏性阻尼稳定应用于接触对的法线和切线方向。

也可以使用 *STATIC，STABILIZE 选项、离散缓冲器或软弹簧，但最好通过定义正确的边界条件，或者在施加载荷之前使用位移边界条件建立接触来避免问题。建议不要将此选项与特定接触的稳定结合使用，因为这会使模型过度受阻。

使用任何类型的黏性稳定时都必须小心。检查黏性力（输出变量 **VF**），并将其与预期的节点力进行比较，以确保黏性力不会主导解。如有必要，在稳定分析步之后再进行一个不使用稳定的分析步，或者使用阻尼量小得多的分析步，这将使模型在没有黏性力的情况下重新平衡。

使用上述任何一种稳定技术，与问题中的总内能（输出变量 **ALLIE**）相比，由人工黏性力（输出变量 ALLSD、ALLVD、ALLCCSD[⊖]）耗散的能量应该保持较小。

8.11 消息文件中的零主元警告

消息（.msg）文件中有关零主元（ZERO PIVOTs）[⊖]的警告通常表明模型约束存在问题。在线性方程求解过程中，当有一个力项而没有相应的刚度项时，就会出现这种情况。常见原因是无约束的刚体模态和过约束的自由度。如果存在无约束刚体模态，零主元警告将伴随数值奇异警告。约束问题通常是由节点上的冲突约束引起的。例如，与主面接触的从节点在接触方向上也受到 MPC 或边界条件的约束。

除了消息文件中存在零主元警告，约束问题还通过存在非常大的力（比典型施加的力大几个数量级），然后非常容易收敛来表示。有时不会出现零主元警告。如果迭代之间的力变化量不合理，则在大多数情况下会发出警告消息。

通常情况下，约束是由于边界条件应用于与刚体接触的从面上的节点，也可能是因为从节点是方程、MPC 或绑定接触对的一部分，并且通过这些选项受到约束。如果与接触面相切的位移保持固定，并且使用了拉格朗日或粗糙摩擦模型，也会出现约束。

Abaqus Standard 检查由应用于相同自由度的约束组合引起的约束（如边界条件和接触对与捆绑约束相交）。对于在批量模型预处理或分析过程中检测到的某些类型的约束，Abaqus Standard 将自动解决这些约束。

如果自动约束处理不能解决问题，用户必须手动删除多余的约束。在某些接触情况下，这可以通过使用罚函数或软接触来完成；但是，最好还是通过修正模型来消除约束。

零主元警告可能会在分析结果进入求解器后立即出现，也可能会在迭代过程的后期出现。对于在增量收敛的迭代过程中遇到零主元的收敛解，要谨慎接受其结果。这些结果通常（但并非总是）没有用。

最后一个考虑因素是关注 Abaqus Explicit 中零主元的影响。Abaqus Standard 求解器能够通过对刚度矩阵进行一些操作来找到有限元问题中静态平衡方程的直接解。实际上，直接线性方程求解器（默认情况下）的操作方法是通过重新排列系统方程，然后通过高斯消元法

⊖ ALLCCSDN 和 ALLCCSDT 之和。ALLCCSDN 是法向接触约束稳定耗散，而 ALLCCSDT 是切向接触约束稳定耗散。

⊖ 主元或主元单元是矩阵或数组中的一个单元，它首先被算法（如高斯消元法、单纯形算法等）选中以执行某些计算。在矩阵算法中，通常要求主元条目至少与零不同，并且通常远离零；在这种情况下，寻找这个单元被称为主元选择。主元选择指的是在线性代数中用于刚度矩阵的主元技术操作[1]，这可能伴随着行或列的互换，以将主元移到一个固定位置，使算法能够成功进行，可能会减小舍入误差。它经常用于验证阶梯形式。

主元选择可能被认为是矩阵中行或列的交换或排序，因此它可以表示为置换矩阵的乘法。然而，算法很少移动矩阵单元，因为这样做会花费太多时间；相反，它们只是追踪置换。

总体而言，主元选择增加了算法的计算成本。有时，这些额外的操作对于算法的正常工作是必要的。在其他时候，这些额外的操作是值得的，因为它们增加了最终结果的数值稳定性。

求解。这种方法特别适用于解决稀疏矩阵问题，如在将个别单元方程组合成全局刚度矩阵时经常出现的问题。第二个求解器是迭代线性方程求解器，它以迭代方式工作，将 Krylov 预条件应用于系统方程，然后通过 LU 因式分解求解。迭代求解器通常不如直接求解器有效，并且由于其迭代性质，可能会出现发散现象。因此，通常仅在存在大量自由度（如 $>10^6$）且单元高度互连（如在块状结构中）时才选择迭代求解器。这两种求解器都可与牛顿法等技术一起使用，通过将非线性问题视为线性子问题的组合来解决非线性问题。Abaqus Explicit 不解决组装刚度矩阵问题，无法执行这些运算检查，因此无法报出零主元警告。然而，这并不意味着与零主元相关的问题（过度/不足约束、条件不良等）不会发生，也不会对在 Abaqus Explicit 中执行的分析产生影响。因此，用户在生成模型时应小心，以确保模型受到适当约束，并监控结果以确保节点力的局部增加不是约束的结果，并且刚体运动不是由欠约束引起的。

8.12 接触分析中首次增量收敛困难

分析中的一个或多个接触对可能存在过度的初始干涉。干涉可能是模型的一个特征，也可能是建模错误的结果。在任何一种情况下，过度干涉都可能导致分析提前终止。本节，将讨论一些导致过度初始干涉的现象。

1) 在模型中存在接触干涉的情况下，与第 7.1.5.8 节中描述的过盈配合分析一样，干涉可能太大而无法在一次增量中解决。为了帮助诊断，应在数据检查和求解阶段打印有关干涉的信息：

• 在 Abaqus CAE 中进入 Job 模块，然后在 Job Manager 中选择 **Edit**→**General**→**Preprocessor printout**→**Print contact constraint data**。

在 Step 模块中选择 **Output**→**Diagnostic Print...**→**Contact**。

• 使用关键字命令行输入 ***PREPRINT**，**CONTACT**=**YES** 和 ***PRINT**，**CONTACT**=**YES**。

在这种情况下，求解是使用 *CONTACT INTERFERENCE 选项来移除干涉。有时需要在几个增量上解决干涉问题。调整求解控制，以增加增量中允许的严重不连续迭代的最大次数，可能也是克服这一困难的一种方法。

有时可以通过调整接触对中的从节点来消除较小的干涉（相对于单元尺寸）：

• 在 Abaqus CAE 中进入 Interaction 模块，然后在 Interaction Manager 中选择 **Edit**→**Slave node adjustment**。

• 使用关键字命令行输入 ***CONTACT PAIR**，**ADJUST** = [**Node set label** | **Adjustment value**]。

2) 主面法线指向可能偏离从面。使用 Abaqus Viewer 检查主面上的法线。这种情况下的求解是重新定义主面，使法线指向从面，假设面是开放的。

3) 该模型可能允许刚体运动（检测到非常大的干涉，有时为 10^{15} 数量级），通常是由于在边界条件不足或主动接触约束不充分的情况下对刚体加载力以消除刚体运动。在大多数情况下，用户还会在消息（.msg）文件中看到有关 NUMERICAL SINGULARITIES 的消息。在求解过程中打印干涉信息（如第 1 项所述）以诊断问题。这种情况可通过以下方法解决：

• 使用边界条件移动刚体，直到它们刚好接触（在空的分析步中执行此操作）。在下一步中，移除这些边界条件，并用保持接触的力替换它们（这是推荐的技术）。

● 在刚体运动的方向上向模型添加软弹簧。从与数值奇点信息相关的自由度可以看出需要弹簧的自由度。弹簧的刚度必须足够小，以使弹簧中的作用力与问题中的典型力相比可以忽略不计。

● 当分析中的某个点接触旨在防止刚体运动时，将接触稳定与 *CONTACT CONTROLS，APPROACH 或 *CONTACT CONTROLS，STABILIZE 一起使用以稳定运动（使用阻尼效应）。如果这样做，黏性力可能会主导解，使用 VF 输出变量打印出由于这些选项应用的黏性效应而产生的力。此外，输出变量 ALLSD 可测量黏性阻尼耗散的能量，这个量与弹性应变能或其他适当的一般能量测量的比值应该很小。

如果分析在出现 NUMERICAL SINGULARITIES 的迭代中收敛，请仔细检查解。Abaqus Standard 尝试修复解，但有时此修复不会给出正确的解，用户应改为删除 NUMERICAL SINGULARITIES 的原因。如果数值奇点只出现在迭代收敛之前的迭代中，则解应该是正确的；但是，用户应始终检查是否如此。

4）接触抖动。接触状态从一次迭代变为下一次迭代，从而达到 SDI（严重不连续迭代）的最大次数。

8.13 使用带有嘈杂测试数据的 Marlow 模型时的显式稳定时间增量

用 Abaqus Explicit 分析求解的模型使用的是超弹性材料，其单轴测试数据来自不同超弹性测试数据表或测量数据。与使用其他超弹性材料模型相比，使用 Marlow 模型时出现的稳定时间增量明显较低。这是因为材料测试数据通常较为分散或嘈杂。当拟合为以特定数学形式为特征的超弹性模型时，只要数据点的数量超过未知材料系数的数量，数据就会自然平滑。

然而，Marlow 模型却与之截然不同，因为它并没有特定的方程来拟合数据；相反，数据被精确地拟合到一条连续曲线上，包括散点。如果材料数据包含明显的散点，它可能会给数值计算带来问题，特别是那些依赖于材料模量的数值计算，而材料模量是应力-应变曲线的瞬时斜率。虽然数据的不规则性通常对应力-应变关系中的当前值影响不大，但对应力-应变斜率的影响可能相当大。

在 Abaqus Explicit 中，选择稳定的时间增量就是一个与斜率相关的计算过程，如式（8.3）所示。

$$\Delta t \approx L_e \sqrt{\frac{\rho}{E}} \tag{8.3}$$

式中，L_e 是特征单元长度；ρ 是质量密度；E 是当前有效模量。

可以看出，稳定时间增量与材料模量成反比，如果材料模量设置较高，会降低稳定时间增量。

为避免此类困难，Abaqus 为所有材料测试数据提供了一个平滑选项，包括平滑阶数 n：

● 在 Abaqus CAE 中进入 Property 模块，然后在 Material Editor 中选择 Mechanical→Elasticity→Hyperelastic：Input source：Test Data 和 Test Data→Uniaxial Test Data。在 Test Date Editor 对话框中，打开 Apply Smoothing 并为 n 选择一个值。

● 使用关键字命令行输入 *UNIAXIAL TEST DATA，SMOOTH=n。

在使用 Marlow 模型时，强烈建议使用此选项 $n \geqslant 2$，以避免人为地降低稳定时间增量。

8.14 分析以核心转储结束的原因

- 如果分析师正在使用用户子程序，请验证编码以确定核心转储的原因是否源于用户子程序。Abaqus 不对未正确编码的用户子程序负责。经验表明，使用以核心转储结尾的用户子程序进行分析的问题，经常是由于用户不能确定用户子程序是稳定的，或者用户子程序的参数列表与手册中记录的内容一致。用户应该确保数组的维度是正确的，并且确保用户没有向数组中超出范围的位置写入数据。
- 如果用户未使用用户子程序，请检查作业的日志（.log）文件和消息（.msg）文件，这些文件之一中的消息可能说明了原因。可能是分析正在耗尽 Abaqus 暂存目录或正在写入输出文件的目录中的磁盘空间。如果 Abaqus 写入的文件接近 2GB 时，在 UNIX 机器上发生核心转储，这可能表明控制文件大小的操作系统环境变量未设置为允许文件大小不受限制。如果是这种情况，请更改此限制。在某些 UNIX 机器上，下列命令可以纠正此问题。如果没有，请与系统管理员联系。

```
limit filesize unlimited
```

- 如果不是上述原因，请在联系 Abaqus 支持人员之前，使用 MSDOS 命令行从 **abaqus info=env** 和 **abaqus info=sys** 获取系统和环境信息的副本。将此信息连同日志（.log）文件和输入（.inp）文件一起发送到 Abaqus 在线支持。

8.15 调试用户子程序和后处理程序

Abaqus 提供了一个帮助解决用户子程序问题的调试工具。该工具可与下列调试器一起使用：

- Microsoft Visual Studio .NET 2003（msdev）。
- Microsoft Visual Studio 2005（devenv）。
- Windows Debugger（windbg）。
- Etnus Totalview（totalview）。
- GNU Debugger（gdb）。
- DBX Debugger（dbx）。
- GNU DDD：The Data Display Debugger（ddd）。
- Intel Debugger（idb）。
- Workshop Debugger（cvd）。
- HP-UX Debugger（wdb）。

数据显示调试器仅用作英特尔调试器的图形前端。

1）确认打算使用的调试器功能正常，并可通过命令行访问。例如，如果使用 Totalview 调试器，命令 totalview（不带路径）应能启动调试器。

2）通过运行 debug 命令查看调试实用程序的使用语法。请注意，此实用程序仅供内部使用，因此并非所有调试选项都可用。

```
d:\temp>abq6141 debug help=
Error: must use "-" syntax.  For example:

USAGE:
abq debug <-executable> [<debugger>] -job c1 ...
abq debug cae [ -exe ker|gui ] ...
abq debug [ -exe <<path to exe>>  [ -core <<path
 to core>> ]]

OPTIONS:
-db debugger      -- Debugger to launch
-exe executable   -- Executable to debug
-stop function    -- Function to stop at
-wait             -- Wait for license (if unavailable)
-dbscript <file>  -- Load custom debugger script at
 startup
-dbargs "..."     -- Pass arguments to the debugger

EXAMPLES -- SOLVERS
abq debug -pre         dbx   -job c1 ...
abq debug -standard    cvd   -job c1 ...
abq debug -standard    gdb   -job c1 -stop step_
abq debug -explicit          -job x1
abq debug -explicit          -job x1 -double
abq debug -explicit          -job x1 -recover

EXAMPLES -- CAE
abq debug cae -exe ker ...
abq debug cae -exe gui ...

EXAMPLES -- TEST PROGRAMS
abq debug test cowT_String

Default debugger on this platform is:  devenv

Recognized executables:
pre,package,standard,explicit,select,state,
Calculator,Extrapolator,ker,gui,cse

Recognized debuggers:
devenv,msdev,msdev10,windbg,totalview,tvbeta,
tvold,gdb,gdb64,dbx,cvd,wdb,ddd,idb
```

3）将附件中的 **debug.env** 代码复制到本地目录 **abaqus_v6.env** 文件中，以将适当的编译器调试选项添加到 Abaqus 编译和链接参数中。编译器性能选项也将被删除。

Listing 8.1 debug.env

```
import os

def prepDebug(var, dbgOption):
    import types
    varOptions = globals().get(var)
```

```
        if varOptions:
            # Add debug option
            if type(varOptions) == types.StringType:
                varOptions = varOptions.split()
            varOptions.insert(6, dbgOption)
            # Remove compiler performance options
            if var[:4] == 'comp':
                optOptions = ['/O', '-O', '-xO', \
                              '-fast', '-depend', \
                              '-vpara','/Qx', '/Qax']
                for option in varOptions[:]:
                    for opt in optOptions:
                        if len(option) >= len(opt) and \
                           option[:len(opt)] == opt:
                            varOptions.remove(option)
        return varOptions

if os.name == 'nt':
    compile_fortran = prepDebug('compile_fortran', \
    '/debug')
    compile_cpp = prepDebug('compile_cpp', '/Z7')
    link_sl = prepDebug('link_sl', '/DEBUG')
    link_exe = prepDebug('link_exe', '/DEBUG')
else:
    compile_fortran = prepDebug('compile_fortran', \
    '-g')
    compile_cpp = prepDebug('compile_cpp', '-g')

del prepDebug
```

4)根据上述示例，使用用户子程序运行作业：

```
abaqus j job user user debug standard
```

5)调试器启动后，打开用户子程序的源代码，添加检查点、断点等，开始运行。如 Code Viser Debugger（CVD）的一些调试器无法按照上述方法运行，因为它们无法识别 Abaqus 生成进程的方式。但是，有一种间接的方法可以解决这个问题。首先，启动 CVD 调试器，在用户子程序中插入一个人工断点，可以用来挂起进程。这可以通过两种方式实现，一种是在用户子程序中提示用户输入一个值，另一种是在用户子程序中插入下列程序进行无限循环。

```
do while(JFLAG .ne. 999)
    JFLAG = 1
end do
```

以常规的方式运行 Abaqus 作业：

```
abaqus -j job -user user
```

将分析进程（由 Abaqus 作业产生的进程）附加到 CVD，用户可能会看到多个进程，附上显示 CPU 时间增加的进程。一旦用户附加到进程，CVD 将显示子程序，程序计数器将挂在人为插入的断点处。如果用户使用无限循环作为断点，则可以更改 JFLAG 的值。在 CVD 中，分析师可以使用 **View→Variable Browser** 将其设置为 999。在子程序中设置断点并继续调试。

调试后处理例程：

1）将附加的 **debug.env** 代码复制到本地目录 **abaqus_v6.env** 文件中，以将适当的编译器调试选项添加到 Abaqus 编译和链接参数，编译器性能选项也将被删除。

2）使用 Abaqus/Make 构建程序。

```
abaqus make -j prog
```

3）在某些情况下，用户可能需要在不使用驱动程序的情况下执行处理程序。在这种情况下，必须设置适当的库搜索路径，运行附加的 Python 脚本以确定用户需要应用的适当环境设置。

```
abaqus python getLibPath.py
```

Listing 8.2 getLibPath.py

```python
# Extracts the Abaqus library search path
import driverUtils, os

libName = os.environ['ABA_LIBRARY_PATHNAME']
abaPath = os.environ['ABA_PATH']
subdir = os.path.join('exec','lbr')
try:
    libs = driverUtils.getBundleLibs(driverUtils.\
        getPlatform(), os.environ)
except:
    libs = []
libs += driverUtils.locateAllDirectories(abaPath, \
    subdir)
libs += driverUtils.locateAllDirectories(abaPath, \
    'External')

libPath = os.pathsep.join(libs)
if os.name == 'nt':
    print "\nset %s=%s\n" % (libName, libPath)
else:
    print "\nIf C-SHELL use:\n"
    print "    setenv %s %s\n" % (libName, libPath)
    print "\nIf BASH use:\n"
    print "    export %s=%s\n" % (libName, libPath)
```

4）启动调试器并加载可执行文件。调试器可能会报告未找到 main 源代码的警告，用户可以忽略此消息，在调试器中打开代码，设置断点，然后开始运行。

5）经典的调试协议包括将暂停 **pause** 和 **print** 指令的组合添加到代码中，并在命令或调试器窗口中通过 **pause** 暂停程序执行。

8.16 分析结束时 Linux 上没有可用的空闲内存

当 Abaqus 运行大型分析时，作业进程会消耗大量内存，同时还会执行大量 I/O 操作，读取和写入多个大型文件。

可以通过运行 top 之类的 Linux 工具查看进程的内存使用情况。但是，由于大量的 I/O 操作，操作系统将使用大量内存。操作系统会将当前未使用的内存分配给磁盘缓存缓冲区，以提高 I/O 操作性能，这是所有现代操作系统的正常现象。对于 Abaqus 等 I/O 密集型应用程序，操作系统可能会以这种方式使用绝大多数可用内存。当用户进程请求额外的内存时，操作系统将根据需要立即刷新一些缓存缓冲区，以满足应用程序请求。用户应用程序内存优先于高速缓存缓冲内存。

在 Abaqus 分析或用户其他的任何应用程序/进程完成时，不会自动释放操作系统缓存缓冲区内存。操作系统将根据现有的内核算法释放这些内存，但一般规则是，当用户应用程序请求不可用的内存时，将首先删除最旧的最后访问数据。

当 Abaqus 分析完成后，Linux free 和 top 工具可能会报告几乎没有可用内存，这可能会让人担心可能出现内存泄漏和性能不佳。这不必担心，因为如果新应用程序请求额外的物理内存，Linux 操作系统将自动释放缓存缓冲区中分配的内存。操作系统通常会以特别快的速度执行此操作，从而不会影响用户应用程序的性能。现代操作系统执行上述内存管理的能力对所有用户应用程序的整体性能都大有裨益。

如果用户希望在下一个应用程序开始工作之前让所有应用程序刷新操作系统缓存缓冲区，则可以使用下面给出的内存分配器工具，这个小程序旨在请求和使用机器的所有物理内存。这样做，操作系统将被迫释放任何未使用的缓存缓冲区，以满足程序的内存请求。当程序退出时，进程和缓存缓冲区内存都将被释放。此过程设计为在空闲的机器上执行，在后台运行的任何其他应用程序的性能可能会受到影响，为此用户需要进行如下操作：

1) 要手动执行任务，用户将调用 Python **memAllocator.py** 脚本，如下所示：

Listing 8.3 memAllocator.py

```
import uti, os, sys
try:
    from numpy.oldnumeric import zeros
except ImportError:
    from Numeric import zeros
if uti.getVersion()[2] in ['8', '9', '1']:
    memSize=uti.MemoryInfo().GetPhysicalMemory()[:-2]
else:
    #Physical memory size must be determined manually
    memSize = '4096'
if len(sys.argv) > 1:
    memSize = sys.argv[1]
blSize = 200
a = []
print "Flushing OS cache buffers."
if not os.name == 'nt':
    os.system('free')
for i in range(0, int(memSize)/blSize):
    print "Allocating block: ", i
    try:
        a.append(zeros((blSize * 1000000,1), 'c'))
    except:
        print "Reached memory limit."
        break

if not os.name == 'nt':
    os.system('free')
```

2）然后运行以兆字节为单位指定机器内存大小的程序。例如，一台具有 32GB RAM 的机器：

```
abaqus python memAllocator.py 32000
```

内存大小值是一个可选参数。默认值为使用 Abaqus 6.8 版及更高版本时的物理内存大小，或者使用 Abaqus 6.7 版及更早版本时的 4096MB。

3）要在每次 Abaqus 分析完成时运行此程序，用户必须将 **pythonfree code onJobCompletion( )** 代码追加到 **abaqus_version/site** 或 **$ HOME abaqus_v6. env** 文件。

Listing 8.4 pythonfree.py

```python
# onJobstartup routine to allocate all the memory and
# free it. This causes all I/O buffers to be flushed
def onJobStartup():
    import uti, os
    # The default is flush for every job. To turn
    # this off, change the following line 'ALL' to ''
    memSize=os.environ.get('ABA_FLUSH_BUFFERS','ALL')
    if memSize:
        try:
            from numpy.oldnumeric import zeros
        except ImportError:
            from Numeric import zeros
        if memSize == 'ALL':
            memSize=uti.MemoryInfo()\
                .GetPhysicalMemory()[-2]
        blSize = 200
        a = []
        print "Flushing OS cache buffers."
        if not os.name == 'nt':
            os.system('free')
        for i in range(1, int(memSize)/blSize):
            print "Allocating block: ", i
            try:
                a.append(zeros((blSize*1000000,1),'c'))
            except:
                print "Reached memory limit."
                break
        del a
        if not os.name == 'nt':
            os.system('free')
```

Listing 8.5 onJobCompletion.py

```python
def onJobCompletion():
    import os, driverUtils, uti
    if uti.getVersion()[2] in ['8', '9', '1']:
        memSize=uti.MemoryInfo().GetPhysicalMemory()[-2]
    else:
        #Physical memory size must be determined manually
        memSize = '4096'
    parent = os.path.join(os.environ['ABA_HOME'], '..')
    platform = driverUtils.getPlatform().capitalize()
    malloc = 'memAllocator' + platform + '.exe'
```

```
            found = 0
            for location in [os.environ['HOME'], savedir, parent]:
                prog = os.path.join(location, malloc)
                if os.path.isfile(prog):
                    found = 1
                    break

    if found:
        if os.uname()[0] == 'Linux': os.system('free')
        print "Flushing OS cache buffers"
        os.system(prog + ' ' + memSize)
        if os.uname()[0] == 'Linux': os.system('free')
```

参考文献

1. Stroud KA (2003) Advanced Engineering Mathematics. Palgrave Macmillan, Basingstoke

第 9 章 数值验收准则

9.1 概述

本章将介绍主要的分析收敛控制参数，以了解不同求解器在计算解时所使用的数值准则，并在必要时修改这些参数值，从而在计算时间内优化输出的精度或改善求解的收敛性。对参数影响和赋值的深入理解，可以帮助用户弄清如何在数值求解器上正确操作，在确保计算精度的前提下实现快速求解。

9.1.1 常用控制参数

求解控制参数可用于控制 Abaqus CFD、Abaqus Standard 或 Abaqus Explicit 模拟中的非线性方程求解精度、FSI 稳定性的时间增量调整和网格失真。大多数分析不需要更改这些求解控制参数，但在困难的情况下，默认控制的求解过程可能不收敛，或者可能需要使用过多的增量和迭代。换句话说，如果故障排除不是由于建模错误，那么用户就必须考虑更改控制参数。本节将简要介绍较为重要的求解控制参数，并描述了有效使用它们的环境。

场方程容差最重要的求解控制参数是 R_n^α、C_n^α、$\tilde{q}_0^\alpha$ 和 $\tilde{q}_u^\alpha$。在残差相对于通量⊖较大或增量解基本上为零的情况下可能需要对其进行修改。

- 在 Abaqus CAE 中进入 Step 模块，然后选择 **Other→General Solution Controls→Edit**，并勾选 Specify：Field Equations：Apply to all applicable fields 或 Specify individual fields：field。
- 使用关键字命令行输入 *CONTROLS，PARAMETERS=FIELD，FIELD=field。

残差控制 R_n^α 是用于收敛的最大残差与相应平均通量范数 $\tilde{q}^\alpha$ 之比的收敛准则，默认值为 5×10^{-3}，这在工程标准中相当严格。除特殊情况，都能保证对复杂非线性问题的准确解。如果可以为计算速度牺牲一些精度，则该比率的值可以提高到更大。

解修正控制 C_n^α 是最大解修正值与最大相应增量解值之比的收敛准则，默认值为 $C_n^\alpha = 10^{-2}$。除了残差要足够小，Abaqus Standard 还要求解值的最大修正值与最大相应增量解值的比值要小。有些分析可能不需要这样的精度，因此允许增加这个比值。为了避免测试解校正的幅度，用户可以将 C_n^α 设置为 1.0。

平均通量 $\tilde{q}^\alpha$ 是 Abaqus Standard 用于检查残差的值，默认值是由 Abaqus Standard 计算的时间平均通量，定义见"非线性问题的收敛准则"。然而，用户可以为平均通量定义一个常数值 $\tilde{q}_u^\alpha$，在这种情况下，整个分析步中 $\tilde{q}^\alpha = \tilde{q}_u^\alpha$。分析师可能希望使用绝对容差进行残差检

⊖ 在本节中，"通量"指的是正在寻求其离散平衡的变量，并且其平衡方程可以是非线性的，如力、力矩、热通量、浓度体积通量或孔隙液体体积通量。"场"指的是系统的基本变量，如连续体应力分析中的位移分量或热传递分析中的温度。上标指的是这样一种类型的方程。

查，绝对容差值等于平均通量 $\tilde{q}_u^\alpha$ 和 R_n^α 的乘积。

初始时间平均通量 $\tilde{q}_0^\alpha$ 是当前分析步的时间平均通量的初始值，默认值是上一步的时间平均通量，如果是第 1 步，则为 10^{-2}。在分析耦合问题时，若问题中的某些场在第一步中不活跃，重新定义 $\tilde{q}_0^\alpha$ 有时会很有帮助，如在完全耦合的热应力分析步之前执行静态分析步。如果第一步本质上是一个空步，重新定义 $\tilde{q}_0^\alpha$ 也是有用的，如在任何接触发生之前的接触问题中，产生的初始通量（力）为零。在这种情况下，当场 α 第一次变得活跃时，$\tilde{q}_0^\alpha$ 应该作为典型的通量大小给出。$\tilde{q}^\alpha$ 的初始值将被保留，直到 $\tilde{q}^\alpha > \varepsilon^\alpha * \tilde{q}^\alpha$ 的迭代完成，此时重新定义 $\tilde{q}^\alpha = \bar{q}^\alpha$。这个新的 $\tilde{q}^\alpha$ 可以变得小于 $\tilde{q}_0^\alpha$。如果用户直接指定平均通量 $\tilde{q}_u^\alpha$，则可忽略 $\tilde{q}_0^\alpha$ 值。

对分析有效的控制列在数据（.dat）和消息（.msg）文件中。非默认控件以 *** 标记。例如，指定以下控件（表 9.1）。

表 9.1 定制求解控制参数示例

场方程	R_n^α	C_n^α	$\tilde{q}_0^\alpha$	$\tilde{q}_u^\alpha$	ε^α
位移	0.01	1.0	10.0	—	10^{-4}
旋转	0.02	2.0	20.0	2×10^3	—

将导致以下输出：

```
CONVERGENCE TOLERANCE PARAMETERS FOR FORCE
*** CRIT. FOR RESIDUAL FORCE FOR A NONLINEAR PROBLEM        1.000E-02
*** CRITERION FOR DISP. CORRECTION IN A NONLINEAR PROBLEM   1.00
*** INITIAL VALUE OF TIME AVERAGE FORCE                     10.0
    AVERAGE FORCE IS TIME AVERAGE FORCE
    ALT. CRIT. FOR RESIDUAL FORCE FOR A NONLINEAR PROBLEM   2.000E-02
*** CRIT. FOR ZERO FORCE RELATIVE TO TIME AVRG. FORCE       1.000E-04
    CRIT. FOR DISP. CORRECTION WHEN THERE IS ZERO FLUX      1.000E-03
    CRIT. FOR RESIDUAL FORCE WHEN THERE IS ZERO FLUX        1.000E-08
    FIELD CONVERSION RATIO                                  1.00

CONVERGENCE TOLERANCE PARAMETERS FOR MOMENT
*** CRIT. FOR RESIDUAL MOMENT FOR A NONLINEAR PROBLEM       2.000E-02
*** CRIT. FOR ROTATION CORRECTION IN A NONLINEAR PROBLEM    2.00
*** INITIAL VALUE OF TIME AVERAGE MOMENT                    20.0
*** USER DEFINED VALUE OF AVERAGE MOMENT NORM               2.000E+03
    ALT. CRIT. FOR RESID. MOMENT FOR A NONLINEAR PROBLEM    2.000E-02
    CRIT. FOR ZERO MOMENT RELATIVE TO TIME AVRG. MOMENT     1.000E-05
    CRIT. FOR ROTATION CORRECTION WHEN ZERO FLUX            1.000E-03
    CRIT. FOR RESIDUAL MOMENT WHEN ZERO FLUX                1.000E-08
    FIELD CONVERSION RATIO                                  1.00
```

9.1.2 控制时间增量方案

求解控制参数可用于改变收敛控制算法和时间增量方案。时间增量参数是最重要的，因为它们对收敛有直接影响。如果收敛（最初）是非单调的或收敛是非二次的，则必须修改它们。如果各种非线性因素相互作用，可能会出现非单调收敛，如摩擦、非线性材料行为和几何非线性的组合可能导致残差非单调递减。如果雅可比不精确，则会出现非二次收敛，这可能出现在复杂的材料模型中。如果雅可比是非对称的，但使用了对称方程求解器，也可能发生这种情况。在这种情况下，应为该分析步指定非对称方程求解器。

- 在 Abaqus CAE 中进入 Step 模块，然后选择 Other→General Solution Controls→Edit，并勾选 Specify：Time Incrementation。
- 使用关键字命令行输入 *CONTROLS，PARAMETERS = TIME INCREMENTATION。

残差检查的平衡迭代次数 I_0 是检查连续两次迭代后残差没有增加的平衡迭代次数，默认值为 $I_0 = 4$。如果初始收敛是非单调的，则可能需要增加该值。

对数收敛速度检查的平衡迭代次数 I_R 是对数收敛速度检差开始后的平衡迭代次数，默认值为 $I_R = 8$。如果收敛是非二次的，并且无法通过使用非对称方程求解器进行纠正，则应通过将该参数设置为较高的值来消除对数收敛检查。

为了避免在困难的分析中过早削减，有时增加 I_0 和 I_R 是有用的。例如，在涉及摩擦和混凝土材料模型的分析中，设置 $I_0 = 8$ 和 $I_R = 10$ 可能有助于避免时间增量的过早削减。对于严重不连续的问题，可以通过单独增加这两个参数来提高到更合适的值。

用户可以自动将上述参数设置为 $I_0 = 8$ 和 $I_R = 10$。在这种情况下，之前为 I_0 和 I_R 指定的任何值都将被覆盖。但是，如果在具有不同解的控制设置分析步中多次指定 I_0 和 I_R，则将使用最后一个定义的值。

为了在涉及高摩擦系数的问题中提高解的收敛性，有时在分析中通过非对称方程求解器设置具有时间增量参数的高摩擦系数可能会有所帮助。对分析有效的控制列在数据（.dat）和消息（.msg）文件中，非默认控件由 *** 标记。例如，指定时间增量参数 $I_0 = 7$ 和 $I_R = 10$ 将导致以下输出：

```
TIME INCREMENTATION CONTROL PARAMETERS:
***  FIRST EQUIL. ITERATION FOR CONSECUTIVE DIVERGENCE CHECK        7
***  EQUIL. ITER. AT WHICH LOG. CONVERGENCE RATE CHECK BEGINS      10
     EQUIL. ITER. AFTER WHICH ALTERNATE RESIDUAL IS USED            9
     MAXIMUM EQUILIBRIUM ITERATIONS ALLOWED                        16
     EQUIL. ITERATION COUNT FOR CUT-BACK IN NEXT INCREMENT         10
     MAX EQUIL. ITERS IN TWO INCREMENTS FOR TIME INC. INCREASE      4
     MAXIMUM ITERATIONS FOR SEVERE DISCONTINUITIES                 12
     MAXIMUM CUT-BACKS ALLOWED IN AN INCREMENT                      5
     MAX DISCON. ITERS IN TWO INCS FOR TIME INC. INCREASE           6
     CUT-BACK FACTOR AFTER DIVERGENCE                           0.250
     CUT-BACK FACTOR FOR TOO SLOW CONVERGENCE                   0.500
     CUT-BACK FACTOR AFTER TOO MANY EQUILIBRIUM ITERATIONS      0.750
```

9.1.3 激活线搜索算法

在强非线性问题中，Abaqus Standard 中使用的牛顿算法有时可能会在平衡迭代过程中发散。线搜索算法用于解决第 4.9 节中讨论的问题，会自动检测这些情况，将比例因子应用于计算解修正，并有助于防止发散。当使用拟牛顿法时，线搜索算法特别有用。默认情况下，仅在使用拟牛顿法的分析步中启用线搜索算法。将线搜索迭代的最大次数 N^{ls} 设置为合理的值（如5）以激活线搜索过程，或者将其设置为零以强制停用线搜索。

- 在 Abaqus CAE 中进入 Step 模块，然后选择 Other→General Solution Controls→Edit 并勾选 Specify，在 Line Search Control 中设置 N^{ls} 的值。
- 使用关键字命令行输入 *CONTROLS，PARAMETERS = LINE SEARCH，N^{ls}。

9.1.4 控制直接循环分析中的求解精度

求解控制参数可用于直接循环分析，以指定何时施加周期性条件，并为稳态状态和塑性棘轮效应检测设定容差。

- 在 Abaqus CAE 中，进入 Step 模块选择 Other→General Solution Controls→Edit，并勾选 Specify，在 Direct Cyclic 中设置 I_{PI}、CR_n^α、CU_n^α、CR_0^α、CU_0^α 的值。
- 使用关键字命令行输入 *CONTROLS，TYPE=DIRECT CYCLIC 和 I_{PI}、CR_n^α、CU_n^α、CR_0^α、CU_0^α 的值。

为了施加周期性条件，用户可以指定首次施加周期性条件的迭代次数 I_{PI}。默认值为 $I_{PI}=1$，在这种情况下，从分析开始对所有迭代施加周期性条件。该求解控制参数很少需要重新设置。

为了定义稳态和塑性棘轮检测的容差，用户可以指定稳态检测标准 CR_n^α 和 CU_n^α。CR_n^α 是傅里叶级数中任何项的最大残余系数与相应的平均通量范数的最大允许比率，CU_n^α 是傅里叶级数中任何项的最大位移系数修正值与最大位移系数的最大允许比率，默认值为 $CR_n^\alpha = 5 \times 10^{-3}$ 和 $CU_n^\alpha = 5 \times 10^{-3}$。

如果满足这两个标准，则解收敛到稳定状态。如果发生塑性棘轮，应力与应变曲线的形状保持不变，但一个周期内塑性应变的平均值会从一次迭代持续到下一次迭代。在这种情况下，最好对傅里叶级数中的常数项使用单独的容差来检测塑性棘轮。

用户还可以指定塑性棘轮检测标准 CR_0^α 和 CU_0^α。CR_0^α 是傅里叶级数中常数项的最大残余系数与相应平均通量范数的最大允许比率，CU_0^α 是傅里叶级数中常数项的最大位移系数修正值与最大位移系数的最大允许比率，默认值为 $CR_0^\alpha = 5 \times 10^{-3}$ 和 $CU_0^\alpha = 5 \times 10^{-3}$。如果任何周期项上的残差系数和位移系数的修正值分别在 CR_n^α 和 CU_n^α 设定的容差范围内，则会出现塑性棘轮，但常数项上的最大残差系数和常数项上的最大位移系数修正值分别超过了 CR_0^α 和 CU_0^α 设定的容差。

对分析有效的控制列在数据（.dat）和消息（.msg）文件中，非默认控件由 ** 标记。例如，指定 $I_{PI}=5$、$CR_n^\alpha = 10^{-4}$、$CU_n^\alpha = 10^{-4}$、$CR_0^\alpha = 10^{-4}$ 和 $CU_0^\alpha = 10^{-4}$ 控制，将导致以下输出：

```
STABILIZED STATE AND PLASTIC RATCHETTING DETECTION
PARAMETERS FOR FORCE
** CRIT. FOR RESI. COEFF. ON ANY FOURIER TERMS        1.0E-04
** CRIT. FOR CORR. TO DISP. COEFF. ON ANY FOURIER TERMS  1.0E-04
** CRIT. FOR RESI. COEFF. ON CONSTANT FOURIER TERM     1.0E-04
** CRIT. FOR CORR. TO DISP. COEFF. ON CONST. FOURIER TERM 1.0E-04

PERIODICITY CONDITION CONTROL PARAMETER:
** ITERATION NUMBER AT WHICH PERIODICITY CONDITION
** STARTS TO IMPOSE                                        5
```

9.1.5 利用 Abaqus CFD 控制变形网格分析中的求解精度和网格质量

求解控制参数可用于控制网格运动，并在涉及移动边界或变形几何的变形网格问题中维持网格质量。在按照 Abaqus Standard 或 Abaqus Explicit 协同模拟执行 Abaqus CFD 时，还可用于控制 FSI 稳定。

9.1.5.1 控制网格平滑和 FSI 稳定

当使用隐式算法（默认）进行网格平滑时，用户可以指定执行收敛检查前的迭代次数、最大迭代次数、FSI 惩罚比例因子、固体/流体密度比、线性收敛准则，以及控制网格运动和 FSI 稳定的刚度比例因子。

隐式算法采用无矩阵迭代法解决伪弹性问题。在 FSI 或变形网格问题的 ALE 过程中求解线弹性方程时，迭代次数和线性收敛准则用于控制精度。减少迭代次数或放宽线性收敛准则有助于缩短计算时间。同样，增加迭代次数或线性收敛准则有助于确保网格保持良好的质量。刚度比例因子可用于缩放弹性刚度。降低弹性刚度会使 ALE 网格产生更大的局部变形。

当使用网格平滑的显式算法时，分析师可以指定网格平滑增量的最小值、网格平滑增量的最大值、FSI 惩罚比例因子、固体/流体密度比和刚度比例因子，以控制网格运动和 FSI 稳定。

对于 FSI 或变形网格问题，网格平滑增量的最小值和最大值可以控制 ALE 过程中网格平滑的步数。减少网格平滑增量的最小值和最大值有助于缩短计算时间。同样，增加平滑增量的最小值和最大值有助于确保网格保持良好的质量，并避免在变形网格问题的演变过程中出现潜在的单元崩溃。

FSI 惩罚比例因子用于控制 FSI 稳定，默认值为 1.0。当结构加速度较高时，对于高密度流体中极其灵活的结构，可能需要以 0.1 的增量增加该参数值。

固体/流体密度比也用于控制 FSI 稳定。默认情况下，如果未指定其值，则忽略固体/流体密度比。当存在多个固-流界面时，用户应选择最小的固体/流体密度比。

1）Abaqus CAE 不支持将 Abaqus CFD 中的 FSI 稳定控制为 Abaqus Standard 或 Abaqus Explicit 协同模拟。

2）使用以下选项之一来控制网格平滑或 FSI 稳定：

- *CONTROLS，TYPE = FSI，MESH SMOOTHING = IMPLICIT，收敛检查前的迭代次数、最大迭代次数、FSI 惩罚比例因子、固体/流体密度比、刚度比例因子、线性收敛准则。

- *CONTROLS，TYPE = FSI，MESH SMOOTHING = EXPLICIT，网格平滑增量的最小值、网格平滑增量的最大值、FSI 惩罚比例因子、固体/流体密度比、刚度比例因子。

9.1.5.2 控制网格变形

与 Abaqus Explicit 中使用的变形控制类似，Abaqus CFD 也提供变形控制功能，以防止在使用显式网格平滑算法时，单元在流体网格运动中过度反转或变形。默认情况下，在协同模拟过程中会关闭变形控制，如果使用隐式网格平滑算法，则忽略该控制。

- Abaqus CAE 不支持将 Abaqus CFD 中的网格变形控制为 Abaqus Standard 或 Abaqus Explicit 协同模拟。

- 当隐式网格平滑算法与命令行一起使用时，使用以下选项停用变形控制（默认）：*CONTROLS，TYPE = FSI，MESHSMOOTHING = EXPLICIT，DISTORTIONCONTROL = OFF。

- 使用以下选项，通过命令行激活畸变控制：*CONTROLS，TYPE = FSI，MESH SMOOTHING = EXPLICIT，DISTORTION CONTROL = ON。

9.1.6 非线性问题的收敛准则

本节提供的信息适用于希望调整非线性系统求解收敛准则的用户。在大多数情况下，这些准则不需要调整。

在可能的情况下，Abaqus Standard 使用牛顿法来求解非线性问题。在某些情况下，Abaqus Standard 使用牛顿法的精确实现，即精确定义系统的雅可比矩阵，并且当解的估计值在算法的收敛半径内时，可以获得二次收敛。在其他情况下，雅可比矩阵被近似，迭代方法不是精确的牛顿法。例如，存在一些各向异性的材料和表面界面模型，如非关联流塑性模型或库仑摩擦，它们会创建一个非对称的雅可比矩阵，但用户可以选择通过其对称部分来近似该矩阵。

许多问题表现出不连续的行为。最常见的就是接触，在面上的某一点，接触约束要么存在，要么不存在；另一个（通常不太严重）是材料屈服点处的塑性应变反转。

分析师可以选择在特定分析步中使用拟牛顿法，而不是使用标准牛顿法来求解非线性方程。在某些情况下，拟牛顿法可以通过减少雅可比矩阵因式分解的次数，节省大量的计算成本。

一般来说，当系统较大且每个增量需要多次迭代时，或者刚度矩阵在迭代过程中变化不大时，如在使用隐式时间积分的动态分析中时或在具有局部塑性的小位移分析中，该方法最为成功。拟牛顿法只能用于对称方程组，因此当为一个分析步指定非对称求解器时不能使用，也不能用于总是产生非对称方程组的程序，如全耦合热应力分析和 Abaqus Aqua 分析。此外，它也不能用于静态 Riks 程序。拟牛顿法与线搜索法结合使用效果很好。线搜索有助于防止由拟牛顿法产生的不精确雅可比行列式导致的平衡迭代发散。对于使用拟牛顿法的分析步，默认情况下会激活线搜索法。用户可以通过指定线搜索控件来覆盖此操作。

用户可以指定核心矩阵重构前允许的拟牛顿迭代次数，默认迭代次数为 8。在迭代过程中可能会根据收敛情况自动进行额外的矩阵重组。由于在拟牛顿迭代过程中不期望二次收敛，因此在时间增量过程中不使用对数收敛率检查。此外，在时间增量中使用的迭代次数是拟牛顿迭代的加权和，加权系数取决于内核矩阵是否已被重构。

- 在 Abaqus CAE 中进入 Step 模块，然后在 Step Edior 中进入 **Other：Solution technique：Quasi-Newton**，并输入在重新构建内核矩阵前允许的迭代次数 n。
- 使用关键字命令行输入 *SOLUTION TECHNIQUE，TYPE = QUASI-NEWTON，REFORM KERNEL = n。

另外，分析师也可以选择使用分离技术，而不是标准的牛顿法求解非线性方程，以实现全耦合的热应力和热电过程的求解。分离技术通过消除场间耦合项来近似雅可比，并且在场间耦合相对较弱的情况下可以节省大量计算成本。

- 在 Abaqus CAE 中进入 Step 模块，然后在 Step edior 中选择 **Other：Solution technique：Separated**。
- 使用关键字命令行输入 *SOLUTION TECHNIQUE，TYPE = SEPARATED。

9.1.6.1 求解精度控制

Abaqus Standard 中定义的默认求解控制参数，旨在为涉及非线性组合的复杂问题提供合理的最优解，以及为简单的非线性情况提供高效解。然而，选择控制参数时最重要的考虑因素是，任何被视为收敛的解都是非线性方程精确解的近似值。在这种情况下，当使用默认值时，近似值按照工程标准的解释相当严格，如下所述。

用户可以重置许多与场方程中容差相关的求解控制参数。如果用户定义的收敛准则不太严格，结果可能会在与系统的精确解不够接近时被认为是收敛的。重置求解控制参数时要谨慎小心；不收敛通常是由于建模问题造成的，应该在更改精度控制之前解决这些问题。

用户可以选择定义求解控制参数的方程类型，如用户可以重新定义位移场和翘曲自由度平衡方程的默认控制参数。默认情况下，求解控制参数适用于模型中的所有活跃场。

- 在 Abaqus CAE 中进入 Step 模块，然后选择 Other→General Solution Controls→Edit 并打开 Specify：Field Equations：Apply to all applicable fields 或 Specify individual fields：field。
- 使用关键字命令行输入：*CONTROLS，PARAMETERS = FIELD，FIELD = field，并设置 R_n^α、C_n^α、$\tilde{q}_0^\alpha$、$\tilde{q}_u^\alpha$、R_P^α、ε^α、C_ε^α、R_l^α、C_f、ε_l^α、ε_d^α 的值。

对问题中活跃的每个场 α 进行场方程的收敛性测试。以下措施用于确定增量是否已收敛：

- $r_{\max}^\alpha$ 是场 α 在平衡方程中的最大残差。
- $\Delta u_{\max}^\alpha$ 是增量中 α 类型节点变量的最大变化。
- $c_{\max}^\alpha$ 是当前牛顿迭代对任何 α 类型节点变量的最大修正值。
- e^j 是 j 类型约束中的最大误差。
- $\bar{q}^\alpha(t)$ 是在时间 t 时场 α 的瞬时通量，在整个模型中的平均值（空间平均通量）。该平均值默认由单元应用于其节点的通量和根据式（9.1）的任何外部定义的通量来定义。

$$\bar{q}^\alpha(t) = \frac{1}{\sum_{e=1}^{E}\sum_{n_e=1}^{N_e} N_{n_e}^\alpha + N_{ef}^\alpha} \left[\sum_{e=1}^{E}\sum_{n_e=1}^{N_e}\sum_{i=1}^{N_{n_e}^\alpha} |q|_{i,n_e}^\alpha + \sum_{i=1}^{N_{ef}^\alpha} |q|_i^{\alpha,ef} \right] \quad (9.1)$$

式中，E 是模型中的单元数量；N_e 是单元 e 中的节点数；$N_{n_e}^\alpha$ 是单元 e 中节点 n_e 处的类型 α 的自由度数；$|q|_{i,n_e}^\alpha$ 是单元在其第 n 个节点在时间 t 处应用的类型 α 的第 i 个自由度的总通量分量的大小，N_{ef}^α 是场 α 的外部通量的数量（取决于单元类型、加载类型和施加在单元上的载荷数量）；$|q|_i^{\alpha,ef}$ 是场 α 的第 i 个外部通量的大小。

- $\tilde{q}^\alpha(t)$ 是到目前为止在此步期间场 α 的典型通量的总体时间平均值，包括当前增量。通常 $\tilde{q}^\alpha(t)$ 定义为 $\bar{q}^\alpha$ 在该分析步中所有增量的平均值，其中 $\bar{q}^\alpha \neq 0$。根据式（9.2），在当前增量的每次迭代后重新计算当前增量的 $\bar{q}^\alpha$。

$$\tilde{q}^\alpha(t) = \frac{1}{N_t} \sum_{i=1}^{N_t} \bar{q}^\alpha(t|_i) \quad (9.2)$$

式中，N_t 是到目前为止该分析步中的增量总数，包括当前增量，其中 $\bar{q}^\alpha(t|_i) > \varepsilon^\alpha \tilde{q}^\alpha(t|_i)$。这里 $\bar{q}^\alpha(t|_i)$ 是 $\bar{q}^\alpha$ 在增量 i 处的值，而 ε^α 是一个较小的数字。ε^α 的默认值为 10^{-5}，但在极少数情况下，用户可以更改默认值。或者，用户可以在分析步 $\tilde{q}_u^\alpha$ 中定义平均通量的值。在这种情况下，整个分析步中 $\tilde{q}^\alpha(t|i) = \tilde{q}_u^\alpha$。在分析步 $\tilde{q}^\alpha$ 的开始，通常是上一步的值（除了第 1 步，默认情况下 $\tilde{q}^\alpha = 10^{-2}$）。或者，用户可以定义时间平均通量 $\tilde{q}_0^\alpha$ 的初始值。$\tilde{q}^\alpha$ 保持其初始

值，直到 $\bar{q}^\alpha > \varepsilon^\alpha \tilde{q}^\alpha$ 的迭代完成，此时它重新定义 $\bar{q}^\alpha = \tilde{q}^\alpha$。如果定义了 $\tilde{q}_u^\alpha$，则忽略为 $\tilde{q}^\alpha$ 定义的值。

- $\tilde{q}_{max}^\alpha$ 在该分析步中对应于场 α 的最大通量的时间平均值，不包括当前增量。
- q_{max}^α 在当前迭代期间对应于场 α 的最大通量。

通量的时间平均值 $\tilde{q}^\alpha(t)$ 是根据不同时刻通量的空间平均值 $\bar{q}^\alpha(t)$ 计算得出的。在某些情况下，只有模型的一小部分处于活动状态（模型其余部分的通量为零或非常小），与模型活动部分的空间平均值相比，整个模型的通量空间平均值可能非常小。在一段时间内，这可能会导致通量的时间平均值较小，从而导致收敛准则在工程标准上非常严格。为了避免这种过于严格的收敛准则，Abaqus Standard 使用一种算法来确定模型在任何给定时刻的活动部分。

在迭代期间，任何通量 $|q_i^\alpha(t)| < \varepsilon_l^\alpha \tilde{q}_{max}^\alpha$ 都被视为非活动，相应的自由度也被标记为非活动。$\tilde{q}_{max}^\alpha$ 是当前分析步中模型中最大通量的时间平均值。ε_l^α 的默认值为 10^{-5}，用户可以重新定义这个参数。

在迭代结束时，将当前迭代期间模型中的最大通量 q_{max}^α 与最大通量的时间平均值 $\tilde{q}_{max}^\alpha$ 进行比较。如果 $q_{max}^\alpha \geq 0.1 \tilde{q}_{max}^\alpha$，则仅在模型的活动部分计算空间平均值；如果 $q_{max}^\alpha \geq 0.1 \tilde{q}_{max}^\alpha$，模型的所有非活动部分都被重新分类为活动部分，并计算整个模型的空间平均值。用这种方式获得的通量的空间平均值来计算在收敛准则中使用的时间平均通量 $\tilde{q}_{max}^\alpha(t)$。设置 $\varepsilon_l^\alpha = 0$，强制要求通量的空间平均值始终在整个模型上计算。

关于残差项，如果残差误差小于 0.5%，则大多数非线性工程计算将足够准确。因此 Abaqus Standard 通常使用 $r_{max}^\alpha \leq R_n^\alpha \tilde{q}^\alpha$ 作为残差校验，其中用户可以定义 R_n^α（默认为 0.005）。如果满足该不等式，当解的最大修正值 c_{max}^α 与相应解变量的最大增量变化 Δu_{max}^α 相比也较小时，则接受收敛，如 $c_{max}^\alpha \leq C_n^\alpha \Delta u_{max}^\alpha$，或者再一次迭代所产生的解的最大修正量，如式（9.3）所示，满足相同准则 $c_{est}^\alpha \leq C_n^\alpha \Delta u_{max}^\alpha$ 时，用户可以定义 C_n^α，其默认值为 10^{-2}。

$$c_{est}^\alpha = \frac{(r_{max}^\alpha)^i}{\min((r_{max}^\alpha)^{i-1}, (r_{max}^\alpha)^{i-2})} \tag{9.3}$$

在某些情况下，在某些增量期间，模型中任何位置的 α 型方程中可能存在零通量。零通量定义为 $\bar{q}^\alpha \leq \varepsilon^\alpha \tilde{q}^\alpha$，其中 ε^α 的默认值为 10^{-5}，如果 $r_{max}^\alpha \leq \varepsilon^\alpha \tilde{q}^\alpha$，则接受场 α 的解。如果不是，则将 c_{max}^α 与 Δu_{max}^α 进行比较，并且当 $c_{max}^\alpha \leq C_\varepsilon^\alpha \Delta u_{max}$ 时，接受场 α 的收敛。C_ε^α 的默认值为 10^{-3}，用户可以重新定义这个参数。

模型中有时会出现多个场处于活动状态的情况，但在某些增量中，一些场中的响应可以忽略不计。如果在活动场 α 和 β 之间存在某种类型的物理转换因子 f_β^α，对于那些认为上段中 $\tilde{q}^\alpha$ 太小的特定增量，可以用 $f_\beta^\alpha C_f \tilde{q}^\beta$ 代替，如 $\bar{q}^\alpha \leq \tilde{q}^\alpha < f_\beta^\alpha C_f \tilde{q}^\beta$ 实际用作场 α 的收敛准则的一部分。这里，f_β^α 是 Abaqus Standard 根据问题定义和所涉及的场计算因子；C_f 是用户可以定义的场转换率，默认值为 1.0。目前，该概念仅用于当 f_β^α 表示特征单元长度时，力和力矩相关的场之间的转换。

线性情况下，每个增量不需要超过一次的平衡迭代。如果所有 α 的 $r_{max}^\alpha \leq R_l^\alpha \tilde{q}^\alpha$，则增量

被认为是线性的。用户可以将 R_l^α 定义得非常小，R_l^α 的默认值为 10^{-8}。任何通过最大残差与每个场中的平均通量大小的严格比较的情况都被认为是线性的，不需要进一步迭代。如果在第一次迭代后的某次迭代中满足此要求，则可接受该解，而无须检查对解的修正大小。

在某些情况下，由于牛顿迭代方案的雅可比矩阵是近似的，无法实现迭代的二次收敛。如果迭代后收敛速度只是线性的，Abaqus Standard 会使用较宽松的容差检查残差，即 $r_{\max}^\alpha \leq R_p^\alpha \tilde{q}^\alpha$。当使用拟牛顿法时，不使用这种容差修正，因为该方法通常需要更多的迭代才能收敛。用户可以自定义 R_p^α（默认为 2×10^{-2}）及 I_P（默认为 9）。收敛还要求 $c_{\max}^\alpha \leq C_n^\alpha \Delta u_{\max}^\alpha$，并继续迭代，直到所有活动场都满足这两个条件或弃用增量。当活动场是位移且最大位移增量本身非常小时，要求最大位移修正值小于最大位移增量 $c_{\max}^\alpha \leq C_n^\alpha \Delta u_{\max}^\alpha$ 的收敛准则将被忽略，其定义为 $\Delta u_{\max}^\alpha < \varepsilon_d^\alpha f_\beta^\alpha$，其中 f_β^α 是特征单元长度，ε_d^α 的默认值为 10^{-8}，用户可以重新定义这个参数。

9.1.6.2 控制迭代

非线性求解的每个增量通常会通过多次平衡迭代来解决。在迭代次数可能会变得过多的情况下，应减少增量并再次尝试增量。如果以最少的迭代次数求解连续增量，则增量可能会增加，用户可以指定多个时间增量控制参数。

- 在 Abaqus CAE 中进入 Step 模块，然后选择 **Other→General Solution Controls→Edit**，并勾选 Specify：Time Incrementation；单击 More 以查看其他数据表。
- 使用关键字命令行输入：

  *CONTROLS，PARAMETERS = TIME INCREMENTATION

  $I_0, I_R, I_P, I_C, I_L, I_G, I_S, I_A, I_J, I_T, I_S^c, I_J^\alpha, I_A^c$，

  $D_f, D_C, D_B, D_A, D_S, D_H, D_D, W_G$，

  $D_G, D_M, D_M^{\text{dyn}}, D_M^{\text{diff}}, D_L, D_E, D_R, D_F$，

  D_T。

由于大位移问题中的过度变形或极大的塑性应变增量，Abaqus Standard 可能会在单元计算方面存在问题。如果发生这种情况，并且选择了自动时间增量，则将以当前时间增量的 D_H 倍再次尝试增量，用户可以自定义 D_H，默认情况下，$D_H = 0.25$。如果选择了固定时间步长，分析将终止并显示错误消息。

有时增量太大，解根本无法收敛，即初始状态在牛顿法的收敛半径之外。这种情况可以通过观察最大残差 $r_{\max}^\alpha$ 的行为来检测。在导致收敛的迭代序列中，最大残差不会随着迭代而减少，但我们假设，如果最大残差在连续两次迭代中未能减少，则应放弃迭代。因此，如果 $\min((r_{\max}^\alpha)^i, (r_{\max}^\alpha)^{i-1}) > (r_{\max}^\alpha)^{i-2}$，其中 i 是迭代计数器，迭代终止。在解不连续后的 I_0 次迭代后首先进行此检查。用户可以定义 I_0，但它必须至少为 3，I_0 的默认值为 4。如果选择了固定时间步长，则分析将终止并显示错误消息。使用选择了自动时间步长，则再次开始增量，时间增量为上一次尝试的 D_f 倍，用户可以定义 D_f，默认情况下 $D_f = 0.25$。这种细分继续进行，直到找到成功的时间增量或允许的最小时间增量失败为止，此时作业以错误消息结束。在这种情况下，使用 $N^{ls} = 4$ 的线搜索算法有时会有所帮助。

在无法获得二次收敛的情况下，对数收敛速率等于 $\ln((r_{\max}^\alpha)^i / (r_{\max}^\alpha)^{i-1})$，通常会保持在整个迭代过程中，该速率可以在早期迭代过程中确定。如果在解不连续性之后进行 I_R 或更

多迭代没有实现收敛,如果选择了自动时间增量,并且当整域 α 的最慢收敛速率表明预估在最后一个解不连续之后需要超过 I_C 的总迭代次数时,增量再次开始,时间增量为放弃次数的 D_C 倍;如果选择了固定时间增量,则继续迭代,但如果在增量中的最后一个解不连续之后的 I_C 迭代内未实现收敛,则分析将终止并显示错误消息。用户可以自定义 I_R、I_C 和 D_C(默认情况下 $I_R=8$、$I_C=16$ 和 $D_C=0.5$)。

当选择自动时间增量时,为提高效率而增加或减少时间增量始终是一个棘手的问题,非线性方程解的有效性将用于选择下一个时间增量。如果在两个连续增量中所需的迭代次数不超过 I_G 次,则时间增量可以增加 D_D 倍。如果一个增量收敛但所需的迭代次数多于 I_L 次,则下一个时间增量将为当前时间增量的 $1/D_B$。用户可以定义 I_G、I_L、D_D 和 D_B 的值,默认情况下,$I_G=4$、$I_L=10$、$D_D=1.5$ 和 $D_B=0.75$。

在非线性分析步的第一个增量之后的每个增量中,Abaqus Standard 通过从上一个增量(或多个增量)中的外推解来估计该增量的解。默认情况下,使用 100% 线性外推(Riks 方法为 1%)。如果 $\Delta t_i \leq D_E \Delta t_{i-1}$,则放弃外推,其中 Δt_i 是建议的新时间增量,Δt_{i-1} 是最后一次成功的时间增量。用户可以定义 D_E 的值,其默认为 0.1。

9.1.6.3 杂交单元中应变约束的收敛性

在杂交单元中,应变约束收敛性是通过将每个应变约束 e^j 的最大误差与相应误差 T^j 的绝对容差进行比较来检查的。每次迭代后,这些误差的大小都会在消息(.msg)文件中报告为兼容性误差。例如,体积相容性误差是对满足不可压缩性约束条件精度的度量。由于约束方程中的非线性通常反映在同一问题的场方程中,因此并不试图估计这些约束方程中的收敛速率:假设场方程中的收敛速率度量是足够的。用户可以定义 T^j(T^{vol}、T^{axial} 和 T^{shear}),默认情况下,$T^j=10^{-5}$。

- 在 Abaqus CAE 中进入 Step 模块,然后选择 **Other→General Solution Controls→Edit**,并勾选 **Specify:Constraint Equations**。
- 使用关键字命令行输入 *CONTROLS,PARAMETERS=CONSTRAINTS T^{vol},T^{axial},T^{shear}。

9.1.6.4 严重的不连续迭代

Abaqus Standard 区分了解平滑变化的常规平衡迭代和刚度突然变化的 SDI。默认情况下,Abaqus Standard 将继续迭代,直到严重不连续性足够小(或不发生严重不连续性)且满足平衡(通量)容差。另外,Abaqus Standard 将继续迭代,直到没有严重不连续性出现且满足平衡(通量)容差。如果接触条件确定很弱且发生接触颤振,或者需要大量严重的不连续迭代来确定接触条件,这种更传统的方法可能会导致收敛困难。用户可以定义接触和滑动相容性容差、低压或软接触相容性容差和接触力误差容差。Abaqus CAE 不支持定义接触力误差容差。

- 在 Abaqus CAE 中进入 Step 模块,然后选择 **Other→General Solution Controls→Edit**,并勾选 **Specify:Constraint Equations**。
- 使用关键字命令行输入 *CONTROLS,PARAMETERS=CONSTRAINTS,,,T^{cont},T^{soft},,,T^{cfe}。

在隐式动态分析中,估算增量中所有接触变化的平均时间,并中断时间增量以求解当时的冲击方程。在求解冲击方程时,使用增强拉格朗日、惩罚约束执行方法、软化接触,不会施加接触约束。但是，如果在给定的容差范围内不满足接触约束，则会强制进行严重的不连续迭代。

默认情况下，Abaqus 应用复杂的标准，包括穿透的变化、残余力的变化，以及从一次迭代到下一次迭代的严重不连续的数量，以确定迭代应该继续还是终止。因此，原则上没有必要限制严重不连续迭代的次数，即无须更改控制参数即可运行需要大量接触更改的接触问题。但仍然可以为严重不连续迭代的最大次数设置限制 I_S^c；默认情况下，$I_S^c = 50$，实际上，该限制应该始终大于增量中实际迭代次数。

- 在 Abaqus CAE 中进入 Step 模块，然后选择 Other→General Solution Controls→Edit，并勾选 Specify：Time Incrementation；单击 More 以查看其他数据表。
- 使用关键字命令行输入：
  *CONTROLS，PARAMETERS = TIME INCREMENTATION
  ,,,,,,I_S
  ,,,,D_S

9.1.6.5 使用线搜索算法提高求解效率

Abaqus Standard 提供了包含线搜索算法的选项。线搜索的目的是提高牛顿法或拟牛顿法的稳定性。默认情况下，线搜索法仅对使用拟牛顿法的分析步有效。在残差较大的平衡迭代过程中，线搜索算法通过线搜索比例因子 s^{ls} 对解的修正进行缩放。迭代过程用于找到使残差矢量在修正矢量方向上的分量最小的 s^{ls} 值；该分量称为 y^j，其中 j 是线搜索迭代次数。每次线搜索迭代都需要通过 Abaqus Standard 单元循环一次，但不需要使用全局刚度矩阵进行任何操作。

通常仅以适当的精度确定 s^{ls} 就足够了，可使用一些控制来限制这一精度。最多执行 $j = N^{ls}$ 线搜索迭代。s^{ls} 的允许范围是有限制的，如 $s_{min}^{ls} \leq s^{ls} \leq s_{max}^{ls}$。

当 $|y^j| = f_s^{ls} |y^0|$ 时线搜索停止，其中 y^0 在第一次平衡迭代之前进行评估。线搜索停止时的残余缩减因子 f_s^{ls} 通常设置为相当宽松的容差。当线搜索迭代提供的 s^{ls} 变化小于 $\eta^{ls} s^{ls}$ 时，线搜索算法也将停止。

用户可以定义 N^{ls}、s_{max}^{ls}、s_{min}^{ls}、f_s^{ls}、η^{ls} 的值。默认情况下，$N^{ls} = 0$ 使用牛顿法，$N^{ls} = 5$ 使用拟牛顿法。将 N^{ls} 设置为非零值以激活线搜索算法或设置为零以强制停用线搜索。附加线搜索参数的默认值为 $s_{max}^{ls} = 1.0$、$s_{min}^{ls} = 0.0001$、$f_s^{ls} = 0.25$ 和 $\eta^{ls} = 0.10$。选择这些默认值是为了实现线搜索比例因子的适度精度，同时最小化线搜索迭代的额外成本。在某些模拟中，更激进的线搜索可能是有益的，特别是当需要多次非线性迭代和缩减来解决求解过程中的严重不连续性时。在这些情况下，用户可以尝试允许更多的线搜索迭代（$N^{ls} = 10$），并要求线搜索比例因子（$\eta^{ls} = 0.01$）的精度更高。这可能会导致更多的线搜索迭代，但会减少非线性迭代和缩减，并从总体上降低求解成本。

- 在 Abaqus CAE 中进入 Step 模块，然后选择 Other→General Solution Controls→Edit，并勾选 Specify：Line Search Control。
- 使用关键字命令行输入 *CONTROLS，PARAMETERS = LINE SEARCH N^{ls}，s_{max}^{ls}，s_{min}^{ls}，f_s^{ls}，η^{ls}。

9.1.7 瞬态问题中的时间积分精度

Abaqus Standard 通常使用自动时间步长方案求解瞬态问题。影响瞬态问题增量大小的因素包括与几何、材料、接触非线性程度相关的收敛问题，以及时间积分算子准确求解增量上加速度、速度和位移变化的能力。本节将讨论与后一方面相关的容差参数和对时间增量大小的调整。

表 9.2 列出了特定分析程序的容差参数。对瞬态程序类型的时间积分器的描述，以及在隐式动力学的情况下，与时间积分精度相关的影响时间增量大小的其他因素的讨论，可参见表 9.2 中的相应部分。

表 9.2 特定分析程序的容差参数

程序	精度测量 S^J	容差 T^J
隐式动力学[1]	半增量残差	半增量残差容差
瞬态传热分析[2]	温度增量 $\Delta\theta$	$\Delta\theta_{max}$
固化分析[3]	孔隙压力增量 Δu_ω	Δu_ω^{max}
蠕变和黏弹性材料行为[4]	$(\dot{\varepsilon}^{cr}\mid_{t+\Delta t} - \dot{\varepsilon}^{cr}\mid_t)\Delta t$	蠕变容差

[1] 参见 *Analysis User's Guide* 第 6.3.2 节 "Implicit dynamic analysis using direct integration"。
[2] 参见 *Analysis User's Guide* 第 6.5.2 节 "Uncoupled heat transfer analysis"。
[3] 参见 *Analysis User's Guide* 第 6.8.1 节 "Coupled pore fluid diffusion and stress analysis"。
[4] 参见 *Analysis User's Guide* 第 23.2.4 节 "Rate-dependent plasticity: creep and swelling"。

在任何使用自动时间增量的瞬态分析中，其中一些容差 $T^J(J=1,2,\cdots)$ 将处于活动状态。对于分析步中的每个增量，将计算相应的积分精度测量值 S^J。Abaqus Standard 将使用这些值，按照本节所述标准调整时间增量。如果激活了多个精度测量值，则使用所有标准所需的最小时间增量。

如果 $S^J > T^J$，对于任何在分析步中处于活动状态的控制 J，时间增量 Δt 太大，无法满足时间积分精度要求，则建议减小时间增量大小。因此，增量以 $D_A\left(\dfrac{T^J}{S^J}\right)\Delta t$ 的时间增量重新开始。用户可以在其中定义 D_A 的值，默认情况下，$D_A = 0.85$。

- 在 Abaqus CAE 中进入 Step 模块，然后选择 **Other→General Solution Controls→Edit**，并勾选 **Specify: Time Incrementation**；单击 More 以查看其他数据表。
- 使用关键字命令行输入：
  *CONTROLS, PARAMETERS = TIME INCREMENTATION
  第一行数据
  , , , D_A。

如果在当前时间增量 Δt 处，$\Delta t\left(\dfrac{S^J}{\Delta t}\right)_i < W_G T^J$ 满足连续增量 (i) 中的 (J) 的所有值，并且如果在这些增量内由于非线性而没有发生缩减，则下一个增量将增加到 $\min(D_G\Delta t_p, D_M\Delta t)$。用户可以定义 I_T、W_G 和 D_G 的值，默认情况下，$I_T = 3$，$W_G = 0.75$，$D_G = 0.8$。Δt_p 是建议的新时间增量，定义为 $\Delta t_p = \left(\dfrac{T^J}{S^J}\right)\Delta t$，用于瞬态传热和瞬态质量扩散问题。对于其他瞬态问题，定义为 $\Delta t_p = I_T\left(\dfrac{T^J}{\sum\limits_{i=1}^{I_T}(S^J/\Delta t)_i}\right)$。

对时间增量增加因子有一个限制 D_M，D_M 的默认值取决于分析类型：
- 对于动态分析，$D_M = 1.25$。
- 对于扩散主导的过程，如蠕变、瞬态传热、耦合温度位移、土壤固结和瞬态质量扩散，$D_M = 2$。
- 对于其他情况，$D_M = 1.5$。
- 用户可以为每种分析类型重新定义 D_M。

如果问题是非线性的，时间增量可能会受到非线性方程的收敛速率的限制。
- 在 Abaqus CAE 中进入 Step 模块，然后选择 **Other→General Solution Controls→Edit**，并勾选 **Specify：Time Incrementation**；单击 More 以查看其他数据表。
- 使用关键字命令行输入：

    *CONTROLS, PARAMETERS = TIME INCREMENTATION
    , , , , , , , , , I_T
    , , , , , , , W_G
    D_G , D_M , D_M^{dyn} , D_M^{diff}。

9.1.8 在隐式积分过程中避免对时间增量大小进行微小更改

在 Abaqus Standard 使用隐式积分的线性瞬态问题中，即使刚度矩阵没有变化，只要时间增量发生变化，就必须对方程组进行重构和分解。因此，为了减少系统矩阵变化的增量数量，Abaqus Standard 使用了因子 D_L，其中 $D_L = \min\left(\dfrac{\Delta t_p}{D_M \Delta t}\right)$。

根据 D_L 的定义，建议的时间增量和当前时间增量之间存在以下不等式，即 $\Delta t_p \geq D_L D_M \Delta t$。基于这一不等式，仅当由本节前面描述的标准计算的时间增量值，或者使用某些用户子程序（如 UMAT）中指定的 PNEWDT 值计算的时间增量值大于或等于 $D_L D_M \Delta t$ 时，才允许增加时间增量。D_L 的默认值为 1.0，但用户可以将其重新定义为更小的数值。将 D_L 减小到小于 1.0 的值，允许时间增量增加一个比 D_M 小的因子，从而迫使时间增量发生变化，即使变化很小。否则，求解将沿用相同的 Δt。

- 在 Abaqus CAE 中，进入 Step 模块，然后选择 **Other→General Solution Controls→Edit**，并勾选 **Specify：Time Incrementation**；单击 More 以查看其他数据表。
- 使用关键字命令行输入：

    *CONTROLS, PARAMETERS = TIME INCREMENTATION
    第一行数据
    第二行数据
    , , , , D_L。

9.2 多少沙漏能可以接受

多少沙漏能可以接受是一个问题，尤其是当有限元分析模型使用的是一阶单元的降阶积分并因此具有沙漏控制时。

在计算物理应变增量时，简化积分单元的公式只考虑单元中增量位移场的线性变化部分。节点增量位移场的其余部分是沙漏场，可以用沙漏模式表示。这些模式的激发可能会导致严重的网格变形，而没有应力抵抗变形。沙漏控制试图在不对单元的物理响应引入过多限制的情况下尽量减少这个问题。

过度使用沙漏控制会导致响应过于僵硬。例如，在涉及弹塑性材料响应的问题中，屈服可能会被延迟或完全阻止。

通过绘制模型能量历史来评估模型中的沙漏控制水平。用于控制沙漏的人工能量（输出变量 ALLAE）相对于内能（输出变量 ALLIE）应该很小；一般的经验法则是将 ALLAE 限制为不超过 ALLIE 的 1%。

要减少模型中的沙漏控制能量，可修改沙漏公式的默认设置或细化网格。网格细化是推荐的方法。

9.2.1 增强的沙漏控制和弹性弯矩

增强的沙漏控制公式经过调整，可为进行弹性弯曲的规则形状单元提供准确的结果。在后一种条件适用的情况下，尽管人工能量大于百分之几，但粗网格可能会产生可接受的结果。应对结果进行独立检查，以确定它们是否可以接受。

9.2.2 增强的沙漏控制和塑性弯矩

当涉及塑性（如塑性弯曲）时，对于 Abaqus Standard 或 Abaqus Explicit，应遵循有关可接受的人工能量水平的通常经验法则，但应采取如下所述的额外预防措施。

增强的沙漏刚度由单元质心处的当前材料数据确定。在塑性达到最接近面的积分点之前，增强沙漏公式中使用的模量不包括塑性的影响。随后，增强的沙漏刚度可能会太大，从而获得不正确的结果（如延迟屈服或过度回弹效应）。随着网格变粗，这种效应变得更加明显；必须注意确保在整个结构的厚度上使用足够的单元。

当存在塑性时，基于刚度的沙漏控制没有增强沙漏控制那么硬。基于刚度的沙漏模量在弹性模量上使用了显著的降低因子，导致单元的刚度低于增强控制情况下的刚度。这可能会给塑性弯曲带来更好的结果；用户应该彻底检查结果并谨慎判断。

9.2.3 Kelvin 黏弹性沙漏控制

使用黏弹性材料属性的模型也会面临沙漏控制问题，因此重要的是，要知道如何确定沙漏控制的 Kelvin 黏弹性方法中使用的刚度（K）和线性黏性系数（C）[1]。

抑制沙漏模式的 Kelvin 黏弹性方法是基于纯刚度方法和纯黏性方法使用。这两个组成部分可以单独或组合使用，并且基于线性刚度 K 和线性黏性系数 C。K 和 C 用于计算与沙漏变形共轭的力和力矩。设函数 q 为沙漏模式幅值，用于抑制沙漏变形的力和力矩计算如式 (9.4) 所示。

$$Q = s\left[(1-\alpha)Kq(t) + \alpha C \frac{dq}{dt}\right] \tag{9.4}$$

刚度 K 和黏性系数 C 取决于材料特性。刚度定义如式 (9.5) 所示。

$$K = sB\frac{L^2}{V} \tag{9.5}$$

式中，s 是在 *SECTION CONTROLS 关键字的数据行上指定的比例因子；B 是有效体积模量；L 是最小单元尺寸；V 是单元体积。

黏性系数的定义如式（9.6）所示。

$$C = s\rho C_d V^{\frac{2}{3}} \tag{9.6}$$

式中，C_d 是膨胀波速；ρ 是材料质量密度。

9.3 对带有杂交单元的模型，错误消息打印到消息文件中

当使用杂交单元时，打印到消息文件的兼容性错误消息并不表示分析中发生了错误。对于实体杂交单元，体积应变是根据位移自由度和独立压力自由度计算的。Abaqus 会检查这两个应变测量之间的差异是否在特定的容差范围内，以确保收敛。这类似于对力和力矩平衡的检查。在每次迭代中，有关杂交单元兼容性的消息都会打印到消息文件中。

例如，以下是使用杂交单元增量的最后一次迭代：

```
COMPATIBILITY ERRORS:
TYPE         NUMBER EXCEEDING    MAXIMUM        IN ELEMENT
             TOLERANCE           ERROR
VOLUMETRIC   0                   -9.595E-10     49

INSTANCE: PART-1
```

在上述情况下，两个应变值之间的最大误差（或差异）完全在可接受的 10^{-5} 容差范围内，忽略此类消息是安全的。当力和力矩平衡已满足但杂交单元兼容性检查失败时，可能会出现这种情况。

例如，在 bootseal.inp 示例的分析步 2、增量 4、迭代 3 中就会出现这种情况，在该分析中，兼容性检查在迭代 4 中得到满足，因此分析继续进行，并且可再次忽略该消息。

可能存在 Abaqus 难以满足兼容性检查，并且分析无法收敛的情况。通常，这意味着分析中使用了不合适的单元，或者材料是完全不可压缩的。在这些情况下，一般需要改变模型或分析来解决问题。

参考文献

1. Flanagan DP, Belytschko T (1981) A uniform strain hexahedron and quadrilateral with orthogonal hourglass control. Int J Numer Methods Eng 17:679–706

第 10 章 需要一些帮助

10.1 提取 Abaqus 文档中的示例文件

使用 Abaqus fetch 工具提取 Abaqus 文档中提到的示例文件。例如，使用以下命令获取输入文件 boltpipeflange_3d_cyclsym. inp，其中 abaqus 是用于运行 Abaqus 的命令。

```
abaqus fetch job=boltpipeflange_3d_cyclsym.inp
```

同样，也可以使用 Abaqus fetch 工具从随发行版提供的压缩存档文件中提取其他文档输入文件、python 脚本文件（如日志文件和参数研究脚本文件）、用户子程序文件或后处理程序。

10.2 使用 Abaqus 验证、基准和示例问题指南

如果用户正在搜索特定功能或关键字的示范，Abaqus 示例问题指南中的适用示例非常好，并结合了多个功能。Abaqus 是否包含更小、更简单的示例来分离某些特征？是否有 Abaqus 求解与手册或已出版作品中提供的分析求解的比较。

每次安装 Abaqus 时都包含了大量用于说明程序功能的文档。创建 Abaqus 验证、基准和示例问题指南的目的是演示单个功能的使用，以及 Abaqus 在实际工程模拟中的应用。

Abaqus 验证、基准和示例问题指南以递增的复杂程度展示了 Abaqus 的功能。总之，这三本手册是一个非常详细、完整的示例和图解集，可让用户快速熟悉 Abaqus 的特性和功能。

《Abaqus 验证指南》：本手册包含 5000 多个基本测试案例，可根据精确计算和其他公布的结果对每个程序功能（程序、输出选项、MPC、载荷、边界条件、材料模型等）进行验证。

本手册中包含的模型很小，通常大小为 1~20 个单元。这是单个功能示例的理想来源，在学习使用新功能时运行这些模型可能会有所帮助。此外，提供的输入数据文件为检查单元、材料等的行为提供了良好的起点。

《Abaqus 基准指南》：本手册包含 200 多个用于评估 Abaqus 性能的基准问题和标准分析；这些测试是简单几何模型的多单元测试或实际问题的简化版本。本手册包含了 NAFEMS[⊖] 基准问题。

《Abaqus 示例问题指南》：本手册包含超过 75 个详细示例，旨在说明在 Abaqus Standard 和 Abaqus Explicit 中执行重要的线性和非线性分析所需的方法和决策。在开始解决新的问题

⊖ NAFEMS 是国际工程建模、分析和仿真协会。它是一个非营利组织，成立于 1983 年。https://www.nafems.org/。

类型时，通常有必要在本手册中寻找相关示例并进行回顾。所有模型示例都归类为以下物理问题：

第1章　静态应力/位移分析

1.1　静态和准静态应力分析
- 1.1.1　螺栓管道法兰连接的轴对称分析
- 1.1.2　平面弯曲和内压作用下薄壁弯头的弹塑性坍塌
- 1.1.3　平面弯曲下线弹性管道的参数化研究
- 1.1.4　用半球形冲头对弹性泡沫试样进行压痕
- 1.1.5　混凝土板的坍塌
- 1.1.6　节理岩边坡稳定性
- 1.1.7　循环载荷下的缺口梁
- 1.1.8　拉伸和压缩下的单轴棘轮
- 1.1.9　静压流体单元：空气弹簧建模
- 1.1.10　管接头的壳、实体子建模和壳、实体耦合
- 1.1.11　无应力单元重新激活
- 1.1.12　黏弹性衬套的瞬态载荷
- 1.1.13　厚板的压痕
- 1.1.14　层压复合板的损坏和失效
- 1.1.15　汽车行李舱密封件的分析
- 1.1.16　风道吻式密封件的压力渗透分析
- 1.1.17　橡胶/泡沫组件中的自接触：防撞缓冲器
- 1.1.18　橡胶/泡沫组件中的自接触：橡胶垫圈
- 1.1.19　叠层钣金装配的子模型
- 1.1.20　螺纹连接的轴对称分析
- 1.1.21　循环热机械载荷下气缸盖的直接循环分析
- 1.1.22　油井筒中的材料侵蚀（出砂）
- 1.1.23　压力容器封闭硬件的子模型应力分析
- 1.1.24　使用复合材料铺层对游艇船体进行建模
- 1.1.25　接触分析中的能量计算

1.2　屈曲和坍塌分析
- 1.2.1　圆拱的屈曲分析
- 1.2.2　层压复合材料外壳：带圆孔的圆柱形面板的屈曲
- 1.2.3　点焊柱的屈曲
- 1.2.4　弹塑性K框架结构
- 1.2.5　不稳定的静态问题：受压载荷下的加强板
- 1.2.6　对缺陷敏感的圆柱壳的屈曲

1.3　成形分析
- 1.3.1　圆柱坯的镦粗：使用网格到网格解映射（Abaqus Standard）和自适应网格划分（Abaqus Explicit）的准静态分析

- 1.3.2 矩形盒的超塑性成形
- 1.3.3 用半球形冲头拉伸薄板
- 1.3.4 圆柱形杯子的拉深
- 1.3.5 用摩擦生热挤压圆柱形金属棒
- 1.3.6 厚板轧制
- 1.3.7 圆杯的轴对称成形
- 1.3.8 杯形/槽形成形
- 1.3.9 用正弦模锻造
- 1.3.10 多重合模锻
- 1.3.11 平板轧制：瞬态和稳态
- 1.3.12 型材轧制
- 1.3.13 环形轧制
- 1.3.14 轴对称挤压：瞬态和稳态
- 1.3.15 两步成形模拟
- 1.3.16 圆柱坯镦粗：温度-位移耦合和绝热分析
- 1.3.17 不稳定的静态问题：金属板的热成形
- 1.3.18 使用 Abaqus Standard 和 Abaqus CAE 进行惯性焊接模拟
- 1.3.19 Moldflow 转换示例

1.4 断裂和损坏
- 1.4.1 部分贯通裂纹的板：弹性线弹簧造型
- 1.4.2 线弹性无限半空间中锥形裂纹的等值线积分
- 1.4.3 具有部分贯通轴向缺陷的有限长度圆柱体的弹塑性线弹簧建模
- 1.4.4 三点弯曲试样的裂纹扩展
- 1.4.5 拉力作用下蒙皮加强筋脱粘分析
- 1.4.6 钝缺口纤维-金属层压板的失效
- 1.4.7 双悬臂梁的脱粘行为
- 1.4.8 单腿弯曲试样的脱粘行为
- 1.4.9 复合板中的后屈曲和分层的增长

1.5 导入分析
- 1.5.1 二维拉弯回弹
- 1.5.2 方盒拉深

第 2 章 动态应力/位移分析

2.1 动态应力分析
- 2.1.1 局部非弹性坍塌结构的非线性动力分析
- 2.1.2 底特律爱迪生管道振荡实验
- 2.1.3 刚性弹丸冲击侵蚀板
- 2.1.4 侵蚀弹撞击侵蚀板
- 2.1.5 网球拍和球
- 2.1.6 外壳厚度可变的加压油箱

2.1.7 汽车悬架建模
2.1.8 爆炸管道封口
2.1.9 通用接触的膝关节冲击
2.1.10 通用接触压接成形
2.1.11 具有通用接触的叠块坍塌
2.1.12 带泡沫冲击限制器的桶落
2.1.13 铜棒的斜向冲击
2.1.14 水在有挡板的水箱中晃动
2.1.15 混凝土重力坝的地震分析
2.1.16 准静态和动态载荷下薄壁铝型材的渐进失效分析
2.1.17 棘爪棘轮装置的冲击分析
2.1.18 陶瓷靶的高速冲击
2.2 基于模式的动态分析
2.2.1 使用子结构和循环对称分析旋转风扇
2.2.2 Indian Point 反应堆给水管道的线性分析
2.2.3 三维框架建筑物的响应谱
2.2.4 制动异响分析
2.2.5 利用残差模式的天线结构动态分析
2.2.6 白车身模型的稳态动力学分析
2.3 欧拉分析
2.3.1 铆钉成形
2.3.2 满水瓶子的冲击
2.4 协同模拟分析
2.4.1 带有颠簸的踏板车的动态冲击

第3章 轮胎和车辆分析
3.1 轮胎分析
3.1.1 静态轮胎分析的对称结果传输
3.1.2 轮胎稳态滚动分析
3.1.3 基于子空间的轮胎稳态动态分析
3.1.4 轮胎底层结构的稳态动态分析
3.1.5 充气轮胎的耦合声学结构分析
3.1.6 导入稳态滚动轮胎
3.1.7 具有 Mullins 效应和永久变形的实心圆盘分析
3.1.8 在 Abaqus Standard 中使用自适应网格进行胎面磨损模拟
3.1.9 具有滚动运输效应的充气轮胎的动态分析
3.1.10 具有流动的圆形管道中的声学分析
3.2 车辆分析
3.2.1 皮卡车的惯性释放
3.2.2 皮卡车模型的下部结构分析

3.2.3 皮卡车模型的车身显示分析
3.2.4 汽车点焊的连续建模
3.3 乘员安全分析
3.3.1 简化碰撞假人的安全带分析
3.3.2 侧帘式安全气囊冲击器测试

第4章 机制分析
4.1.1 解决多体机构模型中的过约束
4.1.2 曲柄机构
4.1.3 缓冲臂机构
4.1.4 襟翼机构
4.1.5 尾部防滑机构
4.1.6 气缸凸轮机构
4.1.7 传动轴机构
4.1.8 日内瓦机构
4.1.9 后缘襟翼机构
4.1.10 单活塞发动机模型的子结构分析
4.1.11 衬套连接器在三点连杆机构分析中的应用
4.1.12 齿轮组件

第5章 传热和热应力分析
5.1.1 盘式制动器的热应力分析
5.1.2 使用欧拉方法对盘式制动器进行顺序耦合热力学分析
5.1.3 排气歧管总成
5.1.4 冷却液歧管盖垫片连接
5.1.5 排气歧管中的传导、对流和辐射传热
5.1.6 反应堆压力容器螺栓封闭的热应力分析

第6章 流体动力学和流固相互作用
6.1 流体动力学和流固耦合
6.2 安装元器件的电子线路板的共轭传热分析

第7章 电磁分析
7.1 压电分析
7.1.1 压电换能器的特征值分析
7.1.2 压电换能器的瞬态动态非线性响应
7.2 焦耳热分析
7.2.1 汽车保险丝的热电建模

第8章 质量扩散分析
8.1.1 容器壁断面的氢扩散
8.1.2 弹性裂纹尖端的扩散

第9章 声学和冲击分析
9.1.1 消声器的全序耦合声学结构分析

- 9.1.2 扬声器的耦合声学结构分析
- 9.1.3 使用 Abaqus Dymola 协同模拟分析扬声器
- 9.1.4 水下圆柱体对水下爆炸冲击波的响应
- 9.1.5 使用壳单元进行冲击分析的收敛性研究
- 9.1.6 详细潜艇模型的 UNDEX 分析
- 9.1.7 皮卡车的耦合声学结构分析
- 9.1.8 水下气缸对水下爆炸的长时间响应
- 9.1.9 CONWEP 爆震载荷下夹层板的变形

第 10 章 土壤分析
- 10.1.1 平面应变固化
- 10.1.2 土坝潜水面的计算
- 10.1.3 油井的轴对称模拟
- 10.1.4 埋设在土壤中的管道分析
- 10.1.5 井筒中的水力诱发裂缝
- 10.1.6 永久冻土融化与管道的相互作用

第 11 章 结构优化分析
- 11.1 拓扑优化分析
  - 11.1.1 汽车控制臂的拓扑优化
- 11.2 形状优化分析
  - 11.2.1 连杆形状优化
- 11.3 尺寸优化分析
  - 11.3.1 齿轮换挡控制器的尺寸优化
  - 11.3.2 车门尺寸优化

第 12 章 Abaqus Aqua 分析
- 12.1.1 顶升地基分析
- 12.1.2 立管动力学

第 13 章 质点法分析
- 13.1 离散单元法分析
  - 13.1.1 在滚筒式搅拌器中混合散体

第 14 章 设计灵敏性分析
- 14.1 概述
- 14.2 示例
  - 14.2.1 复合离心机的设计灵敏性分析
  - 14.2.2 轮胎充气、足迹和固有频率的设计敏感性分析
  - 14.2.3 风窗玻璃雨刮器的设计敏感性分析
  - 14.2.4 橡胶衬套的设计敏感性分析

第 15 章 Abaqus 结果的后处理
- 15.1 后处理示例
  - 15.1.1 Abaqus 结果文件的用户后处理：概述

15.1.2 合并多个结果文件的数据并转换文件格式：FJOIN
15.1.3 主应力和应变及其方向的计算：FPRIN
15.1.4 从原始坐标数据和特征向量创建扰动网格：FPERT
15.1.5 输出辐射视角系数和小面面积：FRAD
15.1.6 创建数据文件以便对肘部单元结果进行后处理：FELBOW
15.1.7 将 Abaqus 数据转换为模态中性文件格式，以便在 MSC.ADAMS 中进行分析

Abaqus 验证、基准和示例问题指南中的每个输入文件都包含在 Abaqus 发布版中。Abaqus Fetch 实用程序用于从随发行版提供的压缩存档文件中提取样本输入文件、用户子程序文件、日志文件、参数研究脚本文件或后处理程序。例如，要从存档中提取文件 **t1-std.inp** 并将其重命名为 **mytest.inp**，请键入

```
abaqus fetch job=mytest input=t1-std
```

可使用 Abaqus findkeyword 实用程序搜索随 Abaqus 提供的演示和示例文件的存档。该实用程序还可查询存档中用于培训研讨会的问题、基准计时问题，以及《Abaqus Standard 入门》《Abaqus Explicit 入门》和《Abaqus 入门》的关键字版本中的问题，还有《Abaqus Standard 入门：关键字版本》《Abaqus Explicit 入门：关键字版本教程指南》。

指定感兴趣的关键字、参数和值，然后此实用程序将列出包含这些关键字、参数和值的输入文件。可以指定多个关键字，这会导致实用程序列出包含所有指定关键字的输入文件。例如，要查询存档中所有包含 *INITIAL CONDITIONS, TYPE = STRESS 选项的输入文件，并将输出发送到名为 output.dat 的文件中，请键入

```
abaqus findkeyword job=output
```

当出现 ∗ 符号提示时，键入

```
initial conditions, type=stress
```

有关其他信息，请参阅《Abaqus 分析用户指南》中的"查询关键字/问题数据库的执行过程"。

10.3 腔体辐射问题导致过度内存使用

如果腔体包括具有多个温度自由度（即多个截面点）、贯穿壳体厚度的壳单元，则 Abaqus Standard 的传热、腔体辐射分析的内存需求可能会过大。可以通过以下方式解决这个问题：

- 在原始壳单元上定义一组虚拟壳单元，其中只有一个截面点穿过厚度。
- 为虚拟单元分配非常低的电导率和非常低的比热特性。
- 使用虚拟壳单元定义空腔辐射。使用虚拟单元作为主面，将虚拟壳单元 *TIE 连接到原始单元。

可用于执行此变通办法的关键字选项概述如下，红色项需要替换为适合正在分析的模型的值。例如，originalShellNodes 是原始模型中的节点集，用来定义用于腔定义的单元。

```
*** Copy nodes and elements of shells that define the cavity ***
**
*NCOPY,CHANGE NUMBER=nodeNumbOffset,OLDSET=originalShellNodes,SHIFT,
NEWSET=<fontcolor="#FF0000">dummyShellNode
0,0,0
0,0,0,1,0,0,0
**
** Tip: *NSET,NSET=originalShellNodes,ELSET=originalShellElem
** may be used to create the node set 'originalShellNodes' from
** an element set containing the cavity elements.
**
*ELCOPY,ELEMENT SHIFT=elNumbOffset,OLDSET=originalShellElem,
SHIFT NODES=nodeNumbOffset,NEWSET=dummyShellElem
**
*** Define properties for the dummy shells - ***
*** must have only 1 section point ***
**
*SHELL SECTION,ELSET=dummyShellElem,MATERIAL=DummyMat
thickness, 1
**
*MATERIAL,NAME=DummyMat
*SPECIFIC HEAT
select a value MUCH smaller than model materials
*DENSITY
density
*CONDUCTIVITY
select a value MUCH smaller than model materials
**
*** dummy shell surface definition ***
**
*SURFACE,NAME=dummySurf,PROPERTY=propertyName
Same data as original but with new dummy elements
**
*** Tie the dummy shell to the original shell ***
*** IMPORTANT NOTE: ***
*** TO WORK AROUND THE PROBLEM THE DUMMY SHELL ***
*** MUST BE THE MASTER SURFACE ***
**
*TIE,NAME=Tie,TIED NSET=originalShellNodes
originalCavitySurface,dummySurf
**
*** Define the cavity on the dummy shells ***
*** (remove the original cavity) ***
**
*CAVITY DEFINITION,NAME=cavityName
dummySurf,
```

10.4 执行子模型分析

用户首先使用相对粗糙的网格和可能简化的几何模型来获得整个模型的结果，该模型称为全局模型。全局模型生成的输出数据库中的数据用于驱动子模型。因此，全局模型中的输出请求必须包含驱动变量。用户还可以使用存储在 Abaqus 执行程序生成的结果文件中的全局模型结果来驱动子模型。

该程序的主要步骤如下：
1) 使用粗网格获得全局求解。
2) 将此解插值到局部细化网格的边界上。

3）在感兴趣的局部区域获得更准确的解。

这些假设对于确定哪种划分策略更适合使用设计模型的功能至关重要，Saint-Venant 原理⊖适用。

子模型的边界距离子模型内响应发生变化的区域足够远，因此：
- 全局模型解定义了子模型边界上的响应。
- 局部区域的详细建模对全局解的影响可以忽略不计。

警告：用户必须确保子模型方法能提供有物理意义的结果。
- 子模型建模时没有默认保护措施；子模型是否正确完成由用户判断。
- 检查子模型区域边界附近重要变量的等值线图。如果等值线图是用相同的等值线范围创建的，则当等值线值在子建模区域的边界处重合时，结果将有效。

驱动变量：定义的子模型表面边界上的节点自由度，其值通过全局解的插值计算。因此，唯一的链接是驱动变量值的传递。

10.4.1 执行情况

Abaqus 中的子模型实现非常通用。
- 提供以下类型的子模型，即实体到实体（Solid-to-Solid）、壳到壳（Shell-to-Shell）、膜到膜（Membrance-to-Membrance）和壳到实体（Shell-to-Solid）。
- 解变量从全局模型到子模型的传递基于子模型边界节点的位置。
- 子模型边界节点不需要与全局模型中的网格线对齐。
- 可以在子模型中使用与全局模型中不同的单元类型。二阶单元可用于局部模型，一阶单元可用于全局模型，反之亦然。
- 子模型中的材料可以不同于全局模型中的材料。局部模型可以使用金属塑性，全局模型可以使用线弹性。
- 子模型中的程序可以不同于全局模型中的程序。局部模型的静态响应是基于全局模型的动态响应的。
- 子模型的实现既可以采用线性分析，也可以采用非线性分析。
- 子模型和全局模型都可以遵循分析程序的序列（多步分析），并且局部模型和全局模型的序列可以不同。
- 子模型可以在任意数量的层次上重复进行。

10.4.2 加载条件

基于面的子建模技术是另一种子建模技术，它使用应力场将全局模型结果插值到基于驱

⊖ Saint-Venant 原理允许弹性人员用更容易求解的边界条件代替复杂的应力分布或弱边界条件，只要该边界在几何上很短。与静电学非常相似，负载的第 i 个力矩（第 0 个是净电荷，第 1 个是偶极子，第 2 个是四极子）引起的电场在空间上的衰减为 $1/r^{i+2}$，而 Saint-Venant 原理指出，机械负载的高阶动量（比转矩高阶的力矩）衰减得如此之快，以至于不需要考虑远离短边界的区域。因此，Saint-Venant 原理可视为点载荷对 Green 函数渐近行为的描述。

动单元面的子模型积分点上。要使用基于面的子建模，用户需要创建子模型载荷。
- 所有类型的载荷和规定的边界条件都可以应用于子模型。
- 用户必须以与全局模型载荷一致的方式，在子模型中应用载荷和规定的边界条件，否则将得到不正确的结果。
- Abaqus 仅将驱动节点变量的值插值到子模型中。必须为子模型中需要的所有节点提供预定义场，如应力分析中的温度。
- 初始条件应在全局模型和子模型之间保持一致。

10.4.3 子模型边界条件

最常见的子建模技术是基于节点的子建模，它使用节点结果场（包括位移、温度或压力自由度）将全局模型结果插值到子模型节点上。基于节点的子建模也是一种更通用的技术。要使用基于节点的子模型，用户需要创建一个子模型边界条件。

如果用户在上一步中将子模型边界条件应用于受全局模型上的位移/旋转边界条件或连接器位移边界条件约束的节点，并且使用 **Fixed at Current Position** 方法来固定全局模型的边界条件，则 Abaqus CAE 将忽略这些节点的子模型边界条件，并保留全局模型边界条件中的规范。Abaqus CAE 会在数据文件中报告这种边界条件的替换，以供分析。

1）通常，所有活动自由度都在子模型的驱动节点处指定。

2）只能驱动基本求解变量。

- 在 Solid-to-Solid 或 Shell-to-Shell 子模型中有位移、温度、电势、孔隙压力等。例如，用户不能在子模型边界上驱动速度或加速度，因为它们代表位移的一阶或二阶导数，而电场是电势的梯度等。
- 当使用全局壳驱动局部实体模型时，Abaqus 会自行选择驱动变量。

3）子模型边界条件可以用常规方式移除或重新引入。

4）使用关键字接口（.inp）时，子模型分析的每一步只能指定一个 ***BOUNDARY, SUBMODEL** 选项。

5）使用 Abaqus CAE 时，可以指定多个子模型边界条件。这些条件随后会自动合并，以满足上述关键字要求。

6）当需要使用不同的全局集来驱动占据几乎相同空间位置的节点时，则应包括多个子模型定义。

10.4.4 插值

根据以下几点对计算出的全局模型结果进行子模型结果插值。

1）Abaqus 在子模型分析的整个步骤中确定驱动节点变量的值。插值是在空间和时间上完成的。

2）驱动变量的空间插值顺序由在全局层面上使用的单元顺序决定。

3）自动时间增量在全局分析和子模型分析中独立应用。

- 独立的时间增量通过对驱动变量进行时间插值来实现。

- 在从输出数据库或结果文件读取的数值之间使用线性时间插值。

10.4.5 子模型的分步步骤

请按照以下步骤使用 Abaqus 创建子模型：

1）打开 Abaqus 并在当前工作目录中创建 Job.cae 文件。

2）创建名为 xyz_global 的全局模型，并像往常一样提交作业，以获取 xyz.odb。不要在全局模型中为子模型创建分区。

3）复制全局模型，创建子模型 xyz_sub-model，然后右击，选择 **Edit Attributes**...，以链接来自全局模型 xyz.odb 的数据传输，如图 10.1 所示。

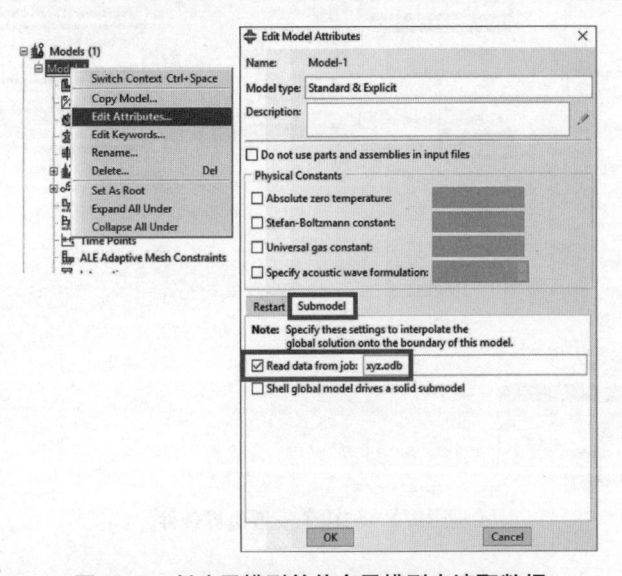

图 10.1 创建子模型并从全局模型中读取数据

4）打开并使用模型 xyz_sub-model。
5）设置划分策略，用户需要在组件的相关部分创建子模型区域。
6）删除所有映射网格，以便仅重新映射子模型区域内的网格。
7）抑制所有现有的边界条件和载荷条件。
8）在 BCs 中为用户需要的分析步骤设置子模型边界条件：
- 通过子模型边界条件定义驱动节点。
- 用户可以指定在子模型边界处只能驱动特定的自由度。
- 边界条件的使用形式用于子模型分析，除非使用壳模型驱动实体子模型。
- 选择的分析步是全局求解中要映射到子模型分析的分析步。
- 节点集 Driven Node 包含在子模型分析的该步中需要驱动的节点。
- 自由度定义了位移或旋转，将根据有限元类型选择的运动学形状函数插值到驱动节点上，并在结构模型上进行网格划分。例如，用于梁单元的有限元运动学的笛卡儿符号为 1 = Ux、2 = Uy、3 = Uz、4 = Rotx、5 = Roty、6 = Rotz。
- 用户必须确保子模型分析中的步长时间与全局分析中的步长时间相匹配，方法是勾选图 10.2 所示的 **Scale time period of global step to time period of submodel step** 选项。否则，关于时间增量的插值将不正确。

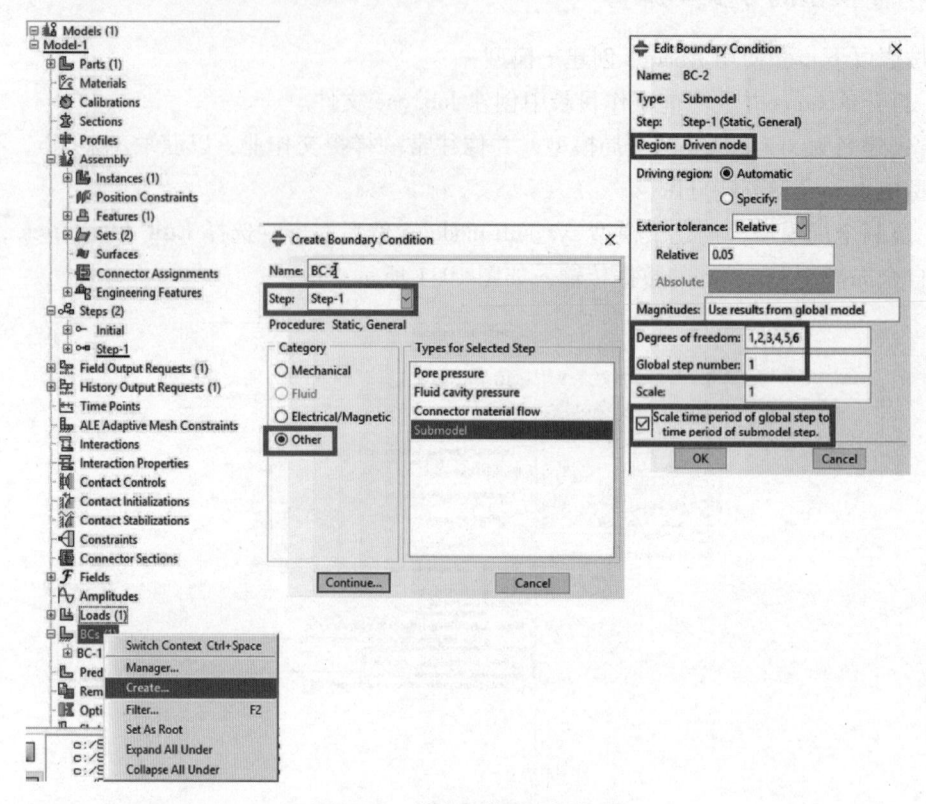

图 10.2 创建子模型边界条件

9）照常提交作业。

10.4.6 设置选项

图 10.3~图 10.5 所示为 Driving region（驱动区域）、Exterior tolerance（外部容差）和 linear pertur bation（线性扰动）的最重要设置。

图 10.3 所示的 Driving region 中，Automatic 是 driving region 的默认选项，用于驱动子模型的全局单元。如图 10.3 所示，Driving region（驱动区域）的设置如下：

- 默认情况下，在子模型附近的全局模型中搜索包含驱动节点的单元，通过这些单元的响应驱动子模型。
- 为了排除某些单元驱动子模型，可以定义一个全局集，将搜索限制在全局模型的这一子集内。如果模型中的实体间距很近，则有必要这样做。

在图 10.4 中，子模型选项 Exterior tolerance 参数定义了子模型中的边界节点位于全局模型外表面之外的距离。如图 10.4 所示，Exterior tolerence（外部容差）的设置如下：

- 外表面用于将全局解中的空间插值到子模型节点上。
- 默认情况下，该容差是全局模型中平均单元尺寸的 0.05 倍。

图 10.3 Driving region（驱动区域）的设置

图 10.4 Exterior tolerance（外部容差）的设置

- 绝对（Absolute）外部容差参数可用于指定单位一致模型中的距离。

在图 10.5 中，静态程序中的 linear perturbation 允许用户研究子模型在全局解中对特定时间点的线性对应关系。如图 10.5 所示，linear perturbation（线性扰动）的设置如下：

如果子模型分析的时间段与全局分析的时间段不同，可以选择缩放全局分析步的时间段以匹配子模型分析步的时间段。例如，Abaqus 在全局分析步完成 20%时，确定全局模型的位移，并在子模型分析步计算完成 20%时应用这些位移。

10.4.7 壳到实体

从壳单元和实体单元组合的全局模型开始，可以创建一个子模型，使全局模型中的壳节点驱动子模型中的实体节点。

- 子建模还允许用户使用全局壳模型的结果作为更详细的连续单元子模型的载荷。

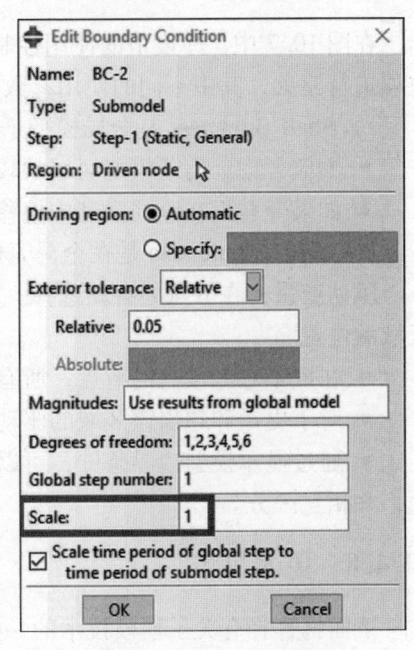

图 10.5 linear perturbation（线性扰动）的设置

- 此功能有助于对壳体连接的模型细节、分析 3D 裂纹问题或通过壳厚度获得更精确的解。

这种情况下的编辑模型属性如图 10.6 所示，子模型中的参数如图 10.7 所示。

在图 10.6 中，使用 Abaqus CAE 中的 **Edit Model Attributes**（编辑模型属性）时，必须

适当设置模型属性，以定义壳到实体子建模。

图 10.6　编辑模型属性

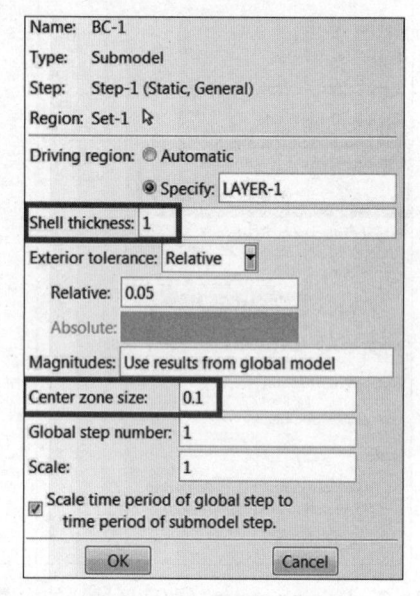

图 10.7　子模型中的参数

在图 10.7 中，厚度值的使用控制了实体节点的自由度，可以通过全局壳节点的旋转和位移进行驱动，其中不同的使用参数说明如下。

1) **Shell thickness** 是全局模型子模型区域中壳单元的最大厚度。
- 不应考虑远离子模型区域的较厚单元。
- 如果壳截面在全局模型中偏移，则将此值设置为壳厚度的两倍。

2) **Center zone size** 是在全局壳模型参考面周围区域的模型长度尺度内给出的大小。

驱动变量： 在节点处自动选择。驱动哪些变量取决于这些节点相对于壳参考面周围中心区域的位置。
- 在该中心区域内的节点，所有三个位移分量都会被驱动。
- 对于更远和超出该区域的驱动节点，仅驱动平行于全局壳模型参考面的位移分量。
- 通过显示模型边界条件，可以使 Abaqus Viewer 将位于中心区域内外的驱动节点可视化，并相互区分。

10.4.8　更改程序

下面将解释有关子建模技术的一些程序变化：
- 在子建模过程中，可以将通用分析步视为线性扰动步，反之亦然。
- 例如，以下三个分析步适用于静态预加载（通用分析步）；固有频率提取，包括预加载效应（扰动步）；5s 的模态动态响应分析（扰动步）。

10.4.9　频域

在频域中进行瞬态分析的子建模技术的主要选项：
- 频域子建模分析仅适用于直接稳态动力学程序，其他选项不允许施加边界驱动条件。

- 子模型的频率范围必须位于全局模型计算出的最大和最小频率之间，否则结果将不准确。
- 必须保存全局模型中节点位移的振幅和相位，才能驱动子模型。
- Abaqus 将在空间和频域中对全局解进行插值。
- 当子模型中请求的频率与全局模型中计算响应的频率匹配时，结果最为准确，尤其是在全局模型的固有频率附近。

10.4.10 热应力分析

在耦合热应力分析中使用子建模技术时的主要选项：
1) 子建模分析技术可用于完全耦合或顺序耦合的热应力分析。
2) 对于完全耦合的热应力分析，其过程与静态结构分析相同：
- 运行全局耦合热应力作业。
- 运行子模型耦合热应力作业。使用全局耦合热应力作业结果来驱动子模型边界的位移、旋转和温度。

3) 对于顺序耦合的热应力分析，可以从输出数据库中读取相似或不同网格（mesh）温度作为场变量。顺序耦合工况的步骤如下：
① 运行全局传热作业（使用 mesh1）。
② 如有必要，运行子模型传热作业（使用 mesh2），并使用全局传热作业结果驱动子模型边界温度。
③ 运行全局热应力作业（使用 mesh3，可能与 mesh1 不同），然后从全局传热作业中读取温度。
④ 运行子模型热应力作业（使用 mesh4，可能与 mesh2 不同）。
- 使用全局热应力作业结果驱动子模型边界的位移和旋转。
- 读取先前分析中的任何温度数据。

10.4.11 动态分析

在动态分析中使用子建模技术时的主要选项：
- 子建模功能可用于使用显式积分（Abaqus Explicit）和隐式直接积分（Abaqus Standard）的动态程序中，因此可以使用 Abaqus Standard 或 Abaqus Explicit 全局模型来驱动 Abaqus Standard 子模型，或者可以使用 Abaqus Standard 或 Abaqus Explicit 全局模型来驱动 Abaqus Explicit 子模型。
- 一般来说，全局模型和子模型应该使用相同的时间尺度，这主要适用于惯性力显著的问题。
- 对于准静态分析，全局模型和子模型的时间段可以不同。可缩放每个驱动节点振幅函数的时间变量，以便与子模型分析步长时间相关联。
- 在动态子模型中，全局模型的输出应该具有足够高的频率，以避免混叠问题（采样不足）。用于驱动子模型节点的位移结果应该保存在每个增量中。

10.4.12 子模型的局限性

10.4.12.1 单元
- 可用于全局和子模型层面上的单元包括一阶和二阶三角形和四边形连续单元，一阶和二阶四面体、楔形或块连续体单元，一阶和二阶三角形和四边形壳和膜单元。
- 子模型边界节点不能位于全局模型中只有一维单元（如梁、桁架、链接或轴对称壳）的区域（无一维插值）。
- 子模型边界节点不能位于全局模型中只有用户单元、子结构、弹簧、缓冲器或其他特殊单元的区域（没有插值依据）。
- 子模型边界节点不能位于全局模型中只具有非线性不对称变形的轴对称实体单元的区域。
- 在全局模型中应避免壳单元（S4R5、S8R5等）每个节点具有五个自由度的情况；旋转信息不会被保存。如果这些单元在全局层面上是必需的，那么沿子模型边界驱动两行节点的位移应能有效地将正确的旋转传递给子模型，但它们不能用于壳到实体的子模型。

10.4.12.2 程序
子模型不能使用以下任何分析程序：
- 热电耦合分析。
- 基于模态的线性动力学分析：*MODAL DYNAMIC、*RANDOM RESPONSE、*RESPONSE SPECTRUM 和 *STEADY-STATE DYNAMICS。

10.4.12.3 壳到实体
不同的有限元运动学，如同时使用壳和实体有限元的模型，必须考虑以下说明：
1）壳到实体子模型不能与同一模型中的任何其他类型的子模型一起使用。
2）全局模型可以包含实体和壳单元。但是，所有驱动节点必须位于全局模型中的壳单元内。
3）不能使用每个节点有五个自由度的壳单元。
4）不能驱动温度自由度。
5）远离壳中表面转角处的材料分布有一个近似值。
- 如果驱动节点位于转角处的壳厚度范围内，将无法正确驱动子模型。
- 将转角作为子模型的一部分，并在远离转角的节点处驱动它。要知道，转角是应力集中和高应力梯度的来源。

10.5 执行重启分析

当用户运行分析时，分析师可以将模型定义和状态写入重启所需的文件。使用重启功能的场景包括：

1）**继续中断运行**：如果分析因计算机故障而中断，Abaqus 的重启分析功能允许分析按最初定义完成。

2）**继续执行附加分析步**：在查看成功分析的结果后，用户可以决定将分析步附加到载荷历史记录中。

3）**更改分析**：有时，在查看了先前分析的结果后，用户可能希望从中间点重新开始分析，并以某种方式更改剩余的载荷历史数据。此外，如果先前的分析成功完成，用户可能希望向载荷历史记录中添加额外的分析步。

执行重启分析的原因：

1）继续进行在中间点停止的分析。

● 作业可能已停止，因为已达到为分析步指定的最大增量数，没有足够的磁盘空间或机器发生故障，作业未能收敛。

● 用户可能希望在成功完成后继续以下工作：检查特定点的结果；修改历史记录，如程序、载荷、输出、控制等。

2）在 Abaqus Standard 和 Abaqus Explicit 之间传输结果。重启分析中使用的模型必须与重启位置之前原始分析中使用的模型保持一致。

3）不得修改或添加任何几何体、网格、材料或已在原始分析模型中定义的内容。

4）不得在重新启动位置处或之前修改任何分析步、载荷、边界条件、场或相互作用。

5）可以在重启分析模型中定义新的集合和幅度曲线。

执行重启分析时可能会进行的一些修改，例如，修改模型属性以定义重启数据：从中读取数据的作业；开始分析的分析步和增量/间隔；如果增量/间隔与分析步的结束时间不一致，Abaqus 可以在尝试任何新分析步之前尝试完成原分析步；终止原分析步。

当用户重启分析时，Abaqus 会创建一个新的输出数据库文件 **job-name.odb** 和一个新的结果文件 **job-name.fil**，它根据下面描述的标准将输出数据写入这些文件。

Abaqus 输出数据库文件 **job-name.odb** 包含可用于在 Abaqus CAE 中进行后处理的结果。默认情况下，输出数据库文件不会在重启后保持连续。每次运行作业时，Abaqus 都会创建一个新的输出数据库文件。用户可以在 Abaqus CAE 的可视化模块中合并从多个输出数据库文件中提取的（X-Y）数据，也还可以通过运行 Abaqus 重启连接执行程序，将原始分析和重启分析的场和历史结果进行连接。

在 Abaqus Standard 和 Abaqus Explicit 的 **job-name.fil** 中创建的 Abaqus 结果文件包含用户指定的结果，可用于外部后处理程序包的后处理。在 Abaqus Explicit 中，结果也被写入选定的结果文件 **job-name.sel**，然后将其转换为用于后处理的结果文件。

重启时，Abaqus Standard 会将旧结果文件中的信息复制到新作业的结果文件中，直到重启点，并在该点之后开始将新结果写入新文件。Abaqus Explicit 将信息从旧的选定结果文件复制到新作业的选定结果文件中，直到重启点，并在该点之后开始将新结果写入新文件。

如果未提供旧的结果文件，Abaqus Standard 将继续分析，仅将重启分析的结果写入新的结果文件。因此，用户会在不同的文件中分析结果的片段，这在大多数情况下是应该避免的，因为后处理程序假定分析结果是在一个单独的连续文件中。如有必要，用户可以使用 **abaqus append** 执行程序合并这些分段结果文件。

在 Abaqus Standard 中进行重启分析，可以使用相同或任何先前维护的同一通用版本生成的重启文件。通用版本之间不兼容重启动。在 Abaqus Explicit 和 Abaqus CFD 中，原始分析和重启分析必须使用完全相同的版本。Abaqus 中的重启分析和 Abaqus Explicit 中的恢复分析，必须在与用于生成重启文件的计算机二进制兼容的计算机上运行。

10.5.1 重启步骤

执行的相同模型将作为重启模型再次使用。

1）为了节省至少两种不同载荷工况下的计算时间，在 Step-1 之后，将使用相同的分析模型从名为 Model-1 的初始模型中获取所有模型解，如图 10.8 所示。

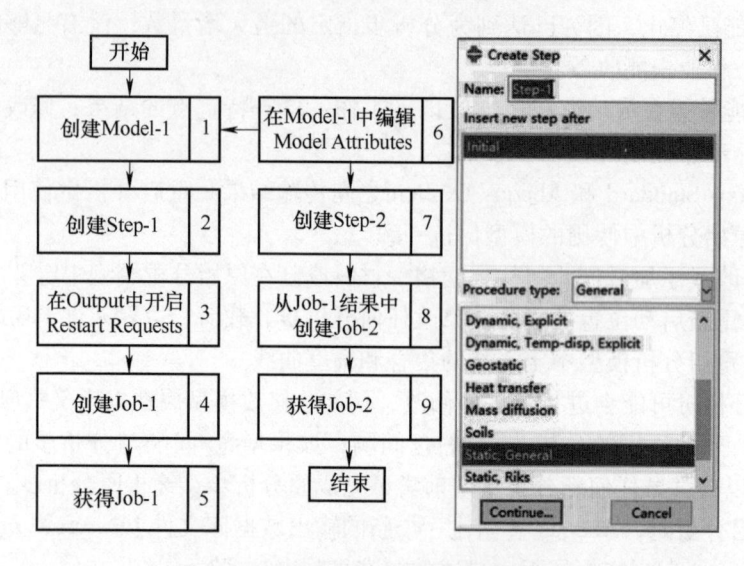

图 10.8 在重启分析前创建最终分析步

2）创建一个重启请求，将 Frequency（频率）设置为 1，然后选择 Overlay（覆盖）选项，如图 10.9 所示。

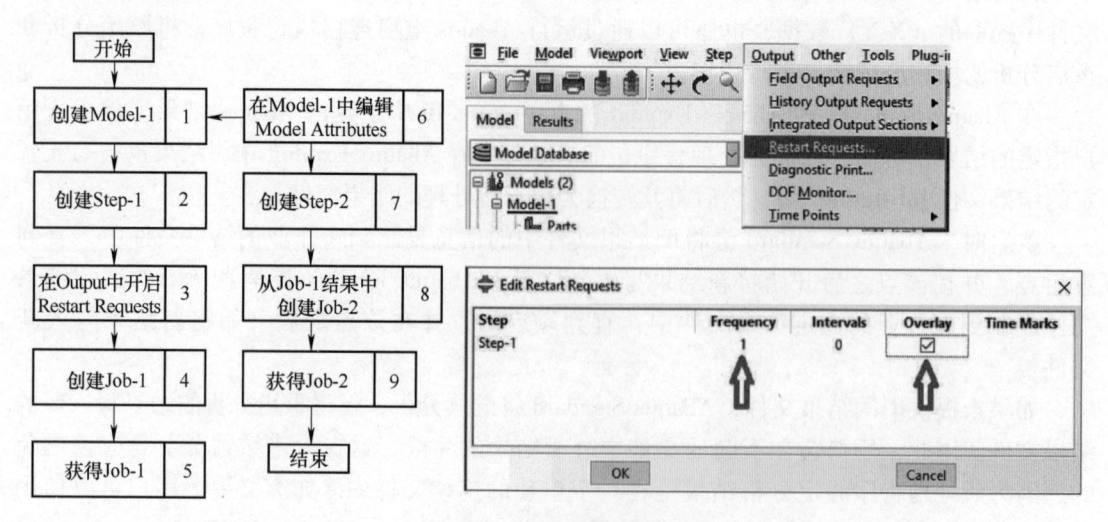

图 10.9 创建重启请求

3）正常提交分析作业，从名为 Job-1 的 Model-1 中获取（.odb）输出数据，如图 10.10 所示。

4）编辑模型属性，以修改模型，指明必须从何处读取重启数据，如图 10.11 所示。

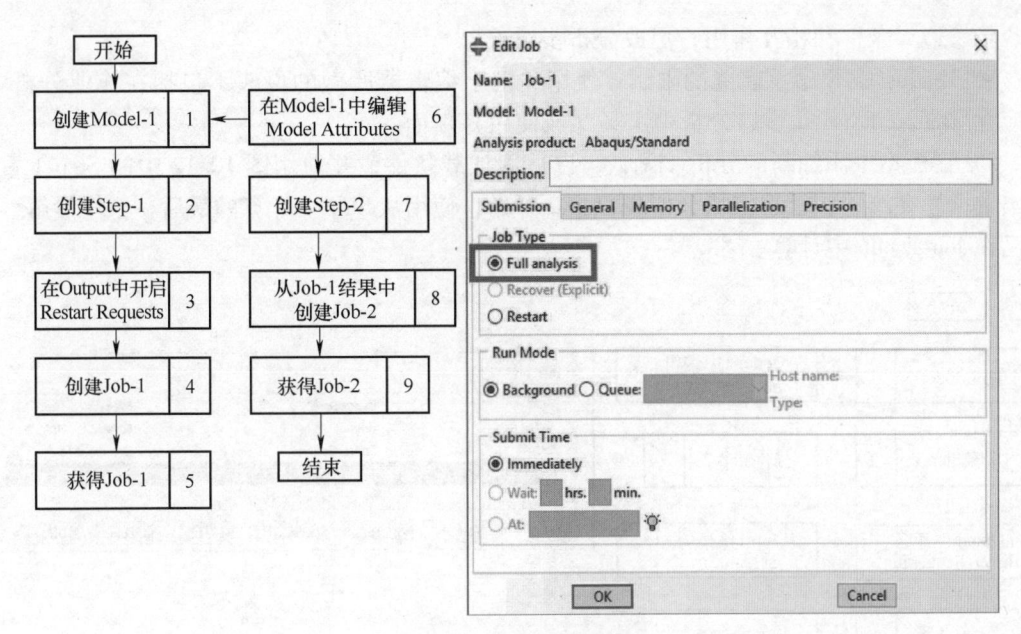

图 10.10 提交分析作业

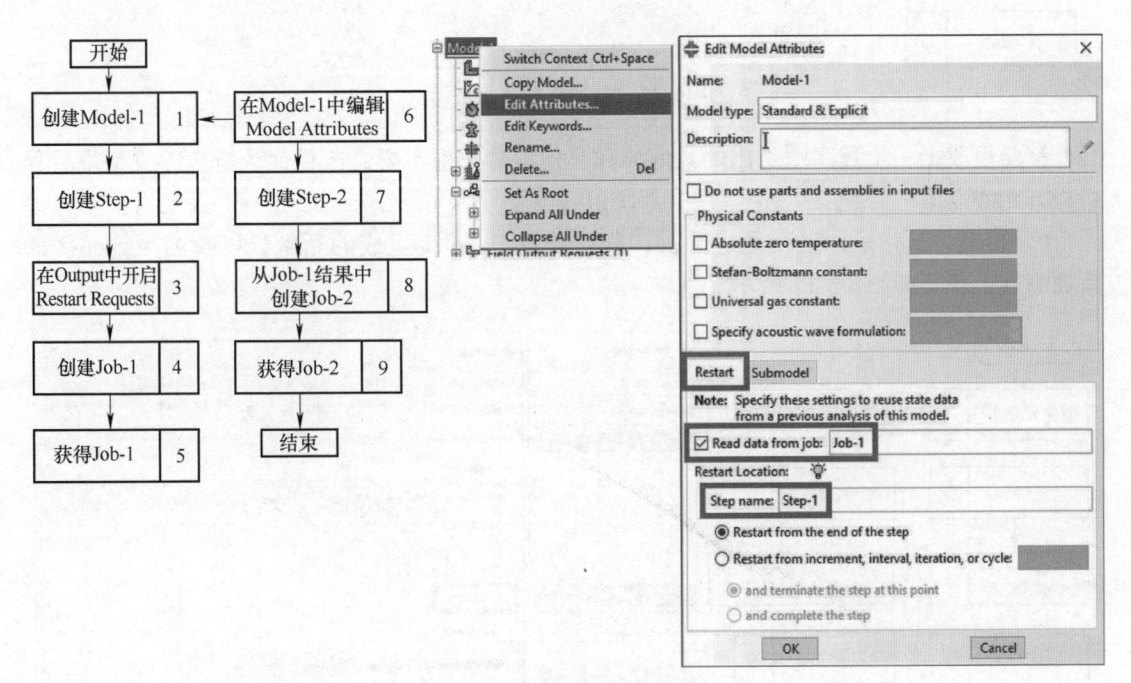

图 10.11 编辑模型属性以重新启动

- 确保直到重启位置的所有分析步的状态数据与模型一致，Abaqus CAE 尚未执行这些检查。
- 使所有分析步的重启数据无效的操作：对几何体、网格、集、约束、截面、材料、轮廓、梁截面轮廓、蒙皮、材料方向和梁截面方向的修改。
- 使分析步和后续分析步的重启数据无效的操作：更改分析步中的传播对象，包括载荷、场、边界条件和相互作用；更改分析步对象。

- Abaqus CAE 中重启能的限制：使用关键字编辑器所做的更改不包括在作业分析中；不应在 Abaqus Explicit 重启分析中定义（或使用）新面。

5）在模型中添加新的分析步函数，以适用加载条件，并使用图 10.12 中的 Step-1 重启输出数据。在这里，求解将从分析步 Step-2 开始，使用从 Step-1 计算的最后一个增量解，该解已在 Job-1.odb 中计算。

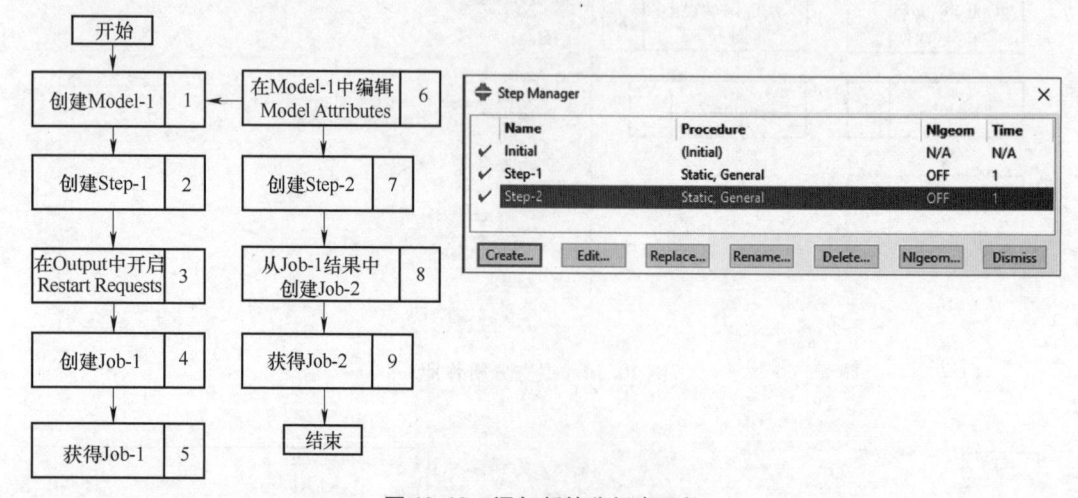

图 10.12　添加新的分析步函数

请勿更改上一步程序中列出的几何体和其他参数，也不要修改任何分析步，直至重启分析将开始的点。

6）提交分析作业以进行重启分析，获得针对 Model-1 生成的新解，以及名为 Step-2 的新加载分析步，如图 10.13 所示。

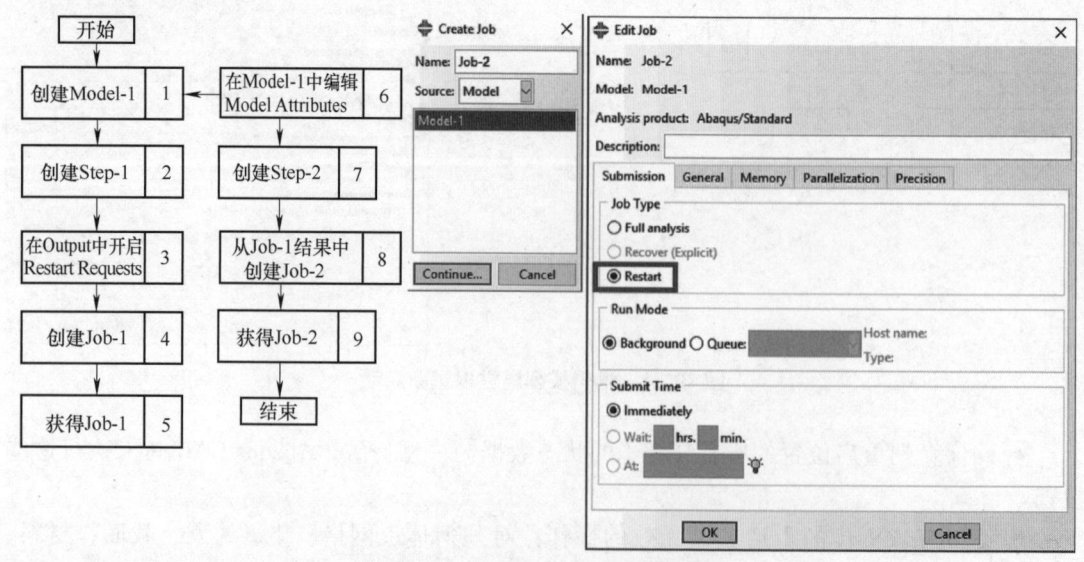

图 10.13　提交作业以进行重启分析

10.6 从实体零件生成壳零件

Abaqus 的中面建模功能，提供了手动创建薄实体中面表征的工具，以创建壳模型。父实体几何体的厚度与壳网格相关联。

10.6.1 使用壳结构的好处

一般来说，壳结构可用于研究适用于结构工程或金属成形分析的细长结构或桁架设计。实体单元具有三个自由度，即 u_x、u_y 和 u_z（所有位移都没有旋转）。相反，壳单元具有不同的运动学，具有五个自由度，即所有位移加上两个旋转 θ_x 和 θ_y。如图 10.14 所示，壳单元的应力是膜应力（u_z，θ_x，θ_y）与平面应力（u_x，u_y）的总和。壳单元可以节省大量时间，并将收敛问题的风险降至最低，因为它们允许使用比实体单元网格化时所需单元少得多的单元对薄特征进行建模。它们也更容易进行网格划分，并且不太容易出现在使用极薄实体特征时可能发生的负雅可比误差。

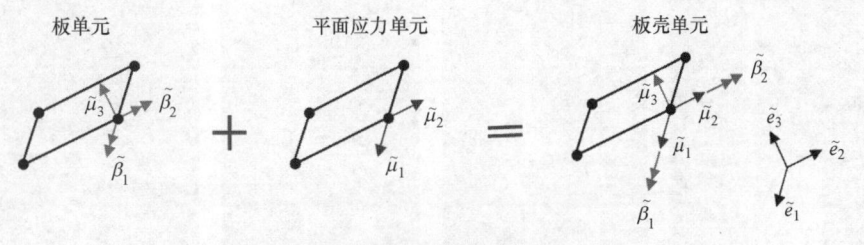

图 10.14 板壳单元运动学

10.6.2 壳结构模型的应用

从历史的角度看，收集一系列的应用是有益的，如图 10.15~图 10.20 所示，将薄壳作为一种结构形式为多个工程领域的发展做出了重要贡献。以下是一个简短但不完整的图例。

有一些结构（如橇装结构）需要将实体模型转换为壳模型，以减小模型的尺寸；保持相同的结构力学，特别是在之后准确研究应力和应变响应时。一个好的做法是首先创建梁单元模型，以获得变形形状加上反作用载荷（剪切图和弯曲图）。

图 10.15 建筑和建筑物中的壳结构

注：中世纪砖石穹顶和拱顶的发展使建造更宽敞的建筑物成为可能。近来，钢筋混凝土的出现激发了人们对将壳用于屋顶的兴趣。

图 10.16 电力与化工中的壳结构

注：工业革命期间蒸汽动力的发展在一定程度上依赖于建造合适的锅炉。这些薄壳由合适的成型板材通过铆接连接而成。最近，在压力容器制造中焊接技术的应用带来了更高效的设计。压力容器和相关管道工程是火力发电厂、核电厂以及化学和石油工业所有分支的关键部件。

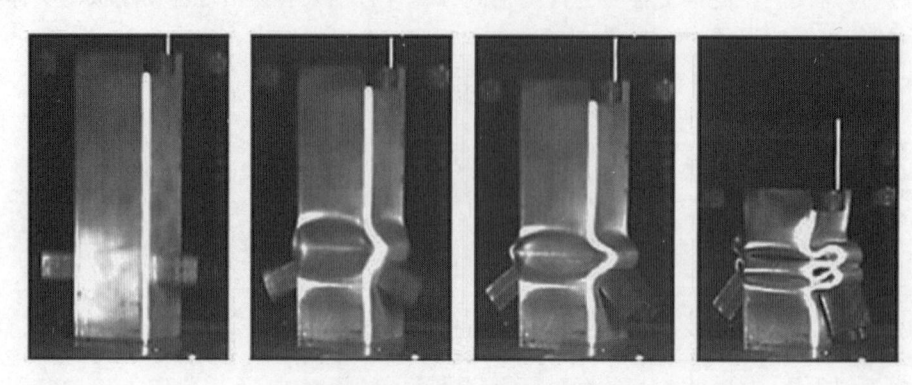

图 10.17 结构工程中的壳结构

注：早期开发用于结构目的的钢材时，一个重要的问题是需要设计抗屈曲的受压构件。一个惊人的进步是1889 年在福斯铁路桥的建设中使用了管状构件：钢板被铆接在一起形成直径为 12ft（1ft＝0.3048m）、半径/厚度比为 60~180 的加强管。

图 10.18 车身结构中的壳结构

注：道路运输车辆的车身结构由结构肋和非结构镶板或薄板组成。在现代汽车结构形式中，蒙皮起着重要的结构作用，随后引入了预制成双曲面薄壳的钣金部件。使用车辆的弧形蒙皮作为承重构件，同样彻底改变了铁路车厢和飞机的结构。在各种航天器的制造中，从一开始就使用了薄而坚固的蒙皮理念。

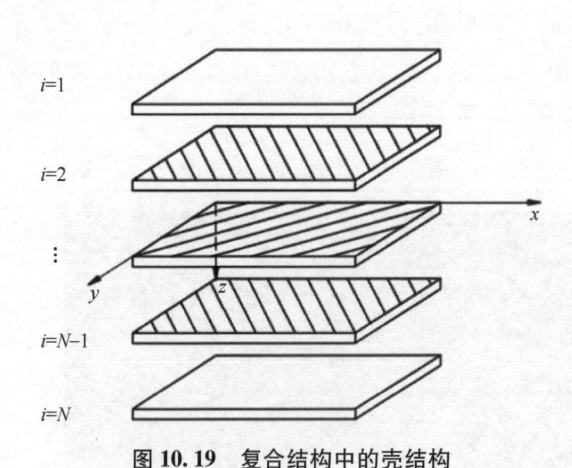

图 10.19　复合结构中的壳结构

注：玻璃纤维和类似轻质复合材料的问世影响了从船只和赛车到战斗机和隐形飞机等各种交通工具的制造，外部蒙皮可用作坚固的结构外壳。

图 10.20　其他的壳结构

注：壳结构影响的其他示例包括发电站的水冷却塔、粮仓、装甲、拱坝、隧道、潜艇等。

10.6.3　将实体模型转换为壳模型的步骤

如果用户使用的是 Abaqus 模型，则从步骤 1）开始，但跳过步骤 2）和步骤 3）。

1）使用 Abaqus 或 CAD 软件简化模型几何，以消除不必要的间隙并合并部分实体。

2）如果分析师使用 CAD 软件简化了模型，则建议将文件导出为带有文件扩展名（.stp）的文件，以便之后可以将其导入 Abaqus。

3）如果用户有一个模型 step 文件（.stp）要导入 Abaqus，则在文件菜单中选择 **File→Import**→选择 step 文件（.stp）以打开它。

4）导入模型后，在 Part 模块中打开它，然后为每个 Part 中的所有单元分配中面区域，如图 10.21 所示。

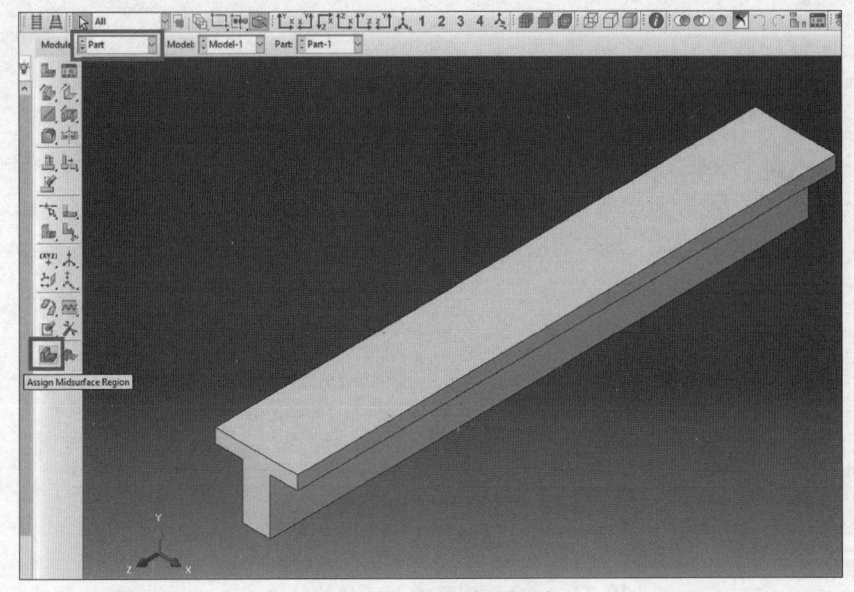

图 10.21　分配中面区域

5)作为结果,用户将获得零件的透明表面,分析师可以将其用作壳建模的参考面。有几个选项可用于获得壳建模的偏移面,如图 10.22 所示。默认情况下,壳模型将代表零件的中面,如图 10.23 所示。不同的偏移面参数如图 10.24 所示。

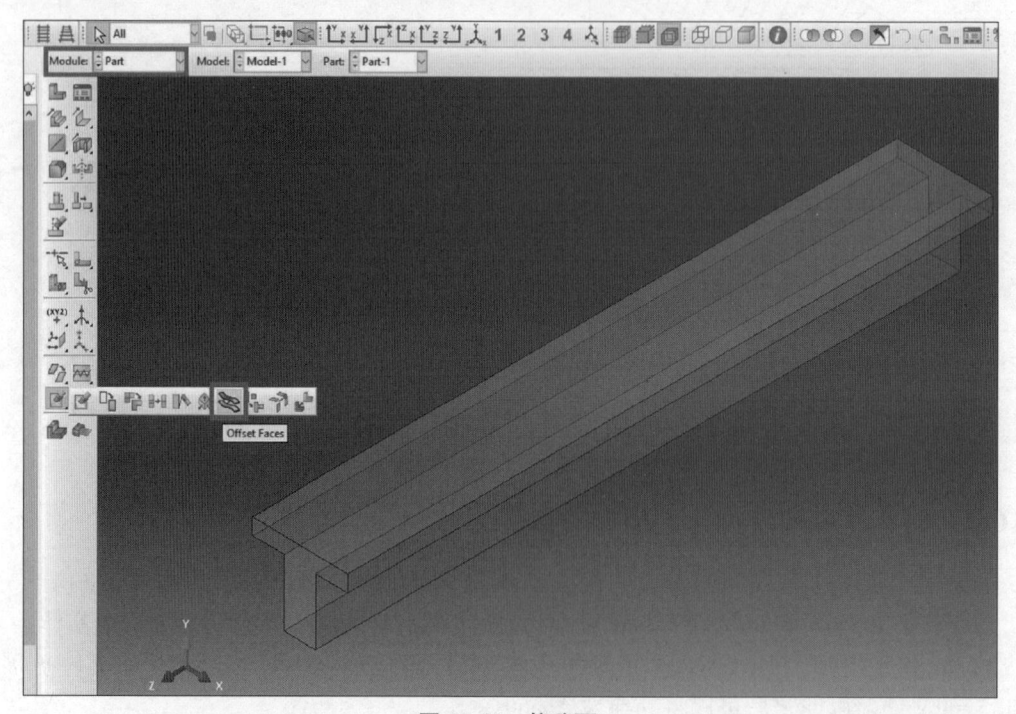

图 10.22 偏移面

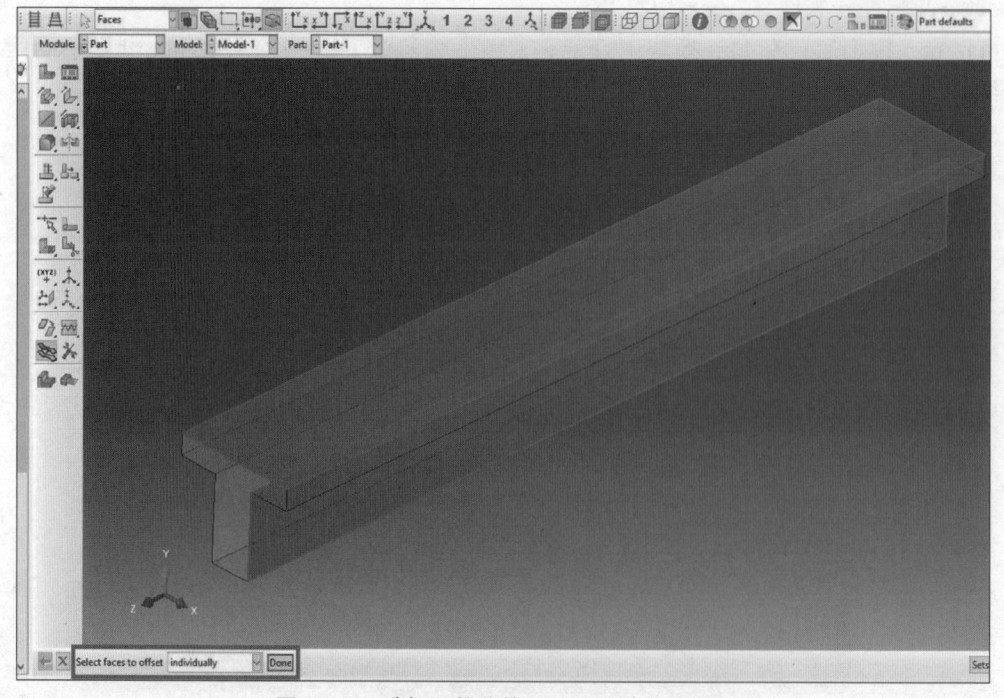

图 10.23 选择要偏移的面(此处单独选择)

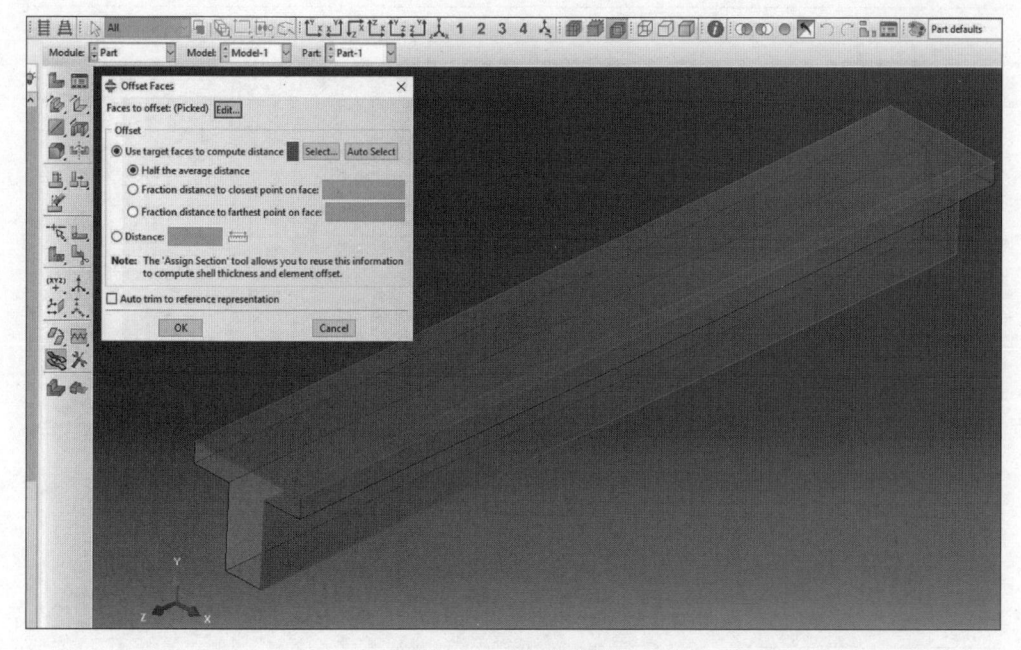

图 10.24　偏移面参数

6）如图 10.25 所示，如果由于中面在模型中出现了一些间隙，用户可以使用图 10.26 中的 Extend Faces（延伸面）和/或 Blend Faces（混合面）选项来消除这些间隙。要延伸面，用户可以使用名为 Up to target face option 的选项，这对于填充间隙非常有用。混合面选项有点不同，但仍然有一个用户友好的界面来处理面问题。

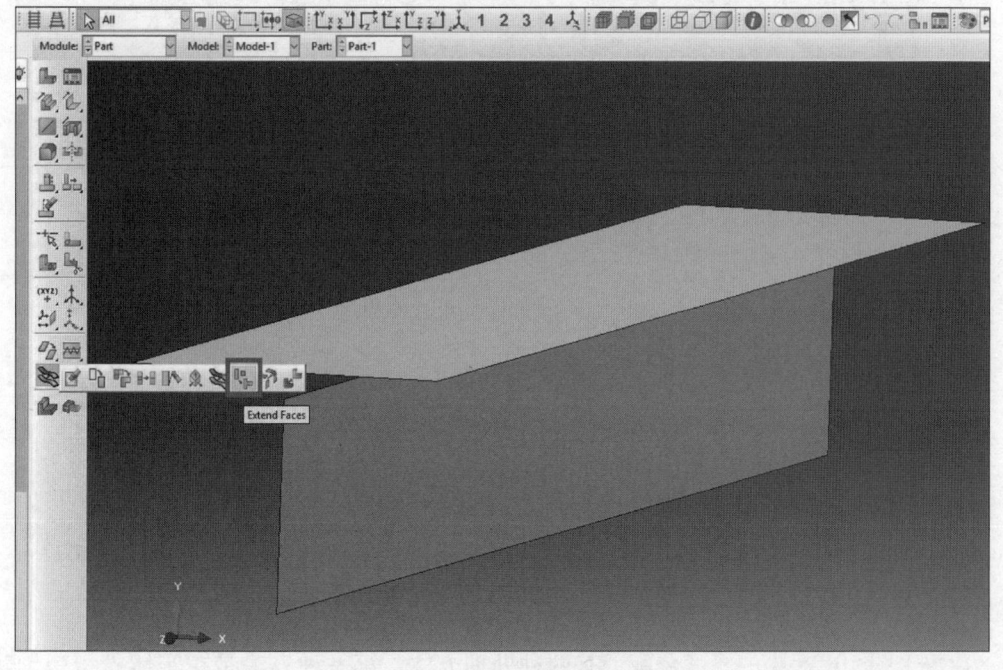

图 10.25　延伸面以填充某些间隙

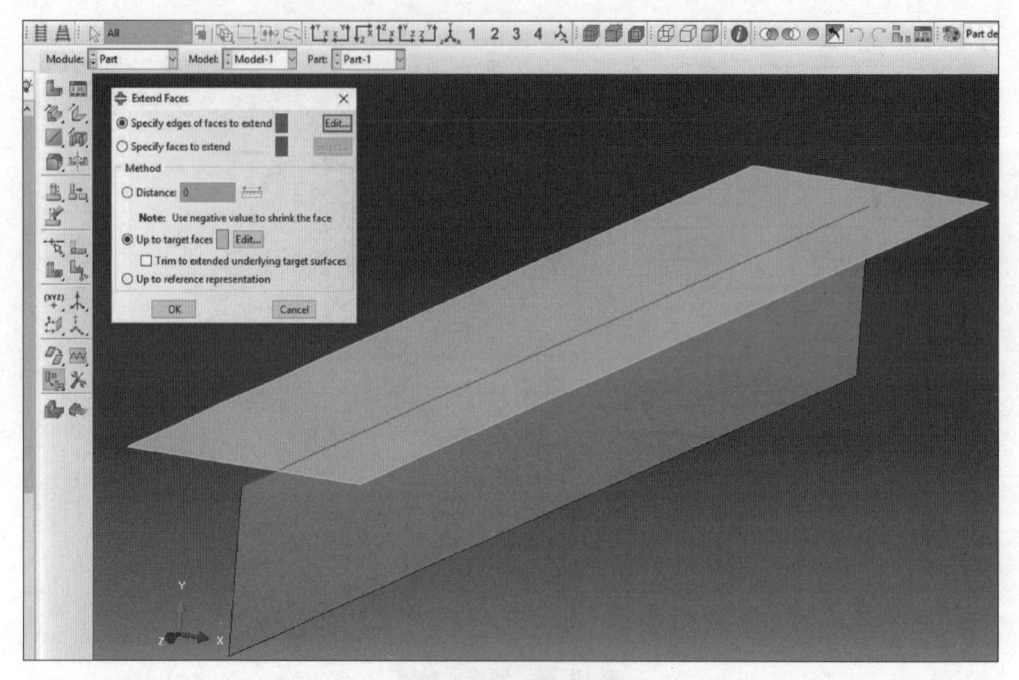

图 10.26 延伸面参数

7) 现在，实体结构应该转换为壳结构，如图 10.27 所示。

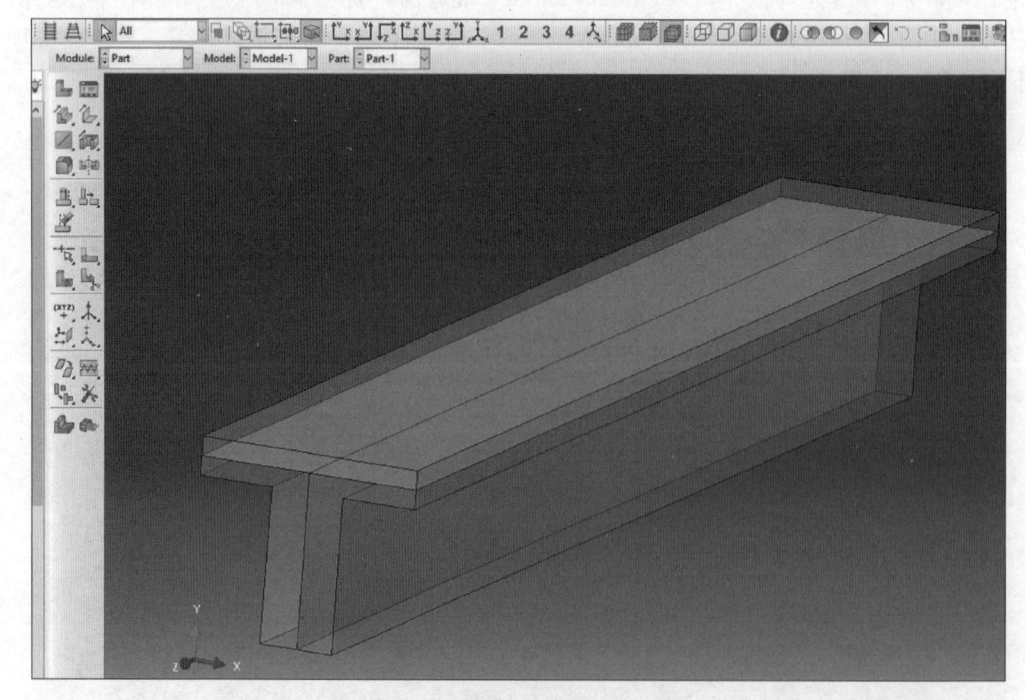

图 10.27 实体结构转换为壳结构

8) 关于图 10.28 中的厚度分配，有两种处理方法：第一种方法是在实体模型中创建厚度相同的截面，以保持对模型中定义的截面壳的控制；第二种方法是使用指定厚度和偏移功能，如图 10.29 所示。

9）最后，图 10.30 显示了厚度分配的壳模型，与实体模型相当。

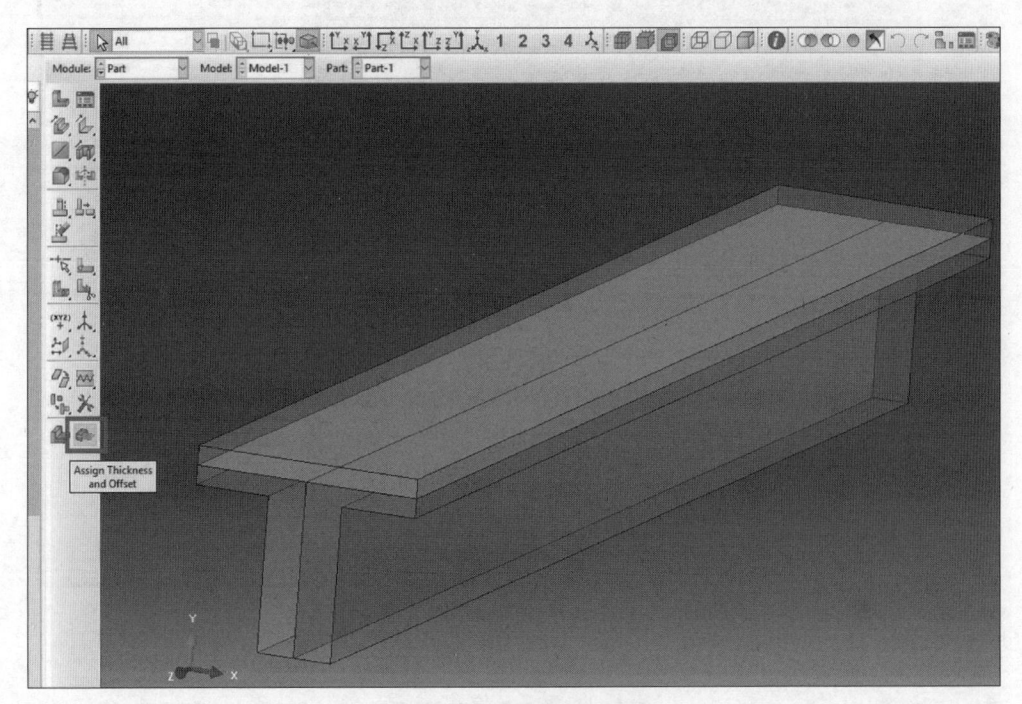

图 10.28 指定厚度和偏移

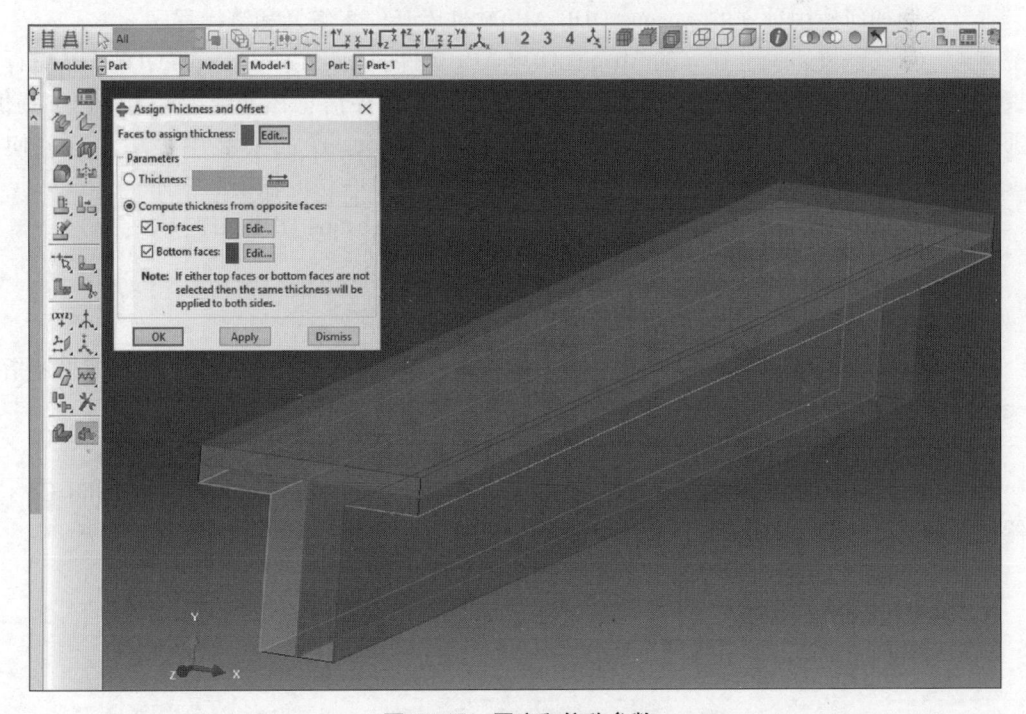

图 10.29 厚度和偏移参数

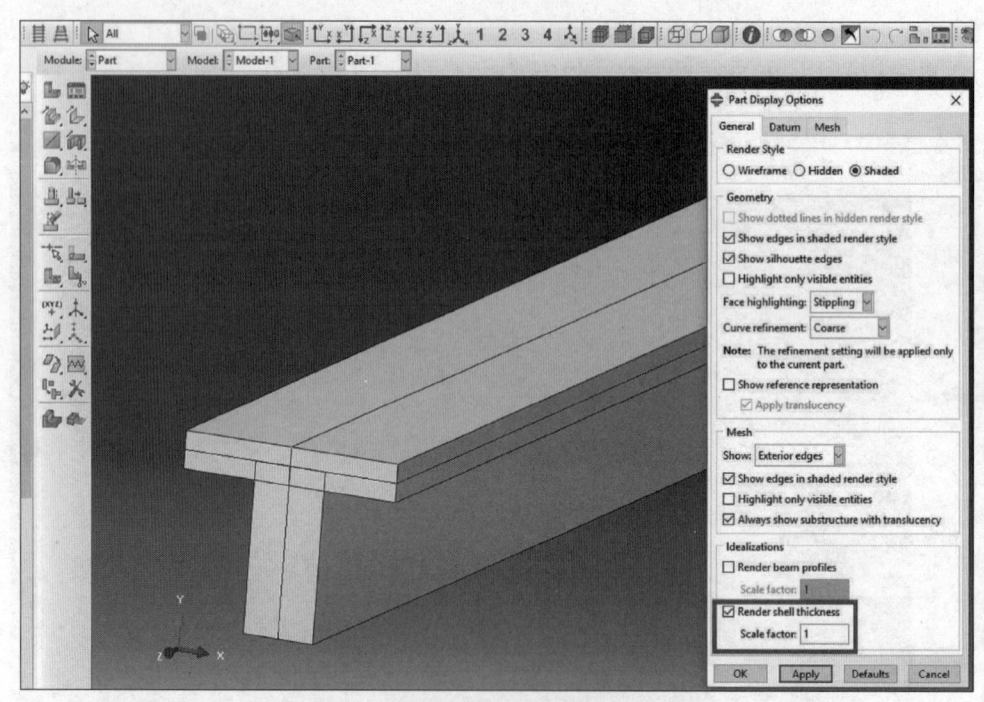

图 10.30　使用等于 1 的比例因子渲染壳厚度

10.7　使用独立 Abaqus ODB API 编译和链接后处理程序

本节介绍如何使用独立的 Abaqus ODB API 软件库套件来编译和链接程序。

首先，让我们概述一下独立的 Abaqus ODB API 套件。使用独立 Abaqus ODB API 编译和链接后处理程序的步骤取决于平台和版本。平台和版本相关信息在平台特定的存档中提供，可随独立的 Abaqus ODB API 一起下载，也可以从 Abaqus 产品安装中提取。有关使用 Abaqus ODB API 开发后处理程序的信息，请参阅"使用C++访问输出数据库[○]"。

可以使用以下命令从 Abaqus 产品安装中提取独立的 Abaqus ODB API：

abaqus extractOdbApi [-name name_of_archive] [-zip]

可选参数包括：

- **-name name_of_archive**，允许用户指定放置 ODB_API 文件的目录名称。如果还指定了 -zip 选项，则该名称将用作压缩文件名。

- **-zip**，它会将 ODB API 放置在一个压缩文件中。

Abaqus extractOdbApi 实用程序需要在 Windows 上安装 Microsoft Visual Studio C++编译器。

独立 ODB API 的目录结构如下：

- **version_odb_api/lib**
- **version_odb_api/include**

○ 请参阅 *Abaqus scripting user's guide* 6.14 版本中第 10 章 "Using C++ to access an output database"。

- **version_odb_api/testOdbApi.**［bat｜csh］
- **version_odb_api/odbDump.C**
- **version_odb_api/viewer_tutorial.odb**

  lib 目录包含链接和运行时所需的共享库。运行 ODB API 程序时，需要将库搜索路径包括在 lib 目录的路径中。**include** 目录包含在编译时所需的头文件中。

  用户必须测试 ODB API 库套件。示例构建脚本 **version_odb_api/testOdbApi.**［bat｜csh］包含在独立 ODB API 工具包中。该脚本包含编译和链接命令集，用于构建和运行 **odb-Dump.C** 示例程序。运行该脚本并验证代码不会返回任何构建错误。完成后，检查 **odb-Dump.txt** 文件，以查看从 **viewer_tutorial.odb** 文件中获取的 ODB 数据内容。

  构建后处理程序时，需要使用示例构建脚本作为正确编译和链接命令的指南，以构建由用户编码并使用 Abaqus ODB_API 的程序，还应检查示例 **odbDump.C** 源文件，以获取所需的 #include 文件，以及 **main**() 程序定义和格式，**main**() 函数定义在文件的底部。

  为了设置程序执行环境，用户需要执行一个运行时执行的 ODB API 程序，这要求库搜索路径包含指向 **odb_api/lib** 目录的路径。用户还需要注意的是，在执行程序之前，必须正确设置库路径。使用示例构建脚本中显示的设置来设置用户运行时的库搜索路径。例如，

```
set path=6.14-1_odb_api\lib;%PATH%
setenv LD_LIBRARY_PATH lib
```

  当可能需要更改目录时，建议使用库的完整路径。

  关于后处理程序的执行，用户需要在命令行中输入应用程序的名称来运行应用程序。Unix/Linux 用户可能需要在命令前输入 "./"，才能从当前工作目录执行程序。例如命令：

```
./odbDump.exe viewer_tutorial.odb
```

  它打开 **viewer_Tutorial** 输出数据库，并调用函数打印所有零件、零件实例、根装配体、连接器等。需要注意的是，除非重定向到文件，否则输出需要几分钟的时间。

  输出数据库必须由与用于编译和链接应用程序的 ODB API 版本相同的 Abaqus 版本创建或升级。

10.8 使用 Abaqus/Make 之外的 C++ ODB API 库创建可执行文件

  如果用户希望在 Abaqus/Make 之外编译和链接 C++代码（访问 Abaqus ODB API 库），可以按照以下步骤进行。

  下面使用 Python 编程语言来演示在 Abaqus/Make 之外编译和链接后处理程序的过程。以下示例是在 SGI 平台上开发的，用户必须在具有特定平台的机器上对其进行自定义。Abaqus 不推荐或不支持这种方法，因为它与平台和（Abaqus）版本高度相关。但是，该示例可用作那些想要/需要这样做的用户的通用指南。

  用户可以使用 Python makefile，通过独立的 C++程序访问输出数据库（.odb）文件。要创建该文件，请执行以下操作：

  1）在用户选择的环境（如 Xemacs 或 Microsoft Visual Studio）中编写独立的 C++ API 代码。该示例的代码为 **myODBAPIcode.c**。

2) 在 **verbose**=**3** 模式下使用 Abaqus/Make 编译并链接。用户必须将代码中的函数 **main**( ) 临时更改为 **ABQmain**( )。使用以下命令运行 Abaqus/Make：

```
abaqus make job=your_code.c verbose=3
```

其中，abaqus 是用户用来运行 Abaqus 的命令，user_code.c 是用户正在编译的文件名。这将向标准输出转储大量信息。

3) 从这个转储文件中提取类似于下面给出的示例信息：

```
username@trieste(10:23am)-> abq62 make j=myODBAPIcode v=3
platform: sgi
env: OS_MAJ_MIN = _6_5
Job name: myODBAPIcode
Input file: myODBAPIcode.c
Input file base name: myODBAPIcode
Input file extension: c
Input file without extension: myODBAPIcode
Is the file a source file: ON
Is the file a C++ file: ON
Abaqus JOB myODBAPIcode
Main function declaration: int ABQmain(int argc, char** argv);
Main function call: status = ABQmain(argc, argv);
Begin Compiling User Post-Processing Program
Fri Nov 2 10:29:57 2001
Compiling: /usr/username/myODBAPIcode.c
Compile command: CC
Compile arguments: ['-n32', '-mips3', '-DSGIn32', '-c', '-G', '0',
'-xansi', '-ptused', '-no_prelink', '-DSGI3000', '-DSGI', '-DSGI_ARCH',
'-D_SGI_MP_SOURCE', '-D_BSD_TYPES', '-DHKS_OPEN_GL',
'-DEMULATE_EXCEPTIONS=0', '-DHAS_BOOL', '-diag_error', '1201',
'-DTYPENAME=', '-D_POSIX_SOURCE', '-D_XOPEN_SOURCE', '-DFOR_TRAIL',
'-DSPECIALIZE', '-OO', '-I/amd/cyclone/b/abaqus60/releaseNoDist
/sgi4000/6.2-1/cae/include', '/usr/username/myODBAPIcode.c'] ...
End Compiling User Post-Processing Program
Fri Nov 2 10:30:09 2001
Begin Linking User Post-Processing Program
Fri Nov 2 10:30:09 2001
Executable name: /usr/username/myODBAPIcode.x
....
Linking: /usr/username/myODBAPIcode.x
Link command: CC
Link arguments: ['-n32', '-mips3', '-DSGIn32', '-no_prelink', '-Wl,-woff
,84,-woff,47', '-Wl,-woff,133,-woff,138,-woff,129', '-o', '/usr/username
/myODBAPIcode.x', '/usr/username/myODBAPIcode.o', '/usr/username
/main_153389.o', '/amd/cyclone/b/abaqus60/releaseNoDist/sgi4000/6.2-1/cae
/exec/lbr/standardB.sl', '/amd/cyclone/b/abaqus60/releaseNoDist/sgi4000
/6.2-1/cae/exec/lbr/HKSodb.sl', '/amd/cyclone/b/abaqus60/releaseNoDist
/sgi4000/6.2-1/cae/exec/lbr/HKSddb.sl', '/amd/cyclone/b/abaqus60
/releaseNoDist/sgi4000/6.2-1/cae/exec/lbr/HKSodiC.sl', '/amd/cyclone/b
/abaqus60/releaseNoDist/sgi4000/6.2-1/cae/exec/lbr/HKSnex.sl', '/amd
/cyclone/b/abaqus60/releaseNoDist/sgi4000/6.2-1/cae/exec/lbr/HKSwip.sl',
'-lftn', '-lm']
```

4) 使用上述信息创建一个 Python 文件 **make.py**，如下所示。其中使用的各种变量应该是不言自明的。

```
import os
JOB = 'Job-1'
MAIN = 'myODBAPIcode'
SOURCE = MAIN+'.c '
OBJECT = MAIN+'.o '
EXE =JOB+'.exe '
COMPILE_CMD = 'CC '
COMPILE_OPT = ' -n32 -mips3 -DSGIn32 -c -G 0 -xansi -ptused -no_prelink
-DSGI3000 -DSGI -DSGI_ARCH -D_SGI_MP_SOURCE -D_BSD_TYPES -DHKS_OPEN_GL
-DEMULATE_EXCEPTIONS=0 -DHAS_BOOL -diag_error 1201
-DTYPENAME=-D_POSIX_SOURCE -D_XOPEN_SOURCE -DFOR_TRAIL -DSPECIALIZE -OO'
LINK_CMD = 'CC '
```

```
LINK_OPT = ' -n32 -mips3 -DSGIn32 -no_prelink -Wl,-woff,84,-woff,47
-Wl,-woff,133,-woff,138,-woff,129 '
FTN_LNK = ' -lftn -lm'
Abaqus_DIR = '/amd/cyclone/b/abaqus60/releaseNoDist/sgi4000/6.2-1/cae
/exec/lbr/'
HEADER_FILES='/amd/cyclone/b/abaqus60/releaseNoDist/sgi4000/6.2-1/cae
/include '
compile = COMPILE_CMD+COMPILE_OPT+' -I'+HEADER_FILES+SOURCE
os.system(compile)
print 'finished compiling'
link = LINK_CMD + LINK_OPT + ' -o ' +EXE + OBJECT
+Abaqus_DIR+'standardB.sl '+Abaqus_DIR+'HKSodb.sl '+Abaqus_DIR+'HKSddb.sl
'+Abaqus_DIR+'HKSodiC.sl '+Abaqus_DIR+'HKSnex.sl '+Abaqus_DIR+'HKSwip.sl
'+FTN_LNK
os.system(link)
print 'finished linking and building executable'
```

5）更改源文件 **myODBAPIcode.c**，使用函数 **main( )** 代替 **ABQmain( )**。

6）源代码必须调用 **odb_initializeAPI( )** 来初始化接口。该调用在运行 Abaqus/Make 程序时自动生成，但它必须包含在任何未使用 Abaqus/Make 编译和链接的应用程序中。在完成对 C++接口的所有调用后，可通过调用 **odb_finalizeAPI( )** 来停用接口；如果未明确调用函数，则当应用程序退出时它将自动被调用。

7）使用 Abaqus 驱动程序运行 Python 脚本 make.py：

```
abaqus python make.py
```

输出如下所示：

```
username@trieste(11:08am)-> abq62 python make.py
finished compiling
finished linking and building executable
```

这将创建一个可执行文件 **Job-1.exe**。

8）用户现在可以使用在 Abaqus 驱动程序中运行可执行文件：

```
abaqus Job-1.exe
```

用户还可以在 Abaqus 驱动程序之外运行可执行文件。但是，该选项不受支持，会出现以下问题：

- 在启动用户应用程序之前，必须指定 Abaqus 运行时库的正确路径。**HKSodb** 库和几个实用程序库将接口中可用的所有函数解析到输出数据库。

- 运行时，库路径通常使用系统环境变量 **LD_LIBRARY_PATH** 设置，但设置路径的方法可能因操作系统配置而异。"从现有应用程序访问 C++接口"一节对此进行了描述[⊖]。

⊖ 请参阅 *Abaqus scripting user's guide* 6.14 版本第 10.7 节 "Accessing the C++ interface from an existing"。

第 11 章 硬件或软件问题

11.1 解决文件系统错误 1073741819

如果可执行文件 "standard.exe" 以系统错误代码 1073741819 中止，请检查（.dat）、（.msg）和（.sta）文件是否存在错误消息。如果没有错误信息且问题无法解决，则应运行命令 **abaqus job=support information=support** 报告，并保存系统信息。如果有关于系统错误代码 1073741819 的错误消息，请执行以下操作：

将 **mkl_avx2.dll** 文件（位于 C:\SIMULIA\Abaqus\6.14-5\code\bin）重命名为 **mkl_avx2.dll.11.0.0.1**。

如果这种解决方案不起作用，用户必须联系 Abaqus 支持以获得解决该问题的方法，因为错误代码 1073741819 可能是由 Windows 系统文件损坏引起的。损坏的系统文件条目可能对计算机的健康构成真正的威胁，这与 Abaqus 本身没有直接关系。

11.2 解释错误代码

在异常终止的情况下，也可以获得回溯信息，显示 Abaqus 例程发生故障的位置。将此信息传达给 Abaqus 技术支持人员有助于更快地解决故障。

1. 有时 Abaqus 分析会异常终止

虽然代码被设计为尽可能稳定和健全，但无法预测可能发生的每一个潜在错误，尤其是与计算机操作系统相关的错误。异常终止是无法生成正确错误消息的情况。如果发生异常终止，用户可能会在（.log）文件中看到错误消息，例如：

```
Abaqus Error: The executable /opt/Abaqus/6.5-1/exec
/standard.exe aborted with the system error "Illegal
floating point operation" (signal 8).

Please check the .dat, .msg, and .sta files for
error messages if the files exist. If there are
no error messages and you cannot resolve the
problem, please run the command
"abaqus job=support information=support" to report
and save your system information. Use the same
command to run Abaqus that you used when the
problem occurred.

Please contact your local Simulia support office
and send them the input file, the file support.log
```

```
which you just created, the executable name, and
the error code.
```

```
Abaqus /Analysis exited with errors
```

为了在这种情况下提供更好的诊断，Abaqus 6.3-1 版中进行了更改，以提供与导致 Abaqus 中止的特定系统错误对应的错误代码。必须注意，6.3-1 版及更高版本中的错误代码输出不会抑制其他有意义的错误消息。错误代码信息只是对已经打印消息的补充。

2. UNIX 和 Linux 系统

错误代码取决于执行 Abaqus 的系统，并由系统供应商针对每个特定系统进行标准化。UNIX 和 Linux 错误代码定义在文件 signal.h 中的 "Signal Numbers" 部分。该文件位于 Linux 系统的 **/usr/include/sys** 或 **/usr/include/asm** 目录下。在所有 UNIX 平台上，并不是所有错误代码之间都有直接的对应关系，但以下错误代码在大多数平台上通常具有相同的含义：

- 2：**SIGINT**，该应用程序收到了一个键盘中断信号。通常可以通过终止该信号来解决。
- 4：**SIGILL**，执行了一条非法指令。
- 6：**SIGABORT**，意外的错误条件导致程序自行终止。

在极少数情况下，当计算机磁盘空间不足时可能会输出此错误代码。在这种情况下，通常会传递正确的错误消息。

- 8：**SIGFPE**，浮点异常。代码尝试了无效的浮点运算。
- 9：**SIGKILL**，外部工作终止。操作系统或用户已终止作业。应用程序无法处理此信号，并且不会发生核心转储。
- 7 或 10：**SIGBUS** 总线错误。有时，这是在用户子程序中写入内容超过本地数组的末尾而导致的。
- 11：**SIGSEGV**，分段错误或非法内存引用错误，程序试图访问未分配给它的内存。
- 13：**SIGPIPE**，尝试向无人读取的通道写入数据而导致的错误。
- 15：**SIGTERM**，应用程序收到外部终止请求。

错误代码的主要目的是帮助 Simulia 支持和开发人员确定分析失败的原因。Abaqus 用户没必要熟悉这些错误代码，希望他们将错误代码报告给支持工程师。

除了错误代码 2、9 和 15，在大多数情况下，只有当用户子程序是分析的一部分时，这些错误才会由用户引起。良好的编程习惯将减少可能导致上述错误代码的次数。

3. Windows 系统

在 Windows 平台上，日志文件中显示的错误消息会有所不同。有关 Windows 错误代码的更多具体信息，请访问 Microsoft 网页以获取最新内容。通常会打印与错误代码对应的文本字符串。例如：

```
Abaqus Error: The executable C:\Simulia\Abaqus\6.8-1
\exec\explicit.exe aborted with system error "Access
is denied." (error code 5)
```

这通常意味着内存访问冲突导致中止。

11.3 从 UNIX/Linux 核心转储中获取回溯信息

当程序因为核心转储而中止时，这基本上表明程序存在错误。可以使用调试器来获取回溯，命名在程序中止时正在执行的函数。从回溯中获得的信息对你和 Simulia 支持工程师很有用。要在 UNIX/Linux 平台上获取回溯，请按照以下步骤操作。

在 Linux 系统上，默认用户环境可能会阻止创建核心文件。$HOME 启动脚本中可能需要以下命令才能写出核心文件。

- 在 C-Shell 启动脚本/.cshrc 中：

```
limit coredumpsize unlimited
```

- 在 Bash/Korn Shell 启动脚本/.bashrc、.profile 中：

```
ulimit -c unlimited
```

获取回溯信息的步骤如下：

1）要从 Abaqus/CAE/Viewer 中止中获取回溯信息，请在中止发生后立即运行以下命令：

```
abaqus -tb
```

如果发生中止，命令窗口中将显示回溯信息。Linux 机器可能被配置为使用 core.pid 文件命名转储核心文件。如果是这种情况，用户需要在运行上述命令前重命名 core.pid 文件。

```
mv core.pid core
mv gui_tmp/core.pid gui_tmp/core
```

2）为了从 Abaqus 分析中止中获取回溯信息，Abaqus 提供了通过设置单个环境变量来获取回溯信息的功能。该功能假定系统 PAHT 中可以找到一个合格的调试器。将以下行添加到 abaqus_v6.env 环境文件中：

```
traceback_generator=ON
```

如果发生中止，Abaqus 将运行调试器，从位于临时暂存目录中的任何核心文件中获取回溯信息。在 Windows 中，将打印 application.dmp，回溯信息将记录在作业日志文件中。

3）为了从基于 Abaqus MPI 的并行分析中止获取回溯信息，基于 Abaqus MPI 的并行分析可能具有在多个主机上运行的进程，并且核心文件可能转储到本地临时目录中。附加的环境文件旨在检查每个本地存储位置，并从找到的所有核心文件中进行回溯。该功能假定在系统 PAHT 中可以找到合格的调试器。如果发生中止，则回溯信息将记录在作业日志文件中。

将下面给出的"tbmpi.env"代码内容复制到 abaqus_v6.env 文件中。

Listing 11.1 tbmpi.env

```
import os, driverUtils
if not os.name == 'nt':
    import resource
    resource.setrlimit(resource.RLIMIT_CORE, (-1,-1))

traceback_generator=ON
verbose=2
os.environ["ABA_VERBOSE"]=str(verbose)
os.environ["MPI_ERROR_LEVEL"]='2'
```

```python
        mp_environment_export += ("MPI_ERROR_LEVEL",)

    def onJobStartup():
        print 'Starting Job....', id
        import driverInformation
        info=driverInformation.DriverInformation({},{})
        info.informationGetUserLimits()

    def mp_mpiCommand():
        import os
        os.environ['ABA_PROGRAM'] = program
        return command, {}

    def onJobCompletion():
        import os, driverTraceback, glob, socket
        from driverConstants import LOCAL
        from driverEnv import driverEnv
        from mpi import Mpi
        verbose = int(os.environ.get('ABA_VERBOSE', "0"))
        # Only look for cores when the execution
        # directory is local
        if os.environ.has_key('ABA_PROGRAM') and \
        file_system[1] == LOCAL:
            exe = os.environ['ABA_PROGRAM']
            if verbose:
                print host_list, local_host, exe
                os.environ['verbose'] = '1'
            # Create script
            if os.name == 'nt':
                tbFile = scrdir + os.sep + 'tb.bat'
                cmd = tbFile
                f=open(tbFile, 'w')
                f.write('@echo off\n')
                f.write('cd /d %s\n' % scrdir)
                if verbose:
                    f.write('dir\n')
                f.write('if exist "*.dmp" ')
                f.write('type *.dmp\n')
                f.close()
            else:
                os.umask(0o077)
                tbFile = scrdir + os.sep + 'tb.sh'
                cmd = 'bash ' + tbFile
                f=open(tbFile, 'w')
                f.write('#!/bin/bash\n')
                f.write('export verbose=1\n')
                f.write('cd %s\n' % scrdir)
                if verbose:
                    f.write('ls -al\n')
                f.write('for core in core*\ndo\n')
```

```python
            f.write('%s python -c ' % \
                os.environ['ABA_COMMAND'])
            f.write('"import driverTraceback; ')
            f.write('driverTraceback.\
                    generateTraceback(\'%s\')"\n' \
                % exe)
            f.write('done\n')
            f.write('cat *.dmp 2>/dev/null\n')
            f.close()
        # uncomment to force ssh usage instead of MPI
        #os.environ['ABA_USE_MPI'] = '0'
        env = driverEnv().read()
        options = {'verbose':verbose}
        options['mp_host_list'] = host_list
        options['mp_head_node'] = local_host
        options['mp_file_system'] = file_system
        options['mp_rsh_command'] = rsh_command
        mpiImpl = env.get('mp_mpi_implementation')
        options['mp_mpi_implementation'] = mpiImpl
        options['mp_mpirun_path'] = \
            env.get('mp_mpirun_path')[mpiImpl]
        options['mp_mpirun_options'] = \
            env.get('mp_mpirun_options','')
        # Workaround for driverUtils bug
        class FixMpi(Mpi):
            def __init__(self, options, env):
                self.env = env
                self.options = options
                Mpi.__init__(self, options, env)
        globals()['Mpi'] = Mpi
        try:
            m = FixMpi(options, os.environ)
        except:
            print "Error in Mpi instantiate"
            import traceback
            traceback.print_exc()

        cleanupHosts = list(local_host)
        for entry in host_list:
            host = entry[0]
            if host not in cleanupHosts:
                if verbose:
                    print "Checking scratch on ", \
                        host
                m.rcp([tbFile], scrdir, \
                    socket.gethostname(), host)
                m.rsh(host, cmd)
                cleanupHosts.append(host)

        if os.name == 'nt':
```

```
            if glob.glob('*.dmp'):
                driverTraceback.generateTraceback(exe)
        else:
            for i in range(len(glob.glob('core*'))):
                print "TB: ", i
                driverTraceback.generateTraceback(exe)
            if glob.glob('*.dmp'):
                os.system('cat *.dmp')
```

4)要从 Abaqus 后处理程序获取回溯信息,可在发生中止的目录中手动运行调试器,指定可执行文件的名称和核心转储文件名称。

```
gdb myprog.exe core.pid
```

在调试器提示符下输入命令"where"。

11.4　Windows HPC 计算集群

仅支持在 Windows x86_64 平台上使用 Windows HPC 计算集群[1]来实现分布式内存并行(DMP)分析功能。为了在 Windows 集群上使用基于分布式内存的并行化执行 Abaqus,用户必须拥有以下软件。
- Microsoft Windows HPC 服务器。
- 每个计算节点上安装了 Microsoft HPC 包。
- 每个工作站上安装的 Microsoft HPC 包用于提交 Abaqus 作业。
- 每台机器上安装的 Abaqus C++运行时的先决条件:头节点、计算节点和工作站。

安装只需两个主要步骤:

1)将 Abaqus 安装到集群头节点上的文件共享中。为简单起见,推荐使用此方法。在安装过程中,应确保输入 UNC 路径作为安装目标目录。

2)在所有计算节点上安装 Microsoft Visual C++ Runtime。当使用 Abaqus 的共享安装时,Abaqus C++运行时的先决软件可能不会安装在仅访问共享安装的客户端计算机上,必须在将使用共享安装的每个计算节点和工作站上手动安装该软件。在 Abaqus 6.14 和更早版本中,这些先决软件位于 SIMULIA Abaqus DVD 介质中的 1\win86_64 目录中。

```
2005_SP1_vcredist_x64.exe
2005_SP1_vcredist_x86.exe
2008_SP1_vcredist_x64.exe
2008_SP1_vcredist_x86.exe
2010_SP1_vcredist_x64.exe
```

对于 Abaqus 2016 版及更高版本,使用位于 win_b64\code\bin\目录中的以下安装程序:

```
InstallDSSoftwarePrerequisites_x86_x64.msi
InstallDSSoftwareVC9Prerequisites_x86_x64.msi
InstallDSSoftwareVC10Prerequisites_x86_x64.msi
InstallDSSoftwareVC11Prerequisites_x86_x64.msi
InstallDSSoftwareVC12Prerequisites_x86_x64.msi
```

Abaqus 预先配置了对 Windows HPC 环境的检测,并定义了一组默认的批处理队列定义。

因此，在命令行执行时无须进行任何操作。

此时，最好对集群环境进行一次测试，从 C:\ Analysis 目录中设置获取作业 c1，并使用 verbose=2 将其提交到共享和本地队列，使用以下代码行：

```
abaqus job c1 fetch verbose 2
abaqus input c1 cpus 2 job c1c2share queue share
abaqus input c1 cpus 2 job c1c2local queue local
```

然后检查作业日志中的错误、定义的主机列表和运行作业的执行主机。

Windows 客户端计算机上的配置取决于如何从客户端工作站向 HPC 计算集群提交 Abaqus 作业。必须在客户端工作站上安装 Microsoft HPC Pack 客户端实用程序。用于在头节点上安装 HPC 包的软件包也可用于工作站安装。如果分析师使用 Windows 部署服务在计算节点上预配和安装操作系统，则用户还可以从群集头节点上的 REMINST 共享安装 HPC 包（\ HPCHN1 \ REMINST \ setup.exe）。

使用 HPC Pack 配置的分析师必须按如下所述配置 **CCP SCHEDULER**。这是一个环境变量，用于告知客户端工作站要将作业提交到哪个 HPC 集群。

1) 选择 **Control Panel→System→Advanced System Settings→Environment Variables**。
2) 在 **System Variables** 下单击 **New**...。
3) 输入 **CCP_SCHEDULER** 作为变量名，输入 **HPC-HN**1 作为值。

现在要运行 Abaqus 作业，用户可以使用以下选项之一提交作业：

```
abaqus job jobid cpus 8 -queue local
abaqus job jobid cpus 16 -queue share
abaqus job jobid cpus 24 -queue genxmllocal
abaqus job jobid cpus 32 -queue genxmlshare
```

在上述行中，jobid 是用户作业的名称，cpus 数量是用于作业所需的核心数。可以使用其他可用且适当的 Abaqus 命令行参数。参数 local、share、genxmllocal 和 genxmlshare 的含义如下所述。

要了解 Windows HPC 作业提交文件管理，请考虑以下相对典型的 Windows 集群配置，如图 11.1 所示。用户必须从头节点上的一个共享目录中提交 Abaqus 作业，以便所有计算节点都能访问该目录。这是因为计算节点必须能够访问输入文件，并且必须能将输出文件写入该目录。

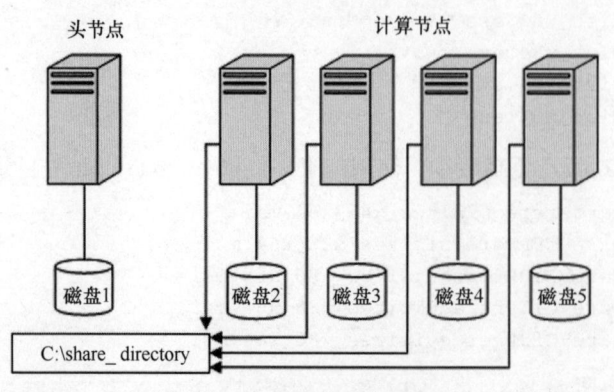

图 11.1 使用 Windows HPC 集群解决方案进行文件管理

图 11.1 显示了集群文件管理的逻辑，如磁盘 1 是头节点上的本地驱动器，物理连接到头节点，磁盘 2 是第一个计算节点的本地驱动器，磁盘 3 是本地驱动器的第二个计算节点，以此类推。最后，在本地磁盘上为头节点创建目录 **C:\share**，但共享给所有本地节点。

有两种方法可以执行 Abaqus 作业。

1) 在这种情况下，通过 **share** 选项，可以将提交作业的目录作为输出目录来执行作业。通过在命令行上指定 **-queue share** 来选择此选项。例如，如果提交的作业在第二个计算节点上执行，将在磁盘 3 上创建 Abaqus 暂存目录，并将 Abaqus 暂存文件写入该本地驱动器。Abaqus 输出文件（.odb、.sta、.msg 等）将被写入共享目录，即头节点上的磁盘 1。这种提交作业的方法可能非常方便，但可能会影响性能，因为如果作业在所有计算节点上执行，所有计算节点将不断向磁盘 1 写入数据，这将成为一个瓶颈。

2) 或者使用 **local** 选项，在这种情况下，使用头节点上的共享目录作为 Abaqus 作业的输出目录的替代方法是使用命令 **-queue local** 运行。如果指定此选项，Abaqus 将在计算节点的本地磁盘上创建一个输出目录，该目录位于 abaqus_v6.env 文件中的 scratch 参数指定的目录下。然后，Abaqus 会将必要的输入文件从头节点上的共享目录复制到输出目录，并使用本地磁盘上的输出目录和暂存目录运行作业。作业完成后，Abaqus 会将输出目录的内容复制回用户提交作业的头节点上的目录。这种提交作业的方法提供了良好的性能，但不太方便，因为用户必须登录正在使用的一个或多个计算节点，才能在作业执行时查看作业文件。尽管如此，还是推荐使用这种提交作业的方法，因为共享目录通常不能提供足够的性能。

有两个队列提交选项尚未讨论。**-queue genxml** 选项是本地的还是共享的。如果使用 genxmllocal 或 genxmlshare 提交 Abaqus 作业，Abaqus 会生成一个（.xml）文件，该文件可用于将作业提交到 HPC 作业调度程序，但 Abaqus 实际上并没有将作业提交到作业调度程序（因为它是使用非 genxml 本地和共享选项完成的）。local 和 share 说明符与上面描述的相同。如果用户想要使用比本地和共享队列选项提供的更高级的作业调度技术，则此技术非常方便。

1) 如前所述，可以通过安装 HPC Pack 软件并将 **CCP SCHEDULE** 变量设置为指向 HPC 服务器来执行来自 Windows 客户端工作站的作业提交。当用户首次或从另一台计算机向 Microsoft 调度程序提交作业时，系统会提示他们输入其 AD 凭据。他们还被问及是否希望在未来的工作中记住这些。建议他们选择记住他们的凭据，以便后续无缝提交作业。

2) 来自 Abaqus/CAE 的作业提交，在 Abaqus 环境文件中定义了以下 Abaqus/CAE 队列。可以看出，没有定义主机名参数，因为作业实际上是在本地提交的。如果在 Abaqus 环境文件中定义了适当的 **onCaeStartup( )** 函数，则可以从 Abaqus/CAE 作业管理器提交作业。下面给出了这个函数。当用户在 Abaqus/CAE 作业管理器中创建新作业定义时，该函数会在 **Edit Job** 窗口中添加队列定义：

① 右击模型树中的 **Jobs**，然后单击 **Manager**。
② 在 **Job Manager** 中单击 **Create**。
③ 在 **Create** 窗口中选择模型并单击 **Continue**。
④ 在 **Edit Job** 窗口中，在 **Run Mode** 下选择队列（HPC local）。
⑤ 定义任何其他所需的作业参数并单击确定。
⑥ 新作业将出现 **Job Manager** 窗口中，单击 **Submit** 以将作业发送到集群。

在从 Abaqus CAE 界面提交作业之前，建议用户先从命令行运行示例作业，并保存其

AD 凭据以供将来使用。

Listing 11.2　onCaeStartup.py
```
def onCaeStartup():
    def makeQueues(*args):
        import driverUtils
        session.Queue(name='HPClocal',
                      queueName='local',
                      driver=driverName)
        session.Queue(name='HPCshare',
                      queueName='share',
                      driver=driverName)
    addImportCallback('job', makeQueues)
```

11.4.1　经典 HPC 集群中的故障排除

以下是用户可以进行的一些操作，以便诊断 Abaqus 的问题并进行一般的集群操作。通过使用内置的 Microsoft HPC 诊断工具，HPC 集群管理器具有大量内置的集群诊断功能，可用于解决集群问题。在进行任何部署后，都应运行所有这些测试，以识别集群的任何问题区域。如果发现任何问题，应在尝试运行 Abaqus 作业之前解决这些问题。要使用内置诊断工具：选择 **HPC Cluster Manager**→**Go**→**Diagnostics** 或在 **HPC Cluster Manager** 界面的任何位置按 Crtl+4。

当用户从命令行提交作业时，会出现以下错误，即 Abaqus Error: Could not convert submission directory to UNC。这表明用户提交作业的目录不是共享的。解决方案是将作业文件移动到现有的共享目录或共享用户所在的目录，然后确保该目录是共享的，以便用户在共享和文件系统（NTFS）级别具有读/写权限。

11.4.1.1　在工作站上提交作业，但在 HPC 作业管理器上看不到

当用户在其工作站上从 Abaqus/CAE 提交作业时，Abaqus/CAE 作业管理器会显示该作业已提交，但用户在 HPC 作业管理器中却看不到相应的作业。在这种情况下，肯定出现了问题。用户第一次向 Microsoft 作业调度程序提交作业时，系统会询问他们的凭据，并询问是否希望记住这些凭据。如果这是用户第一次向 Windows HPC 集群提交作业，Abaqus 可能会等待用户输入其 AD 凭据，然后才实际提交作业。在 Abaqus/CAE 中，该提示隐藏在 Abaqus/CAE 主界面后面的命令提示窗口中。解决方案是切换到该窗口，然后输入正确的凭据，或者从命令行运行一个小作业并保存用户凭据，然后再次使用 Abaqus/CAE。

11.4.1.2　找不到结果文件

用户在下班之前用笔记本计算机提交了一份作业。当用户第二天回来时，HPC 作业管理器报告作业已完成，但用户找不到结果。在这种情况下，用户需要找到计算结果文件，如果用户是从笔记本计算机上的共享目录提交的作业，然后将笔记本计算机从网络中断开，当作业完成时，就无法将结果复制回提交目录。在这种情况下，完整的作业文件仍在运行作业的第一个计算节点上的暂存目录中。在我们的示例集群中，如果用户有一个名为 **myjob** 的作业以 JobID 123 运行，那么文件将位于 **C:\scratch\user_myjob_123_exec** 中。普通用户可能需要管理员的帮助才能访问这些文件，除非用户使用的拓扑模型提供对企业网络节点的访问。为避免出现这种情况，笔记本计算机用户应始终从非本机上的共享目录中提交作业。

11.4.1.3 多节点未能正确执行

如果用户认为多节点作业的性能不如预期，该如何检查？有几种方法可以用来排除疑似性能问题：

1）在所有节点上运行内置的 **mpipplatency** 和 **mpippthroughput** 诊断测试。如果需要，可以将每个测试配置为在特定接口上运行。比较每个接口的延迟和吞吐量有助于确定 application/Infiniband 网络是否存在问题。

2）如果用户使用的网络拓扑为计算节点提供了两个网络接口，则用户可以通过在 Abaqus 环境文件中设置此变量，让 Abaqus 使用不同的网络接口来处理 MPI 流量。下面的行指示 MPI 使用专用网络接口：mp_mpirun_options = '-env MPICH_NETMASK 10.10.10.1/255.255.255.0'。这有助于确定问题是出在特定接口，还是出在其他更普遍的问题上。例如，如果 Abaqus 作业无法在 application 网络上运行，但在专用网络上运行正常，则用户就会知道 application 网络存在问题。

3）在用户使用 Infiniband 互连的 application 网络时需验证 **OpenFabrics Network Direct Provider** 是否安装在每个节点上。使用提升的权限（以管理员身份运行）打开命令提示符并输入以下命令：clusrun ndinstall l。该命令将在每个节点上运行。如果用户在每个节点上都能看到与下面类似的输出行，则说明 Network Direct 已安装：

```
0000001013 - OpenFabrics Network Direct Provider
```

4）用户可以通过请求在 Abaqus 日志中打印 MPI 连接表来验证 MPI 是否正在使用 Network Direct。将以下变量添加到 Abaqus 环境文件中：

```
mp_mpirun_options = '-env MPICH_CONNECTIVITY_TABLE 1
```

在 Abaqus 作业日志中打印的输出将显示作业中每个等级之间使用的通信模式。如果用户在 application 网络上拥有 Infiniband 互连，则用户应该将 Network Direct 视为每个等级之间的通信模式。下面的示例输出显示，在 NODE-01 和 NODE-03 之间使用了 Network Direct。

```
MPI Connectivity Table
Rank:Node Listing
--------------------------------------------------
0: (NODE-01)
1: (NODE-03)
Connectivity
--------------------------------------------------
SourceRank:[Indicators for all TargetRanks]
Where +=Shared Memory, @=Network Direct, S=Socket,
.=Not Connected
0
0:.@
1:@.
Summary
--------------------------------------------------
Total Ranks:         2
Total Connections:   1
Shared Memory        0
Network Direct:      1
Socket:              0
```

5）可以通过在 Abaqus 环境文件中添加/修改 mp_mpirun_options 变量来请求其他 MPI 跟踪和调试信息。

```
mp_mpirun_options = '-exitcodes -1 d 2
```

6）用户在提交作业时需要添加 **verbose**＝命令行选项。这将在 Abaqus 日志文件中生成更多输出，有助于准确识别问题发生的位置。有效选项是 1、2 和 3，输出级别依次递增。

```
abaqus job=myjob cpus= 32 verbose=2
```

7）如果用户需要在计算节点上运行防病毒软件，则必须首先从计算节点禁用或删除该软件，然后重试作业。注意，有时禁用防病毒软件服务是不够的。一些防病毒应用程序会将驱动程序和挂钩安装到 TCP/IP 堆栈中，这仍然会对网络延迟产生影响。如果分析师使用的网络接口将 TCP/IP 用于应用程序通信（私有或企业接口），则这种情况更为普遍。

参考文献

1. Windows HPC Server 2008 R2 - Microsoft Technical Reference. https://docs.microsoft.com/en-us/previous-versions/windows/it-pro/windows-hpc-server-2008R2/ee783547(v=ws.10)

附录　指南和优秀实践案例

关于 Abaqus，需要知道的一切，却不敢询问

附录给出一些模型的 Abaqus 输入文件示例，以帮助用户理解或进行一些独立的分析测试。

A.1　使用 *COUPLING 模拟薄壁管的纯弯曲

当薄壁圆形截面管受纯弯曲载荷时，截面将呈椭圆形。为了在这种结构的壳体模型中引入纯弯曲，需要正确定义管段两端的运动条件。

捕获椭圆所需的面内变形必须保持自由，但必须抑制与翘曲相关的面外变形。*COUPLING 和 *KINEMATIC 选项可用于在施加旋转的情况下以纯弯曲加载薄壁管。

输入的模型文件⊖展示了如何将这些选项用于全对称和半对称管道模型。在每个模型中，管道的一端具有对称边界条件，而另一端通过对 *COUPLING 定义的参考节点施加旋转来加载。

需要注意的是，一旦耦合节点上的位移自由度组合受到约束，就不能对该节点应用边界条件等其他位移约束。

为了正确定义半对称模型中的耦合和对称条件，使用了两个 *COUPLING 定义。一个耦合对称面上的节点，另一个耦合其余节点。两个 *COUPLING 定义使用相同的参考节点。

A.2　带有耦合节点运动学关系的可用自由度

一旦耦合节点处的任意位移自由度（DOF）组合受到约束，就不能对该节点应用附加位移约束。

```
*ERROR: DEGREE OF FREEDOM 5 DOES NOT EXIST FOR NODE 1. IT HAS
ALREADY BEEN ELIMINATED BY ANOTHER EQUATION, MPC, RIGID BODY,
KINEMATIC COUPLING CONSTRAINT, TIE CONSTRAINT OR EMBEDDED ELEMENT
CONSTRAINT. THE REQUIRED EQUATION CANNOT BE FORMED.
```

这包括边界条件、多点约束、方程或其他运动耦合的定义，同样的限制适用于旋转自由度。例如，如果在输入文件中包含以下语段：

```
** Define the surface to be used with *COUPLING
*NSET, NSET=NSET_2
1,14
*SURFACE, TYPE=NODE, NAME=S2
```

⊖ 参阅 *Abaqus Example Problems Guide* 中第 1.1.2 节的 "Elastic-plastic collapse of a thin-walled elbow under in-plane bending and internal pressure" 示例文件。

```
NSET_2, 1.
** Define the kinematic coupling constraint so that
** degrees of freedom 1, 2, 3, 4 and 6 are constrained
**
*COUPLING, CONSTRAINT NAME=RBE2,REF NODE=28,SURFACE=S2
*KINEMATIC
1, 4
6, 6
** Define the following equation:
**
** 0.5*udof_5Node1 + udof_5Node14 - 2*udof_5Node28 = 0
**
*EQUATION
3,
1, 5, 0.5,
14, 5, 1.0,
28, 5, -2.,
```

具有运动耦合的约束方程为

$$\frac{1}{2} \times u\text{DOF}_5^{\text{Node1}} + u\text{DOF}_5^{\text{Node14}} - 2 \times u\text{DOF}_5^{\text{Node28}} = 0 \tag{A.1}$$

用户将收到上面显示的错误消息，因为即使第一个节点的第五个自由度不包括在运动学耦合定义中，它也不能用于其他约束定义。之所以以这种方式处理参与运动学耦合的节点，是因为除了最简单的情况，在其他约束中加入未受约束的自由度会导致过约束。

A.3 梯形法则的稳定性和准确性

在图 A.1 所示的一维系统中，对质量 M 施加一个初始速度 v_0，将初始能量提供给弹簧-质量系统，该能量将随着振荡而耗散。弹簧、质量和速度与表 3.1 中列出的单位制一致。方程组的解由式（A.2）给出，且 $\omega = \sqrt{\dfrac{K}{M}}$。

$$x(t) = \frac{v_0}{\omega} \sin(\omega t) = \sin(t) \tag{A.2}$$

这里，系统位移 (x) 的解是一个时间周期等于 2πs 的纯正弦函数。因此，速度 ($\dot{x}$) 和加速度 ($\ddot{x}$) 的解分别是式（A.2）的一阶导数和二阶导数。

根据图 A.1 所示的载荷和边界条件建立的弹簧-质量模型，输入数据如下。该代码采用四个不同的时间增量值 $\Delta t = 0.25$s、$\Delta t = 0.5$s、$\Delta t = 1.0$s 和 $\Delta t = 2.0$s，以检验不同时间增量解的计算结果与积分参数 α 驱动的隐式方案的函数关系，参数 α 最初被设定为零。

之后可以将计算得到的解与式（A.2）中确定的精确解进行比较，观察隐式数值方案随参数 α 变化而产生的偏差，然后得出关于所用数值设置的稳定性和准确性的结论。

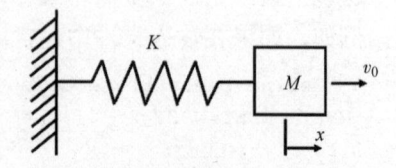

图 A.1 具有弹簧 K 和质量 M 的系统的隐式动力学模型

```
*HEADING
Implicit Integration Demonstration
*NODE, NSET=NALL
1, 0., 0., 0.
2, 2., 0., 0.
*ELEMENT, TYPE=SPRINGA, ELSET=SPRING
1, 1, 2
*SPRING, ELSET=SPRING

1.,
*ELEMENT, TYPE=MASS, ELSET=MASS
2, 2
*MASS, ELSET=MASS
1.,
*BOUNDARY
1, 1, 3
2, 2, 3
*INITIAL CONDITIONS, TYPE=VELOCITY
2, 1, 1.0
*STEP, INC=40
*DYNAMIC, ALPHA=0.0, NOHAF
.25, 10.
*NODE FILE, NSET = NALL
U, V, A
*Restart, write, frequency=0
*Output, field, variable=PRESELECT, frequency=1
*Output, history, frequency=1
*Energy Output ALLIE, ALLKE, ALLWK, ETOTAL
*END STEP
```

图 A.2~图 A.5 所示为在积分参数 α 设为零的情况下，隐式积分的时间增量大小对时间增量 Δt 函数的影响。

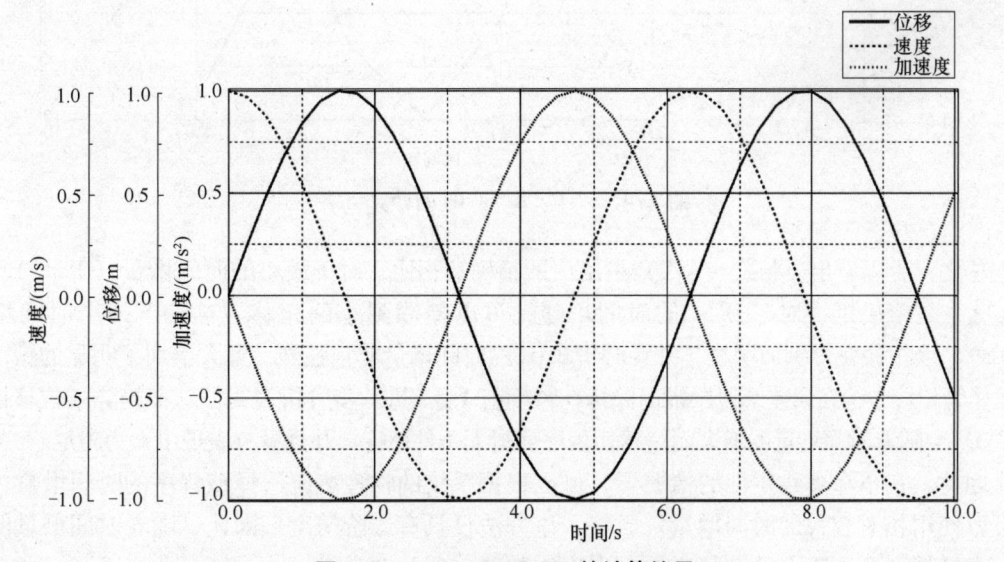

图 A.2　$\alpha=0$，$\Delta t=0.25\mathrm{s}$ 的计算结果

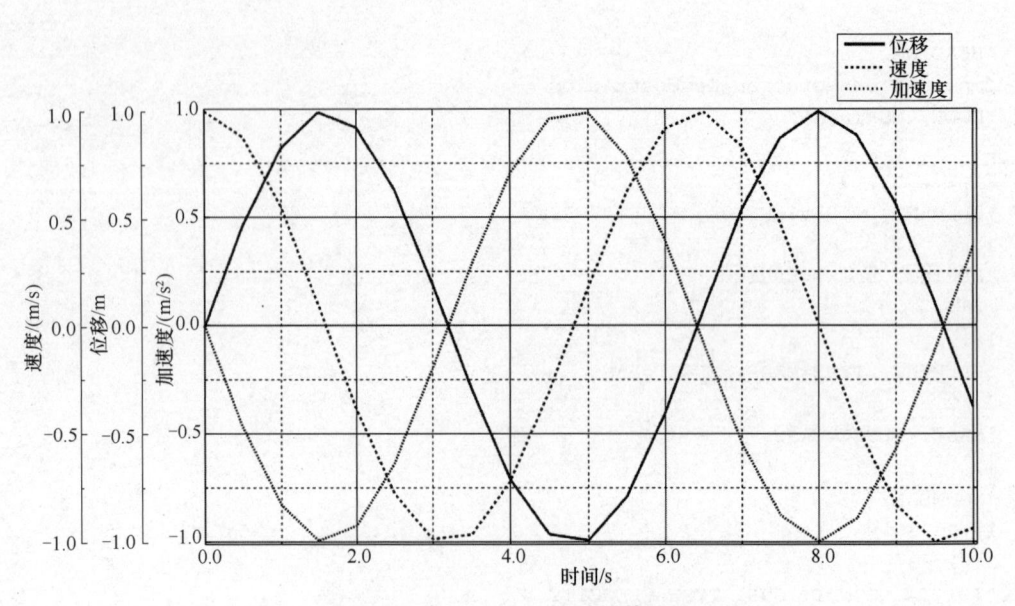

图 A.3　$\alpha=0$，$\Delta t=0.5\mathrm{s}$ 的计算结果

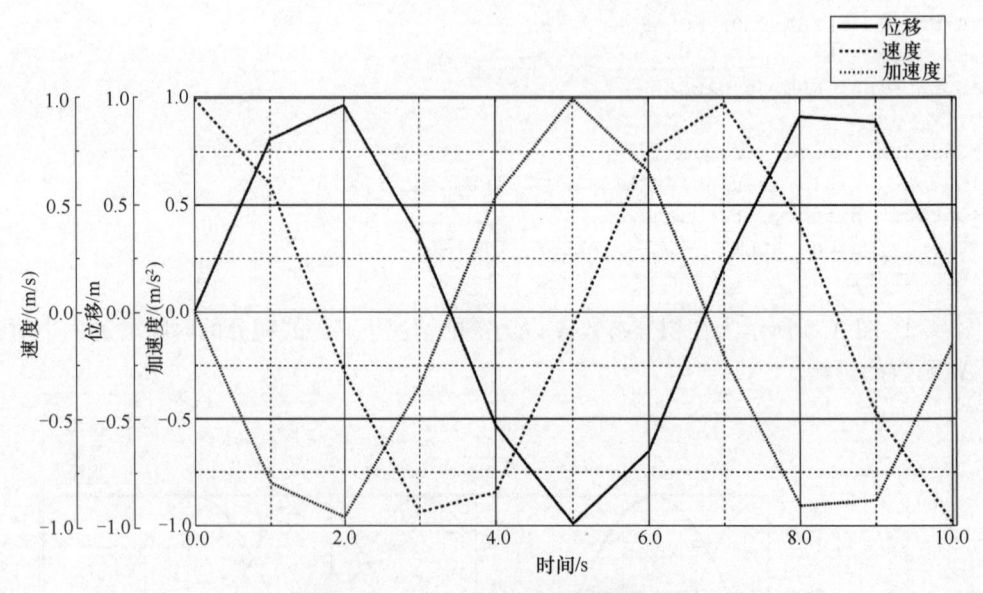

图 A.4　$\alpha=0$，$\Delta t=1.0\mathrm{s}$ 的计算结果

总之，可以看出，与式（A.2）中给出的精确解相比，对于最小的时间增量（0.25s），结果实际上是精确的。对于 0.5s 的时间增量，可以检测到小的相移。对于下一个时间增量（1.0s），该相移变得更加明显，并且对于 2.0s 的时间增量非常强烈，大大增加了明显的振荡周期。尽管相移中存在误差，但振幅仍保持在预期值 1.0。进一步分析表明，这种趋势（位移振幅为 1.0）会随着时间增量的增大而持续，程序变得无条件稳定，并且没有表现出人为阻尼。

因此，在不考虑稳定性的情况下，可以根据系统的物理响应选择该程序的时间增量，并且可以使用相对较大的时间增量。当然，该方法仅具有二阶精度。因此，随着时间增量的增加，求解精度会下降。这种精度损失表现为相移。

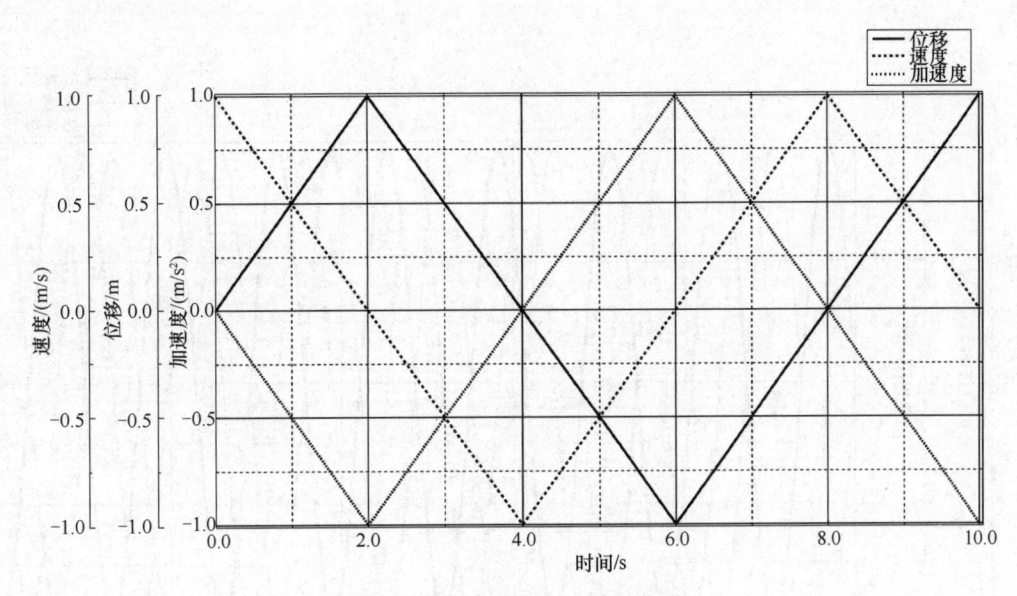

图 A.5　$\alpha=0$，$\Delta t=2.0s$ 的计算结果

在对参数 α 设置的积分范围值（非零）进行调整后，可以实现数值阻尼对解法的稳定作用。事实上，在之前的模拟中，数值阻尼已被删除。HHT 方法允许通过选择参数 α 引入数值耗散。对该算法的仔细分析表明，该方法非常可选择性地抑制周期小于或与时间增量相同数量级的振动。当然，在研究数值阻尼的效果时也使用了相同的弹簧-质量模型，以比较数值积分参数 α 对后续解的影响。

因此，分析将再次以相同的时间增量运行，不同之处在于总的最终时间是 50s 而不是 10s，以获得计算解的最佳稳定行为。两个阻尼值如下所示：首先，默认值 $\alpha=-0.05$，如图 A.6~图 A.9 所示；其次，最大阻尼值 $\alpha=-1/3$，如图 A.10~图 A.13 所示。

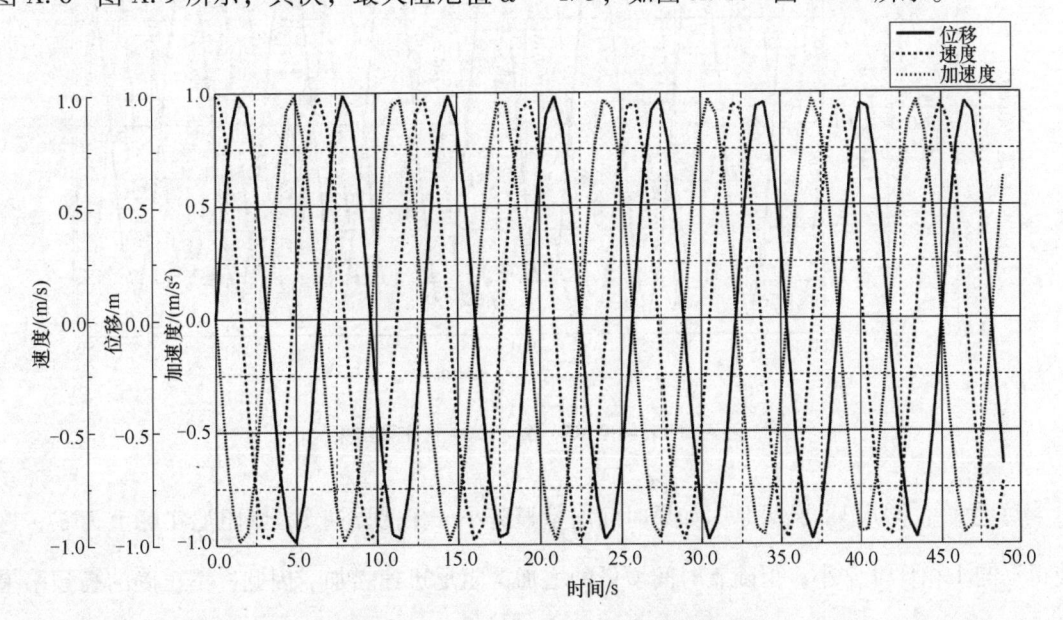

图 A.6　$\alpha=-0.05$，$\Delta t=0.25s$ 的计算结果

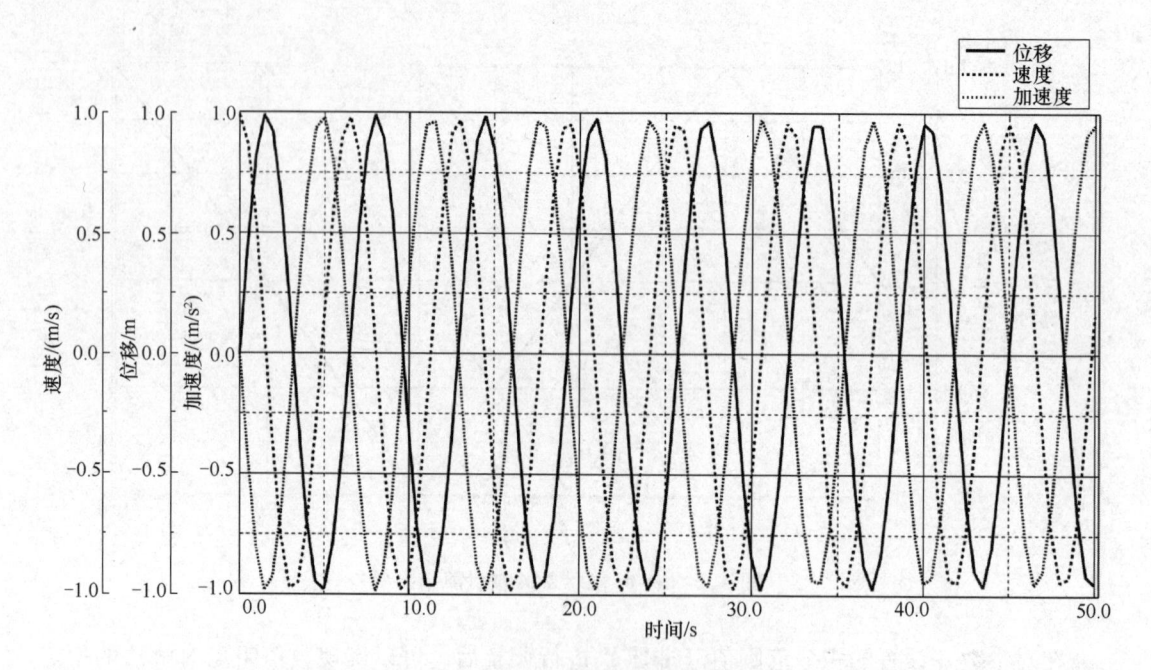

图 A.7　$\alpha=-0.05$，$\Delta t=0.5\text{s}$ 的计算结果

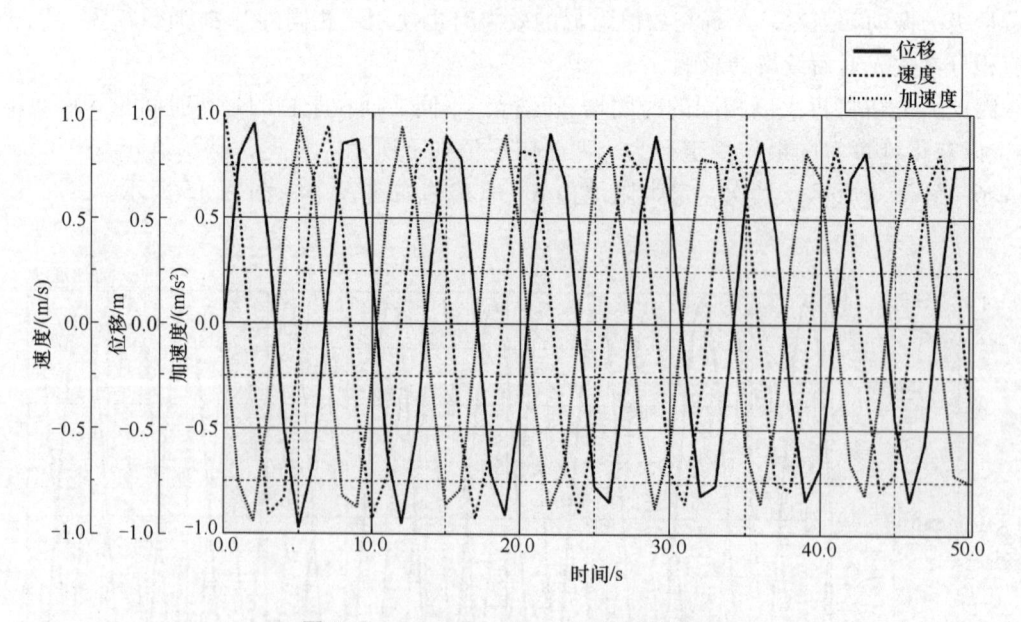

图 A.8　$\alpha=-0.05$，$\Delta t=1.0\text{s}$ 的计算结果

总之，一个明显的结果是，如果时间增量显著小于振荡周期 T，则阻尼实际上为零，这使得 $\dfrac{\Delta t}{T}$ 与 1 相比非常小；但随着时间增量的增加，阻尼迅速增加。因此，不正确的高频结果被有效地抑制。在线性和轻度非线性问题中，这种行为是有用的，因为它在高度非线性问题

中非常重要,高频噪声会导致收敛问题。在冲击问题中尤其如此,因为高频响应总是被激发。此外,默认值 $\alpha = -0.05$,对于大多数问题而言,总的数值耗散非常小。对于包含在 Abaqus 示例问题和基准手册中的问题,耗散始终小于系统总能量的 0.5%。强烈建议进行能量控制检查,以评估系统或结构中的耗散贡献。

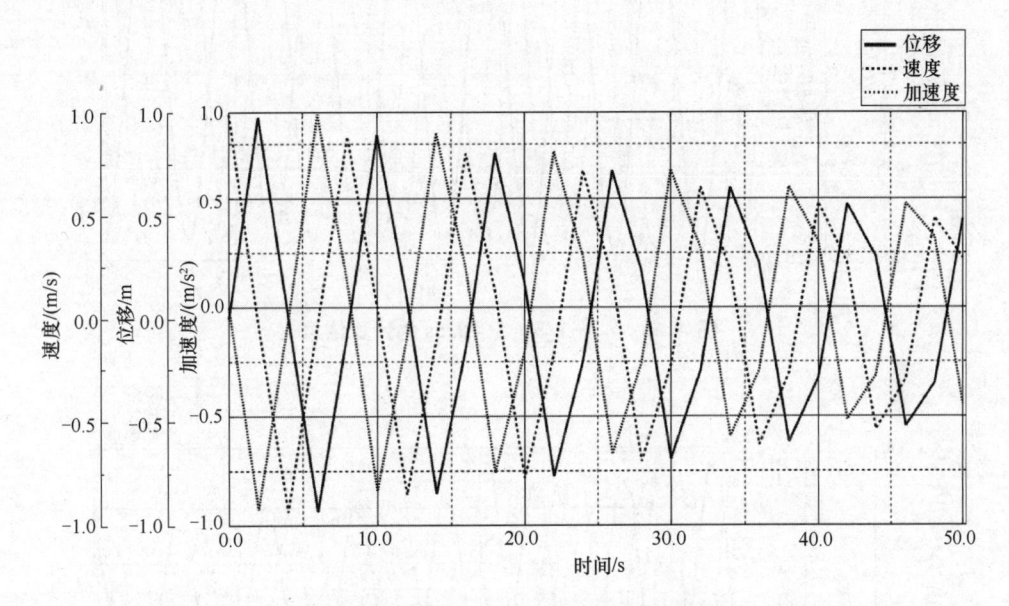

图 A.9 $\alpha=-0.05$,$\Delta t=2.0\text{s}$ 的计算结果

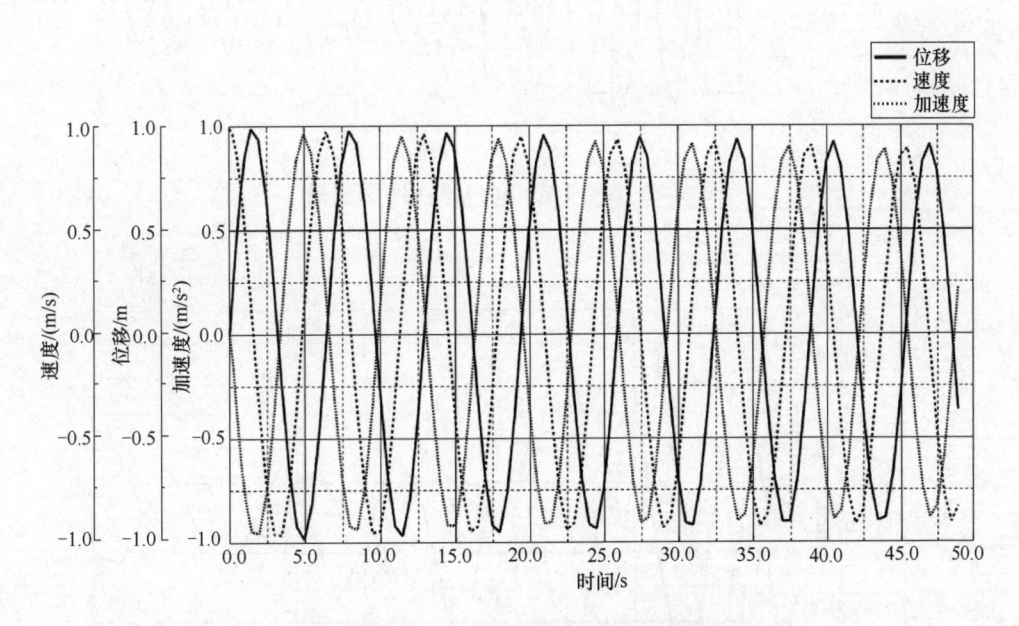

图 A.10 $\alpha=-1/3$,$\Delta t=0.25\text{s}$ 的计算结果

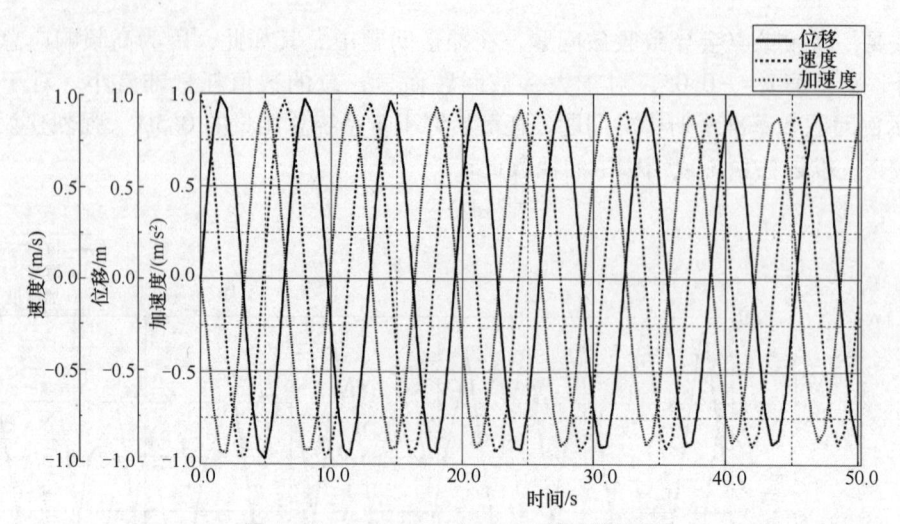

图 A.11 $\alpha=-1/3$,$\Delta t=0.5s$ 的计算结果

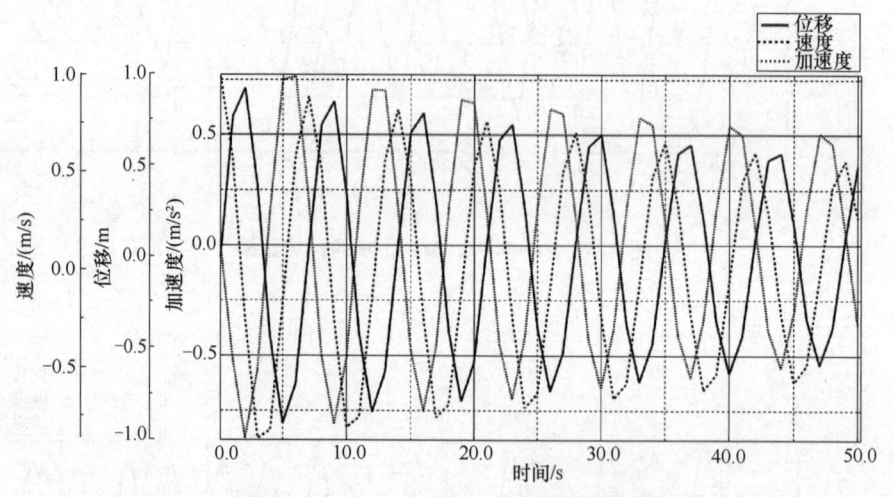

图 A.12 $\alpha=-1/3$,$\Delta t=1.0s$ 的计算结果

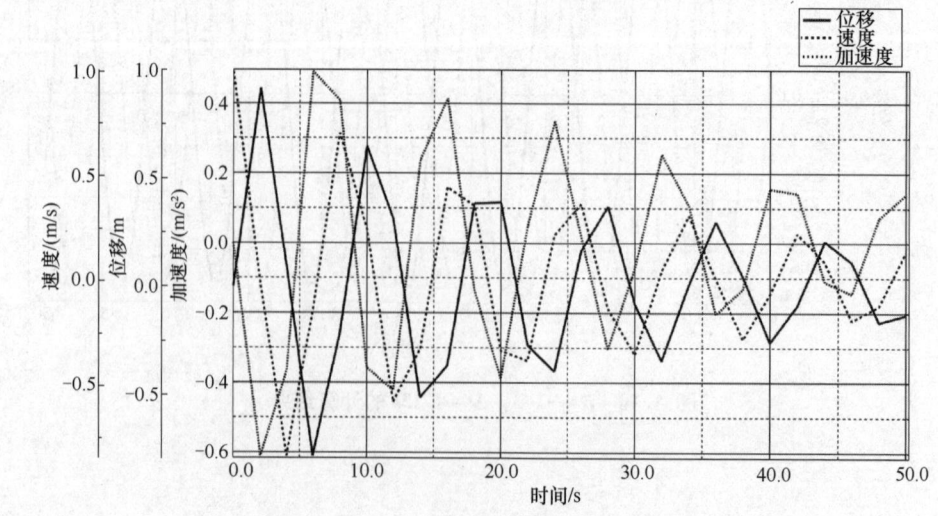

图 A.13 $\alpha=-1/3$,$\Delta t=2.0s$ 的计算结果

A.4 具有半增量残差容限的高度非线性问题的精度控制

如前所述，对于高度非线性问题，精确选择半增量容差并不太重要。在这些问题中，由于问题的非线性，时间增量的大小通常由收敛要求决定。时间积分的准确性是高度非线性的一个幸运副产品。为了证明这一点，考虑用图 A.14 所示的弹塑性桁架单元替换图 A.3 中所示的弹簧-质量系统中的弹簧。

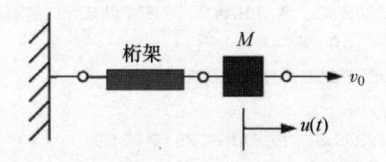

图 A.14 连接到质点的弹塑性桁架单元
（无论使用何种统一的单位制，单元长度 $l=1$，横截面积 $A=10^{-4}$，弹性模量 $E=10000$，屈服应力 $\sigma_y=100$，质量 $M=1$，以及给定的初速度 $v_0=1$）

假设屈服后响应是分段线性的，并取材料的密度为零，这是一个简单的带有非线性弹簧的弹簧-质量系统。将几何非线性 NLGEOM 与桁架单元类型 T2D2 结合使用，可以使横截面积随应变水平而变化。

为了放大非线性的影响，*CONTROLS 选项使用了非常严格的平衡容差。通过刚度对半增量残差参数 HAFTOL 的四个不同值进行低频模态阻尼，以检查半增量残差容差对结果的影响 $\alpha=0$ 的输入文件如下。

```
*HEADING
Nonlinear effects: elastic-plastic truss and mass
*NODE, NSET=NALL
1, 0., 0., 0.
2, 1., 0., 0.
*ELEMENT, TYPE=T2D2, ELSET=TRUSS
1, 1, 2
*SOLID SECTION, ELSET=TRUSS, MATERIAL=MAT
0.001,
*MATERIAL, NAME=MAT
*ELASTIC
10000.0, 0.
*PLASTIC
100., 0.0
200., 0.1
300., 0.5
400., 1.0
500., 10.
*ELEMENT, TYPE=MASS, ELSET=MASS
2, 2
*MASS, ELSET=MASS
1.,
*BOUNDARY
1, 1, 2
2, 2,
*INITIAL CONDITIONS, TYPE=VELOCITY
2, 1, 1.0
```

```
*STEP, INC=500, NLGEOM

*DYNAMIC, ALPHA=0., HAFTOL=0.01
**DYNAMIC, ALPHA=0., HAFTOL=0.1
**DYNAMIC, ALPHA=0., HAFTOL=1.0
**DYNAMIC, ALPHA=0., HAFTOL=1.E20
.25, 100.
*NODE FILE, NSET=NALL
U, V, A
*CONTROLS, PARAMETER=FIELD,
FIELD=DISPLACEMENT
1.E-8,
*Restart, write, frequency=0
*Output, field, variable=PRESELECT, frequency=1
*Output, history, frequency=1
*Energy Output ALLIE, ALLKE, ALLWK, ETOTAL
*END STEP
```

半增量残差容差参数 **HAFTOL** 对图 A.14 所示模型解的影响如图 A.15 所示。

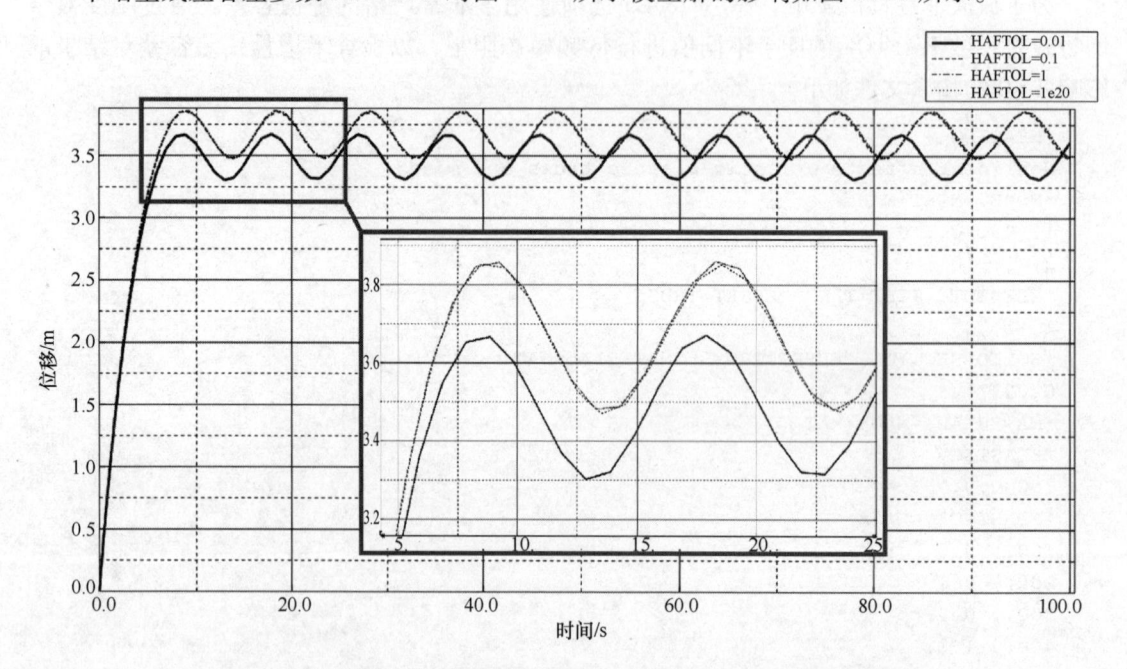

图 A.15　半增量残差容差参数 **HAFTOL** 对图 A.14 所示模型解的影响

从该问题的结果可以清楚地看出，在问题早期的耗散阶段，响应如图 A.15 所示，不取决于 **HAFTOL** 的精度控制。仅在塑性变形完成后，并且质量开始弹性振动时，结果才会出现明显差异。

在许多严重非线性问题（冲击、成形等）中，人们关注的是耗散阶段的变形量。在这些情况下，半增量容差的选择并不重要。因此，在这种情况下，通常使用非常大的 **HAFTOL** 值。此外，只要系统有足够的自然耗散，相对于正在模拟事件的时间尺度，任何高频内容都会迅速消失，那么这些半增量容差就能提供"合理"的精度。

A.5 网格的艺术

在本例中，将对二维结构形状（如楔形几何体）的不同网格控制选项进行研究。本节的主要目的是了解适用于二维结构的算法性能，并将其扩展到三维结构中。为了仅关注网格控制性能，已在该测试案例模型上设置了全局种子单元尺寸，并对所有网格控制参数组合固定为5mm。

图A.16所示的几何模型，用于解释和理解Abaqus网格生成器如何在图6.1或图6.5所示的不同选项下，对二维或三维结构进行划分。

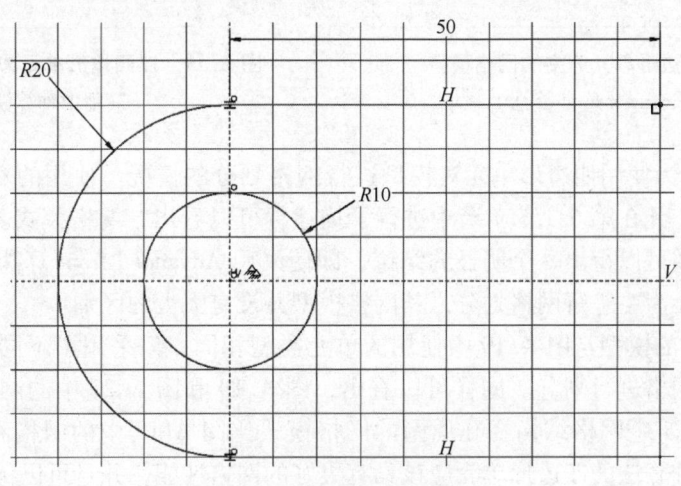

图A.16 圆盘眼几何模型

A.5.1 自由网格划分技术

现在来研究Abaqus网格生成器在使用不同单元类型和算法配置时的性能。图A.17所示为使用三角形单元划分的网格模型。表6.1显示，使用三角形单元的非结构化三角网格可以适应复杂的结构，并且非常稳健，但另一方面，因为需要更多的单元对结构进行网格划分，增加了计算时间。在特定情况下，处理网格尺寸也很困难。此外，三角形单元比四边形单元刚度大，因此可能无法满足某些特定类型的加载条件（如弯矩）。

图A.18所示为以四边形单元为主的网格模型。通过与图A.17的对比可以发现，结构化网格比非结构化三角形单元更有利于模型计算。但是，如果在模型中不使用一些分区策略，这类网格无法很好地处理复杂几何模型。

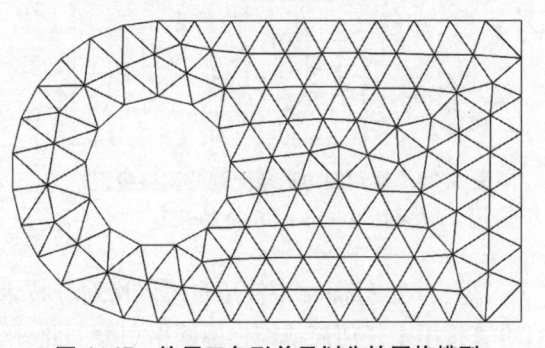

图A.17 使用三角形单元划分的网格模型

图A.19所示为使用与图A.18相同类型的单元进行网格划分的结构，但采用了不同的算法，这里使用的算法是第 6.1.5.6 节所述的中轴算法。可以看出，网格模式比图 A.18 所示的网格更加规则，这可以避免初始单元变形。

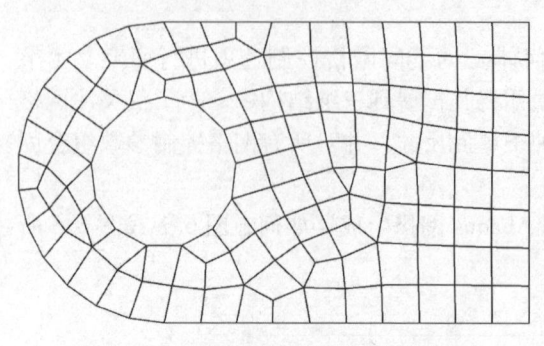

图 A.18 以四边形单元为主的网格模型
（采用 Advanced front 算法）

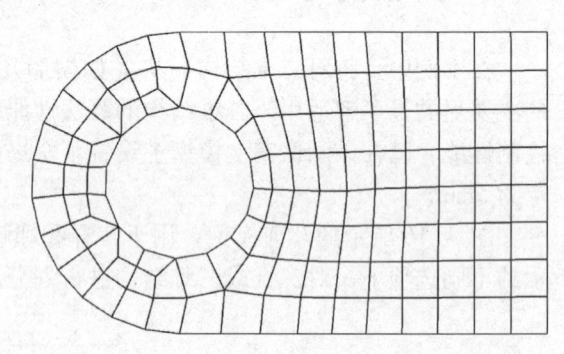

图 A.19 以四边形单元为主的网格模型
（采用中轴算法）

图 A.20 所示为使用四边形单元对模型进行网格划分的情况。使用的算法与图 A.18 中使用的算法相同，并在第 6.1.5.1 节中进行了描述。可以看出，网格模式与图 A.18 中的网格非常相似，因此可以得出一个明显的结论，即使采用 Advanced front 算法，使用四边形单元和以四边形单元为主进行网格划分，其网格模型并没有太大的区别。

图 A.21 所示的模型与图 A.19 中使用的单元类型相同，但采用了不同的算法，使用的是中性轴算法对网格进行划分。同样可以看出，图 A.19 和图 A.21 中的网格模型没有太大的差异，但图 A.21 中网格结构在孔周围的网格模式比图 A.19 中的网格看起来更加均匀，这意味着采用中轴算法的四边形单元应该具有更好的网格性能，并且可以优先用于模型中的设计过渡。

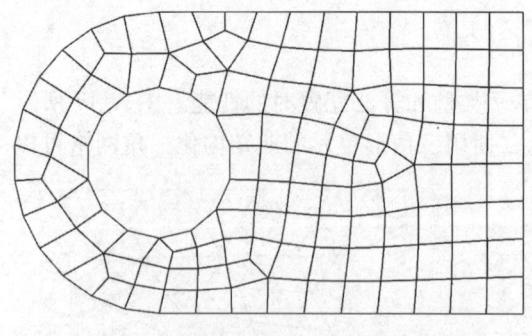

图 A.20 使用四边形单元划分网格模型
（采用 Advanced front 算法）

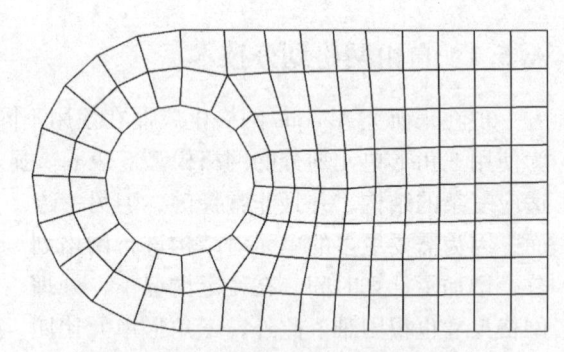

图 A.21 以四边形单元为主的网格模型
（采用中轴算法）

总之，在 Abaqus 中使用自由网格划分技术时，不需要考虑模型中的任何划分策略，并且可直接用于任何简单结构的网格划分。此外，如果使用适当的算法且设置了正确的单元类型，还能在结构模型中提供非常好的网格性能。

A.5.2 基于设计对称的模型划分策略

对于复杂的模型设计，很可能需要采用模型划分的方法进行网格划分，以尽可能获得均匀的网格结构，从而避免任何初始单元变形，并确保求解中节点场之间良好且平滑的兼容性。没有具体的规则来决定适当的模型划分策略，作为模型设计的功能，这就是为什么在这里可以将其视为网格艺术而非技术指南。本节将研究一种基于对称的或模型中存在多种伪对称线的模型划分策略，如图 A.22 所示。有了这些切分线，就可以更容易地对模型进行网格划分。

图 A.23 所示为网格控制参数与图 A.17 相同的非结构化三角形单元划分。从图 A.22 可以看出，切分线对网格模型有显著的影响，因为与这些切分线相交的三角形图案看起来更加均匀。因此，由于对模型采用了划分策略，非结构化三角形网格比结构化三角形网格看起来更规则。

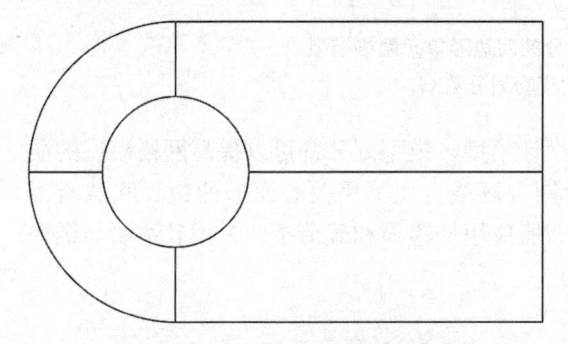

图 A.22 对图 A.16 的圆盘眼几
何模型使用对称切分线

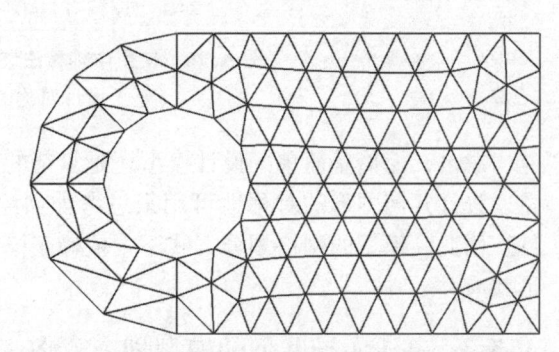

图 A.23 自由网格划分技术划分的三角形单元网格模型
（基于设计对称的模型划分策略）

图 A.24 所示为一个结构化的三角网格，看起来像是一个以四边形为主的网格。事实上，这里使用的是结构化网格划分技术，其中网格控制设置为三角形单元。与图 A.25 相比，可以清楚地观察到使用三角形单元的四边形网格模式。这些组合设置功能强大，可轻松地对复杂设计的模型进行网格划分。

图 A.25 采用了不同的网格控制参数设置，使用以四边形单元为主的结构化技术和中轴算法，如图 A.19 使用的那样。从图 A.25 中可以观察到均匀的网格模式，但孔过渡形状周围存在一些偏差，因为网格现在与切分线相交。

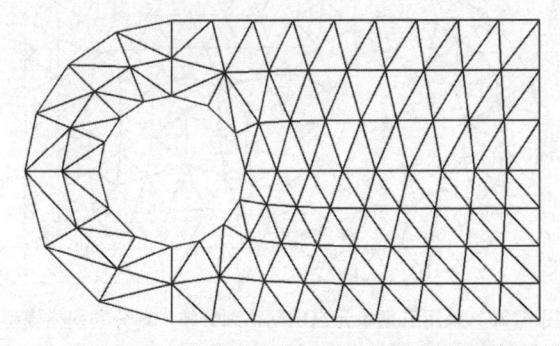

图 A.24 结构化网格划分技术划分的三角形单元网格模型
（基于设计对称的模型划分策略）

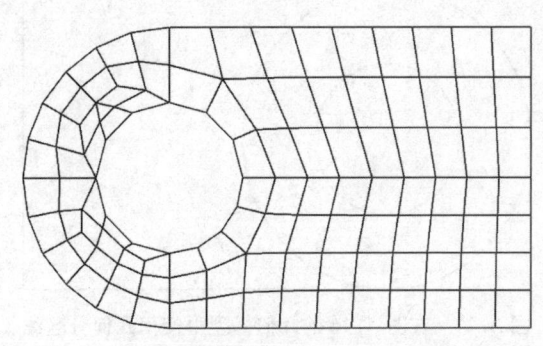

图 A.25 中轴算法的以四边形单元为主的网格模型
（基于设计对称的模型划分策略）

图 A.26 与图 A.21 中的网格模式几乎完全相同，但由于有了分区线，在设计对称性方面略有改进。因此，这证明了在复杂和简单的设计中采用巧妙的划分策略，有助于在单元几何比例方面获得更高质量的网格。

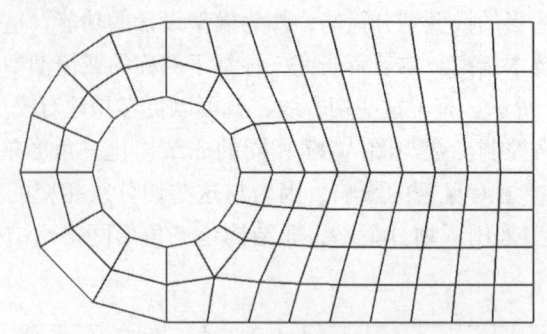

图 A.26　使用中轴算法划分的四边形单元网格模型
（基于设计对称的模型划分策略）

总之，无论是简单的设计模型还是复杂的设计模型，模型划分都可以提高网格模型的质量。设计几何图形的对称性可用来思考如何绘制分区线，而不用关心模型的边界和载荷条件。因此，模型的网格划分方式不太依赖于模型所应用的边界和载荷条件，因其主要与结构形状有关。

A.5.3　基于主导几何的模型划分策略

本节将介绍对另一种模型划分策略的研究，该策略不考虑对称性，而是考虑几何形状，两者的区别如图 A.27 所示。现在，可以通过查看模型网格区域的主要形状来考虑模型划分，而不是在 2D 或 3D 中使用对称线。例如，这里的主要几何图形是圆形，因此分区必须是圆形。可以假设，最难网格划分的区域应该靠近矩形分割圆的顶部和底部边缘。这些区域在网格中应具有最大的初始单元变形，关键是 Abaqus 网格生成器将如何处理这个问题。

图 A.28 显示了与图 A.17 非常相似的网格模式，主要区别在于，由于采用了圆形分区，孔周围的网格更加均匀。当然，由于初始单元变形，靠近分区圆和矩形之间边缘的区域会显示警告信息，如图 A.29 中的高亮所示。

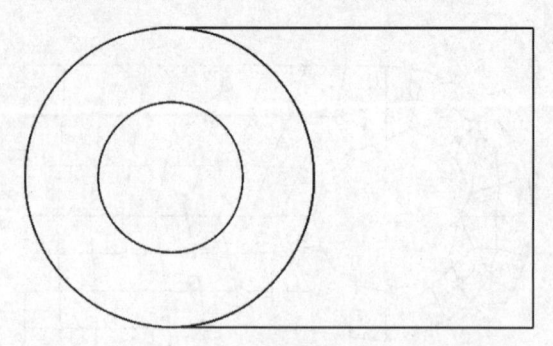

图 A.27　在图 A.16 的几何模型中使用几何分区线 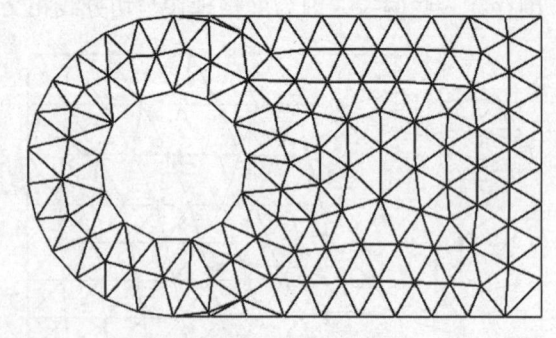　　图 A.28　采用三角单元自由网格划分技术划分的网格模型
（基于主导几何的模型划分策略）

图 A.29 所示为利用网格模块中的 Verify Mesh[一]功能对 Abaqus 确定的单元变形进行的检

[一]　参阅 *Abaqus CAE User's Guide*，第 17.19.1 节 "Verifying element quality for more information"。

测。这是 Abaqus 使用单元比例几何容差[一]的默认参数对分析网格进行的检查。这些参数值可以更改，但不建议修改默认准则；否则，求解应谨慎处理。

图 A.30 所示为使用图 A.18 中 Advanced front 算法的以四边形单元为主得到的网格模型。首先可以看到，在应用 Verify Mesh 功能对网格进行分析检查后，由于 Abaqus 中预先编程的单元几何比例发生了变化，两个区域的单元变形警告都已消除；其次，与图 A.18 相比，孔周围的网格看起来更加均匀。与之前的自由三角形技术相比，这里选择以四边形为主的单元来消除单元变形似乎是更好的选择。

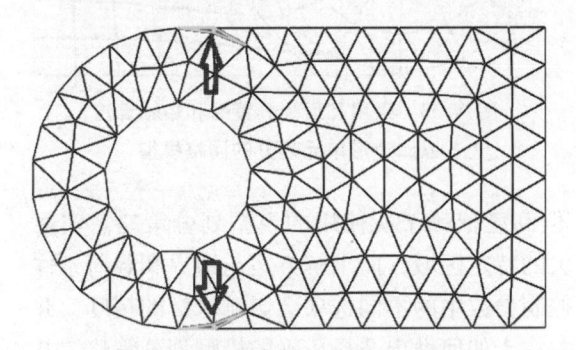

图 A.29 从图 A.28 的网格模型中检测到的初始单元变形警告

图 A.30 使用几何划分策略、Advanced front 算法划分的以四边形单元为主的网格模型

图 A.31 所示为当算法从图 A.30 中使用的 Advanced front 算法选项改为图 A.19 中使用的中轴算法选项时发生的情况。与图 A.18 相比，图 A.19 中的中轴算法在获得均匀的网格结构方面，明显改善了网格模式。但在这里，出现了相反的情况：图 A.30 中没有任何改进，因为矩形区域的网格模式看起来没有之前的均匀。另一方面，设计的孔周围的网格模式在采用四边形单元网格时具有更好的分布。这里存在一种平衡的情况，即矩形区域的网格均匀度较低，但孔的网格

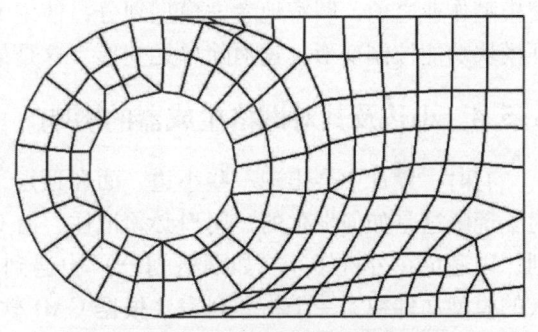

图 A.31 使用中轴算法和几何划分策略，以四边形单元为主划分的网格模型

均匀度较高。分析师可以根据哪个区域对分析最重要，以便更好地控制网格质量。只要没有单元变形警告，求解与网格的兼容性就能通过所有数值准则，并被用户接受。

图 A.32 所示为使用 Advanced front 算法，以四边形单元划分的网格模型。结果与图 A.20 中得到的网格模式相似，并且孔周围的网格质量有所改善。尽管网格是非结构化的四边形模式，但它在整个模型中的分布似乎比图 A.31 中观察到的更加均匀。

最后，图 A.33 所示为具有网格控制特征的最佳选择方案，通过使用中轴算法的四边形单元，整体结构获得了非常好的均匀网格模式。尽管分割圆和矩形之间边缘过渡的顶部和底部两个区域的网格并不完全相同，但由于网格质量检查工具没有检测到单元变形，因此保证

[一] 参阅 Abaqus CAE User's Guide，第 17.6.1 节 "Verifying your mesh for more information"。

了求解的兼容性。

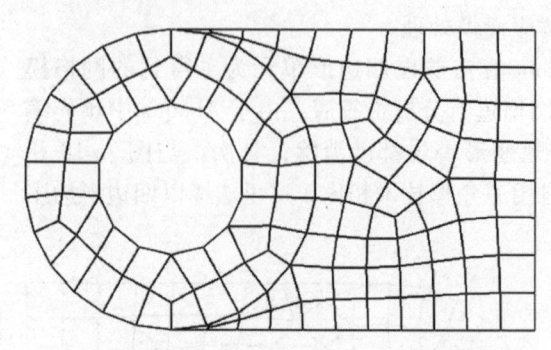

图 A.32　使用 Advanced front 算法和几何划分
策略，以四边形单元划分的网格模型

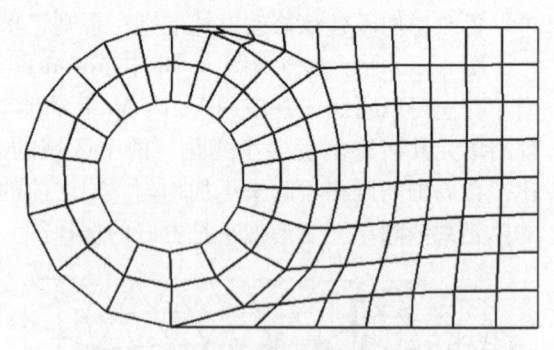

图 A.33　采用几何划分策略和中轴算法，
以四边形单元划分的网格模型

综上所述，网格与边界和载荷条件无关，但高度依赖于所使用的模型划分策略。实际上，模型划分可以集中于模型中与求解方案相关的特定区域，而求解方案与边界和载荷条件相关。作为使用的模型划分策略的函数，网格控制参数中的不同选项会影响求解的精度，并且因模型而异。因此，重要的是，分析师应该关注于如何做出选择正确的模型划分策略，并通过在模型上尝试不同的网格映射来选择合适的网格选项，比较每种网格映射的优缺点，从而得出正确的设置结论。模型划分策略中的任何修改都会改变整个模型中的网格模式。在提交模型作业之前，明智地考虑模型划分，使用不同的网格选项进行目视检查，并使用网格验证模块功能控制变形，这消除单元变形，这是最明智的操作。

A.5.4　小边及其对网格生成器的影响

有时，设计中会出现一些小边、面和顶点，这会给获得适当质量的网格带来一些困难。为了理解这是如何发生的，用户必须记住，由 CAD 软件导入 Abaqus 的模型需要遵守某些规则，以避免在分析任务（如网格划分）中遇到重大困难。事实上，有限元分析软件会将导入的模型文件视为一个指令列表，根据 CAD 软件创建的所有点、构造线、边、面等特征生成模型。因此，重要的是要理解，由于 CAD 建模遵循与有限元分析建模不同的规则，它们之间的不匹配可能会导致清理模型所浪费大量的时间。分析师必须注意任何细节，以便删除模型中所有不必要的小边和结构上对模型响应不重要的小面。

图 A.34 所示为使用 CAD 软件制作的模型与导入 Abaqus 中的模型之间不匹配的示例。该示例显示，内圆构造线中有一条非常小的边缘，与用于制作外圆的垂直线有大约 1° 的偏差，这意味着该模型不是使用与垂直轴对齐的拾取点来构建两个圆，而是使用两条构造线来构建内圆，其中一条是非常短的圆弧。本节将研究这种类型与网格划分选项不匹配的后果。

图 A.35 所示为使用自由网格划分技术的三角形选项划分的网格模型。从图 A.35 可以看出，网格模式在对设计不匹配的几何进行网格划分时出现了一些问题，并显示了初始单元变形警告。

图 A.36 所示为使用自由网格划分技术的不同网格选项，其使用了以四边形为主单元和中轴算法。在这种情况下，由于单元比率容差的几何标准不同，单元变形警告已被消除。

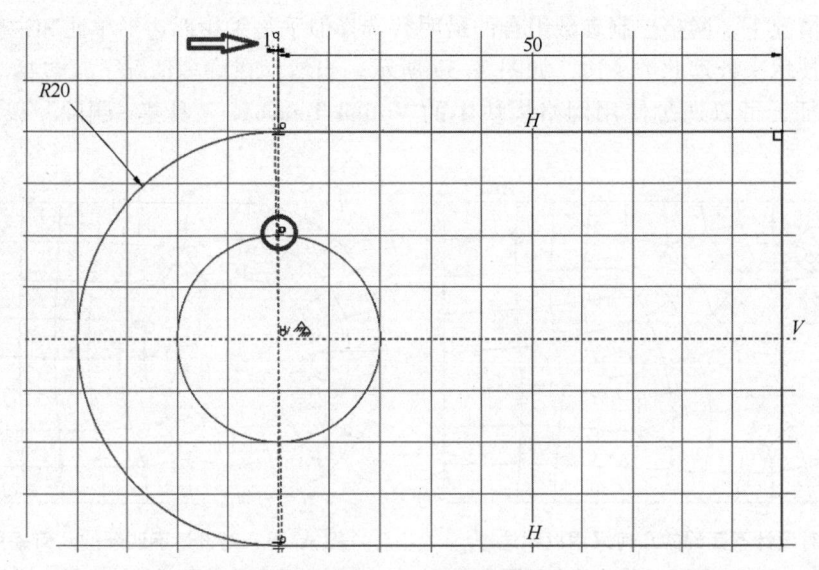

图 A.34 不匹配的设计构造线，显示模型中不应出现的极小边缘弧长

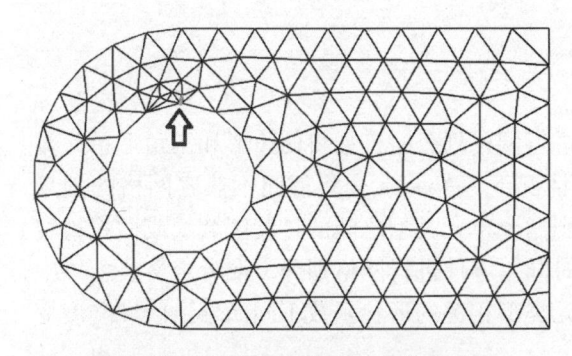

图 A.35 对设计不匹配的几何使用自由网格划分技术的三角形选项划分的网格模型

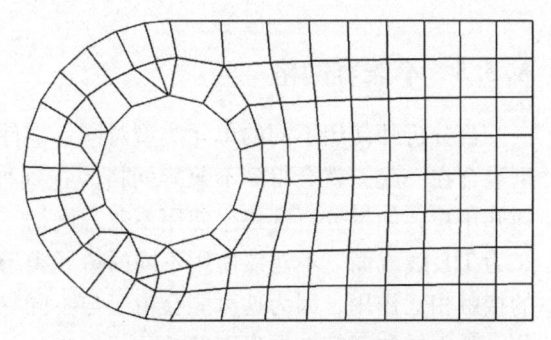

图 A.36 对设计不匹配的几何使用以四边形单元为主和中轴算法的自由网格划分技术划分的网格模型

图 A.37 所示为采用四边形单元和 Advanced front 算法的自由网格划分技术对结构进行网格划分，重新出现单元变形警告。

图 A.38 采用以四边形单元为主检查与图 A.37 所示网格模式的区别，不幸的是，在对零件进行网格划分后，两者似乎没有差异，因为单元变形警告仍然存在。因此可以看出，单元类型的变化并没有消除单元变形警告，因为变形取决于对模型进行网格划分的算法。除了单元几何比率容差，算法选择错误也会导致划分模型网格时出现数值困难。

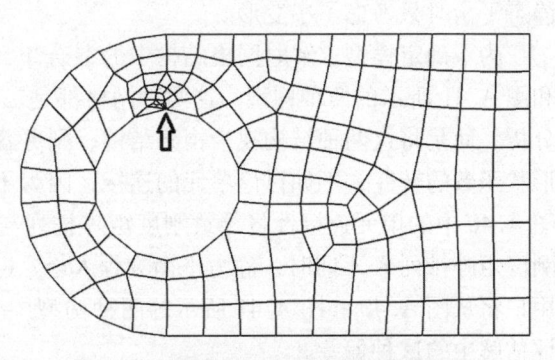

图 A.37 对设计不匹配的几何采用四边形单元和 Advanced front 算法的自由网格划分技术划分的网格模型

在这种情况下，网格控制参数组合的最明智选择似乎是采用四边形单元和中轴算法的自由网格划分技术来处理此类小边，如图 A.39 所示。当然，在许多情况下，包括小边和类似的小设计特征，可以通过使用网格模块中的 Virtual Topology 工具集[○]删除，以便合并边、面等。

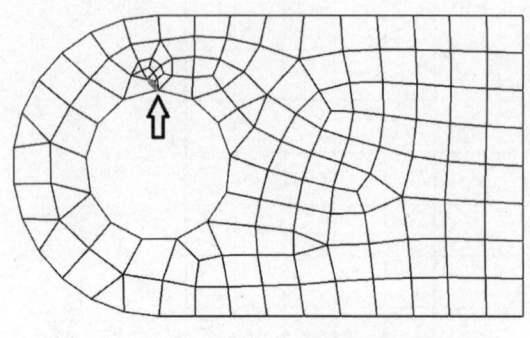

图 A.38　对设计不匹配的几何采用以四边形
单元为主和 Advanced front 算法的自由网格
划分技术划分的网格模型

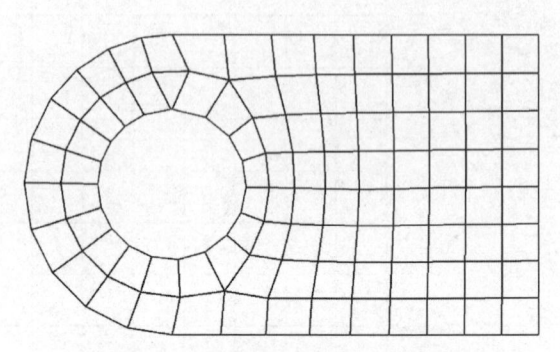

图 A.39　对设计不匹配的几何采用四边形
单元和中轴算法的自由网格划分技术
划分的网格模型

A.5.5　不兼容网格

当分析师使用不同的单元类型对同一零件进行网格划分时，如将四边形和三角形单元类型混合在一起，就会得到不兼容网格。在这种情况下，Abaqus 会将返回不兼容网格的消息通知用户，如果分析师仍想使用不兼容网格，则两个单元类型之间的过渡区域线或面将被定义为 TIE 线或面。不建议使用不同的单元类型对同一零件进行网格划分，或者定义装配体中的接触相互作用，因为这可能会由于与不同单元类型相关的形状函数不同而导致区域刚度变化，从而导致解算结果出现偏差。

为了解其工作原理，只需以一个简单的无固定悬臂梁为例，在梁端加载一个垂直的单个集中载荷力 F，$F=10N$。总轴向长度为 45mm，该面积的第二力矩由宽度为 5mm 的方形截面梁计算得出。所使用的材料属性为纯弹性，弹性模量为 200000MPa，泊松比为 0.3。在求解静态平衡时只考虑了小变形。

为了确定模型求解时网格结构中的混合单元类型可能产生的偏差，将分别研究图 A.40 和图 A.41 所示的两种构型。这两种网格都是二维结构平面应力分析，如果不考虑平面应力分析，而是将这两种结构视为桁架结构，则更容易找出解的变化。在这种情况下，与其讨论形状函数的转变，不如讨论单元的连接，因为不同构型结构的单元连接是不同的。事实上，图 A.40 中的单元连接性将导致刚度矩阵排列与图 A.41 所示的第二种构型不同。因此，当刚度矩阵排列 K 不同时，静力平衡方程 $Ku=f$（f 为节点力矢量）的节点矢量解 u 也会不同。用户将从图 A.40 和图 A.41 所示的两种构型中分别得到两种不同的解。这里的问题是如何评估解中的这种偏差。

在复杂的模型网格中，几乎不可能确定使用混合单元类型网格计算的解偏差。但为了大

○　参阅 *Abaqus CAE User's Guide*，第 75 节 "The Virtual Topology Toolset"，了解更多信息。

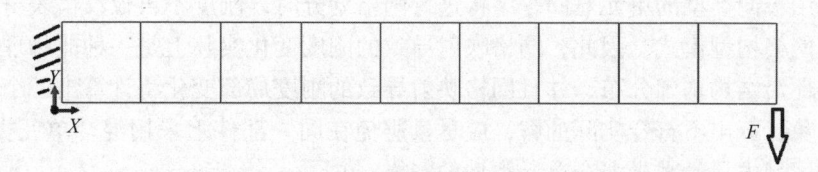

图 A.40 采用结构化四边形单元类型划分的悬臂梁网格模型

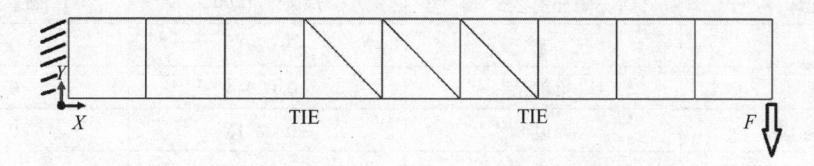

图 A.41 采用四边形和三角形单元类型混合的悬臂梁网格模型

致了解解偏差，图 A.41 显示用三角形网格划分了结构的三分之一。由于悬臂梁是一个常规计算模型，将有可能通过比较理论解和计算解来评估解的偏差。

首先，利用欧拉-伯努利（Euler-Bernoulli）梁理论写出理论解，其中梁结构的平衡状态方程为

$$EI\frac{d^2y}{dx^2} = M_z(x) \tag{A.3}$$

式中，E 是弹性模量；$I = \frac{a^4}{12}$，是截面二次矩；y 是挠度；M_z 是沿梁长度 x 方向的 z 轴上弯矩。

根据平衡方程（A.3），给出图 A.40 和图 A.41 两种结构的理论解：

$$\begin{cases} EI\dfrac{d^2y}{dx^2} = -F(L-x) \\ EI\theta(x) = -FLx + F\dfrac{x^2}{2} + K_1 \\ EIy(x) = -FL\dfrac{x^2}{2} + \dfrac{F}{2}\dfrac{x^3}{3} + K_1x + K_2 \end{cases} \tag{A.4}$$

根据固定边界条件 $\theta(x=0) = 0$ 和 $y(x=0) = 0$，从而确定积分常数 $K_1 = 0$ 和 $K_2 = 0$。最后，挠度方程可以写为

$$EIy(x) = \frac{F}{2}x^2\left(\frac{x}{3} - L\right) \tag{A.5}$$

因此，最大挠度的理论解为

$$y(x=L) = u_y = -\frac{FL^3}{3EI} = -4\frac{FL^3}{Ea^4} \tag{A.6}$$

从表 A.1 的结果可以得出一个明确的结论：与理论结果相比，解的偏差高于任何其他结构构型。这证实了完全在预料之中的行为，因为四边形和三角形单元类型的混合无法产生比理论结果更接近的解。事实上，三角形的刚度比四边形的刚度大，这导致了一个有趣的现

象，即当使用不同类型的单元对同一结构进行网格划分时，刚度不再仅仅代表材料属性的状态，还代表网格构型模式。因此，网格映射导致的刚度变化实际上是一种非物理行为，因为假定材料属性沿结构均匀分布，并且网格映射导致的刚度局部变化将计算出一个不切实际的解。为了避免计算出不符合实际的解，应尽量避免在同一部件上采用混合单元类型的网格，或者在复杂区域内尽量减少混合单元类型的网格。

表 A.1 悬臂梁的最大挠度解

模型	单元类型[①]	挠度 u_y/mm	偏差（%）
理论	无	−0.02916	0.00
梁	梁单元	−0.02944	0.96
二维平面应力	四边形	−0.02915	0.03
二维平面应力	四边形和三角形	−0.02830	2.95

① 为保证计算结果的准确性，所有网格类型均采用二次单元。